링크

LINKED
The New Science of Networks

알버트 라즐로 바라바시 Albert-László Barabási

알버트 라즐로 바라바시는 21세기 신개념 과학인 복잡계 네트워크 이론의 창시자이자 세계적 권위자이다. 척도 없는 네트워크(scale-free network) 이론으로 죽은 개념에 새로운 날개를 단 혁명적 과학자라는 평가를 받고 있다. 그의 네트워크 이론이 경제학 사회학 인문학 의학 공학 등의 모든 학문에서 폭넓게 환영받는 덕에 과학계 외의 영역에서 가장 유명한 과학자이기도 하다.
또한 경계를 넘나드는 다양한 관심과 해박함, 독창적 논리와 대중적 흡인력으로 세계 유수 언론의 호평을 받고 있다.
1967년 헝가리 트란실바니아 태생으로, 30대 중반에 이미 노트르담 대학 물리학과의 테뉴어(tenure, 종신교수)로 재직하고 있으며 미국 인디애나 주 사우스 벤드에 살고 있다.

옮긴이 강병남은 서울대학교 물리학과를 졸업하고 같은 대학원 물리학 석사를 거쳐 미국 보스턴 대학교에서 물리학 박사학위를 취득했다. 통계물리를 전공했으며 복잡계 연구에 지속적인 관심을 가지고 있다. 현재 서울대학교 물리학부 교수로 재직하고 있다.

옮긴이 김기훈은 서울대학교 경제학과를 졸업하고 서울대학교 사회학 석사를 거쳐 같은 대학원 사회학 박사과정을 수료했다. 현재 사이람 네트워크 연구소 소장이며 (주)사이람의 대표이사이다. NetMiner(범용 네트워크 분석 솔루션)와 PNA(개인 네트워크 진단툴)와 ONA(조직 네트워크 진단툴)를 개발했으며, 네트워크 분석 관련 강의와 컨설팅을 병행하고 있다.

Copyright ⓒ 2002 by Albert László Barabási
All rights reserved.
Translation copyright ⓒ2002 by EAST-ASIA Publishing Company.

이 책의 한국어판 저작권은 브록만 에이전시를 통해 저자와 독점 계약한 도서출판 동아시아가 소유합니다.
저작권법에 의해 한국 내에서 보호를 받는 저작물이므로 무단 전재와 무단 복제를 금합니다.

링크

LINKED
The New Science of Networks

21세기를 지배하는 네트워크 과학

A. L. 바라바시 지음
강병남 김기훈 옮김

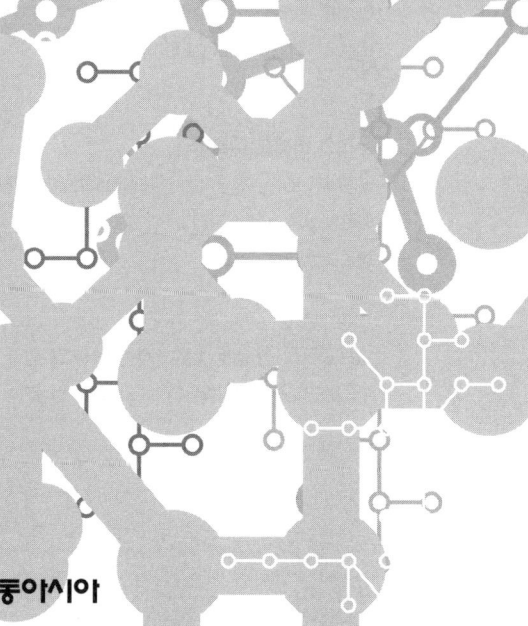

동아시아

 | 이 책에 쏟아진 찬사들

LINKED
The New Science of Networks

지적 즐거움이란 이런 것이다

바라바시는 광범위한 지적영역을 우아하게 넘나들면서 이제 막 폭발하고 있는 네트워크 연구를 통해 에이즈, 휴먼 게놈, 암, 인터넷, 대기업 합병, 국제 금융위기 등과 같은 다양한 주제들에 대한 심오한 통찰을 대중적인 언어로 제시해 준다.

― 마크 그라노베터, 스탠퍼드 대학교 사회학 교수

새롭고 재미난 과학 분야의 포괄적 저술

이 주목할 만한 책은 모든 네트워크들이 어떻게 하여 유사한 성질을 나눠 갖고 있는지를 보여준다. 그리고 효율성의 극대화를 추구하는 현대의 산업 사회들이 무작위적 장애에 대해서는 견고하지만 정확하게 겨냥된 공격에 대해서는 왜 취약한지도 설명해 준다.

― 도널드 케네디, Science 편집장

이제 우리가 도전할 과제를 던져주는 책

이 책은 우리의 닫힌 사고력을 열어주고 신세대 과학도들에게 앞으로 우리들이 무엇에 도전해야 하는지를 명백히 인도하고 있다.

― 강병남, 서울대학교 물리학과 교수

우리의 미래를 예측한다

바라바시 교수는 최신 이론인 복잡계 네트워크 이론을 깔끔한 문장과 다양한 예시로, 대중이 이해하기 쉽게 접근하고 있다. 또한 21세기를 살아갈 우리의 미래를 위해 매우 유용한 메시지를 전해 주고 있다.

― 정하웅, KAIST 물리학과 교수

네트워크의 성질을 정확하게 알아서 그 힘을 부리는 자가 21세기를 지배할 것이다

네트워크의 힘이 현실에 어떻게 사용될 수 있을지에 대한 풍부한 힌트를 제공해 주고 있다.

― 김기훈, 사이람 네트워크 연구소 소장

네트워크의 구조와 진화를 이해한다면, 20세기 경제학은 음울한 과학에 불과하다

바라바시의 책은 우리의 삶에 영향을 미치는 네트워크에 대한 우리의 사고 방식을 바꾸기에 충분한 것이다. 따라서 그의 저작은 물리학자나 수학자에게만 관련이 있는 것이 아니라 기업의 임원, 컴퓨터 과학자, 사회학자, 생물학자들에게도 의미심장한 것이다.

— New York Times

네트워크 행위와 영향력에 대한 거대한 통찰력

'네트워크 효과'는 인터넷 시대에 질릴 만큼 많이 들어왔지만, 바라바시 교수가 놀라운 접근으로 쓴 책을 통해 우리는 얼마나 네트워크의 영향력에 대해 무지했는가를 절실히 알 수 있다.

— The Washington Post

어떻게 낡은 개념에 새로운 날개를 달았는가

과거 몇 년간의 폭발적 관심은 소위 복잡계 네트워크였지만 바라바시의 척도 없는 네트워크 이론은 우리에게 갑작스럽고 놀랄 만한 확장을 가져왔다.

— Nature

『링크』는 최신 과학의 방향을 수립했다

과학의 새로운 지평을 여는 데 있어 바라바시는 쾌활하고 장난기 가득하다. 수학식을 최소화하면서 예화와 비유, 그리고 쉬운 언어로 그의 아이디어에 활력을 불어넣는다.

— TimeOut New York

정말 대단한 통찰력이다

책을 읽고 네트워크 규칙을 따라오게 된다면 우리는 왜 어떤 사람은 부유하고 어떤 사람은 가난한지(소득 분배의 네트워크), 왜 AIDS 바이러스가 그렇게 확산하는지(질병 분배의 네트워크), 왜 한 기업의 도산이 그렇게 많은 재앙을 불러오는지(자본 분배의 네트워크) 등의 모든 법칙을 알아내게 될 것이다.

Detroit Free Press

네트워크, 이제 전체를 볼 때가 왔다

이 네트워크 이론의 진정한 공헌은 어떻게 네트워크가 조직화되느냐에 관한 것이 아니라, 어떻게 네트워크가 성장하는가에 관해 기술한 부분이다. 소위 '척도 없는 네트워크'라 불리는 개념이 불과 5년도 되지 않았다는 것을 고려할 때 실로 놀라운 업적이 아닐 수 없다

— Christian Science Monit

링크
21세기 지배하는 네트워크 과학

초판 1쇄 찍은날 2002년 10월 24일 | 초판 26쇄 펴낸날 2023년 9월 20일

지은이 앨버트 라즐로 바라바시 | **옮긴이** 강병남·김기훈 | **펴낸이** 한성봉
편집 차수연·허영림 | **디자인** 조용진·강이경 | **마케팅** 박신용 | **경영지원** 국지연
펴낸곳 도서출판 동아시아 | **등록** 1998년 3월 5일 제1998-000243호
주소 서울시 중구 퇴계로30길 15-8 [필동1가 26]
페이스북 www.facebook.com/dongasiabooks | **전자우편** dongasiabook@naver.com
블로그 blog.naver.com/dongasiabook | **인스타그램** www.instagram.com/dongasiabook
전화 02) 757-9724, 5 | **팩스** 02) 757-9726

ISBN 978-89-8816-523-2   03400

잘못된 책은 구입하신 서점에서 바꿔드립니다.

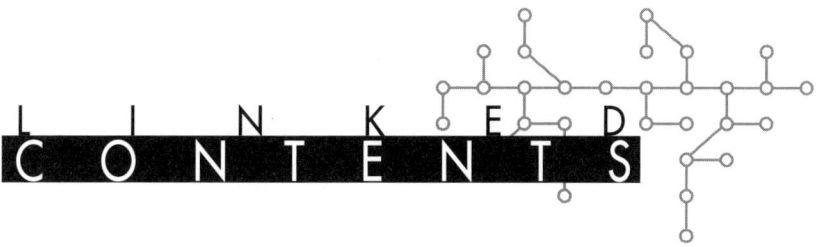

11	첫 번째 링크 ········	서론 Introduction
23	두 번째 링크 ········	무작위의 세계 The Random Universe
49	세 번째 링크 ········	여섯 단계의 분리 Six Degrees of Separation
73	네 번째 링크 ········	좁은 세상 Small Worlds
95	다섯 번째 링크 ······	허브와 커넥터 Hubs And Connectors
111	여섯 번째 링크 ······	80/20 법칙 The 80/20 Rule
133	일곱 번째 링크 ······	부익부 빈익빈 Rich Get Richer
155	여덟 번째 링크 ······	아인슈타인의 유산 Einstein's Legacy
178	아홉 번째 링크 ······	아킬레스건 Achilles' Heel
202	열 번째 링크 ········	바이러스와 유행 Viruses And Fads
236	열한 번째 링크 ······	인터넷의 등장 The Awakening Internet
265	열두 번째 링크 ······	웹의 분화 현상 The Fragmented Web
297	열세 번째 링크 ······	생명의 지도 The Map of Life
323	열네 번째 링크 ······	네트워크 경제 Network Economy
350	마지막 링크 ········	거미 없는 거미줄 Web Without a Spider

361 notes

415 감사의 글

418 역자후기

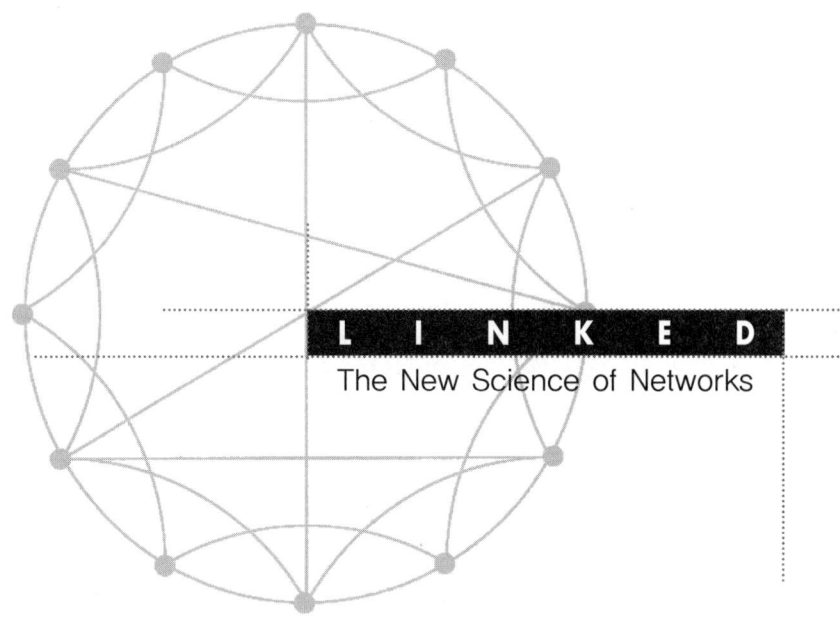

LINKED
The New Science of Networks

Introduction 　첫 번째 링크

서 론

2000년 2월 7일, 야후(Yahoo)에게 엄청난 일이 일어났다. 평소에는 수백만 명 정도가 이 인터넷 검색엔진을 이용했는데 이날은 수십억 명이 몰려든 것이다. 이런 폭발적인 인기가 야후를 신경제(new economy)에서 가장 높은 자산 가치를 가진 회사로 만든 것이다. 하지만 이날은 문제가 많았다. 우선 모든 접속요청이 정확하게 동시에 도착했다. 또한 주가지수나 피칸 파이 조리법과 같은 일반적인 내용을 검색하는 것이 아니라 "네, 알았어요!(Yes, I heard you!)"라는 메시지만을 야후에게 기계적으로 보내는 것이 아닌가. 아마도 야후는 이러한 검색요청에 대답할 내용이 없을 것이다. 그렇지만 캘리포니아 주 산타 클라라에 있는 야후 본부의 수백 대의 컴퓨터들은 이 아우성대는 유령들에게 응답하느라 바빴고, 그 사이 영화 제목을 검색하거나 비행기표 등을 예매하려는 수백만의 정상적인 이용자들은 마냥 기다리고 있어야만 했다. 나도 그 중의 하나였다. 물론 나는 야후가 수십억이나 되는 유령들에게 응답하느라 정신없이 바쁜지 알 수 없었기 때문에 한 3분 정도 기다리다가 다른 검색엔진을 찾아갔다. 이튿날 아마존닷컴, e베이닷컴, CNN닷컴, E트레이드, 익사이트 (Amazon.com, eBay.com, CNN.com, ETrade, Excite) 등 최고의 웹사이트들이 동일한 상황에 빠졌다. 그들도 야후가 그러했던 것처럼 수십억의 유령들을 응대하느라 쓸데없는 작업을 하고 있어야만 했다. 온라인 구매를 위해 신용카드를 준비하고 있던 정상적인 이용자들은 옆줄에 서서 기다릴 수밖에 없었다.

물론 수십억 명의 실제 컴퓨터 이용자가 태평양 표준시로 정각 10시 20분에 그들의 웹브라우저에 "Yahoo.com"을 입력해 넣는다는 것은 상상할 수도 없는 일이다. 복잡하게 생각해 볼 필요도 없이, 세상에는 그만큼 많은 대수의 컴퓨터가 존재하지 않는 것이다. 사건 초기에 나온 뉴스들은 주요 전자상거래 사이트들의 마비사태를 치밀한 해커 그룹의 소행으로 추정했다. 정교한 보안시스템에 도전하는 일에 재미를 붙인 괴짜 배교자(背敎者)들이 학교, 연구소, 기업들에 있는 수백 대의 컴퓨터를 납치하여 허수아비로 만들고는 야후에게 "네, 알았어요!"라고 수천 번을 이야기하도록 조종했다는 것이다. 그리하여 이 유명한 웹사이트에 그것이 처리할 수 있는 용량을 훨씬 초과하는 데이터를 매초마다 던져 넣었다는 것이다. 야후가 겪은 대규모의 "서비스 거부(denial-of-service)" 사건을 계기로 해커에 대한 전세계적 관심과 수사가 촉발되었다.

그런데 놀랍게도, 요란스러운 FBI 작전의 결과로 결국 맞닥뜨린 것은 예상했던 사이버 테러리스트 조직이 아니라 캐나다의 한 도시

근교에 사는 10대 소년이었다. 한 인터넷 채팅방을 엿듣던 수사관은 이 소년이 새로운 타겟을 공격하자고 다른 이들을 꼬드기는 것을 들었다. 그 소년은 매우 자랑스러워하면서 체포당했다.

"마피아 보이(MafiaBoy)"라는 별명 뒤에 숨은 이 15세 소년은 세계에서 가장 뛰어난 컴퓨터 보안 전문가들이 일하고 있는 수십억 달러의 가치가 있는 기업들을 마비시키는 데에 성공했다. 그는 PC라는 보잘것없는 장난감 새총으로 무장하고 정보시대의 골리앗을 이긴 현대판 다윗이라고 할 수 있을까? 돌이켜 보면 전문가들은 최소 한 가지 점에 대해서는 동의하고 있는 것 같다. 즉, 이 공격은 천재의 소행이 아니었다는 것이다. 소년의 공격은 누구나 접근할 수 있는 수많은 해커 웹사이트들에서 손쉽게 입수할 수 있는 도구를 이용해 행해졌다. 마피아 보이가 조심성 없이 남긴 흔적들을 통해 경찰은 그의 부모의 집을 알아냈다. 이러한 그의 온라인 행태를 보면 그가 단순한 아마추어에 지나지 않는다는 것을 알 수 있다. 사실 그의 행동은 다윗보다는 차라리 골리앗을 더 닮았다고 해야 할 것이다. 웬만한 사이트에는 침투할 만한 노하우도 갖고 있지 않았으며 동작이 서툴고 굼뜨기 때문에 대학이나 작은 회사의 허술한 컴퓨터 등 아주 쉬운 타겟만을 공격대상으로 삼았고, 이것들을 지극히 단순한 방법으로 조종하여 야후에 메시지 폭격을 가하도록 한 것에 지나지 않았다.

우리는 이렇게 상상해 볼 수 있다. 15세 소년이 컴퓨터의 열기로 가득 찬 침실에 처박혀 있다. 그리고 "네, 알았어요!"라는 메시지가 야후에 계속 쏟아 부어지는 것을 바라보면서 달콤한 만족감에 젖는다. 어쩌면 그는 엄마나 아빠가 밥 먹으러 오라고, 또는 쓰레기를 내

다버리고 오라며 부르는 소리에 "네, 알았어요!"라고 수백만 번이나 속으로 소리질렀을지도 모른다. 그의 공격에는 난폭한 힘과 대담한 배짱은 있었을지 모르지만 정교함이라고는 전혀 없었다. 하지만 바로 이 점이 우리를 의아하게 만들었다. 어떻게 10대 소년 한 명의 행동이 신경제에서 가장 큰 비중을 지니고 있는 기업들을 단숨에 무력화시킬 수 있단 말인가? 이렇게 보통 소년조차 인터넷을 엉망으로 만들어버릴 수 있다면, 고도로 훈련받은 소수의 숙련된 해킹 전문가들의 그룹이라면 도대체 어디까지 갈 수 있단 말인가? 우리는 이러한 공격에 도대체 얼마나 취약한 상태인 것인가?

1.

초창기의 기독교인들은 배교(背敎)한 유대교 분파에 불과했다. 그들은 유대교와 로마 당국 양측에게 모두 괴상한 문제투성이 집단으로 낙인찍혀 박해를 받았다. 그들의 정신적 지도자였던 나사렛 예수가 유대교의 범위를 넘어서는 그 어떤 영향력을 행사하려고 했다는 역사적 증거는 아무데도 없다. 그의 생각은 유대교도들에게는 너무 어려웠고 논란의 여지가 많았으며, 이교도들에게 전파되는 것은 더욱 가망이 없었다. 그의 발자취를 따르고자 하는 비(非)유대인 초심자들은 어쩔 수 없이 할례를 하지 않으면 안되었으며, 당시의 유대교 율법을 따라야만 했으며, 초창기 유대인 기독교의 정신적 중심지인 성전에서 배척당해야만 했다. 그리하여 극소수만이 그 길을 걸어갔다. 메시지로써 그들에게 다다르는 것은 거의 불가능했다. 파편화되어 있고 이동이 거의 없는 사회에서 새로운 소식이나 아이디어들은 발걸음과 함께 전달되었고, 거리는 너무 멀었다. 기독교는 인류 역사상의 다른 많은 종교적 운동들과 마찬가지로 세상에서 잊혀질 운명에 처해진 듯했다. 그런데 오늘날 20억에 가까운 사람들이 자신을 기독교인이라고 칭하고 있다. 도대체 어떻게 이런 일이 일어난 것일까? 도대체 어떻게 하여 경멸받던 자그마한 유대교 분파의 비정통적 신앙이 서구 세계의 지배적인 종교의 근간을 형성하게 된 것일까?

많은 사람들은 기독교의 승리를 오늘날 나사렛의 예수라고 알려진 역사적 인물이 제공한 메시지 덕분이라고 칭송한다. 오늘날의 마케팅 전문가들이라면 그의 메시지가 "점착성이 높다(sticky)"고 표현할 것이다. 다른 많은 종교적 운동들이 불발탄이 된 데 비해, 그의 메시지는 사방으로 울려 퍼지고 세대에서 세대로 끈질기게 전달될 만큼 끈끈하다는 것이다. 하지만 기독교의 성공의 진정한 공로는 예수를 한번도 만난 적이 없는 한 독실한 정통파 유대교도에게 돌아가는 것이 마땅하다. 그의 헤브루 이름은 사울이지만, 일반적으로 그는 로마식 이름인 바울로 더 잘 알려져 있다. 그의 일생의 사명은 기독교에 **"재갈을 물리는"** 것이었다. 그는 이 공동체에서 저 공동체로 이동하면서, 당국에 의해 신성모독자로 단죄받은 예수를 신과 같은 수준으로 격상시키려는 기독교인들을 박해하였다. 그는 징계, 파문, 금지령 등을 이용하여 전통을 지키는 동시에 일탈자들이 다시 유대의 율법에 충실하도록 만들었다. 그런데 역사적 설명에 의하면 이 맹렬한 기독교의 박해자는 서기 34년에 갑자기 전향했다. 그는 새로운 신앙의 맹렬한 지지자로 변했고, 작은 유대교 분파를 그 이후 2000년 동안 서구의 지배적 종교가 되게 만들었다.

어떻게 하여 바울의 노력이 성공할 수 있었을까? 그는 기독교가 유대교를 넘어서 널리 전파되기 위해서는 기독교도가 되기 위해 넘어야만 하는 높은 장벽을 허물어버려야 한다는 사실을 잘 이해했다. 할례나 식사와 관련된 엄격한 율법을 완화시킬 필요가 있었다. 그는 이러한 자신의 메시지를 예루살렘에 있는 예수의 최초의 사도들에게 전했고, 할례를 요구함이 없이 복음을 전도해도 좋다는 위임을 받았다. 하지만 바울은 이것만으로는 충분하지 않다는 것을 잘 알고 있었다. 메시지는 전파되어야만 했다. 그는 로마에서 예루살렘에 이르는 서기 1세기의 문명화된 세계에서, 사회적 네트워크에 대한 자신의 경험적 지식을 활용하고자 했다. 그는 12년 동안 10,000마일 가까이 걸었다. 하지만 그가 무작위적으로 돌아다닌 것은 결코 아니다. 그는 당시의 가장 큰 공동체들에 도달하고자 했으며, 신앙이 싹터서 가장 효과적으로 전파될 수 있는 장소와 사람들을 접촉하려고 했다. 그는 신학과 사회적 네트워크를 똑같이 효과적으로 사용할 줄 알았던, 기독교에 있어서 최초의 그리고 가장 뛰어난 세일즈맨이었던 것이다. 자, 그렇다면 기독교 성공의 공로는 바울에게 돌아가야 할 것인가, 아니면 예수 또는 그의 메시지에 돌아가야 할 것인가? 그리고 그런 일은 다시 일어날 수 있을 것인가?

2.

마피아 보이와 바울 사이에는 커다란 차이점이 있다. 마피아 보이의 행동이 파괴적인 것이었던 반면, 바울은—비록 초기의 의도는 그렇지 않지만—초기 기독교 공동체들 사이를 잇는 교량의 역할을 하였다. 하지만 둘은 뭔가 중요한 것을 공통적으로 갖고 있다. 둘 다 네트워크의 마스터(master)였던 것이다. 물론 둘 다 네트워크라는 개념을 의식하지 않았을지 모르지만, 그들의 성공의 열쇠는 그들의 행동에 효과적인 매개체를 제공한 복잡한 네트워크의 존재 바로 그 것이었다. 마피아 보이는 컴퓨터들의 네트워크상에서 움직였다. 인터넷은 세 번째 밀레니엄으로의 전환기에 있어서 가장 많은 사람들에 도달할 수 있는 가장 효과적인 길이다. 바울은 첫 번째 세기에 당시의 신앙을 실어 나르고 전파할 수 있는 유일한 네트워크였던 사회적 종교적 링크의 마스터였다. 그렇지만 둘 다 그들의 행동을 도와주었던 힘의 정체를 충분히 인식하지는 못했다. 하지만 바울 이후 거의 2천 년이 지난 오늘날, 우리는 바울과 마피아 보이가 성공할 수 있었던 요인이 무엇인가에 대해 이해할 수 있는 길을 처음으로 만들어가고 있다. 우리는 이제 그 해답이 네트워크를 항해(navigate)할 줄 아는 그들의 능력만큼이나, 네트워크의 구조(structure)와 위상(topology)에 있다는 것을 안다.

바울과 마피아 보이가 성공한 것은 우리가 모두 연결되어 있기 때문이다. 우리의 생물학적 존재, 사회적 세계, 경제, 그리고 종교적 전통들은 상호연관성에 관한 설득력 있는 이야기 거리를 제공해준다. 아르헨티나의 위대한 작가 호르헤 루이스 보르헤스(Jorge Luis Borges)가 말했듯이, "모든 것은 모든 것에 잇닿아 있다."

3.

"저기에 용이 있다!" 고대의 지도 제작자들은 섬뜩한 미지의 세계를 이렇게 표시했다. 모험적인 탐험가들이 전 지구의 구석구석까지 침투해 들어가면서 괴물들로 표시되어 있던 조각들은 점차 사라져

갔다. 하지만 하나의 세포 안에 갇혀 있는 미시적 세계에서부터 무한한 인터넷의 세계에 이르기까지, 세계의 구성성분들이 어떻게 서로 맞물려서 하나의 세계를 이루는지에 관한 우리의 정신적 지도에는 아직도 용이 창궐하는 영역이 많이 남아 있다. 좋은 소식은, 최근에 과학자들이 우리의 상호연결성에 대한 지도를 만들기 시작했다는 것이다. 그들이 만든 지도들은 거미줄 같은 세계의 모습을 새로이 조명해 주었고, 또한 몇 년 전만 해도 상상조차 하기 어려웠던 놀라운 것들과 도전 거리들을 제공해 주고 있다. 상세한 인터넷 지도들은 인터넷이 해커에 얼마나 취약한지를 밝혀냈으며, 거래나 소유관계를 통해 연결되어 있는 기업들에 대한 지도는 실리콘 밸리에서의 권력과 돈의 흐름을 보여준다. 생태계에서 종(種)들 간의 상호작용에 대한 지도는 환경에 대한 인류의 파괴적 영향이 어느 정도인지를 보여주고 있으며, 세포 내에서 유전자들 간의 상호작용에 대한 지도는 암이 어떻게 작동하는지에 대한 통찰력을 제공해 주었다. 하지만 진짜 놀라운 일은 이러한 여러 가지 지도들을 모두 나란히 놓았을 때 일어났다. 마치 다양한 인간들이 거의 구별조차 어려울 정도로 동일한 골격 구조를 갖고 있듯이, 이 다양한 지도들이 공통의 청사진에 따르고 있다는 사실을 알게 된 것이다. 최근에 이루어진 이러한 일련의 숨막히는 발견들은 우리들로 하여금 놀랄 만큼 단순하면서도 적용 범위가 넓은 자연 법칙들이 우리 주변의 모든 복잡한 네트워크들의 구조와 진화를 지배하고 있다는 것을 인정하지 않을 수 없도록 만들었다.

4.

혹시 아이가 아끼는 장난감을 분해하는 것을 지켜본 적이 있는가?

그리고는 조각들을 다시 원래대로 결합할 수 없다는 것을 깨닫고 우는 것을 본 적이 있는가? 실은 여기에 우리가 흔히 간과하고 지나치는 중요한 비밀이 숨어 있다. 우리는 세계를 분해해 놓고 그것을 어떻게 결합해야 할지 모르고 있는 것이다. 지난 세기 동안 우리는 수조 달러의 연구비를 들여 자연을 분해해왔지만 이제 우리가 앞으로 어떤 방향으로 나아가야 하는 것인지에 대해 조그마한 단서조차 갖고 있지 못하다는 것을 인정해야만 한다. 물론 자연을 더더욱 잘게 분해해 가는 방법에 대해서는 잘 알고 있지만.

환원주의(reductionism)는 20세기의 과학적 연구를 배후에서 이끌어간 주된 원동력이었다. 이에 따르면, 자연을 이해하기 위해서 우리는 먼저 그것의 구성성분들을 해독해야 한다. 부분들을 이해하게 되면 전체를 이해하기 훨씬 쉬워질 것이라는 가정이 깔려 있다. 분할 지배하라, 악마는 미세한 부분들 속에 숨어 있다. 수십 년 동안 우리는 세계를 그것의 구성성분들을 통해 바라보도록 강요당한 것이다. 세계를 이해하기 위해 원자나 초끈(superstring)을, 생명을 이해하기 위해 분자를, 복잡한 인간행동을 이해하기 위해 개별 유전자를, 유행과 종교를 이해하기 위해 예언자를 연구하도록 훈련받아왔다.

이제 조각들에 대해 알아야 할 것들에 대해서는 거의 다 아는 상태에 가까워졌다고 할 수 있다. 하지만 하나의 전체로서의 자연을 이해하는 데 있어서는 과거 어느 때보다도 가까이 왔다고 하긴 어렵다. 재조립은 과학자들이 당초 예상했던 것보다 훨씬 어려운 작업이었던 것이다. 그 이유는 단순하다. 환원주의를 따를 때, 우리는 복잡성(complexity)이라는 견고한 벽에 맞닥뜨리게 된다. 자연은 다시 재조립하는 방법이 오직 하나뿐인 살 설계된 퍼즐이 아니라는 사실을 알게 되었다. 복잡한 시스템(complex system)에서는 구성요소들이 서로 결합하는 방식이 너무도 많아서, 그것들을 모두 시험해보는 데에는 수십억 년이 걸리게 될 것이다. 하지만 자연은 지난 수백만 년 동안 조각들을 우아하고 정교하게 결합해왔다. 자연은 자기 조직화(self-organization)라는 보편적인 법칙을 이용하여 그렇게 해왔는데, 그 근원은 우리에게 아직도 신비로 남아 있다.

오늘날 우리는 어떤 것도 다른 것과 따로 떨어져서 발생하지 않는다는 것을 점점 더 강하게 인식하게 된다. 대부분의 사건이나 현상은 복잡한 세계(complex universe)라는 퍼즐의 엄청나게 많은 다른 조각들과 연결되어 있으며, 그것들에 의해 생겨나고 또 상호작용한다. 우리는 우리 자신이 모든 것이 모든 것에 연결되어 있는 좁은 세상(small world)에 살고 있다는 것을 알게 되었다. 극히 상이한 학문 분야에 속한 모든 과학자들이 모든 복잡성은 엄격한 구조(architecture)를 갖고 있다는 사실을 일제히 발견하게 되면서, 우리는 거대한 혁명이 진행되는 것을 목도하고 있다. 우리는 비로소 네트워크의 중요성을 인식하게 되었다.

인터넷이 우리의 생활을 지배하게 되면서 누구나 "**네트워크**"라는 단어를 입에 올리게 되었고, 회사의 이름이나 유명 저널의 제목으로도 사용되기에 이르렀다. 9.11사태 이후, 테러리스트 네트워크의 치명적인 힘을 지켜보면서, 우리는 네트워크의 또 다른 의미에 익숙해지게 되었다. 하지만 일상적으로 통용되는 "네트워크"라는 말이 전달하는 의미 외에도, 빠른 속도로 발전하고 있는 네트워크 과학이 극히 흥미롭고 시사점이 많은 현상들을 드러내주고 있다는 사실을 알고 있는 사람은 매우 적다. 이러한 발견들 중 어떤 것들은 너무나 새로운 것이어서 주된 연구 결과들이 아직도 과학자 공동체 안에서만 출판되지 않은 논문의 형태로 돌아다니고 있는 상태다. 그 발견들은 우리를 둘러싼 상호 연결된 세상에 대해 새로운 빛을 던져주고 있으며, 대부분의 사람들이 인식하는 것보다 훨씬 강력하게 네트워크가 새로운 세기를 지배하게 될 것이라는 사실을 가리키고 있다. 그러한 발견들은 새로운 시대에서 우리의 세계관을 형성하게 될 근본적 질문들을 촉발할 것이다.

이 책의 목적은 단순하다. 여러분이 네트워크에 대하여 새롭게 생각할 수 있도록 만드는 것이다. 이 책에서는 네트워크들은 어떻게 생겨나며, 어떤 모양으로 생겨 있고, 어떻게 진화하는가를 다룬다. 이 책은 자연, 사회, 그리고 비즈니스에 대한 그물망적(Web-based) 시각을 제시할 것이며, 이것은 웹(Web)상에서 일어나는 민주주의 법칙에서부터 인터넷의 취약성이나 바이러스의 치명적 전파에까지 이르는 다양한 이슈들을 이해할 수 있는 새로운 준거틀을 제공해줄 것이다.

네트워크는 어디에나 존재한다. 우리에게 필요한 것은 단지 그것을 제대로 볼 수 있는 눈이다. 여러분은 이 책에서 하나의 링크(장)에서 다음 링크(장)로 옮겨감에 따라 일상적으로 접하는 사회를 하나의 복잡한 사회적 네트워크로 보는 안목을 가지게 될 것이며, 우리가 그 안에 살고 있는 이 거대한 세상이 얼마나 좁은가를 알게 될 것이다. 여러분은 바울이 어떻게, 그리고 왜 성공할 수 있었는지를 이해하게 될 것이며, 명백한 차이점이 있음에도 바울의 사회적 환경이 우리가 오늘날 겪고 있는 그것과 얼마나 유사한지도 인식하게 될 것이다. 여러분은 의사들이 병을 치료하고자 할 때 생명체들의 복잡한 상호연결성을 간과하고 오로지 개별적인 분자나 유전자들에만 초점을 맞춤으로써 어떠한 난관에 봉착하게 되는지를 보게 될 것이다. 여러분은 마피아 보이가 네트워크를 공격한 유일한 사람이 아니라는 사실을 알게 될 것이다. 여러분은 흔히 인터넷이 순전히 인간이 창조해낸 것이라고 믿고 있겠지만, 그것은 차라리 하나의 유기체나 생태계와 보다 가깝고, 또 그것이 모든 네트워크를 지배하는 기본적 법칙의 힘을 증명해줄 수 있다는 사실을 인식하게 될 것이다. 여러분은 테러리즘의 발생이 네트워크 형성의 법칙에 의해 지배되며, 이 치명적인 테러리스트 그물망이 자연의 그물망들이 가지고 있는 근본적인 견고성을 어떻게 활용하고 있는지를 보게 될 것이다. 여러분은 경제, 세포, 인터넷 등과 같이 매우 상이한 시스템들 간의 놀라운 유사성에 경탄하지 않을 수 없을 것이다. 이 책은 여러 분야를 넘나드는 눈을 열어주는(eye-opening) 여행이 될 것이며, 여러분들이 환원주의라는 상자에서 벗어나서 다가오고 있는 과학 혁명―새로운 네트워크의 과학―을 한 링크 한 링크씩 탐색해 가도록 자극할 수 있었으면 한다.

The Random Universe 두 번째 링크

무작위의 세계

　1783년 9월 18일 상트페테르부르크에서 레온하르트 오일러(Leonhard Euler)는 평소와 마찬가지로 하루를 시작했다. 그는 자신의 손자들 중 한 명에게 수학을 가르쳐준 다음, 기구(풍선)의 비행에 관련된 계산작업을 했다. 바로 석 달 전에 리옹(Lyon)의 남쪽에서 몽골피에(Montgolfier) 형제가 거대한 기구를 띄워서 6,500피트 상공까지 올라간 다음 약 1마일쯤 떨어진 곳에 무사히 착륙했었다. 오일러는 바로 이 기구의 동작에 숨어있는 역학을 연구하고 있었다. 그리고 그 때쯤 몽골피에 형제는 다음 날인 9월 19일에 파리에서 루이 14세가 보는 앞에서 양을 기구에 실어 띄우는 이벤트를 진행하기 위한 준비에 여념이 없었다. 하지만 오일러는 이 이벤트에 대해서는 알지 못했다. 점심을 먹고 난 후 그의 조수와 함께 당시 막 발견된 천왕성이라는 행성의 궤도에 대한 계산작업을 했다. 그가 도입한 천왕성의 궤도 방정식들은 몇 십 년 후 명왕성이라는 새로운 행성의 발견으로 이어지게 되었으나 오일러 자신은 생전에 그 발견을 보지 못했다. 오후 5시쯤 그는 뇌출혈을 일으켰고 "나는 죽어가고 있다"라는 한마디를 마지막으로 의식을 잃고 말았다. 그날 저녁 그는 수학의 역사상 가장 많은 업적을 남긴 한 생애를 마감했다.

   스위스에서 태어나 베를린과 상트페테르부르크에서 주로 활동했던 수학자 오일러는 수학, 물리학, 공학 등을 포괄하는 전 영역에 엄청난 영향을 미쳤다. 그의 발견들이 갖는 중요성은 여느 것과 비견할 수 없을 뿐 아니라 그 업적의 양 자체도 엄청난 것이었다. 오일러 전집(『Opera Omnia』)은 아직 미완성 상태인데 현재까지 편집된 것만 해도 각 권당 600페이지짜리로 73권에 달한다.

   오일러의 생애에 있어서 마지막 17년간, 즉 그가 1776년에 상트페테르부르크로 돌아와서 76세의 나이로 자신의 생을 마감할 때까지의 기간은 꽤나 파란이 많은 시기였다. 하지만 여러 가지 개인적 비극에도 불구하고 그의 저작 중 절반 가량은 바로 이 시기에 쓰여졌다. 그 중에는 달의 움직임에 관한 775페이지 분량의 논문, 상당한 영향을 미친 대수학 교과서, 세 권짜리의 적분학에 대한 논의 등이 있는데, 이것들은 모두 상트페테르부르크 아카데미의 저널에 평균적으로 매주 한 편씩의 수학적 논문을 제출하는 것과 병행해서 이뤄진 것들이다. 1766년에 상트페테르부르크로 돌아오자마자 오일러는 시력을 부분적으로 잃었고, 1771년의 백내장 수술 실패로 완전히 맹인이 되고 말았다. 숱한 수학적 정리(theorem)를 담고 있는 수천 페이지의 저작은 모두 그의 기억에 의존하여 구술된 것들이다.

   그보다 30년 전에 그의 시력이 온전했을 때, 오일러는 상트페테르부르크에 있는 자신의 집에서 그리 멀지 않은 쾨니히스베르크(Kö nigsberg)라는 도시에서 비롯된 재미난 문제를 다룬 짧은 논문을 쓴 적이 있었다. 동프로시아의 꽃이 많은 도시 쾨니히스베르크는 18세기 초에는 장차 제2차 세계대전 중의 가장 치열한 전장이 될 자신의 슬픈 운명을 짐작도 하지 못하고 있었다. 당시에 만들어진 판화를 보면 쾨니히스베르크는 프레겔(Pregel) 강 기슭에 있는 번창한 도시로, 바쁘게 움직이는 선단과 그들의 교역 덕분에 이 지역의 상인들과 그 가족들이 안락한 생활을 누렸음을 알 수 있다. 건실한 도시 경제 덕분에 공무원들은 프레겔 강을 건너는 다리를 무려 7개나 건설할 수 있었다. 이들 다리의 대부분은 프레겔 강의 두 지류 사이에 위치한 아름다운 섬 크네이포프(Kneiphof)와 도시의 다른 부분을 연결하는 것이었다. 나머지 2개의 다리는 강의 두 지류를 건너는 것이었다 (그림 1). 쾨니히스베르크 시민들은 평화와 번영의 시기를 보내면서 여러 가지 퍼즐을 즐겼는데, 그 중의 하나는 바로 이것이었다. "같은 다리를 두 번 이상 건너지 않으면서 7개의 다리들을 모두 건널 수 있을까?" 1875년에 새로운 다리가 건설될 때까지 누구도 그러한 경로를 발견하지 못했다.

새로운 다리가 건설된 1875년으로부터 거의 150년 전인 1736년에 이미 오일러는 7개의 다리에는 그러한 경로가 존재하지 않는다는 사실에 대한 엄밀한 수학적 증명을 제시했다. 그는 쾨니히스베르크의 다리 문제를 해결했을 뿐 아니라, 의도한 결과는 아니었지만 짧은 논문을 통해 그래프 이론(graph theory)이라고 알려지게 된 수학의 거대한 한 분과를 만들어내게 되었다. 오늘날의 그래프 이론은 바로 네트워크에 대한 사고의 기초라고 할 수 있다. 오일러 사후 몇 세기 동안에 그래프 이론은 대부분의 위대한 수학자들이 연구 주제로 삼는

링크　　　　　　　　　　　　　　　　　　　　　　　　　　　26

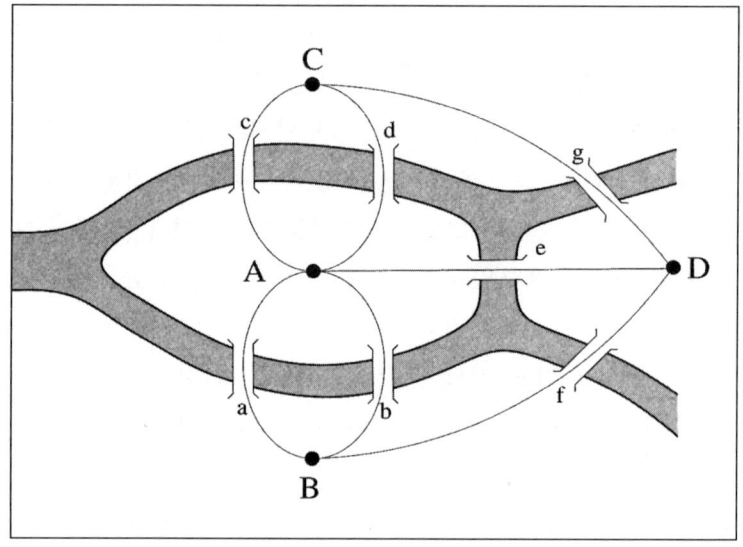

■ 그림 1 쾨니히스베르크의 다리

1875년 이전 쾨니히스베르크의 배치도. 크네이포프 섬 (A)과 육지 영역(D)이 프레겔 강의 두 지류 사이에 위치하고 있다. 쾨니히스베르크의 다리 문제를 해결하는 것은 각각의 다리를 오직 한번만 건너면서 도시 전체를 돌아다닐 수 있는 루트를 찾는다는 것을 의미한다. 1736년에 레온하르트 오일러는 네 개의 육지 부분(A, B, C, D)을 노드(node)로 대치하고 각 다리들(a에서 g)을 링크(link)로 대치함으로써 4개의 노드와 7개의 링크로 이뤄진 그래프를 구성했고, 그렇게 하는 과정에서 바로 그래프 이론을 탄생시킨 것이다. 그러고 나서 그는 쾨니히스베르크의 그래프상에서는 각 링크를 한번만 지나는 루트가 없다는 것을 증명했다.

성숙한 학문 분야로 성장했다. 네트워크 영역으로 들어가는 문을 열기 위해서, 오일러가 첫 번째 그래프를 도입하게 된 추론 과정을 간략하게 답사해보기로 하자.

1.

쾨니히스베르크 다리 문제에 대한 오일러의 증명은 단순하고 우아해서 수학적 훈련을 받지 않은 사람도 쉽게 이해할 수 있다. 하지만 역사적으로 의미 있는 것은 증명 그 자체가 아니라 그 문제를 풀기 위해 취한 중간 과정이다. 오일러의 위대한 통찰력은 쾨니히스베르크의 다리들을 하나의 '**그래프**(graph)' 로서, 즉 '**링크**(link)' 들에 의해 연결된 '**노드**(node)' 들의 집합으로 파악한 데에 있다. 이를 위해 그는 강에 의해 나뉘어진 4조각의 땅(A, B, C, D)을 표현하는 데 '노드' 를 이용하였다. 그런 다음에 다리들은 '링크' 라고 부르고, 각 조각의 땅들 간에 다리가 있으면 선으로 연결하였다. 그리하여 '노드' 는 땅 조각, '링크' 는 다리를 표현하는 '그래프' 가 생겨난 것이다.

쾨니히스베르크에서 모든 다리를 오직 한번만 건널 수 있는 경로는 없다는 것에 대한 오일러의 증명은 단순한 관찰에 기초를 두고 있다. 이 여행에서 홀수 개의 링크를 가진 노드는 출발점이거나 종착점이어야 할 것이다. 모든 다리들을 거쳐가는 연속적 경로는 오직 하나의 출발점과 종착점만을 가질 수 있다. 따라서 홀수 개의 링크를 가진 노드가 2개가 넘는 그래프에서는 그러한 경로는 존재할 수 없게 된다. 쾨니히스베르크 그래프에서는 그러한 노드가 4개나 되므로 원하는 경로는 존재할 수 없는 것이다.

우리의 입장에서 봤을 때 오일러의 증명에서 가장 중요한 측면은, 경로의 존재는 그것을 찾는 재주에 달린 것이 아니라 "**그래프의 속성**"에 달려 있다는 점이다. 쾨니히스베르크의 다리들의 배치가 주어져 있을 때, 제아무리 똑똑한 사람이라도 원하는 경로를 결코 찾을 수 없다. 쾨니히스베르크의 시민들은 마침내 오일러의 이야기에 동의하여 가망 없는 경로 찾기를 포기했고, 1875년에 B와 C를 연결하는 새로운 다리를 건설함으로써 이 두 노드들이 각기 4개씩의 링크를 갖도록 했다. 그리하여 이제는 두 개의 노드(A와 D)만이 홀수 개의 링크를 갖게 되었고, 원하는 경로를 찾는 것은 아주 뻔한 문제가 되었다. 아마도 이러한 경로를 만드는 것이 새로운 다리를 건설하게 된 숨겨진 이유는 아니었을는지?

돌이켜 보면 오일러의 의도치 않았던 메시지는 매우 단순하다. 그래프 내지 네트워크라는 것은 그 구조 안에 속성들을 갖고 있는데, 그것들은 우리가 무엇인가를 할 때 우리의 능력을 제약하거나 향상시킬 수 있다는 것이다. 두 세기 이상 동안 쾨니히스베르크의 그래프가 갖고 있었던 배치 구조는 그 시민들이 커피숍에 갈 때 어디로 해서 가야 하는지에 대해 제약 조건으로 작용했다. 하지만 단지 하나의 다리를 추가함으로써 배치 구조가 바뀌자 이 모든 제약 조건은 단번에 제거되었다.

여러 가지 측면에서 오일러의 결론은 이 책의 중요한 메시지를 상징적으로 보여주고 있다. 그래프 내지 네트워크의 구조는 우리 주변의 복잡한 세계를 이해하기 위한 열쇠이다. 노드와 링크 몇 개를 바꿈으로써 그것의 위상구조(topology)를 조금만 바꿔도 이제까지 숨겨져 있던 문을 열고 새로운 가능성을 만들어낼 수 있게 된다.

오일러 이후 그래프 이론은 붐을 일으켜 코시(Cauchy), 해밀턴(Hamilton), 키르히호프(Kirchhoff), 폴리아(Pólya) 등 위대한 수학자들이 이 분야에 중요한 기여를 했다. 이들은 결정체에서의 원자들의 격자 구조나 벌집에서의 육각형 격자 구조 등 일정한 구조를 갖는 큰 그래프들에 대해 거의 모든 것을 밝혀냈다. 20세기 중반까지 그래프 이론의 목표는 단순했다. 즉, 여러 종류의 그래프들의 다양한 속성들을 발견하고 그 목록을 만드는 것이었다. 그 중 유명한 것으로는 미로 내지 미궁으로부터 벗어나는 방법(1873년에 처음으로 해결됨)이라든가, 체스판에서 나이트를 같은 지점에 오직 한번만 지나가게 하면서 최초의 출발지로 돌아오는 경로를 찾는 것 등이다. 보다 어려운 문제들은 수세기 동안 해결되지 못한 채 남아 있었다.

오일러의 영감 어린 작업 이후 두 세기가 지나서야 수학자들은 다양한 그래프의 속성들에 대한 연구에서 벗어나 그래프, 또는 보다 일반적으로 네트워크가 도대체 어떻게 생겨나는 것인가라는 보다 본질적인 질문을 던지기 시작했다. 실제의 네트워크들은 어떻게 형성되는가? 그들의 모양이나 구조를 지배하는 법칙은 무엇인가? 1950년대에 두 명의 헝가리 수학자들이 그래프 이론에 혁명을 일으키기 전까지 이러한 문제들이나 그것에 대한 최초의 해답들은 존재하지조차 않았다.

| 두 번째 링크 : 무작위의 세계 |

2.

1920년대 후반의 어느 날 오후, 부다페스트(Budapest)에서 17세의 한 청년이 이상한 걸음걸이로 거리를 뛰어가다가 우아한 맞춤구두 가게 앞에 멈춰 섰다. 웬만한 보통 신발은 잘 맞지 않을 만큼 발이 이상하게 생긴 것으로 보아 맞춤구두가게를 찾을 만도 해 보였다. 하지만 새 신발을 사는 것이 이번 방문의 목적은 아니었다. 그 가게의 문을 노크한 후―이것은 요즈음도 그렇지만 그 당시에도 어색한 행동이었을 텐데―안으로 들어서자 카운터에 있는 여자판매원은 본체만체 하고 가게 뒤편에 있는 14살짜리 소년에게 다가갔다.

"4자리 숫자를 하나 말해봐." 그는 말했다.

"2,532." 소년은 이 이상한 사람을 쳐다보고는 눈이 휘둥그레진 채 대답했다. 하지만 그 청년은 자신을 응시할 시간을 그리 오래 주지 않았다.

"그것의 제곱은 6411024야" 라고 말하고는 "미안, 세제곱은 잘 모르겠네. 나이가 좀 들다 보니 말야. 피타고라스 정리를 증명하는 방법은 몇 개나 아니?"

"하나요." 소년이 대답했다.

"나는 37개를 알지." 그리고는 바로 이어서 말했다. "직선을 이루는 점들은 셀 수 있는(countable) 집합을 형성하지 않는다는 것을 아니?" 소년에게 칸토르(Cantor)의 증명을 증거로 보여준 후, 그는 그 구두가게에서 볼 일을 다 봤다. "나는 또 달려가야 돼" 라고 말하고는 획 돌아서서 가게 바깥으로 뛰어나갔다.

폴 에르되스(Paul Erdös)는 이렇게 계속 질주했고 그리하여 20세기를 이끈 천재이자 주위 환경과 안 어울리는 것으로 가장 유명한 인물이 되었다. 그는 1996년에 사망하기까지 1,500편의 수학 논문을 썼다. 이만한 업적은 오일러 이후 거의 필적할 만한 사람이 없을 정도인데, 그 중에는 또 한 명의 헝가리 수학자인 알프레드 레니(Alfréd Réney)와 함께 쓴 8편의 논문이 있다. 이 논문들은 인류 역사상 처음으로 우리의 상호연결된 세계를 이해하기 위한 가장 근본적인 문제를 다루고 있다. 네트워크는 어떻게 형성되는가? 그들의 해답은 무작위 네트워크 이론(random network theory)의 기초가 되었다. 그리고 이 우아한 이론은 네트워크에 관한 우리의 사고에 심대한 영향을 미쳐서 아직도 우리는 그것으로부터 헤어나기 위해 힘겹게 싸워야 할 정도이다.

3.

서로 아는 사람이 한 명도 없는 백 명의 손님들을 선택해서 초대한 후 파티를 연다고 생각해 보자. 이들에게 와인과 치즈를 주면 그들은 이내 서로 이야기하기 시작할 텐데, 이는 만나서 서로 알고자 하는 인간의 태생적인 욕구 때문이다. 이내 2명 내지 3명으로 이뤄진 30~40개의 그룹이 형성된 것을 보게 될 것이다. 이제 손님 중 한 명에게 라벨이 붙지 않은 짙은 초록색 병에 든 레드 와인이 20년 묵은 최고급 포르투갈 산 포도주이고, 빨간색 라벨이 붙은 것보다 훨씬 좋다는 것을 이야기해 주면서, 단 이 정보를 그가 새로 사귄 손님들에게만 공유하도록 요구해 보라. 당신의 그 친구는 그 방 안에 있는 단지 2~3명 정도의 사람들과 만날 시간밖에 없을 것이므로 아마 당신은 그 값비싼 고급 포도주는 매우 안전하리라고 생각할 것이다. 하지만 손님들은 이내 같은 사람하고만 오랫동안 이야기하는 것에 지루해 할 것이고, 다른 새로운 그룹들에 끼기 위해 움직일 것이다. 외부의 관찰자는 특별한 낌새를 눈치채지 못할 것이다. 하지만 앞서 만났지만 지금은 다른 그룹들에 속해 있는 사람들 간에는 보이지 않는 사회적 링크들이 존재한다. 그 결과, 아직은 서로 간에 전혀 모르는 사람들 간을 미묘한 경로가 연결하기 시작한다. 예를 들면, 존은 메리를 아직 만나지 못했지만, 그들은 둘 다 마이크를 만났고, 따라서 존에서 마이크를 거쳐 메리로 이어지는 경로가 존재한다. 만약 존이 그 와인에 대한 정보를 알고 있었다면 이제 메리도 그것을 알게 되었을 가능성이 있는데, 왜냐하면 그녀는 마이크에게서 그 얘기를 들을 수 있기 때문이다.

시간이 가면 갈수록 손님들은 점점 더 그 보이지 않는 링크들에 의해 서로 짜여지고, 손님들 중 상당 부분의 사람들을 포괄하는 미세한 그물망이 형성된다. 값비싼 와인은 점점 더 위협받게 되는데, 왜냐하면 그것의 정체는 소수의 내부자 그룹으로부터 점점 더 많은 대화 그룹들로 전달될 것이기 때문이다(그림 2).

만약 각각의 사람들이 자기가 갖고 있는 정보를 새로 알게 된 모든 사람들에게 전달한다고 가정하면, 고급 와인의 정체는 파티가 끝나기 전에 모든 손님들에게 전파될까? 물론 모든 사람이 모든 사람을 서로 알게 된다면 그들 모두가 이 고급 와인을 따라 마시게 될 것이 분명하다. 하지만 한 사람을 만나서 이야기하는 데 10분이 걸린다고 해도 99명의 사람들 만나는 데에는 16시간이 걸릴 것이다. 파티가 그렇게 오래 계속되는 경우는 거의 없으므로, 그 와인의 정체를 당신의 친구에게 말해줘도 파티가 끝났을 때 고급 와인이 어느 정도는 남아 있을 거라고 안심할지도 모른다.

하지만 에르되스와 레니라면 '실례지만 내 의견은 다르다' 라고 했

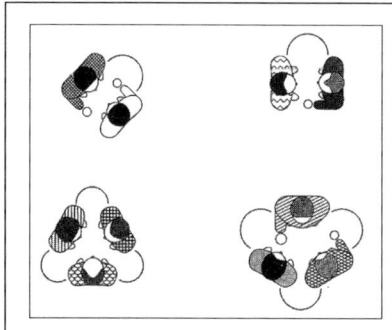 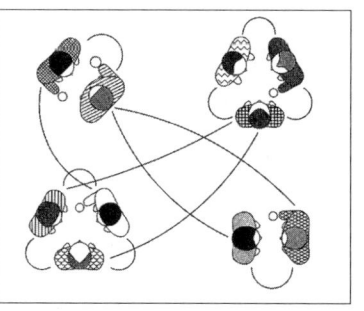

■ 그림 2 파티

처음에는 서로들 간에 전혀 모르는 손님 10명이 참석한 파티에서, 손님들이 소규모 그룹 단위로 이야기를 하기 시작하면서 사회적 연결(tie)들이 형성된다. 처음에는 그 각각의 그룹들은 서로 따로 떨어져 있다(왼쪽 그림). 같은 그룹 내에는 사회적 링크(선으로 표시됨)들이 존재하지만, 그 그룹 외부의 사람들은 모두 낯선 사람이다. 시간이 가면서(오른쪽 그림) 세 명의 손님이 다른 그룹으로 이동하자 커다란 클러스터(cluster)가 생겨난다. 모든 사람이 모든 다른 사람을 직접 알게 되는 것은 아니지만, 이제 모든 손님을 포괄하는 단일한 사회적 네트워크가 등장한 것이다. 이러한 사회적 링크들을 따라가면 어떤 두 명의 손님 간에도 연결 경로가 존재하게 된다.

을 것이다. 에르되스는 흔히 레니의 말을 인용해 이렇게 말했다. "수학자는 커피를 수학적 정리(theorem)로 만드는 기계다." 그리고 특별히 운 좋은 한 컵의 커피가 널리 인용되는 정리가 되었다. 만약 각각의 사람이 적어도 한 명 이상의 다른 손님과 알게 된다면, 곧 모든 사람이 그 예비용 고급 와인을 마시게 될 것이다. 에르되스와 레니에 따르면, 그 방안에 있는 모든 손님을 포괄하는 보이지 않는 사회적 그물망이 형성되는 데는 30분이면 족하다. 그 와인이 좋다고 추천하는 말이 들린 지 몇 분이 안 돼서 당신은 잔에 빈 병을 기울이고 있는 자신을 발견하게 될 것이다.

4.

칵테일 파티에서 우리가 만난 손님들은 오일러에 의해 선구적으로 개척된 수학의 한 분야인 그래프 이론에서 중요한 문제들 중 한 부분을 이룬다. 손님들은 노드들이고, 새로운 만남이 이뤄질 때마다 그들 간에 사회적 링크가 생겨나는 것이다. 따라서 아는 사람들 사이의 그물망, 즉 링크들에 의해 연결된 노드들의 덩어리인 그래프가 생겨나는 것이다. 전화선으로 연결된 컴퓨터들, 생화학적 작용에 의해 연결된 우리 몸 속의 분자들, 거래행위에 의해 연결된 기업들과 소비자들, 신경세포의 축색돌기(axon)들에 의해 연결된 신경세포들, 다리에 의해 연결된 섬들, 이 모든 것들은 그래프의 예이다. 노드와 링크의 내용이나 성질이 무엇이건 간에, 수학자에게 있어서 그것들은 동일한 것이다. **그래프 내지는 네트워크로.**

모든 그물망을 그래프로 단순화시켜 이해하는 것은 그것이 가진 우아함에도 불구하고 간과할 수 없는 몇 가지 문제를 야기한다. 사회, 인터넷, 세포, 두뇌 등이 모두 그래프로 표현될 수 있기는 하지만 가각은 다른 것들과 분명 다르다. 무작위적 만남과 의식적 결정에 의해 아는 사람이나 친구관계가 형성되는 인간 사회와 화학 및 물리적 법칙들이 분자들 간의 모든 상호작용을 지배하는 세포들에게서 많은 공통점을 상상하기란 쉽지 않다. 우리가 자연 속에서 만나게 되는 다양한 네트워크들에는 링크가 생겨나는 과정을 지배하는 법칙에 있어서 분명한 차이가 존재함에 틀림없다. 이 모든 상이한 시스템들을 묘사할 수 있는 하나의 모델을 찾는 것은 분명 승산이 없는 도전이다. 하지만 모든 과학자들의 궁극적인 목적은 매우 복잡한 현상을 설명해줄 가능한 한 가장 단순한 설명이다.

에르되스와 레니는 모든 복잡한 그래프를 단일한 사고 속에서 서술할 수 있는 우아한 수학적 해답을 제시함으로써 바로 이 도전을 감행한 것이다. 시스템이 다르면 그 각각의 네트워크를 구성하는 규칙 역시 달라지기 때문에, 에르되스와 레니는 그 다양성에 대해 의도적으로 논외로 하고 자연이 **따를 수 있는** 가장 단순한 해결책을 제안했다. 노드들을 무작위적으로 연결하라. 그들은 네트워크를 형성하는 **가장 단순한** 방법은 주사위를 이용하는 것이라고 결정했다. 두 노드를 정하고 주사위를 던져서 6이 나오면 그들 간에 링크를 부여하고 그 외의 다른 숫자가 나오면 링크를 부여하지 말고, 이런 식으로 다른 두 노드를 다시 정해서 놀이를 계속하는 것이다. 에르되스와 레니는 그래프와 그것이 표현하는 이 세상을 근본적으로 무작위적인 것으로 보았다.

에르되스는 이렇게 말하기를 좋아했다. "우리가 수학을 창조하는 것인지 아니면 단지 그것을 발견하는 것인지에 대한 해묵은 논쟁이 있다. 다른 말로 하면, 진리는 우리가 그것을 아직 알지 못하더라도 저기 어딘가에 이미 있는 것이 아닌가 하는 것이다." 에르되스는 이 문제에 대해 분명한 답을 가지고 있었다. 수학적 진리는 절대적 진리들의 목록 속에 이미 들어 있는 것이고, 우리는 그것들을 단지 재발견하는 것이다. 그토록 우아하고 단순한 무작위 그래프 이론은 그에게 있어서는 영원한 진리들 중의 하나로 여겨졌다. 하지만 오늘날 우리는 무작위 네트워크는 우리의 세계를 조합하는 데 있어서 큰 역할을 하지 않는다는 것을 안다. 자연은 그 대신 몇 개의 근본적인 법칙들에 의거하고 있는데, 그 내용에 대해서는 앞으로 나올 장들에서 살펴볼 것이다. 에르되스 자신은 무작위 그래프 이론을 개발함으로써 수학적 진리와 대안적 세계관을 창조했다. 두뇌나 사회를 창조하는 자연 법칙의 내밀함까지 알 수 있는 위치에 있지는 않았던 에르되스는 신이 주사위 놀이를 즐긴다고 가정함으로써 그의 훌륭한 추측을 위험에 빠뜨렸다. 그의 친구인 프린스턴 대학의 알버트 아인슈타인(Albert Einstein)은 정반대의 신념을 갖고 있었다. "신은 이 세계를 가지고 주사위 놀이를 하지 않는다."

5.

자, 이제 다시 우리의 칵테일 파티로 돌아가서 무작위 그래프 이론을 연습해 보자. 우선 고립된(어떤 다른 노드와도 연결되지 않은) 많은 수의 노드들로부터 시작해 보자. 그런 다음 노드들 간에 무작위로 링크를 부여하는데, 이는 손님들 간의 만남이 무작위로 이뤄진다고 생각하는 것과 같은 것이다. 적은 수의 연결만을 부여한 상태에서는 몇몇 노드들이 하나의 쌍을 이루게 될 것이다. 하지만 만약 계속해서 링크들을 추가해 가다 보면 언제부턴가는 이 쌍들 간을 연결함으로써 여러 개의 노드들로 이뤄진 클러스터(cluster)를 만들게 될 것이다. 하지만 만약 각 노드가 평균적으로 하나의 링크를 가질 정도로 충분한 수의 링크를 추가하면 기적 같은 일이 일어난다. 하나의 거대한 클러스터가 생겨나게 되는 것이다. 즉, 대부분의 노드들이 하나의 커다란 클러스터에 속하게 되고, 따라서 어떤 노드부터 시작하더라도 링크들을 따라가다 보면 대부분의 다른 노드들에까지 다다를 수 있게 된다는 것이다. 이 순간이 바로 당신의 값비싼 고급 와인이 위기에 처하게 되는 그 순간이다. 왜냐하면 소문은 그 거대한 클러스터에 속한 모든 사람에게 전달될 수 있기 때문이다. 수학자들은 이러한 현상을 전체 노드들 중에서 상당히 많은 비율을 포괄하는 거대한 컴포넌트(component)의 등장이라고 이야기한다. 물리학자들은 이것을 여과현상(percolation)이라고 부르면서, 마치 물이 얼음이 되는 순간과 비슷한 상전이(phase transition)를 우리가 목격한 것이라고 이야기할 것이다. 사회학자들이라면 칵테일 파티의 손님들은 이제 막 커뮤니티(community)를 형성했다고 이야기할 것이다. 비록 분야에 따라 상이한 용어를 사용하기는 하지만, 그들은 모두 다음과 같은 사실에 동의한다. 만약 우리가 네트워크 내에서 무작위로 한 쌍의 노드를 선택해서 그것에 링크를 부여해 가게 되면, 뭔가 특별한 현상이 생겨나게 된다. 즉 일정한 개수의 링크를 부여한 다음에는 네트워크가 급격하게 변한다. 그 **이전에는** 소규모의 서로 단절되어 있는 여러 개의 클러스터들, 즉 클러스터 내에서만 서로 이야기하는 분리된 그룹들만이 있었다. 그렇지만 그 **이후에는** 거의 모든 사람이 소속되어 있는 거대한 하나의 클러스터가 생겨난 것이다.

6.

우리들 각자는 거대한 클러스터를 이루고 있는 전 세계적 사회 네트워크의 한 부분이다. 그 누구도 여기에서 벗어나 있지는 않다. 우리는 이 지구상의 모든 사람을 알고 있는 것은 물론 아니지만 이 사람들 간의 그물망 속에서 어떤 두 사람 간에도 서로 연결될 수 있는 경로가 존재한다는 것은 보증할 수 있다. 마찬가지로 우리 두뇌 속의 어떤 두 뉴런(neuron) 간에도, 세계의 어떤 두 기업 간에도, 우리 몸 속의 어떤 두 화학물질 간에도 연결경로가 존재한다. 이처럼 고도로 상호연결된 삶의 그물망으로부터 그 어떤 것도 배제되어 있지 않다.

에르되스와 레니는 왜 이렇게 되었는지에 대해 설명해 준다. 즉 전체가 모두 연결되기 위해서는 **노드당 오직 하나의 링크**만 있어도 그렇게 되기에 충분하기 때문이라는 것이다. 한 사람당 아는 사람 한 명, 두뇌 속의 하나의 뉴런당 다른 어떤 뉴런과의 링크 한 개, 우리 몸 속의 각 화학물질들이 적어도 한 개의 다른 화학물질과 반응할 수 있는 것, 비즈니스 세계에서 적어도 한 개 이상의 다른 기업과 거래 관계가 있는 것. 그 하나가 임계문턱(threshold)이 된다. 만일 하나의 노드가 평균적으로 하나 미만의 링크를 갖게 되면 네트워크는 작은 클러스터들로 분리되고 만다. 하지만 만약 노드당 평균적으로 하나 이상의 연결만 있다면 그러한 위험은 사라진다.

자연 현상에서는 이 하나의 링크라는 최소값을 훨씬 넘어서고 있다. 사회학자들은 사람들이 다른 사람의 이름을 아는 것을 기준으로 할 때, 한 사람이 200명에서 5,000명 정도를 알고 있다고 추정한다. 뉴런은 평균적으로 12개의 다른 뉴런과 연결되어 있고, 그 중 어떤 것은 수천 개와 연결되어 있다. 기업들은 대개 수백 개의 공급업체나 고객들과 링크되어 있고, 일부 대기업들은 수백만 개의 링크를 가지고 있다. 우리 몸 속에서 대부분의 분자들은 한 개보다는 훨씬 많은 반응에 참여하며, 물 분자의 경우에는 수백 개의 반응에 참여한다. 따라서 실제의 네트워크들은 전체적으로 연결되어 있을 뿐 아니라, 하나라는 임계문턱 값을 훨씬 넘어선다. 무작위 네트워크 이론에 따르면 노드당 평균 링크 개수가 하나라는 임계치를 넘어서게 되면, 거대한 클러스터로부터 고립되어 있는 노드의 개수는 기하급수적으로 감소하게 된다. 즉, 더 많은 링크를 추가하면 할수록, 고립된 노드를 찾아보기는 점점 더 어려워진다는 것이다. 자연은 이 임계치의 근방에 있음으로 해서 생기는 위험을 감수하려고 하지 않는다. 자연은 그 임계치를 훨씬 넘어서 있는 것이다. 결과적으로 우리를 둘러싼 네트워크들은 단순한 그물망이 아니다. 그것은 어떤 것도 동떨어져 있기 어려운 매우 밀도 높은 네트워크이며, 따라서 그 안의 모든 노드들은 도달 가능하다. 전체 사회에서 완전히 고립된 사람들의 무인도가 없고, 우리 몸 속의 모든 분자들이 복잡한 단일 세포 맵을 이루고 있는 것은 모두 이 때문이다. 사도 바울의 메시지가 그가 전혀 알지 못했던 사람들에게까지 도달할 수 있었던 것과 마피아 보이가 언론에 대서특필된 것도 바로 같은 이유에서이다. 링크들을 따라서 그들의 행동이 쉽게 수백만에게 영향을 주었던 것이다.

7.

상전이 또는 여과현상을 통해 거대한 클러스터가 등장하는 이 극히 특별한 순간에 대한 에르되스와 레니의 발견은 그래프 이론에 있어서 엄청난 사건이었다. 하지만 그것의 중요성은 하나의 사회가 형성되기 위해서는 단지 하나의 링크로 충분하다는 믿기 어려운 예측을 해냈다는 데에 있지 않다. 오히려 에르되스와 레니 이전에는 그래프 이론은 칵테일 파티나 사회적 네트워크, 또는 무작위 그래프 등을 다루지 않았다는 점이 중요하다. 그래프 이론은 그 구조에 애매모호함이 전혀 없는 정규적 그래프(regular graph)에만 거의 전적으로 초점을 맞추어왔다. 하지만 인터넷이나 세포와 같이 복잡한 시스템들이 고찰의 대상이 되면서 정규적 그래프는 정상적인 것이라기보다는 오히려 예외적인 것으로 간주되기에 이르렀다. 에르되스와 레니는 사회적 네트워크나 전화선과 같은 실제의 그래프들은 깔끔하거나 규칙적인 것과는 거리가 멀다는 것을 처음으로 인식했다. 그것들은 구제불능일 정도로 복잡한데 바로 이러한 복잡성을 겸허하게 받아들이게 되면서 에르되스와 레니는 이러한 네트워크들이 무작위적이라고 가정하게 되었다.

돌이켜 보면, 이 두 명의 수학자들이 무작위성(randomness)을 도입함으로써 수학의 한 분야의 방향을 바꾸었다는 것은 어쩌면 놀랄 만한 일이 아닐지도 모른다. 운과 무작위성이 그들의 삶 자체의 매우 중요한 부분이었던 것이다. 비록 레니는 에르되스보다 7살이 어렸지만, 두 집안의 부모가 부다페스트 시절부터 친분이 있었기 때문에 서로를 알고 있었다. 그들이 1948년에 암스테르담에서 만난 후 함께 작업을 하기 시작했을 때, 그들은 이미 둘 다 매우 파란만장한 시절을 겪은 후였다. 유대인의 대학입학 인원을 제한하는 법(Numerus Clausus) 때문에 레니는 고등학교를 마친 후 조선소에서 일했고, 수학과 그리스어 경시대회에서 입상한 후 1939년에야 대학 입학이 허용되었다. 그러나 그는 수학 공부를 마치고 얼마 지나지 않아 강제노동수용소에 끌려가게 되었다. 하지만 그는 거기에서 운 좋게 탈출하는 데 성공했다.

전쟁 기간 동안 레니의 레지스탕스 활동을 익히 알고 있었던 에르되스와 그의 동료들은 레니를 마음속 깊이 존경했다. 레니는 대담하게도 헝가리의 파시스트 단체인 닐러시(Nyilas)의 유니폼으로 위장하고 그의 친구들이 집단수용소를 탈출하는 것을 도왔다. 한 일화에 따르면, 레니는 닐러시 병사의 옷을 입고 부다페스트의 게토(ghetto)에 들어가서 그의 부모들을 빼내왔다고 한다. 그는 또한 나치가 지배하는 부다페스트에서 가짜 신분증을 가지고 수년간을 살았다. 나치가 저지른 테러의 실상을 아는 사람만이 이러한 행동이 얼마나 큰 용기가 필요한 일인지를 알 수 있을 것이다. 자연히 그는 2차 세계 대전이 끝날 때까지 수학에 몰두하기가 매우 어려웠다. 전쟁이 끝나고 1946년에 그는 공부를 계속하기 위해 레닌그라드로 여행을 떠나게 되었다. 그리고 거기서 그의 창조성이 폭발했다. 러시아어에 익숙하지 못했음에도 그는 수 이론(number theory)을 기록적으로 짧은 기간 내에 배우고 흡수했을 뿐 아니라, 당시 수 이론에서 어렵기로 악명 높은 문제들 중 하나인 골드바흐의 추측(Goldbach conjecture)에 관한 근본 정리들을 증명해내기까지 했다. 따라서 2년 후 암스테르담에서 에르되스를 만났을 때의 레니는 더 이상 꿈 많은 수학도라든가 가족관계를 통한 친구가 아니라 이미 세계적인 명성을 획득한 유명한 과학자였던 것이다.

에르되스는 그즈음에 그의 트레이드마크인 "여행하는 수학자"로서의 생활 스타일을 굳혀가고 있었다. 그는 그의 동료의 집 문앞에 나타나서 "내 두뇌가 열렸어(My brain is open)"라고 선언하곤 했다. 이 말은 그의 지칠 줄 모르는 수학적 진리 추구에 함께 하자는 초대의 말이었다. 그에게 영구적 일자리를 제안한 유일한 곳은 인디애나 주 사우스 벤드(South Bend)에 있는 노트르담(Notre Dame) 대학이었다. 그 당시 수학과 학과장이었던 아놀드 로스(Arnold Ross)는 에르되스에게 매우 후한 조건으로 초빙 교수직을 제안했다. 그는 강의를 대신할 조수를 두고 언제든지 다른 곳으로 갈 수도 또 다시 돌아올 수도 있었다.

가톨릭 계열의 문리(liberal arts)대학인 노트르담 대학은 당시만 해도 몇 십 년 후와는 달리 그리 유명한 학교가 아니었다. 하지만 이 대학은 에르되스에게 조용하고 안락한 작업 환경을 제공했고, 또한 세계와 신에 대한 독특한 시각을 갖고 있었던 그가 사제 동료들과 토론을 즐길 수 있는 기회를 제공하기도 했다. 한번은 노트르담 대학 시절이 어땠는가에 대한 질문을 받고 에르되스는 농담조로 "거기는 덧셈 기호가 너무 많다"라고 말했다고 한다. 여기서 덧셈 기호란 캠퍼스 안에 있던 십자가를 지칭한 말이었다. 노트르담 대학이 마침내 에르되스에게 매우 후한 조건으로 영구 교수직을 제안했을 때 그는 정중히 거절했다. 아마도 그는 자신의 생활을 특징짓고 있던 무작위성과 예측불가능성을 잃는 것은 너무 큰 손실이라고 생각했던 것 같다.

8.

암스테르담에서의 에르되스와 레니의 만남은 매우 친밀한 우정과 공동작업의 시작이었고 레니가 1970년에 49세의 나이로 죽을 때까지 38편의 공동 저작을 낳았다. 그 중에는 그래프이론에 관한 8편의 전설적인 논문이 있다. 암스테르담에서의 만남 이후 10년이 넘어서 발표된 그 첫 번째 논문은 그래프는 어떻게 해서 형성되는가라는 중요한 문제를 다루고 있다. 그래프 이론의 여러 문제들을 해결함에 있어서 그들이 무작위성을 어떻게 활용하였는가는 그래프 또는 네트워크에서 노드들이 몇 개의 링크를 갖는가를 생각해 보면 분명해진다. 정규적 그래프는 각 노드들이 **정확하게** 똑같은 수의 링크를 갖는다는 점에서 극히 독특한 경우이다. 이를테면, 수직선들의 2차원 그물망에 의해 형성되는 단순한 정사각형 격자 구조에서 각 노드는 정확하게 4개의 링크를 가지며, 벌집의 육각 격자 구조에서 각 노드는 정확하게 3개의 링크를 갖는다.

 무작위 그래프에서는 그러한 규칙성은 존재하지 않는다. 무작위 네트워크 모델의 전제는 철저하게 평등주의적이다. 즉 우리는 링크를 완전히 무작위적으로 부여한다. 따라서 모든 노드는 추가적 링크 하나를 부여받을 기회를 똑같이 갖고 있다. 이는 라스베이거스에서 우리 모두는 잭 포트를 칠(거액의 상금을 딸) 찬스를 똑같이 갖고 있다고 여겨지는 것과 같은 상황이다. 하지만 하루가 끝나면 결국에는 도박을 한 사람들 중 오직 소수만이 부자가 되어 걸어나간다. 마찬가지로 만약 우리가 링크를 무작위적으로 부여해 나가게 되면 어떤 노드들은 다른 노드보다 많은 링크를 갖게 될 것이다. 어떤 노드는 아주 운이 없어서 하나의 링크도 갖지 못하게 될 수도 있다. 에르되스와 레니의 무작위적 세계는 공정치 못한 동시에 관대하다고 할 수 있다. 그것은 어떤 노드는 부자로, 다른 노드는 가난뱅이로 만들 수 있다. 하지만 에르되스와 레니 이론의 예측은 그것은 단지 그렇게 보일 뿐이라고 이야기한다. 만약 네트워크가 커지게 되면, 링크를 완전히 무작위적으로 부여하더라도 거의 **모든 노드들은 같은 수의 링크를 갖게 될 것**이라는 뜻이다.

이를 알아보는 한 가지 방법은 칵테일 파티를 떠나는 모든 손님들에게 새로운 사람을 몇 명이나 사귀었느냐고 물어보는 것이다. 모든 사람들이 떠난 후 손님들이 몇 명의 새로운 사람들을 사귀었는지 막대그래프를 그려볼 수 있겠다. 에르되스와 레니의 무작위적 네트워크 모델에 따르는 막대그래프의 모양은 에르되스의 제자들 중 하나인 벨라 볼로바시(Béla Bollobás)에 의해 1982년에 수학적으로 유도되고 증명되었다. 그는 미국의 멤피스 대학과 영국의 트리니티 칼리지에서 수학과 교수로 재직한 바 있다. 그의 논증 결과는 이 막대그래프가 포와송(Poisson) 분포에 따른다는 것을 보여주고 있는데, 이 독특한 성질은 이 책 전체를 통해 여러 번 언급될 것이다. 포와송 분포는 눈에 띄는 정점을 갖고 있는데 이는 대다수의 노드들이 거의 같은 개수의 링크를 갖고 있다는 것을 말해 주는 것이다. 이 정점 양쪽 사면에는 분포가 급격히 감소하는데 이는 평균으로부터 상당히 멀리 떨어진 경우는 극히 드물다는 것을 의미한다.

60억 명의 사람들로 이루어진 사회에 적용해 보면, 포와송 분포는 우리들의 대부분은 거의 같은 수의 친구나 아는 사람들을 갖고 있다는 것을 말해준다. 즉, 평균적인 사람보다 상당히 많거나 적은 수의 링크를 가진 사람은 기하급수적으로 드물다는 것을 예측하고 있는 것이다. 따라서 무작위적 그래프 이론은 만약 우리가 사회적 링크를 무작위적으로 부여한다면 결국에는 거의 대부분의 사람이 평균적이고 극히 소수의 사람만이 특별히 사교적이거나 거꾸로 특별히 비사교적인 지극히 민주적인 사회가 도출된다. 즉, 대개 평균이 보통인 매우 고른 네트워크를 얻게 되는 것이다.

에르되스와 레니의 무작위적 세계는 평균에 의해 지배되는 세계이다. 대부분의 사람은 거의 같은 수의 아는 사람을 가지며, 대부분의 뉴런은 거의 같은 수의 다른 뉴런과 연결되어 있고, 대부분의 기업은 거의 같은 수의 다른 기업과 거래관계를 맺으며, 대부분의 웹사이트는 거의 같은 수의 방문객을 갖게 된다고 예측하는 것이다. 자연이 맹목적으로 링크를 여기저기 던지기 때문에 장기적으로 보면 어떤 노드도 특별대우를 받거나 배제되지 않는다는 것이다.

9.

에르되스와 레니의 무작위적 네트워크 이론은 1959년에 그것이 도입된 이래 네트워크에 관한 과학적 사고를 지배해 왔다. 그것은 네트워크를 다루는 사람들의 마음에 의식적이든 무의식적이든 몇 가지 패러다임을 각인시켰다. 그것은 복잡성을 무작위성과 동일시했다. 네트워크가 단순한 개념으로 포착되기 어려울 만큼 복잡하다면, 우리는 그것을 무작위적이라고 간주해야 하는 것이라고 여겼다.

사회, 세포, 커뮤니케이션 네트워크, 경제, 이 모든 것들은 분명 이러한 조건을 만족시키기에 충분할 만큼 복잡하다. 여러분은 모든 노드가 균등한 이 무작위적 세계에 뭔가 수상쩍은 점이 있다고 생각하고 있을지 모르겠다. 내 몸 안의 분자들이 서로 무작위적으로 반응하기로 작정한다면 나는 이 책을 쓰고 있을 수 있을까? 만약 사람들이 완전히 무작위적으로 상호작용 한다면 민족, 국가, 학교, 교회, 혹은 사회적 질서를 보여주는 그 어떤 것들이건 존재할 수 있을까? 기업들이 그들의 소비자를 무작위적으로 선택하고, 그들의 영업사원을 주사위를 던져서 교체한다면 하나의 경제라는 것이 존재할 수 있을까? 우리들 중 대부분은 우리가 그와 같은 무작위적 세계에 살고 있지 않다고 느끼고 있다. 즉, 이러한 복잡한 시스템들의 근저에는 어떤 질서가 있다고 **느낀다**.

그렇다면 에르되스와 레니와 같은 유례 없는 지성의 소유자들이 왜 네트워크의 등장을 완전히 무작위적인 과정으로 모델링하기로 한 것일까? 이에 대한 대답은 단순하다. 그들은 네트워크 형성에 대한 보편적 이론을 제시하려고 한 것이 결코 아니다. 그들은 자연이 그들 주위에 창조해 놓은 그물망들을 자신들의 모델이 충실하게 포착해내도록 하는 것보다는 무작위 네트워크의 수학적 아름다움에 훨씬 더 큰 흥미를 갖고 있었다. 물론 1959년에 발표한 중요한 논문에서 그들은 "그래프의 진화는 특정한 커뮤니케이션 네트워크(철도, 도로, 전력 네트워크 시스템 등)의 진화를 다소간 단순화시킨 모델로서 이해될 수 있다"고 언급한 적이 있다. 하지만 현실 세계로의 이러한 짤막한 외유에도 불구하고, 이 영역에서 그들의 작업은 문제의 현실적 응용보다는 그것의 수학적 심오함에 대한 뿌리깊은 호기심에 의해 이끌리고 있었다.

현실의 네트워크들은 그들이 1959년에 도입한 무작위 네트워크 모델과는 차이가 있는 조직 원리들을 갖고 있을 것이라는 점에 대해 에르되스 자신은 가장 먼저 동의하는 사람 중 하나일 것이다. 그렇지만 그에게 있어서 이 점은 초점을 벗어난 것이었다. 무작위성이라는 가설을 이용해서 그는 새로운 세계로의 창문을 열었으며, 그것이 가진 수학적 아름다움과 일관성이야말로 그래프 이론에서 그의 일련의 작업을 이끄는 주된 원동력이었던 것이다.

최근까지만 해도 우리는 상호연관된 세계를 기술할 다른 대안을 갖고 있지 못했다. 따라서 네트워크를 모델링함에 있어서 무작위 네트워크는 우리의 사고를 지배해왔다. 복잡한 현실 세계의 네트워크들은 근본적으로 무작위적인 것으로 간주되었다.

에르되스는 좋은 문제를 제기하고는 다른 사람이 이것을 풀도록 하는 것으로 유명하다. 그는 여행 때 항상 가지고 다니던 가죽으로 만든 작은 가방에 모두 넣을 수 있을 만큼밖에 가진 옷이 몇 벌 안 되었지만, 종종 자신이 흥미를 갖고 있었던 문제에 대한 해답이나 증명을 제시하는 데 상금을 걸곤 했다. 그가 보기에 단순한 문제에는 5달러, 아주 어렵다고 생각되는 문제에는 500달러를 걸었다. 상대가 증명을 제시하면 그는 행복해 하며 그에게 상금을 주었다. 종종 1달러짜리 문제가 실은 500달러짜리 문제보다 훨씬 어려운 것이었음이 나중에 밝혀졌지만 그것은 별 문제가 안 되었다. 그의 상금을 획득한 운 좋은 수학자들은 그의 수표를 현금으로 바꿔 가지 않았고, 그들 대부분은 그것을 액자에 넣어 고이 보관했다. 세기적 천재에 의한 인정으로 보상은 충분했고 현금의 액수는 그러한 정신적 가치에 비할 바가 아니었다.

이제 에르되스의 예를 따라서 그가 취급하지 않고 남겨둔 문제를 제기해 보자. **실제의**(real) 네트워크는 어떻게 생겼을까? 이렇게 싱겁게 문제를 제기한다면 분명 그를 만족시키지 못했을 것이다. 그것은 범위가 너무 넓고, 또한 단일한 해답이 없을지도 모르며, 그것에 대한 엄밀한 증명을 제시하지 못할 가능성이 크기 때문이다. 따라서 에르되스의 세계에 있어서 모든 제대로 된 수학적 증명과 정리들의 궁극적 저장 장소인 『무한의 서(書)』(Transfinite Book)』의 한 부분을 차지하지 못할 것이다. 하지만 이 문제가 그의 찬성을 얻어내지는 못했을지라도, 수학의 세계를 벗어나게 되면 이 문제가 엄청난 중요성을 갖는다는 사실을 이어지는 장들에서 보게 될 것이다.

Six Degrees of Separation | 세 번째 링크

여섯 단계의 분리

    1912년 안나 에르되스(Anna Erdös)가 셋째 아이인 폴(Paul)을 임신했다는 것을 막 알게 되었을 무렵, 부다페스트의 거리는 헝가리와 세계의 최고 작가들이 쓴 시와 산문들을 모은 새로운 선집에 대한 이야기로 떠들썩했다. 제1판은 문학비평가들이 입수하기도 전에 벌써 매진이 되었고, 신문들에 첫 리뷰 기사가 나올 때쯤에는 2판 역시 벌써 거의 다 팔려가고 있었다. 그즈음 안나 에르되스는 병원에 입원해서 폴을 낳았는데, 집으로 돌아왔을 때 그녀는 첫째와 둘째 딸이 당시 부다페스트에 만연했던 성홍열의 희생양이 되어버렸다는 것을 알게 되었다. 이 도시에서의 숱한 인간적 비극들에도 불구하고 새로운 문학적 현상에 대한 열광은 수그러들지 않았다. 그 책이 이처럼 인기가 있었던 원인은 아주 사소한 데에 있었다. 이 책의 시와 소설들은 모두 모조작품이었던 것이다.

『이것이 당신이 글을 쓰는 방법이다(Igy irtok ti)』에서 25세의 무명 시인이자 작가였던 프리제시 카린시(Frigyes Karinthy)는 **문학적 캐리커쳐(literary caricature)**라고 부른 것을 창안해냈다. 이 책은 세계적인 문호(文豪)들이 쓴 것처럼 보이는 시와 단편소설들의 모음집이었다. 그 작가를 잘 아는 사람이라면 누구의 문체인지 쉽게 알아챌 수 있게끔 되어 있다. 각 작품은 일종의 교묘한 패러디였는데, 이는 마치 일그러진 거울 같아서 작가를 알아챌 수는 있지만 그 외의 모든 부분은 뒤바뀌어져 있었다. 카린시는 이런 신랄한 유머를 작고한 거장과 자신의 친한 친구 모두에게 똑같이 적용했다. 그리고 그의 화살이 아주 치명적인 경우도 있었다. 그가 가장 독기에 차서 패러디한 작가들은 오직 그의 책을 통해서만 우리에게 알려져 있을 뿐 원래의 작품들은 무상한 문학적 취향과 역사 속으로 묻혀져 버린 것도 있다.

『이것이 당신이 글을 쓰는 방법이다』는 헝가리의 역사상 가장 많이 읽힌 책들 중 하나이다. 이 책으로 카린시는 일약 유명인사가 되었다. 그는 이제 버스 정류장에서 버스를 기다리지 않아도 되었다. 그가 어디에서건 버스에 신호를 보내기만 하면 운전기사가 활짝 웃으면서 그 앞에 버스를 세웠다. 그는 대개 부다페스트의 중심가에 있는 센트럴 카페(Central Café)의 커다란 유리창 안에서 글을 썼다. 그 앞을 지나는 행인들은 창문을 지나치다가는 멈춰 서서 마치 그가 새로 생긴 수족관에 들어온 이국적 동물이라도 되는 듯이 바라보곤 했고, 어떤 사람은 그 앞에서 이상한 춤을 춰 보이기도 했다.

『이것이 당신이 글을 쓰는 방법이다』가 출판되고 나서 거의 20년이 지난 1929년, 즉 센트럴 카페로부터 불과 몇 블록 떨어진 구두가

게에서 17살의 에르되스가 피타고라스의 정리에 대해 강의를 하고 있을 무렵, 카린시는 52편의 단편소설을 모은 그의 46번째 책 『모든 것은 다르다(Minden másképpen van)』를 출판했다. 이제 그는 헝가리 문학계의 천재로 여겨졌다. 하지만 모두가 바라는 것은 카린시의 진면목을 보여줄 수 있는 작품, 즉 카린시를 불후의 작가 반열에 올려 놓을 만한 대표작이었다. 비평가들은 카린시가 자신의 독보적인 재능을 단지 빨리 돈을 벌 수 있는 단편소설을 쓰는 데 낭비하고 있다는 우려를 표명했다. 카린시는 커피하우스와 시끄러운 집을 오가며 무질서한 삶을 보내느라 대망의 대작을 쓸 수 없었다. 단편소설 모음집은 결정적인 실패로 돌아갔고 곧 잊혀져 버려서 출판 직후에 절판되고 말았다. 나는 부다페스트에 있는 거의 모든 서점과 골동품 가게를 돌아다녔지만 그 책을 찾을 수 없었다. 하지만 거기에는 『연쇄(Láncszemek)』(또는 『사슬(Chains)』)라는 제목을 가진 주목할 만한 글이 있었다.

카린시는 『연쇄』에서 다음과 같이 적고 있다. "그룹 중 한 명이, 이 지구상에 사는 사람들이 그 어느 때보다 훨씬 가까워졌다는 것을 증명하기 위해서 하나의 실험을 제안했다. 그는 이 지구상의 15억 주민들 중 아무나 한 사람의 이름을 뽑았을 때, **다섯 명** 이하의 지인(知人)의 연쇄적인 친분관계를 통해 자신이 그에게 연결할 수 있다고 장담했다." 이 소설의 주인공은 노벨상 수상자와 자신이 어떻게 연결되는지를 곧바로 증명했다. 우선 노벨상 수상자는 노벨상을 직접 수여하는 스웨덴의 구스타프 왕을 알 것이며, 이 구스타프 왕은 테니스를 꽤 잘 쳐서 종종 테니스 챔피언과 테니스를 치고, 이 테니스 챔피언은 우연히도 바로 주인공의 친한 친구라는 것이다. 이 소설의 주인공은 유명 인사와 연결하는 것은 상대적으로 쉽다는 것을 인정하면서 보다 어려운 과제를 제안한다. 그것은 미국의 포드(Ford) 자동차 공장에서 일하는 노동자와 자신을 연결하는 것이다. "그 노동자는 그 공장의 관리자를 알 것이고, 그 관리자는 포드(Ford)를 알 것이고, 포드는 허스트 출판사의 임원을 잘 알고, 다시 그는 아르파드 파스토르(Árpád Pásztor)라는 자신의 친구와 작년에 알게 되었다. 그래서 자신은 이러한 연쇄적인 친분관계를 통해 포드에게 자신을 위해 자동차 한 대 만들어 달라고 이야기할 수 있다." 이 단편소설은 사람들로부터 쉽게 잊혀졌지만, 사람들이 기껏해야 다섯 개의 링크의 연쇄적 친분관계를 통해 연결되어 있다는 카린시의 통찰은 오늘날 우리에게 "여섯 단계의 분리(six degrees of separation)"라고 알려진 개념을 처음으로 공식적으로 출판한 것이다.

1.

"여섯 단계의 분리"는 그로부터 약 30년이 지난 1967년에 하버드 대학 교수였던 스탠리 밀그램(Stanley Milgram)에 의해서 재발견되었다. 그는 그 개념을 우리의 상호연결성에 관한 아주 유명하고 획기적인 연구로 발전시켰다. 이 주제에 관한 밀그램의 첫 논문은 놀랍게도 카린시의 『연쇄』를 사회학자를 대상으로 하여 영어로 다시 쓴 것처럼 보일 만큼 흡사하다. 밀그램은 매우 창조적인 실험심리학자로서 권위에의 복종과 개인적 양심 간의 갈등문제를 다룬 일련의 논쟁적인 실험들로 가장 잘 알려져 있다. 하지만 그의 지적 관심의 범위는 매우 넓어서 하버드 대학과 MIT의 사회학자들이 1960년대 후반에 주로 논의했던 주제인 사회적 네트워크의 구조에 대해 관심을 갖기에 이르렀다.

밀그램의 목표는 미국 내 임의의 두 사람 간의 "거리(distance)"를 알아내고자 하는 것이었다. 즉, 무작위로 선택된 두 개인 사이를 연결하기 위해서는 그들 사이에 얼마나 많은 지인이 필요한가 하는 것이 그의 실험을 유발시킨 질문이다. 일단 그는 목표인물을 두 명 선정했는데, 하나는 매사추세츠 주 샤론에 있는 신학대학원생의 부인이고, 또 하나는 보스턴에 있는 주식중개인이었다. 출발지로는 위치타, 캔자스, 오마하, 네브래스카 등을 선정했는데 그 이유는 "케임브리지에서 봤을 때, 이곳들은 대평원이거나 아니면 다른 어딘가에 있는 것으로 여겨질 만큼" 먼 곳으로 생각되는 곳이었기 때문이다. 이처럼 멀리 떨어진 지역에 있는 두 사람을 연결하기 위해 몇 개의 링크가 필요할 것인가에 관해서는 거의 일치된 의견이 없었다. 밀그램 자신이 1969년에 적고 있는 바에 따르면 "최근에 지식인 한 명에게 몇 단계 정도나 필요할 것 같으냐고 물었더니, 네브래스카에서 샤론까지 이어지려면 중간에 100명 이상의 사람들이 필요할 것이라고 말했다"고 한다.

밀그램의 실험은 위치타와 오마하에 사는 주민들 중 무작위로 선정된 사람들에게 편지를 보내서 미국 사회의 사회적 연결에 관한 연구에 참여해 달라고 요청하는 것으로 시작된다. 그 편지에는 연구의 목적에 대한 짧은 요약문이 실려있고 목표인물들 중 한 명에 관한 사진, 이름, 주소, 기타 정보들이 포함되어 있다. 그리고 다음과 같은 4단계의 지침이 주어졌다.

■ 본 연구에 참여하는 방법 ■

1. 이 응답지의 맨 밑에 있는 명부에 당신의 이름을 추가하십시오. 이것은 이 편지를 다음에 받을 사람이 이 편지가 누구로부터 왔는지 알아볼 수 있게 하기 위한 것입니다.

2. 엽서 하나를 떼어내서 내용을 적어 넣은 다음 하버드 대학으로 보내 주십시오. 우표는 필요 없습니다. 목표인물을 향해 이 봉투가 전달되는 경로를 저희가 추적하는 데 엽서는 매우 중요합니다.

3. 만약 당신이 목표인물을 개인적으로 알고 있다면 이 봉투를 그(녀)에게 직접 우송하십시오. 이는 당신이 목표인물을 예전에 만난 적이 있거나 서로 이름을 알고 있는 경우에 한합니다.

4. 만약 당신이 목표인물을 개인적으로 알고 있지 않다면 절대 그에게 직접 우송하려 하지 마십시오. 당신이 개인적으로 알고 있는 사람들 중에서 목표인물을 당신보다 더 잘 알고 있을 것 같은 사람에게 이 꾸러미(엽서와 모든 것들)를 우송하십시오. 알 것 같은 사람으로는 친구, 친척, 친지 등 누구든 상관없지만 그 사람의 이름을 알고 있어야 합니다.

밀그램은 우편물이 단 한 개라도 목표인물에게 제대로 전달될 수 있을지 초조해 했다. 만약 그의 친구가 추측했던 것처럼 100개 내외의 링크가 필요하다면 이 실험은 실패할 가능성이 높다. 왜냐하면 그처럼 긴 연쇄적인 전달과정에는 비협조적인 사람이 꼭 있게 마련이기 때문이다. 그러한 의심 때문에 불과 며칠이 지나지 않아 그것도 단지 두 명만을 거쳐 목표인물에게 첫 번째 편지가 도달했다는 소식을 접했을 때 그는 기쁨과 놀라움을 동시에 느꼈다. 이것은 전체 중에서 가장 짧은 경로를 거쳐 전달된 케이스였는데, 전체적으로는 총 160개 중에서 42개의 편지가 목표인물에게 성공적으로 도달했고, 그 중 어떤 것은 거의 12명의 중간 단계를 거친 것도 있었다. 밀그램은 성공적으로 도달된 연쇄의 케이스들로부터 편지가 전달되기 위해 필요한 중간 단계 사람의 수를 계산해 봤는데, 중간 단계 사람 수의 중앙값(median)은 5.5명이었다. 이것은 예상 밖으로 작은 수였으며, 놀랍게도 카린시의 추측과 거의 일치하는 숫자였다. 이 숫자를 반올림해서 6이라는 숫자로 만들면 바로 그 유명한 "여섯 단계의 분리(six degrees of separation)"가 나오게 된다.

지난 15년간 스탠리 밀그램의 생활과 업적에 대해 깊이 연구해 온 사회심리학자 토마스 블라스(Thomas Blass)에 따르면 밀그램은 "여섯 단계의 분리"라는 문구를 한번도 쓴 적이 없다고 한다. 이 문구를 창안해낸 것은 존 구아레(John Gaure)인데 이 문구를 제목으로 하여 1991년에 무대에 올려진 그의 멋진 연극이 그 시초이다. 이 연극은 한 시즌 동안이나 매우 성공적으로 공연된 후 같은 제목의 영화로도 만들어졌다. 연극 속에서 오우사〔Ousa, 영화 속에서는 스토커드 채닝(Stockard Channing)이 연기함〕는 우리의 상호연관성에 대해 곰

곰이 생각해보고는 그의 딸에게 이런 이야기를 해준다.

"이 지구상에 있는 모든 사람은 단지 여섯 명의 타인들에 의해 분리되어 있단다. 여섯 단계의 분리 말이다. 우리와 이 지구상의 그 어떤 사람과의 사이에도 말이야. 미국의 대통령이나 베니스에서 곤돌라를 젓는 뱃사공… 유명한 사람하고만 그렇다는 것이 아니라 모든 사람하고 그렇다는 것이지. 열대 우림 지대의 원주민, 티에라 델 푸에고 제도(남미 남단의 군도)의 원주민, 에스키모. 나는 이 지구상의 모든 사람들과 단지 여섯 명의 사람들로 이뤄진 사슬에 의해 묶여 있는 셈이지. 이건 정말 심오한 사상이야… 모든 사람은 다른 세상으로 들어가는 문인 셈이야."

밀그램의 연구는 단지 미국에 국한된 것이었다. 즉 "저기 어딘가"에 있는 위치타나 오마하에 있는 사람과 "여기" 보스턴에 있는 사람을 연결하는 과정에 관한 연구였던 것이다. 이에 비해 구아레의 오우사에 있어서 여섯 단계는 전 세계로 확장되어 적용돼 있다. 이리하여 하나의 신화가 탄생한 것이다. 사회학 논문을 읽는 사람보다는 영화를 보는 사람이 많기 때문에 구아레식 버전이 대중적 사고를 지배하게 되었다.

여섯 단계 분리 법칙은 놀랍게도, 우리 사회의 엄청난 규모에도 불구하고 사람들 간을 연결하는 링크를 따라가면 쉽게 그 안을 돌아다닐 수 있다는 것을 시사한다. 즉, **60억**의 노드들로 이뤄진 네트워크에서 임의의 한 쌍의 노드를 선택했을 때, 그들 간의 거리는 평균적으로 **6단계**밖에 되지 않는다는 것이다. 우리는 그 짧은 거리는 고사하고 두 노드를 연결하는 경로가 **있는** 것 자체가 놀라운데 말이다.

하지만 이것은 앞의 장에서 살펴본 것처럼, 네트워크 전체가 연결되는 데에는 한 사람당 하나 이상의 사회적 링크만 있으면 된다는 것을 상기해 보면 그리 놀랄 일은 아니다.

스탠리 밀그램은 우리들이 단지 연결되어 있는 것만이 아니라 몇 단계 안 되는 매우 짧은 거리로 연결되어 있는 세상에 살고 있다는 사실을 일깨워 주었다. 다시 말하면, 우리는 **좁은 세상**(small world)에 살고 있는 것이다. 우리가 사는 세상이 좁은 이유는 사회가 밀도 높은 그물망을 이루고 있기 때문이다. 우리는 사회가 연결되기 위해 필요한 한 명보다 훨씬 많은 수의 친구들을 갖고 있다. 하지만 과연 여섯 단계의 법칙은 인간에게 고유한 어떤 것, 이를테면 사회적 링크를 형성하고자 하는 인간의 욕구에 기인한 특이한 것일까? 아니면 다른 종류의 네트워크들 역시 이와 비슷한 모양을 갖고 있는 것은 아닐까? 이 문제에 대한 대답은 몇 년 전에야 비로소 등장하기 시작했다. 우리는 이제 사회적 네트워크만이 유일하게 좁은 세상이 아니라는 것을 알고 있다.

2.

"모든 곳에 있는 컴퓨터들에 저장된 모든 정보가 서로 연결되어 있다고 가정해 보자… CERN과 지구상에 있는 모든 컴퓨터에 있는 모든 유용한 정보들을 나와 모든 사람들이 쓸 수 있게 될 것이다. 하나의 단일한 세계적 정보공간이 생겨나게 될 것이다."

이것은 팀 베르너스 리(Tim Berners-Lee)가 1980년에 스위스의 제네바에 있는 유럽 원자핵 연구소(프랑스식 약어인 CERN으로 널리 알려짐)에서 프로그래머로 일하면서 갖고 있던 꿈이다. 이 꿈을 실현하기 위해 그는 컴퓨터들이 서로 정보를 공유하고 연결될 수 있도록 하는 프로그램을 짰다. 이렇게 링크를 만듦으로써, 베르너스 리는 우리가 알지 못했던 하나의 요정을 탄생시켰다. 그리고 10년도 안 되어서 그 요정은 인간이 만들어낸 가장 큰 네트워크들 중 하나인 월드와이드웹(World Wide Web)으로 발전해 갔다. 이것은 뉴스, 영화, 가십, 지도, 그림, 요리법, 전기, 책 등 모든 것을 갖고 있는 각 웹페이지들이 노드인 가상적 네트워크라고 할 수 있다. 글, 그림, 사진으로 만들 수 있는 것이라면 어떤 형태로든 대개 그것을 담고 있는 웹상의 노드가 있을 가능성이 매우 크다.

웹의 힘의 원천은 바로 링크, 즉 한 페이지에서 다른 페이지로 마우스 클릭을 통해 옮겨갈 수 있도록 해주는 URL에 있다. 그것들은 우리가 정보들을 찾고, 옮겨 다니고, 하나로 엮을 수 있도록 해 준다. 이 링크들은 개별적인 문서들의 단순한 집합을, 마우스 클릭으로 자아내는 하나의 거대한 네트워크로 만들어 준다. 링크는 오늘날 정보 사회를 엮어주는 바늘땀들이다. 만약 링크들을 제거한다면 요정은 홀연히 사라져버리고 접속 불가능한 거대한 데이터베이스들이 여기저기 나뒹굴게 될 터인데 이것이야말로 상호 연관된 세계의 현대판 폐허라고 할 수 있다.

현재 웹은 얼마나 큰가? 얼마나 많은 웹 문서와 링크들이 존재하고 있는가? 최근까지만 해도 누구도 그것을 확실히 알 수 없었다. 사실 인터넷에는 모든 노드와 링크를 파악할 만한 단일한 기관이 존재하지 않는다. 1998년에 이 문제에 도전한 이는 프린스턴에 있는 NEC 연구소(NEC Research Institute)의 스티브 로렌스(Steve Laurence)와

리 자일즈(Lee Giles)였다. 그들이 측정한 바에 따르면, 1999년 현재 웹에는 약 10억에 가까운 문서들이 존재한다. 이는 10년도 채 안 되는 가상사회의 연륜에 비춰봤을 때 결코 적다고는 할 수 없다. 웹이 인간 사회의 성장 속도보다 훨씬 빨리 자라나고 있다는 점을 고려하면, 이 책이 출판될 즈음에는 이 지구상에 사는 사람 수보다 많은 수의 웹 문서들이 존재하고 있을지도 모른다.

하지만 진짜 이슈는 웹의 전체적인 크기가 아니다. 정말 중요한 의미를 지니는 것은 임의의 두 문서들 간의 거리이다. 오마하에 있는 고등학교 학생의 홈페이지로부터 보스턴 주식중개인의 웹페이지로 옮겨가기 위해서는 몇 번의 클릭이 필요한가? 수십억의 노드를 갖고 있는 웹을 또 하나의 "좁은 세상"이라고 할 수 있을 것인가? 웹상에서 서핑을 하는 사람들에게 이러한 의문은 상관없다고 치부할 수 있는 문제가 아닌 것이다. 만약 웹페이지들이 서로 수천 클릭만큼 떨어져 있다면 검색엔진에 의하지 않고 어떤 문서를 찾는다는 것은 거의 불가능한 일이 될 것이다. 웹이 좁은 세상이 아니라는 사실을 발견하게 된다면, 그것은 사회 근저에 있는 네트워크와 온라인 세계가 근본적으로 다르다는 것을 의미하게 될 것이다.

만약 이것이 사실로 밝혀질 경우 네트워크를 온전히 이해하기 위해서는 왜 그리고 어떻게 이러한 차이가 생겨나게 되었는지를 천착해야 할 것이다. 그래서 나는 1998년 말 당시 노트르담 대학 물리학과 내의 연구팀에 속해 있던 한국에서 온 정하웅 박사와 박사과정 학생이었던 레카 알버트(Réka Albert)와 함께 웹의 배후에 있는 세계의 크기를 파악해 보기로 했다.

우리의 첫 번째 목표는 웹의 지도를 획득하는 것이었는데 그 핵심은 모든 웹페이지와 그것들 사이를 연결하는 링크들의 목록을 확보하는 것이었다. 이 지도에 담겨져야 할 정보의 양은 실로 유례가 없을 만큼 엄청났다. 사회에 대해 이와 유사한 지도를 작성하고자 한다면, 전 세계의 모든 개인들의 직업적, 개인적 관심들과 아울러 그들 각자가 아는 사람들을 모두 그려내는 것에 해당하는 일인 것이다. 이러한 지도가 작성된다면 전 세계의 모든 사람들 간의 최단 경로를 몇 초만에 찾아낼 수 있을 것이므로 밀그램의 실험 같은 것은 더 이상 필요 없게 된다. 그리고 그것은 정치인, 세일즈맨, 전염병 연구자를 비롯하여 모든 사람의 필수 도구가 될 것이다. 물론 이러한 사회적 검색엔진을 만드는 것은 사실 불가능한데, 이는 이 지구상의 60억 명의 사람들 모두에게 그들의 친구나 친지에 대해 물어보는 것만으로도 최소한 사람 수명만큼의 시간이 걸릴 것이기 때문이다. 하지만 웹에는 사회와는 다른 뭔가 마술적인 것이 있다. 그것은 우리가 단지 클릭하기만 하면 그 링크들을 순식간에 타고 다닐 수 있다는 점이다.

우리의 사회와는 달리 웹은 디지털이다. 이는 하나의 컴퓨터 프로그램을 짜서 자동적으로 문서들을 다운로드하고, 또 거기에 포함된 모든 링크들을 추출하여 그것이 가리키고 있는 문서들을 모두 방문하여 다운로드하고, 이런 식으로 웹상의 모든 페이지들이 포착될 때까지 계속하도록 만들 수 있다는 것을 의미한다. 이런 프로그램을 풀어놓으면 이론상으로는 웹에 관한 완벽한 지도를 얻을 수 있다. 컴퓨터 세계에서는 이러한 종류의 소프트웨어를 **로봇**(robot) 또는 **크롤러**(crawler)라고 부르는데 사람의 개입 없이 자동적으로 웹을 온 사방으로 기어다니기 때문이다. 알타비스타(AltaVista)나 구글(Google)

과 같이 거대한 검색엔진들에는 끊임없이 웹상의 새로운 문서들을 찾아다니는 이러한 로봇들이 수천 대의 컴퓨터에서 실행되고 있다. 우리의 자그마한 연구팀이 그러한 검색엔진과 규모 면에서 경쟁할 수 없다는 것은 뻔한 일이다. 그래서 정하웅 박사는 이보다는 다소 작은 규모의 목표를 수행할 수 있는 로봇을 만들었다. 그 로봇은 노트르담 대학 내의 약 30만 개의 웹 문서들로 이뤄진 'nd.edu' 도메인의 지도를 만들어냈다. 거기에는 철학강좌 관련 웹페이지에서부터 아일랜드 음악 팬 사이트에 이르기까지 폭 넓은 내용들이 포괄되어 있었다. 하지만 우리의 초점은 웹페이지들의 내용이 아니라 한 페이지에서 다른 페이지로 여행할 수 있도록 해주는 링크에 맞추어져 있었다. 이러한 지도가 만들어지자 우리는 노트르담 대학 내의 임의의 두 페이지 간의 거리를 측정해 볼 수 있게 되었다.

밀그램의 실험에서 어떤 편지들은 목표인물에게 두 단계를 거쳐서 도달된 반면 어떤 것들은 11단계나 거쳐서 도달했던 것처럼 우리의 연구 결과도 웹 문서들 간의 거리에 상당히 큰 편차가 있음을 보여주었다. 예를 들면, 나의 대학원 학생은 나의 웹페이지를 바로 링크하고 있으므로 그들은 나로부터 한 클릭만큼만 떨어져 있다. 하지만 나의 웹페이지에서 철학 전공자의 홈페이지로 이동하는 데에는 대개 12클릭 정도가 필요하다. 그런데 놀라운 것은 전체적으로 볼 때 이러한 경로 거리가 웹의 크기에 비추어 볼 때 그렇게 길지는 않다는 것이다. 측정 결과에 따르면 웹페이지들은 평균적으로 11클릭만큼 서로 떨어져 있는 것으로 나타났다. 구아레의 제목식으로 표현한다면 노트르담 대학에는 '열한 단계의 분리'가 존재하는 것이다.

하지만 노트르담 대학의 'nd.edu' 도메인에 속한 웹페이지들은 웹 전체에서는 아주 작은 부분일 뿐이다. 1999년 당시 전체 웹은 이보다 적어도 3,000배 이상 컸다. 이러한 사실이 전체 웹에서 임의의 두 노드 간의 거리가 3,000배 더 길다는 것을 의미하는 것일까? 다시 말해, 전체 웹에서는 하나의 페이지에서 다른 페이지로 이동하기 위해 33,000클릭이 필요한 것일까? 이 질문에 정확하게 대답하기 위해서는 전체 웹의 지도가 필요한데 문제는 아무도 그것을 갖고 있지 못하다는 점이다.

수천 대의 컴퓨터를 동원해서 쉴 새 없이 웹을 긁어 오고 있는 대규모 검색엔진조차도 전체 웹의 15%에 못 미치는 부분만을 포괄하고 있다. 그렇다면 그러한 지도 없이 전체 웹에서의 평균거리를 알아낼 수 있을까? 그렇다, 그것은 가능하다. 이를 위해서는 구성요소와 결과가 예측 불가능한 무작위적 시스템을 다루는 물리학의 한 분야인 통계 역학에서 흔히 사용되는 방법을 이용해야 한다.

우리의 접근방법은 아주 단순한 전제에 의거한다. 즉, 웹이 우리의 컴퓨터 성능에 비해 너무 크다면 우리는 컴퓨터 성능에 맞을 만한 작은 부분들에 대해 연구해야 한다는 것이다. 예를 들면 우선 웹에서 1,000노드만 갖는 작은 부분을 떼어낸 다음 이 작은 샘플에서 임의의 두 노드 간의 평균거리를 구했다. 그런 다음 이제 약간 큰 10,000노드로 구성된 작은 조각을 떼어낸 다음 역시 노드 간 거리를 구해 보았다. 이렇게 컴퓨터 성능이 허용하는 범위 내에서 계속해서 샘플의 크기를 늘려가면서 노드 간 거리를 구한 다음, 노드 간 거리에 어떤 변화 경향이 있는지를 살펴보았다. 이렇게 해본 결과, 노드 간 평균 거리의 증가 비율은 웹 문서 수의 증가 비율에 비해 현저하게 낮았다. 그리고 이 경향은 규칙적이며 아주 단순한 수식에 따르는 것으로

관찰되었다.[1]

이러한 발견에 따라, 전체 웹에서의 문서 수만 알 수 있으면 거기에서의 노드 간의 평균거리를 예측할 수 있게 되었다. 그런데 전체 웹 문서의 수는 NEC 연구소에 따르면, 1998년 말 현재 공개되어 있어서 인덱싱이 가능한 웹 문서의 수는 대략 8억 노드 정도라고 한다. 따라서 이를 우리의 수식에 대입하면 웹의 지름은 18.59, 즉 대략 19가 된다. 구아레였다면 '19단계의 분리'라고 표현했을지도 모를 일이다. 여러분이 웹을 서핑하면서 받는 직관적 인상과는 달리 웹은 실제로는 또 하나의 좁은 세상이다. 어떤 문서도 평균적으로 다른 문서와 19클릭 정도밖에 떨어져 있지 않은 것이다.

3.

밀그램의 6단계 분리와 웹에서의 19단계 분리라는 현상을 종합해 볼 때, 여기에서 관찰된 짧은 거리라는 현상의 배후에는 사회적 링크를 전 세계로 펼쳐나가고자 하는 인간의 욕구보다 더 근원적인 뭔가가 존재한다는 것을 알 수 있다. 그리고 그 이후 과학자들이 연구한 거의 모든 네트워크에서 짧은 분리라는 현상이 공통적으로 발견된다는 사실에 의해 이러한 추측은 보다 확실해져 갔다. 즉, 먹이사슬에서 하나의 종(種)은 다른 종으로부터 두 단계만큼 떨어져 있다. 세포 내의 분자들은 평균적으로 세 단계만큼의 화학 반응에 의해 분리

---

1) 우리는 노드 간 거리는 노드 수의 로그값에 비례한다는 사실을 발견했다. 즉, N개의 웹페이지로 이뤄진 웹에서 노드 간의 평균거리를 d라고 할 때, 이 거리는 방정식 $d = 0.35 + 2 \log N$ 에 따른다. 여기서 $\log N$은 10을 밑수로 한 N의 log값을 의미한다.

되어 있다. 다양한 분야의 과학자들은 공동저작 네트워크에서 네 단계에서 여섯 단계 정도만큼 떨어져 있다. 씨 엘레강스(Caenorhabditis elegans 보통 C. elegans로 약칭함)의 뇌 속의 뉴런들은 열네 개의 시냅시스에 의해 분리되어 있다. 이렇게 보면, 이제까지 연구된 다른 네트워크들에서는 두 단계에서 열네 단계 정도의 분리가 관찰되는데 반해 웹은 열아홉 단계라는 최장기록을 갖게 되는 셈이다.

열아홉 단계의 분리라는 것은 여섯 단계의 분리에 비해 현저하게 긴 것처럼 보일지 모르겠다. 하지만 그렇게 보면 곤란하다. 중요한 것은 수억 내지 수십억 개의 노드로 구성된 거대한 네트워크들이 그 노드 개수에 비해 훨씬 짧은 거리를 갖고 있다는 사실이다. 60억 개의 노드로 구성된 네트워크인 우리 사회에는 단지 여섯 단계의 분리만이 있고, 10억에 가까운 노드를 갖는 웹은 단지 열아홉 단계의 분리만이 있다. 수십만 개의 라우터(router)들로 이뤄진 인터넷에는 열 단계의 분리가 있다. 이러한 관점에서 보면, 여섯 단계와 열아홉 단계 간의 차이는 사실상 무시해도 좋을 만한 차이라고 할 수 있다.

자, 그렇다면 네트워크는 수십억 개의 노드로 구성되어 있는데도 어떻게 그렇게 일제히 짧은 경로거리를 갖게 되는 것일까 하는 의문이 자연스럽게 든다. 이에 대한 해답은 고도로 상호 연관되어 있는 네트워크의 속성에서 찾을 수 있다. 앞의 장에서 우리는 무작위 네트워크가 하나의 거대한 클러스터를 형성하는 데에는 한 노드당 하나의 링크만이 필요하다는 사실을 확인한 바 있다. 여기서 문제는 현실 세계의 네트워크가 흔히 그러하듯, 노드들이 한 개의 링크보다 많은 수의 링크를 갖게 된다면 어떻게 될 것인가 하는 점이다. 하나의 노드가 하나의 링크만을 갖는 상태에서는 노드 간의 경로거리는 비교적 길 것이다. 하지만 더 많은 수의 링크가 추가되면서 노드 간의 거리는 급격하게 줄어든다. 노드들이 평균적으로 k개의 링크를 갖는 네트워크를 한번 생각해 보자. 이는 전형적인 노드로부터 한 단계만에 k개의 노드에 도달할 수 있다는 것을 뜻한다. 그렇다면 2단계 만에는 k의 제곱, d단계 만에는 k의 d제곱만큼의 링크에 도달할 수 있다. 따라서 k가 충분히 큰 경우라면, d가 그리 크지 않더라도 각 노드로부터 도달 가능한 노드의 개수는 엄청나게 커지게 된다. 즉, 불과 몇 단계를 거치지 않아도 거의 모든 노드에 도달 가능하다는 것이다. 이것이 바로 왜 대부분의 네트워크들에서 평균 경로거리가 그렇게 짧은지를 설명해 준다.

이러한 논증은 무작위 네트워크에서의 경로거리를 노드 수에 의해 예측하는 수학적 공식으로 쉽게 바꾸어볼 수 있다.[2] 짧은 경로거리의 원인은 이 공식에서 로그 변환에 있다. 상당히 큰 수라 하더라도 그 로그값은 매우 작은 수가 되기 때문이다. 10을 밑수로 하는 10억의 로그값은 단지 9일 뿐이다. 예를 들어, 각 노드당 10개의 링크를 갖는 두 개의 네트워크가 있다고 하고 그 중 하나가 다른 하나에 비해 100배 크다고 할 때 큰 네트워크의 평균 경로거리는 작은 네트워크의 그것에 비해 2만큼만 크게 되는 것이다. 로그 변환이 거대한 네트워크들을 축소시켜서 우리 주변의 좁은 세상을 만들고 있는 것이다.

---

2) 네트워크 내에 N개의 노드가 있다고 할 때, k^d는 N을 초과할 수는 없다. 따라시 $k^d = N$을 이용히면, 무작위 네트워크에 적용할 수 있는 단순한 공식을 얻게 되는데, 이에 의하면 평균거리는 방정식 $d = \log N / \log k$을 따른다.

4.

카린시는 종종 자신이 미리 약속한 미팅을 잘 잊어버리는 것으로 유명했다. 그의 가까운 친구이자 문학계의 라이벌인 데죄 코스톨라니(Dezsö Kosztolányi)는 이렇게 말한 적이 있을 정도다. "카린시가 우리 집을 방문할 거라고 약속을 한 후 그 약속을 아마도 잊은 모양인지 정말로 우리 집을 방문하는 바람에 나는 집으로 달려가야만 했다." 흥미롭게도 여섯 단계의 분리는 카린시 식의 경로를 따라갔다고 할 수 있다. 대중적 출판물이나 학문적 문헌에서 모두 잊혀져서 한참 후에야 재구성된 형태로 재발견되었다는 점에서 그러하다. 나는 여섯 단계의 분리라는 개념을 누가 처음으로 발견했는지 알지 못한다. 내가 아는 한에서 카린시가 최초이다. 하지만 그는 어떻게 그러한 개념을 갖게 되었을까? 그 혼자 생각해낸 것일까? 그의 남다른 지적 능력이나 예상외의 것을 좋아하는 성향으로 미루어 볼 때 그럴 수도 있겠다. 그렇지 않다면 그의 단편소설에서 시사하고 있듯이 커피 하우스에서 다른 어떤 사람으로부터 들은 이야기일까? 이에 대한 해답을 우리는 아마 영영 듣지 못할 것이다. 하지만 그 이후의 사태가 어떻게 전개되었는지를 살펴보는 것은 매우 흥미로운 일이다.

카린시의 단편소설은 1929년에 발표되었는데 이 때는 카린시와 마찬가지로 부다페스트에 살고 있던 에르되스가 열일곱 살이었을 때다. 카린시의 작품이라면 실패작조차 문학계 내에서는 큰 사건이었던 시기였음을 감안하면, 지구상의 모든 사람들은 서로 알고 있는 5명의 사람들의 사슬(chain)에 의해 연결되어 있다는 카린시의 『사슬(Chains)』(또는 『연쇄』) 이야기를 에르되스가 읽었거나 적어도 그에 관해 들었을 가능성이 높다. 『사슬』이 출판되었을 때에 고작 9살에 불과했겠지만 알프레드 레니도 문학을 매우 좋아했다는 점을 고려하면 역시『사슬』에 대해 알고 있었을 것이다. 사실 그는 훌륭한 작가들 여럿과 친하게 지냈으며 그 중에는 카린시의 아들이며 꽤 유명한 작가인 페렌시(Ferenc)도 있었다.

폴 에르되스와 알프레드 레니는 1959년에 함께 무작위 네트워크에 관한 유명한 논문들을 쓰기 시작했다. 이 글들에는 네트워크의 지름을 노드 수의 함수로 표현한 수식이 들어 있다. 그들이 조금만 신경을 썼더라면 카린시의 직관이 옳다는 것을 증명해 보일 수도 있었을 것이다. 하지만 그들은 자신들의 글에서 이러한 시사점을 직접 언급한 적은 없는데, 어쩌면 그들은 정리와 증명의 막간에 잠시 그 아이디어를 갖고 놀았을지도 모를 일이다. 하지만 링크(인연)는 여기서 그치지 않는다. 스탠리 밀그램은 카린시가 5단계 분리의 가설을 내놓은 지 약 40년 후, 그리고 에르되스와 레니가 무작위 네트워크를 도입한 지 거의 10년 후인 1967년에 자신의 실험 결과를 발표했다. 그는 그래프 이론에서의 네트워크에 대한 연구 성과나 에르되스와 레니에 대해 알고 있지 못했던 것 같다. 그는 MIT의 이델 드 솔레 풀(Ithel de Sole Pool), IBM의 맨프레드 코헨(Manfred Kochen)의 저작들에 영향을 받은 것으로 알려져 있는데 그들은 10여 년 동안 "좁은 세상"의 문제에 관한 초고들을 써서 자신의 동료 그룹 사이에서 유포했다. 그렇지만 그들 자신이 아직 그 문제를 완벽하게 해명하지 못했다고 생각하여 공식적으로 출판하지는 않았다. 그런데 밀그램의 아버지와 어머니는 각각 헝가리와 루마니아에서 미국의 브롱크스(Bronx)로 이민 온 사람들이다. 그의 아버지나 또는 자주 방문했던 삼촌 같은 사람이 카린시의 여섯 단계 분리에 대한 일화를 알고 있지는 않았을까? 그의 이 문제에 대한 관심은 어릴 적에 귀동냥한 이야기에 뿌리가 있는 것은 아닐까? 물론 우리는 그 진실을 영영 알 수 없겠지만 여섯 단계라는 아이디어의 진화 경로라는 흥미 거리들을 시사해 주는 것은 분명하다.

5.

여섯 단계 또는 열아홉 단계라는 문구는 자칫하면 '좁은 세상'에서는 사물들을 쉽게 찾을 수 있다는 잘못된 오해를 낳을 소지를 갖고 있다. 이보다 진실에서 먼 것은 없다! 우리가 찾고자 하는 사람이나 문서가 여섯/열아홉 단계의 거리에 있지도 않거니와 모든 사람과 문서 역시 마찬가지이다. 여섯/열아홉이라는 숫자는 우리가 무엇을 하고자 하는가에 따라 작은 수가 될 수도 큰 수가 될 수도 있다. 웹에서 문서당 링크 수가 평균 일곱 개 정도라는 사실에 근거해서 따져보면 한 번의 클릭 거리에 7개의 문서를, 두 번 클릭 거리에 49개의 문서를, 세 번 클릭 거리에 343개의 문서를 두고 있는 셈이다. 이런 식으로 열아홉 단계의 거리에 있는 노드에 도달할 때쯤이면 우리는 논리상 10^{16}개의 문서들을 뒤져본 셈이 될 것이다. 하지만 이는 웹상에 실제로 존재하는 총 페이지 수보다 천만 배나 많은 수이다. 이러한 모순이 생겨나는 이유는 단순하다. 우리가 클릭을 해 가는 도중에 만나는 링크들 중 어떤 것은 그 이전에 이미 거쳐온 페이지로 되돌아가는 것이기 때문이다. 즉 그것은 새로운 링크가 아닌 것이다. 하지만 하나의 문서를 체크하는 데에 1초가 걸린다고 가정해도 19클릭 거리에 있는 문서들을 다 체크해 보는 데에는 3억 년 이상이 걸린다. 그렇지만 실제로 우리는 엄청나게 많은 선택지들 속에서도 그리고 검색엔진이 없는 경우에도 이보다는 훨씬 빠르게 문서들을 찾곤 한다.

트릭은 우리가 모든 링크를 다 따라가지 않는다는 데 있다. 우리는 단서(clue)를 적절히 활용한다. 피카소에 대한 정보를 찾는데 어떤 웹페이지에 세 개의 선택지가 있다고 하면, 우리는 유명한 레슬러나 개구리의 성생활에 대한 링크보다는 현대 미술에 관한 링크를 따라갈 것이다. 즉, 우리는 링크들을 **해석**함으로써 열아홉 단계 내에 있는 모든 페이지를 뒤적여 보지 않고 몇 번의 클릭만으로 원하는 페이지에 도달하게 되는 것이다. 비록 이런 방법이 가장 효율적으로 보이기는 하지만, 그것이 최단 경로를 보장해 주는 것은 아니다. 레슬러에 관한 웹페이지에서 터프한 이미지를 상쇄하기 위해 가장 훌륭한 피카소 사이트를 링크해 두었을 가능성은 항상 남아 있는 것이다. 하지만 피카소에 관한 정보를 찾는 대부분의 사람들은 레슬러 사이트에 있는 링크를 무시하고 그리하여 보다 긴 경로를 걷는다. 컴퓨터는 적어도(아직까지는) 취향이나 편향을 갖고 있지 않기 때문에 레슬러, 현대 미술, 개구리의 성생활에 대한 페이지들을 똑같은 관심을 갖고 대할 것이며 실용적으로 모든 링크를 따라갈 것이다. 컴퓨터는 중간에 거치는 페이지들의 내용에는 관심을 갖지 않고 모든 경로를 다 가본 다음 가장 짧은 경로를 찾아낼 것이다.

웹상에서 피카소를 찾는 일은 여섯 난계의 분리에 내재되어 있는 근본적인 문제를 부각시킨다. 밀그램의 방법은 미국에서 두 사람 간의 최단 경로거리를 과대평가 했다. 여섯 단계는 실제로는 상한선인 것이다. 두 사람 간에는 매우 많은 경로들이 존재하며, 그 각 경로의 길이는 들쭉날쭉하다. 밀그램의 실험에 참여한 피험자들은 목표인물로 가는 최단경로에 대해 의식하지 않았다. 이것은 마치 복도와 문만 보이는 거대한 미로에서 길을 잃고 있는 상황과 비슷하다. 출구가 북쪽에 있다는 사실을 알고 있고 나침반을 갖고 있다고 하더라도 출구를 찾는 일은 극히 비효율적이며 많은 시간이 걸릴 수밖에 없다. 그러나 미로의 지도를 손에 쥐고 있기만 하다면 단 5분 안에 그곳을 탈출할 수 있을 것이다. 마찬가지로 밀그램의 실험의 경우에도 만약 거기에 참가하는 모든 사람들이 모든 미국인들의 사회적 링크를 집대성한 지도를 갖고 있었더라면 오마하와 보스턴 간의 최단 경로를 밟았을 것이다. 이러한 지도가 없기 때문에 그들은 편지를 목표인물에게 가장 잘 전해줄 것으로 **여겨지는** 사람에게 전달할 수밖에 없었다. 예를 들어 누군가가 미국의 대통령에게 당신을 소개시켜주기를 당신이 바란다고 하자. 당신은 우선 대통령을 아는 사람들을 생각해내려고 애쓸 것이다. 당신 지역구의 의원을 떠올릴 수도 있겠다. 하지만 대부분의 사람들은 그 의원을 개인적으로는 알지 못할 것이다. 따라서 당신은 당신과 개인적으로 알면서 또한 대통령과의 만남을 주선해줄 수 있는 다른 사람을 생각해내려고 할 것이다. 그리고 이는 적어도 세 단계 이상은 필요할 것이다. 그러면서도 당신은 며칠 전 저녁 파티에서 당신 옆에 앉았던 사람이 대통령과 같은 학교 출신이라는 사실에 대해서는 까맣게 모르고 있을지도 모른다. 이 경우, 실제로는 당신은 대통령과 두 단계의 거리에 있는 것이다. 이와 마찬가지로 밀그램의 실험에서 기록된 경로들은 가능한 최단의 경로보다 긴 것들이다. 따라서 사회에서의 실제의 거리는 과대평가된 것이다. 사회에서의 최단 경로거리는 실제에 있어서는 여섯 단계보다 짧을 것이며 카린시가 이야기했던 다섯 단계보다도 짧을지 모른다. 물론 우리는 사회 검색엔진을 갖고 있지 않기 때문에 완벽하게 정확한 숫자를 알아낼 수는 없다.

6.

여섯 단계는 우리의 현대 사회가 만들어낸 산물이다. 즉 끊임없이 서로 접촉하고자 하는 사람들의 추구에 의해 그렇게 된 것이다. 그리고 그것은 또한 수천 킬로미터나 떨어져 있는 곳에서도 서로 의사소통 할 수 있게 된 덕택이기도 하다. 우리가 만들어낸 지구촌이라는 것은 인류에게 분명 새로운 현실이다. 미국인들의 선조들 대부분은 자신이 떠나온 나라에 남겨두고 온 사람들과의 연락이 단절되었다. 소 떼가 있는 초원지대부터 로키 산맥의 금광지대까지 바다와 대륙으로 갈라져 사는 사랑하는 사람들에게 도달할 수 있는 방법이 없었다. 엽서도 전화도 없었다. 이 시절의 취약한 사회적 네트워크에서는 사람이 이주하면서 링크가 끊어졌을 때 이를 되살리는 것이 극히 어려웠다. 이번 세기에 들어 우편시스템, 전화, 그리고 비행기와 같은 것들이 온갖 장벽을 부수고 물리적 거리를 좁혀 주면서 상황은 완전히 변했다. 요즘에 미국에 이민 오는 사람들은 본래 살던 나라에 남겨두고 온 사람들과 링크를 유지하려면 얼마든지 그렇게 할 수 있고 실제로 그렇게들 많이 한다. 나는 나의 친척이나 친구들이 한국이나 동유럽과 같은 아주 먼 곳에 있더라도 그들과 연락을 한다. 20세기에 세계는 축소되었고 이제 그것은 이미 역전될 수 없는 상태가 되었다. 게다가 인터넷이 세계의 모든 구석구석에 도달하게 되면서 세계는 또 하나의 폭발을 겪고 있다. 우리는 웹상의 누구와도 열아홉 클릭민큼의 거리에 있지만, 우리의 친구와는 단지 한번의 클릭 거리에 있다. 친구가 세 개의 도시를 뛰어넘고 직업을 다섯 번 바꾸었다

해도 또 그들이 어디에 있더라도 우리는 원하기만 하면 언제든 그들을 인터넷에서 찾을 수 있다. 100년 전에는 소멸해버렸을 사회적 링크들이 이제는 다시 살아서 쉽게 활성화될 수 있게 되었다는 의미에서 세계는 분명 줄어들었다. 한 개인이 유지할 수 있는 사회적 링크의 수는 극적으로 증가하여 경로거리를 줄이고 있다. 밀그램은 여섯, 카린시는 다섯을 이야기했다. 오늘날 우리는 셋 정도의 거리로 가까워졌다.

"좁은 세상"은 모든 네트워크에서 발견할 수 있는 일반적인 현상이다. 짧은 경로거리는 인간 사회의 신비라거나 웹에 특유한 어떤 것이 아니다. 우리 주변 대부분의 네트워크들이 그것에 따르고 있다. 그것은 엄청난 수의 웹페이지나 친구들에 도달하기 위해서는 몇 개 안 되는 링크만 있으면 된다는 네트워크 구조에 기인하는 것이다. 이로 인해 생겨나는 좁은 세상은 마일(mile)로 거리가 측정되는 우리에게 익숙한 유클리드적 세계와는 다소 차이가 있다. 사람들에게 도달할 수 있는 우리의 능력은 그들과 우리와의 물리적 거리와는 점점 더 관계가 없는 것이 되어가고 있다. 세계를 여행하면서 전혀 모르는 사람과 공통적으로 알고 있는 사람을 떠올리다 보면, 지구의 반대편에 있는 어떤 사람이 바로 옆집에 있는 사람보다 더 가까운 경우도 있다는 사실을 발견하게 된다. 이러한 비유클리드적 세계를 항해하다 보면 우리의 직관에 어긋나는 경우를 겪게 되고, 우리 주변의 복잡한 세계를 이해하기 위해서 반드시 익혀야 하는 새로운 기하학이 있다는 사실을 알게 된다.

Small Worlds 네 번째 링크

좁은 세상

　난생 처음으로 논문을 투고한 마크 그라노베터(Mark Granovetter)는 아직 하버드 대학의 대학원생이었지만 자신의 글에 상당한 기대를 걸고 있었다. 1960년대 후반의 하버드 대학에서는 사회학에서부터 네트워크에 대한 관심이 일기 시작했고, 하버드 대학과 MIT가 그 새로운 개념의 산실이었다. 이러한 시기와 장소가 그에게는 커다란 행운이 되었다. 사회과학 분야에서 네트워크적 시각의 선구자였던 해리슨 화이트(Harrison White)는 일련의 강좌를 통해 대학원에 있던 그라노베터에게 사회 네트워크에 대한 관심을 일깨워 주었다. 이러한 새로운 아이디어들은 사람들이 어떻게 직업을 얻게 되는가의 문제를 사회학적 현미경을 통해 규명한 그의 박사학위 논문에 잘 반영되어 있다. 그라노베터는 직업시장에 이력서를 제출하는 대신 찰스 강을 건너 메사추세츠 주의 뉴턴(Newton)으로 갔다. 뉴턴은 요즘은 보스턴 근교의 부촌이지만 당시에는 노동자들이 많이 사는 지역이었다. 사람들이 어떻게 "네트워크" 하는가, 즉 자신의 사회적 연결을 활용해서 어떻게 새로운 직업을 얻는가를 알아내기 위해 관리직과 전문직 종사자 수십여 명에게 누가 현재의 직업을 찾는 데 도움을 주었는지를 물었다. 그것은 친구였는가? 하지만 대부분의 대답은 친구가 아니라 그냥 아는 사람(acquaintances)이었다는 것이다. 이러한 사실에서 그라노베터는 약한 수소 결합이 거대한 물 분자들을 서로 묶어주고 있는 것에 대한 화학 강의를 연상했다. 그리고 대학 신입생 때부터 그의 뇌리에 박혀 있던 이 이미지는 약한 사회적 연결이 우리 생활에 미치는 중요성에 관한 첫 연구 논문을 낳았다. 그는 1969년 8월에 그 논문을 《아메리칸 소시올로지컬 리뷰(American Sociological Review)》에 투고했다. 그리고 12월에 익명의 두 심사위원이 그의 논문을 기각했다는 연락을 받았다. 그 중 한 심사위원의 의견으로는 그 원고는 "분명한 일련의 이유들 때문에" 출판할 수 없다는 것이었다. 그라노베터는 이러한 결과에 심하게 낙담하여 3년이 지나도록 그 글을 건드리지조차 않았다. 그러다가 1972년에 그 원고의 축약본을 《아메리칸 저널 오브 소시올로지(American Journal of Sociology)》라는 다른 학술지에 투고했다. 이번에는 다행히 심사를 통과해 출판되었는데 이는 처음 투고한 지 4년이 지난 1973년 3월의 일이었다. 「약한 연결의 힘(The Strength of Weak Ties)」이라는 그라노베터의 이 논문은 오늘날 역사상 가장 많은 영향을 끼친 사회학 논문 중 하나로 평가받고 있다. 또한 이 글은 가장 많이 인용되는 논문들 중 하나이기도 해서, 1986년에는 커런트 컨텐츠(Current Contents)에서 '인용 고전(Citation Classic)'에 선정되기도 했다.

「약한 연결의 힘」에서 그라노베터는 상식적으로 이치에 맞지 않아 보이는 주장을 펼치고 있다. 직업을 구할 때, 새로운 소식을 접할 때, 식당을 새로 차릴 때, 최신의 유행이 전파될 때, 우리의 약한 사회적 연결이 강한 친분관계보다 더 중요하다는 것이다. 그에 따르면 보통 사람 주변의 사회적 네트워크의 구조는 일반적으로 다음과 같다. "자아(Ego)는 여러 명의 가까운 친구들을 갖고 있는데, 이들의 대부분은 상호 간에 잘 알고 자주 접촉하는 밀도 높은 사회적 덩어리를 이루고 있다. 자아는 또한 그냥 아는 사람들을 여럿 갖고 있는데 이들은 상호 간에 잘 모르는 사이인 경우가 많다. 그런데 이 그냥 아는 사람들 하나 하나는 자신의 친한 친구들을 갖고 있어서 긴밀하게 짜여진 사회적 덩어리를 이루고 있다."

그라노베터의 주장에는 에르되스와 레니가 그렸던 무작위적 세계와는 사뭇 다른 사회에 대한 이미지가 내재되어 있다. 그라노베터에 의하면 사회는 몇 개의 클러스터로 구성되어 있는데, 각 클러스터 내부는 모두가 모두를 서로 잘 아는 긴밀한 친구들이 서클(circle)을 이루고 있다. 외부로는 몇 개 안 되는 링크들이 있어서 그것이 클러스터들이 외부 세계로부터 격리되는 것을 막아주고 있다. 그라노베터의 이러한 서술이 정확한 것이라면, 우리 사회의 네트워크는 매우 독특한 구조를 갖고 있는 것이 된다. 즉 사회 네트워크는 작은 **완전연결 그래프**(complete graph)들이 연합체를 이룬 것과 같은 것이 되고, 그 각각의 내부는 모든 노드가 그 클러스터 내의 모든 노드와 연결되어 있는 모양을 갖고 있는 것이나(그림 3). 이 완전연결 그래프들은 서로 다른 친구 서클에 속해 있는 그냥 아는 사람들 간의 약한 연결들로 서로 이어져 있다.

약한 연결들은 외부 세계와 의사소통을 하려고 할 때 결정적인 역

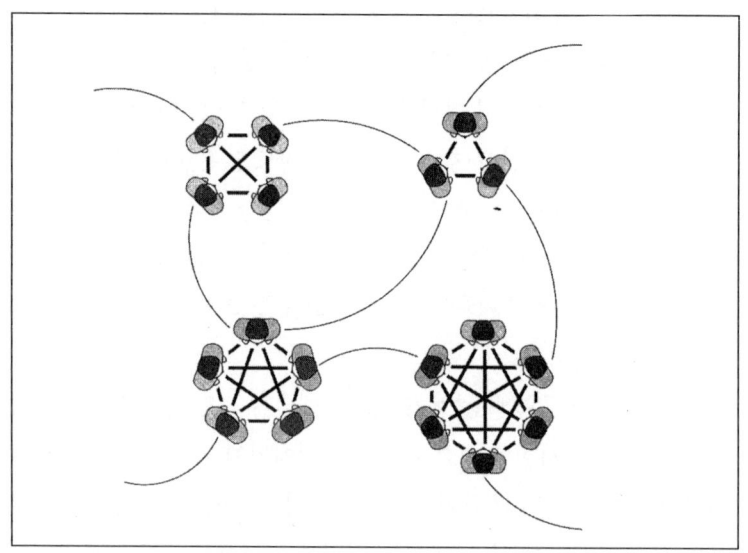

■ 그림 3 강한 연결과 약한 연결

그라노베터의 사회 세계에서는 우리의 친구들은 대개 상호 간에도 친구 사이이다. 그처럼 클러스터화된 사회 네트워크는 내부적으로 (굵은 선으로 표시된) 강한 끈으로 완전하게 연결되어 있는 작은 서클들로 이뤄져 있다. 가는 선으로 표시된 약한 끈들은 이 친구 서클을 아는 사람에게 연결시키는데, 그는 다시 자기의 친구들과 강한 끈을 갖고 있다. 약한 연결(끈)은 소문의 전파나 직장을 구하는 것과 같은 많은 경우에 중요한 역할을 한다.

할을 한다. 우리의 가장 친한 친구들은 정작 직업을 구하는 데 별로 도움이 안 된다. 그들은 나와 같은 서클에 있으므로 대개 동일한 정보를 갖고 있을 경우가 많기 때문이다. 새로운 정보를 얻고 싶으면 우리는 약한 연결을 사용해야 한다. 실제로 관리직 노동자들이 새로운 일자리에 대해 듣게 되는 것은 약한 연결을 통하는 경우(27.9%)가 강한 연결을 통한 경우(16.7%)보다 훨씬 많다. 약한 연결 또는 그냥 아는 관계는 외부 세계로의 다리 역할을 하는데, 왜냐하면 그들은 우리의 가장 밀접한 친구들과는 다른 곳에 있으므로 색다른 소스로부터 정보를 얻기 때문이다.

무작위 네트워크에는 노드 간의 링크가 완전히 무작위적이기 때문에 거기에는 친밀한 서클이란 존재하지 않는다. 에르되스-레니(Erdös-Rényi)의 사회적 세계에서는 나의 가장 친한 친구 두 명이 서로 알 확률은 호주의 구두수선공이 아프리카의 추장과 친구가 될 확률과 동일하다. 하지만 우리가 아는 우리 사회의 모양은 이런 상황과는 분명 다르다. 친한 친구 사이에서는 대개 서로의 친구들 역시 알게 된다. 그들은 대개 같은 파티에 참석하고 같은 식당에 가며 같은 영화를 보기도 한다. 두 사람 간의 연결이 강하면 강할수록 그들의 친한 친구 서클의 중복 정도는 커진다. 약한 연결의 힘에 대한 그라노베터의 주장이 처음에는 우리의 일상적 직관과 맞지 않고 심지어는 모순적인 것처럼 보일지도 모르지만, 그것은 우리의 사회적 조직에 관한 하나의 단순한 진리를 정식화하고 있다. 그라노베터가 그리는 사회상은 내부적으로는 완전하게 연결된 클러스터들이 상호 간에 몇몇 약한 연결들을 통해 연결되어 있는 분절화된 그물망의 모습인데, 이것은 에르되스-레니가 제시하는 완벽하게 무작위적인 네트워크의 모습보다 훨씬 우리의 일상적 경험에 부합하는 것이다. 사회의 구조를 충분히 이해하기 위해서 무작위 네트워크 이론은 그라노베터가 지적한 네트워크의 클러스터 구조라는 현실을 어떤 식으로든 수용해내야 하는 것이다. 바로 이것을 이루는 데에 근 30년이 걸렸다. 그런데 흥미로운 것은 그 해법을 위한 단서는 사회학이나 그래프 이론에서 나온 것이 아니라는 점이다.

1.

카린시가 즐겨 글을 썼던 곳인 센트럴 카페에서 길을 건너 작은 문을 열고 지하로 통하는 계단을 내려가면 캄라(Kamra), 즉 "다락방"이라는 이름의 극장에 도달하게 된다. 그 이름대로 무대에는 10명 정도만이 설 수 있고 객석은 100명 정도를 수용할 수 있는데, 연극 공연이 활발한 부다페스트에서 이 극장은 표를 구하기가 매우 어려울 정도로 인기가 있다. 지난번에 캄라에서 내가 공연을 볼 때는 공간을 절약하기 위해 무대막을 제거했다. 그래서 관객들은 연극이 언제 끝날지를 짐작할 수 있었다. 갑자기 내 주변의 모든 사람들이 보내는 요란한 박수갈채 소리가 그 자그마한 지하 동굴의 검은 벽들에 부딪쳐 메아리치고 증폭되는 것은 정말 대단했다. 하지만 이내 그 혼돈의 천둥은 질서 있는 박수소리로 바뀐다. 마치 보이지 않은 지휘자의 지휘봉에 맞춰서 손뼉을 치기라도 하듯이, 어떤 신비한 힘에 이끌려 우리의 두 손바닥은 정확하게 동시에 부딪치고 있었다. 배우들이 허리를 굽혀 인사를 하고 무대 뒤편으로 사라졌다가 다시 등장하면 그 박자에 맞춘 박수갈채는 더욱 고조되었다. 이러한 동시성(synchrony)은 박수의 속도와 강도가 고조되면서 잠시 해소되었다가는 다시 몇 초 후에 다시 등장했다.

 동시적인 박수(synchronized clapping)는 분명 부다페스트의 작은 극장인 캄라에서만 일어나는 일은 아니다. 그것은 동유럽에서 공연, 연주회, 스포츠 경기가 끝난 후에는 거의 항상 일어나고 있는 일이며 종종 전 세계적으로도 있는 일이다. 예를 들면, 전설적인 하키 선수인 웨인 그레츠키(Wayne Gretzky)가 1999년에 뉴욕 레인저스 구단에서 은퇴할 때, 메디슨 스퀘어 가든에 모인 사람들은 그에 대해 존경의 뜻을 표하기 위해 무의식적으로 박수 박자를 동기화(synchorize)시켰다. 자발적이고 신비하며 동기화된 박수는 엄격한 법칙에 따르는 자기 조직화(self-organization)의 훌륭한 실례로서 물리학자들과 수학자들의 연구 대상이 되어 왔다. 반딧불이들 중 어떤 종(種) 역시 이 법칙에 따르는 것으로 알려져 있다. 남서 아시아에서 이들은 키가 큰 맹그로브 나무 주변에 수백만 마리씩 모여서 주기적으로 반짝거린다. 그러다가는 갑자기 모든 반딧불이들이 형광성을 가진 자신의 꼬리를 정확히 같은 순간에 켰다가 껐다가 하는데, 그 결과 이 신호등처럼 생긴 나무를 몇 킬로미터 밖에서도 거대하게 파동 치는 전구처럼 보이게 한다. 동기화를 향한 미묘한 추동력은 자연 속에서 널리 찾아볼 수 있다. 사실 바로 이 힘이 심장에서 수천 개의 박동조절 세포를 움직이고 있으며, 여성들이 오랫동안 함께 살면 생리주기가 동기화되는 것도 한 예이다.

 1990년대 중반 코넬(Cornell) 대학에서 응용수학 분야의 박사학위 논문을 준비하고 있던 던컨 와츠(Duncan Watts)는 특이한 문제 하나를 연구해 볼 것을 권유받았다. 그 문제는 바로 귀뚜라미들이 어떻게 그 우는 소리를 동기화시키는가 하는 것이었다. 귀뚜라미 수놈들은 큰 소리로 울어댐으로써 암놈을 유혹한다. 대개의 사람들과는 달리, 귀뚜라미들은 자기 주변의 다른 귀뚜라미들이 우는 소리를 잘 듣고는 그들의 우는 소리에 맞춰 울어댐으로써 주목받는 것을 회피한다. 귀뚜라미 여러 마리를 모아 놓으면 처음에는 불협화음이 잠시 존재하지만 곧 하나의 교향곡을 연주한다. 이것이 우리가 무더운 여름밤에 베란다에서 흔히 듣게 되는 바로 그 소리이다.

와츠는 전형적인 책벌레 스타일의 수학자 이미지와는 다른 스타일의 사람이다. 그는 멈춰서고, 뒤로 물러서고, 자신이 하는 일에 대해 성찰하고, 필요하다면 방향을 바꾸는 등의 기민한 능력이 남달리 탁월하다. 사실 귀뚜라미에 대한 연구를 계기로 그는 사회 네트워크 연구자가 되었으며 결국에는 사회학자가 되었다. 2000년에 컬럼비아 대학 사회학과에서 교수직을 제의 받으면서 그의 변신은 공식화되었다.

귀뚜라미들이 어떻게 울음소리를 동기화 하는지를 알아내기 위해 애쓰는 과정에서 와츠는 자기 아버지와의 일상적인 대화 과정에서 들었던 "여섯 단계의 분리"라는 개념에 맞부딪쳤다. 여섯 단계의 분리와 같은 것들에 대해 호기심을 갖고 있는 사람들은 많지만, 카페에서나 이야기됨직한 이런 철학을 심각한 연구 주제로 삼는 사람은 거의 없다. 와츠는 귀뚜라미들이 어떻게 동기화 하는가를 이해하기 위해서는 그들이 서로 간에 어떻게 관심을 두는가를 이해해야 한다고 생각했다. 모든 귀뚜라미들은 다른 모든 귀뚜라미가 울어대는 소리에 귀기울이는 것일까? 그렇지 않으면 맘에 드는 귀뚜라미 한 마리를 정해서 그 놈의 소리에만 동기화 하는 것일까? 귀뚜라미든 사람이든 간에 그들이 서로 영향을 주고 받는 과정을 표현하는 네트워크의 구조는 어떻게 생겼을까? 와츠는 자신이 귀뚜라미에 대해서는 점점 덜 생각하게 되고 네트워크에 대해 점점 더 깊이 생각하고 있다는 것을 느끼게 되면서 자신의 박사학위 논문 지도교수였던 스티븐 스트로가츠(Steven Strogatz)에게 조언을 청했다. 코넬 대학의 응용수학과 교수로서 카오스(chaos)와 동기화(synchronization)에 대한 연구에서 뛰어난 업적을 쌓고 있던 스트로가츠는 통상적이지 않은 아이디어를 그냥 지나치지 않는 사람이었다. 그들 둘은 곧 미지의 지역을 탐사하기 위해 출발했고, 네트워크를 에르되스-레니가 개척하고 설정했던 경계의 외부에까지 밀고 나갔다.

와츠는 단순한 하나의 질문을 가지고 이 네트워크로의 여행을 시작했다. "나의 친구 두 사람이 서로 알 확률은 얼마일까?" 앞에서 살펴봤듯이 무작위 네트워크 이론의 입장에서 보면 이 질문에 대한 대답은 분명하다. 노드들이 링크되는 것은 무작위적이므로 나의 두 친구가 서로 알게 될 가능성은 베니스의 곤돌라 사공과 에스키모 어부가 서로 알게 될 가능성과 동일하다. 그러나 이미 25년 전에 그라노베터가 주장했듯이 사회 네트워크는 분명 그렇게 생기지는 않았다. 우리는 서로 간에 아는 클러스터의 한 부분으로서 존재한다. 따라서 나의 두 친구는 결국 서로 알게 된다. 수학자와 물리학자가 받아들일 수 있는 방식으로 사회의 클러스터적 성격에 대한 증거를 모으기 위해서는 클러스터의 정도를 **측정**할 수 있어야 한다. 이를 위해 와츠와 스트로가츠는 **클러스터링 계수**(clustering coefficient)라는 양(量)을 도입했다. 당신이 친한 친구 4명을 갖고 있다고 해보자. 그런데 그 4명이 모두 서로 간에도 친구라면 그들 간을 링크로서 연결할 수 있을 것이고 그러면 모두 6개의 친구 링크가 생길 것이다. 하지만 당신의 친구들 중 어떤 사람은 서로 간에 친구관계가 아닐 수도 있다. 그런 경우에는 실제의 개수는 6보다 작아질 것인데, 그것이 4라고 해보자. 이 경우, 당신의 친구 서클에서의 클러스터링 계수는 0.66이 되는데, 이는 당신 친구들 간에 실제로 존재하는 링크의 개수(4)를 분자로 하고, 그들이 모두 서로 간에 친구관계일 때 나타날 수 있는 링크의 개수(6)을 분모로 하여 계산된 것이다.

클러스터링 계수는 당신의 친구 서클이 얼마나 조밀하게 짜여져 있는지를 알려준다. 1.0에 가까운 숫자는 당신의 모든 친구들이 서로들 간에도 친구관계를 맺고 있다는 것을 말해 주며, 0에 가까운 숫자는 당신의 친구들 상호 간에는 서로 잘 모르고 오직 당신만이 그들과 1대 1로 관계를 맺고 있다는 것을 말해준다. 그라노베터가 제시한 사회상에 따르면 고도로 조밀한 클러스터들이 그 안에 존재하고 이들 클러스터들 간에는 소수의 약한 연결이 있다. 이처럼 고도로 클러스터화된 네트워크에서는 클러스터링 계수는 높게 나올 것이다. 사회가 정말로 그러한 클러스터들로 채워져 있다는 양적 증거를 확보하기 위해서는 지구상의 모든 사람들의 클러스터링 계수를 측정해야 할 것이다. 그런데 현실에서는 누가 누구와 연결되어 있고 누가 누구와 친한가를 알려주는 지도가 없으므로 클러스터링 계수를 측정한다는 것은 불가능한 일이 된다. 하지만 다행히 사회 중 어떤 부분은 자신의 사회적 연결을 정기적으로 공개하고 있다. 따라서 우리는 이 그룹 내에서의 클러스터링에 대해 살펴볼 수 있다.

2.

오늘날 폴 에르되스(Paul Erdös)는 셀 수 없을 만큼 많은 정리나 증명으로서 유명할 뿐 아니라 "에르되스 넘버(Erdös number)"라는 것으로도 유명하다. 에르되스는 507명의 공동저자와 함께 1,500편의 논문을 썼다. 이 수백 명의 공동저자들 중에 속한다는 것은 엄청난 명예로 여겨진다. 이보다는 못하겠지만 2개의 공동저작 링크를 거쳐서 에르되스에 연결될 수 있다는 것만 해도 매우 명예로운 것이다. 수학자들은 바로 이 에르되스로부터의 거리를 재기 위해 "에르되스 넘버"라는 것을 도입했다. 에르되스 자신의 에르되스 넘버는 0이다. 그와 공동저작을 한 사람의 에르되스 넘버는 1이 된다. 에르되스의 공동저자와 함께 공동저작을 한 사람의 에르되스 넘버는 2가 된다. 이런 식으로 에르되스 넘버가 커져 가는데, 낮은 에르되스 넘버는 지적 자부심을 느끼게 해준다. 이러한 현상이 심화되면서 에르되스가 1996년에 사망한 후 자신의 에르되스 넘버를 낮추기 위해 가짜 공동작업을 날조하는 경우도 적지 않을 것이라고 말하는 사람이 있을 정도이다. 그 결과, 전 세계의 수학자들은 수학 세계의 이 기이한 중심점인 에르되스와의 거리를 좁히기 위해 경쟁해왔고 또 아직도 경쟁하고 있다. 이 에르되스 넘버를 쉽게 알 수 있도록 하기 위해 미시간 주 로체스터의 오클랜드 대학 수학과 교수인 제리 그로스만(Jerry Grossman)은 수천 명의 수학자들의 에르되스 넘버를 모아둔 웹사이트 운영을 통해 공개적으로 저술을 발표한 수학자라면 누구나 자신의 에르되스 넘버를 계산해 볼 수 있도록 하고 있다.

대부분의 수학자들은 2에서 5 정도의 비교적 작은 에르되스 넘버를 갖고 있다. 하지만 에르되스의 영향은 수학에 그치는 것이 아니다.

경제학자, 물리학자, 컴퓨터 과학자들 역시 그와 쉽게 연결될 수 있다. 아인슈타인은 2라는 에르되스 넘버를 갖고 있다. 노벨상을 수상한 경제학자인 폴 사무엘슨(Paul Samuelson)의 에르되스 넘버는 5이다. 이중나선 구조의 공동발견자 중 하나인 제임스 왓슨(James D. Watson)의 에르되스 넘버는 8이다. 유명한 언어학자인 노암 촘스키(Noam Chomsky)의 에르되스 넘버는 4이다. 심지어는 마이크로소프트(Microsoft)의 창시자인 빌 게이츠(William H. Gates)는 학술적인 논문을 거의 쓰지 않았지만 4라는 에르되스 넘버를 갖고 있다. 나의 에르되스 넘버 역시 4인데, 에르되스는 조셉 질리스(Joseph E. Gillis)와 함께 논문을 썼고, 그는 조지 바이스(George H. Weiss)와 공동저작을 했으며, 다시 이 조지 바이스는 나의 박사학위 논문 지도교수인 유진 스탠리(H. Eugene Stanley)와 공동저작을 했고, 나는 바로 유진 스탠리와 한 권의 책과 십여 편의 과학 논문들을 함께 썼다.

에르되스 넘버의 존재 그 자체는 모든 과학자들이 논문의 공동저작을 통해 서로 링크되어 있어서, 과학 공동체가 고도로 상호연결되어 있는 네트워크를 이루고 있다는 것을 증명해 주고 있다. 에르되스 넘버가 대개 작다는 것은 이 과학계의 그물망이 "좁은 세상"의 형상을 갖고 있다는 것을 알려준다. 공동저작자들이 서로 모르는 사이인 경우는 거의 없으므로 공동저작은 강한 사회적 링크를 표현한다고 할 수 있다. 과학 공동체의 그물망은 공동저자라는 링크로 이뤄진 사회적 네트워크의 축소판이라고 할 수 있다. 연구자들이 특정 주제의 논문을 찾을 수 있도록 하기 위해 모든 과학적 출판물들은 컴퓨터 데이터베이스에 기록된다. 그리고 바로 이것은 과학자들 상호 간의 사회적 및 직업적 링크에 대한 상세한 디지털 기록을 자동적으로 만들어내고 있는 셈이다. 그래서 우리는 과학자들 간의 협동 네트워크의 구조에 대해 연구할 수 있게 되었다.

그리고 바로 이것이 우리 팀이 2000년 봄에 행한 작업이다. 타마스 비첵(Tamás Vicsek)은 뛰어난 연구자로서 1999~2000학년도에 부다페스트 외트뵈시(Eötvös) 대학의 생물물리학 학과장을 맡고 있었는데, 그는 다뉴브 강을 내려다 볼 수 있는 중세에 지어진 부다(Buda) 성에 위치하고 있는 고등연구소(Institute of Advanced Study)에 1년간의 생물물리학 연구 프로그램을 조직했다. 참여자 중 하나인 졸탄 네다(Zoltán Néda)는 루마니아에서 온 물리학자로서, 자신이 지도하고 있던 팀의 구성원이며 당시 석사과정 대학원생이었던 에르제베트 라바스(Erzsébet Ravasz)와 동행했다. 또한 안드라스 슈베르트(András Schubert)는 헝가리 학술원에서 일하고 있는 계량사회학(sociometrics) 전문가로서 그는 많은 공동저작 데이터베이스에 대한 학술적 접근 권한을 갖고 있었다. 비첵, 네다, 라바스, 슈베르트 그리고 정하웅 박사와 함께 우리는 1991년에서 1998년에 출판된 논문을 통해 모든 수학자들을 연결했다. 이는 70,975명의 수학자들 간의 200,000개의 공동저작 링크로 이뤄진 거대한 네트워크를 생성해냈다. 만약 수학자들이 공동저작의 파트너를 무작위적으로 선택했다면 이 네트워크는 에르되스-레니의 무작위 네트워크 이론에 의해서 예측할 수 있는 바대로 매우 작은 클러스터링 계수, 대략 10^{-5}를 갖게 될 것이다. 하지만 우리가 측정해 본 바에 따르면 공동저작 네트워크의 클러스터링 계수는 그것보다 10,000배나 큰 것으로 판명되었다. 이는 수학자들이 자신의 공동저작 파트너를 무작위적으로 선택하지 않는다는 것을 증명하는 것이다. 그들은 고도로 클러스터화된 네트워크를 이루고 있는데, 이는 그라노베터가 그렸던 전체 사회에 대한 모습과 유사한 것이다.

당시 우리는 모르고 있었지만, 산타페 연구소(Santa Fe Institute)에서 일하는 물리학자인 마크 뉴만(Mark Newman) 역시 우리가 부다페스트에서 제기했던 문제와 비슷한 질문을 가지고 과학자들(특히 물리학자, 의사, 컴퓨터 과학자들) 간의 협력에 대한 그래프를 연구하고 있었다. 뉴만은 무작위 시스템(random systems), 생태계에서의 종(種)의 소멸 등을 전공하고 있었는데, 그 역시 컴퓨터를 통해 이제야 비로소 네트워크를 이해할 수 있는 기회가 생겨나고 있다는 사실을 인식하고 있었다.

과학자들 간의 협력 네트워크에 대한 연구 이전에 그는 이미 좁은 세상에 대한 몇 개의 논문들을 썼었고, 이것들은 이제 고전적인 논문으로 인정되고 있다. 우리 팀에서 컴퓨터가 첫 연구 결과를 돌리고 있을 무렵, 뉴만은 과학자들 간의 협력에 관한 논문을 인터넷에 올렸다. 뉴만의 논문은 과학자들의 일상적인 업무는 조밀하게 연결된 클러스터들과 이 클러스터들 간을 연결하는 약한 끈들 안에서 이뤄지고 있다는 것을 증명했다. 그의 연구와 우리 팀의 연구는 우리가 항상 그럴 것이라고 느꼈지만 컴퓨터가 생기기 이전에는 측정하기가 너무 어려웠던 것에 대한 양적 증거를 제시한 것이다. 즉, 사회적 시스템들 안에는 클러스터들이 존재하고 있다는 것이다.

3.

 사회 안에서의 클러스터링은 우리가 이미 직관적으로 이해할 수 있는 것이다. 사람들은 친근함, 안전, 익숙함 등을 주는 파벌(clique)과 클러스터(cluster)를 형성하고자 하는 태생적인 욕구를 갖고 있다. 그런데 사회 네트워크의 속성이 과학자들의 관심을 끈다면 그것이 자연 속의 대부분의 네트워크들에 일반적인 어떤 것을 드러내주는 경우에만 그러하다. 따라서 와츠와 스트로가츠의 가장 중요한 발견은 클러스터링이 사회 네트워크에만 국한된 것이 아니라는 점을 보여준 것이다.

 우리는 일반적으로 인간의 지적 능력을 두뇌의 신경 네트워크의 복잡성이나 크기와 연관지어 생각한다. 하지만 씨 엘레강스(C. elegans)라고 불리우는 선충류는 단지 302개의 뉴런만으로도 무엇이 가능한지를 보여주는 살아있는 증거이다. 씨 엘레강스는 1mm밖에 안 되는 벌레로서 수명도 고작 2~3주 밖에 안 되지만, 캘리포니아 버클리의 분자과학연구소의 뛰어난 분자생물학자인 시드니 브레너(Sydney Brenner)가 1962년에 분자생물학 실험 대상으로 채택한 이후 화려한 경력을 갖게 되었다. 그 이후 씨 엘레강스를 실험 대상으로 한 수천 편의 논문이 나왔고, 수백 개의 연구소에서 그것을 기르고 있으며, 7개의 전문 웹사이트가 존재하게 되었다.

 씨 엘레강스의 게놈(genome)은 인간의 것과 별로 다르지 않지만 매우 단순한 다세포 생물이다. 과학자들은 씨 엘레강스의 신경 체계의 연결구조를 정확하게 알아내는 데 성공해서 어떤 뉴런이 어떤 뉴런에 연결되어 있는지를 보여주는 지도를 만들어냈다. 와츠와 스트로가츠는 이 신경 연결 다이어그램을 연구하여 이 작은 그물망이 전체 사회의 그것과 그리 다르지 않다는 사실을 발견했다. 즉 씨 엘레강스의 신경 연결 역시 클러스터링의 정도가 매우 높은데, 한 노드에 바로 인접한 노드들이 서로 링크되어 있을 확률이 무작위 네트워크에서보다 다섯 배나 크다. 미국 서부지역에서 각각의 발전기와 변압기가 노드가 되고, 이것들이 전력선에 의해 링크되어 있는 전력 네트워크의 구조에 대해 연구가 진행된 바 있는데, 그 연구에서도 똑같은 패턴이 발견되었다. 즉 미국 서부지역 전력 네트워크에서도 클러스터링의 정도가 매우 높았던 것이다. 이는 우리가 다음 장에서 자세히 살펴볼 예정인 할리우드에서의 배우들 간의 공동출연 네트워크에서도 마찬가지이다.

와츠와 스트로가츠의 예상외의 발견 덕분에 클러스터링에 대한 관심이 고조되었으며, 그 결과 과학 공동체는 많은 다른 네트워크들을 정밀하게 조사하기 시작했다. 우리는 이제 클러스터링이 인터넷 웹에 존재하고 있음을 안다. 인터넷상의 컴퓨터를 연결하는 물리적 선들 역시 그러함을 안다. 경제학자들은 기업들 간의 공동소유 네트워크에서도 동일한 패턴을 발견했다. 생태학자들은 생태계 내에서 각 종(種)이 어떤 다른 종(種)의 먹이가 되는가를 보여주는 먹이사슬에서 동일한 것을 발견했다. 세포 생물학자들은 클러스터링이 세포 내의 분자 네트워크를 특징짓는다는 것을 발견했다. 클러스터링이 보편적이라는 이러한 발견들은 클러스터링을 사회에 고유한 특성에서 복잡한 네트워크(complex network)에 일반적인 속성으로 격상시켰으며, 현실의 네트워크들은 근본적으로 무작위적이라는 견해에 대해 처음으로 심각한 도전을 제기하게 되었다.

4.

와츠와 스트로가츠는 현실의 네트워크 대부분에 있어서 클러스터링의 보편성을 설명하기 위해, 1998년 《네이처(Nature)》에 기고한 논문에서 에르되스-레니 모델에 대한 대안적 모델을 제시했다. 클러스터링과 무작위 그래프의 우연성을 화해시키는 모델을 최초로 제시한 것이다. 이 모델에 따르면(그림 4) 사람들은 서클상에 있는데, 그들 각자는 자신의 직접적 이웃을 안다. 이 단순한 모델에서 각 노드는 모두 똑같이 4명의 이웃을 갖고 있고, 이 이웃들은 3개의 링크에 의해 **서로** 연결되어 있다. 따라서 이 네트워크의 클러스터링 계수는 매우 높다. 만약 4명의 이웃 모두가 서로 연결되어 있다면 6개의 링크가 존재할 터인데, 이 모델에서는 3개의 링크만 있으므로 클러스터링 계수는 3/6, 즉 0.5가 된다. 그리고 이는 우리가 과학자 공동체 네트워크에서 찾은 클러스터링 계수인 0.56과 대략 비슷한 값이다. 이 정도면 클러스터링 정도가 상당히 높은 것이라는 점을 확인해 보기 위해, 4개의 노드와 연결되어 있지만 그 링크가 무작위적으로 부여되는 경우와 비교해 보자. 한 노드의 이웃 노드 4개 간의 링크 개수는 네트워크 전체의 크기에 따라 달라질 것이다. 그림에서처럼 전체 노드 개수가 12개라면 클러스터링 계수는 0.33이 될 것이다. 하지만 10억 개의 노드가 있다면 클러스터링 계수는 10억 분의 4가 될 것이다. 새로운 모델이 가정하는 0.5라는 클러스터링 계수는 이러한 수치에 비하면 엄청나게 큰 것이다.

그러나 모델 안에 높은 클러스터링을 도입하면서 그 대가를 지불해야만 했다. 이제 "좁은 세상"이 없어진 것이다. 그림의 모델 사회에서 나의 1차적 또는 2차적 이웃만이 나와 가깝다. 원의 반대편에

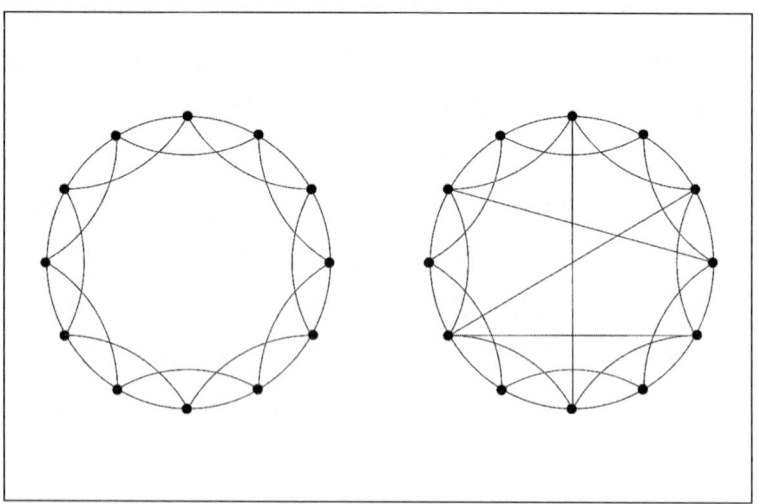

■ 그림 4 좁은 세상과 클러스터화된 세상

클러스터링 정도가 높은 네트워크를 모델링하기 위해, 던컨 와츠와 스티븐 스트로가츠는 우선 노드들을 원주 위에 놓고 각 노드들이 바로 이웃 노드와 그 건너 노드들에 직접 연결되도록 만들었다(왼쪽 그림). 이제 이것을 좁은 세상 네트워크로 만들기 위해서는 무작위적으로 선택된 노드쌍들을 연결하는 소수의 링크들을 추가하였다(오른쪽 그림). 새로이 추가된 장거리 링크들은 멀리 떨어져 있는 노드들 간을 연결하는 지름길 역할을 함으로써, 네트워크 내의 모든 노드들 간의 평균적 분리정도를 급격하게 단축시킨다.

있는 어떤 사람과 접촉하기 위해서는 원을 반 바퀴 삥 돌면서 계속 수없이 많은 악수를 해야만 한다. 맨 위에 있는 노드에서 맨 밑에 있는 노드까지의 최단 경로는 적어도 3개 이상의 링크를 포함한다. 이것이 그리 많지 않은 것처럼 들릴지 모르겠지만, 만약 우리가 엄청난 인내력과 그릴 수 있는 공간을 할애하여 원을 따라 60억 개의 노드를 그리고 나서, 그 각 노드에서 직접적 그리고 2차적 이웃과의 링크를 그렸다고 생각해 보면, 원의 반대편에 있는 노드까지의 최단 경로는 10억 이상의 악수를 필요로 할 것이다. 따라서 원 위에 그려진 사회 네트워크는 클러스터링 정도는 높으나 매우 "넓은 세상(large world)"이 될 것이다.

현실 속에서 우리는 지구상에서 멀리 떨어져 있는 사람들과의 링크를 갖고 있다. 우리의 친구들이 바로 이웃집에 살지 않는 경우도 많다. 만약 내가 호주에 사는 어떤 사람에게 접근할 수 있는 경로를 찾아야 한다면 나는 집집마다 돌아다니지는 않을 것인데, 그러다가는 태평양까지 나아가야 할 판이기 때문이다. 오히려 나는 나의 친한 고등학교 친구 중에 몇 년 전에 호주 시드니로 간 친구를 생각해낼 것이다. 그래서 나는 나의 친구가 자기 주변에 형성하고 있는 조밀한 친구관계 링크들을 통해 호주의 목표인물에 이를 수 있는 링크를 찾아내기만 하면 되는 것이다. 오늘날의 사회에 대한 현실적인 모델은 장거리의 링크를 허용해야만 한다. 이 모델 내에서 장거리 링크를 허용하기 위해서는 원 주변의 무작위적으로 선택된 노드들 간에 몇 개의 링크만 추가하면 된다. 즉, 원 주위에 있는 두 개의 노드를 무작위로 선택한 다음 그들간에 새로운 링크를 연결하는 것이다. 이렇게 되면 선택된 노드들 간의 거리는 1로 줄어들 것이며, 그 직접적 이웃들 역시 서로 훨씬 가까워질 것이다. 만약 그러한 링크를 더 많이 추가하면 모든 노드들 간의 거리는 매우 가까워질 것이다.

와츠와 스트로가츠의 발견 중에서 놀라운 것은 링크를 몇 개만 추가해도 노드 간의 평균거리가 급격하게 줄어든다는 것이다. 이 몇 개의 링크는 클러스터링 계수에 큰 변화를 초래하지는 않는다. 하지만 원주의 반대편에 있는 노드들을 잇는 이들 다리 덕분에 모든 노드들 간의 거리는 엄청나게 줄어들게 된다. 이 모델에서 클러스터링 계수에 큰 변화를 주지 않으면서 경로 거리를 급격하게 줄일 수 있다는 점은, 소수일지라도 장거리 링크를 유지하고 있는 사람이 있기만 하다면 우리는 친구를 사귐에 있어서 국지적이더라도 괜찮다는 점을 이야기해 준다. 이 단순한 모델에서 제시하는 통찰에 따르면 여섯 단계의 분리라는 현상은 소수의 사람들이 가까이에 있지 않은 친구나 친척들과의 링크를 갖고 있다는 사실에 연유한다고 할 수 있다. 바로 이 장거리 링크들이 세계의 멀리 떨어진 지역에 있는 사람들과 짧은 경로를 갖도록 해준다. 거대한 네트워크라 해도 "좁은 세상"의 속성을 갖기 위해서 온통 무작위적 링크들을 가져야 하는 것은 아니다. 극소수의 그러한 링크만 있어도 충분하다.

5.

에르되스가 사망한 지 2년 후, 와츠-스트로가츠의 클러스터링에 대한 논문은 물리학자들과 수학자들 사이에 엄청난 관심을 불러일으켰다. 그것은 첫째, 상당한 정도의 클러스터링을 수용하는 모델을 제시함으로써 그라노베터가 제시했던 이미지를 공식화시켰다. 둘째, 사회학에서 널리 연구되어 왔던 이슈인 "좁은 세상"의 문제를 물리학자와 수학자들의 커뮤니티에 소개시켰다. 한동안 클러스터를 포용하는 보다 일반적인 와츠-스트로가츠의 모델이 에르되스-레니의 무작위적 모델을 대체할 것으로까지 여겨졌다. 주변의 좁은 세상에 대한 명쾌한 설명을 제공하기 위해서 우리는 국지적인 관계질서 위에 소수의 장거리 링크들이 흩뿌려져 있는 이 단순한 그림을 제시하기만 하면 되었다. 이 모델은 좁은 세상이기는 하지만 친구들의 서클에 대해서는 적대적인 에르되스-레니의 완전하게 무작위적인 세계와 고도로 클러스터링 되어있지만 노드들 간의 거리가 서로 멀리 떨어져 있는 정규적 격자(regular lattice) 모델 양쪽 모두를 우아하게 통합할 수 있는 방법을 제시해 주었다.

오늘날 우리는 와츠-스트로가츠 모델이 에르되스-레니의 세계관과 양립 불가능한 것이 아님을 알고 있다. 사실 정규적 격자 구조에서 시작하는 것으로 가정한다는 점에서 와츠-스트로가츠 모델은 클러스터를 허용한다. 하지만 이 모델의 근본 철학은 여전히 에르되스-레니의 비전을 충실하게 따르고 있다. 노드들을 초기에 배열할 때 원주 위에 배열한다는 것을 제외하면, 노드들을 완전히 **무작위적으로** 연결하고 있다. 따라서 두 모델 모두 근원적으로는 주사위를 던져서 링크가 부여되는 평등한 사회를 그리고 있다고 할 수 있다.

1998년에 와츠-스트로가츠의 기념비적 논문이 발표되었을 때, 우리 연구팀은 복잡한 네트워크와 그 중에서도 특히 웹의 구조를 이해하고자 노력하고 있었다. 이 논문의 핵심적 메시지를 충분히 파악하고, 에르되스-레니의 세계관과 그라노베터의 클러스터화된 사회를 통합할 수 있는 이 모델의 의미를 음미하는 데에는 약간의 시간이 걸렸다. 그때쯤에 위급 상황이 발생했다. 우리의 자그마한 로봇이 웹으로부터 네트워크에 관한 데이터를 가지고 돌아왔는데, 그것의 모양은 에르되스-레니의 예측과도 또 와츠-스트로가츠의 모델과도 현격한 차이가 있는 것이었다. 다음 장에서 살펴보겠지만 로봇은 한 웅큼의 허브(hub)—특이하게 많은 수의 링크를 갖고 있는 노드—를 가지고 돌아왔다. 문제는 에르되스-레니의 평등주의적 모델에서는 그러한 허브가 극히 희귀해야 하기 때문에 로봇이 가지고 온 결과를 설명할 수 없다는 것이다. 와츠-스트로가츠의 모델 역시 이 점에서는 별로 낫지 않았다. 그것 역시 특정 노드가 평균적 노드에 비해 훨씬 많은 수의 링크를 갖는 것을 허용하지 않는 것이었다. 웹 세계를 이해함에 있어서 중요한 뭔가가 두 모델 모두에 빠져 있었다. 그 데이터는 현실의 네트워크를 보다 잘 이해할 수 있는 방법을 재촉했고 그리하여 결국에는 무작위적 세계관을 완전히 버리도록 강제했다. 이 길을 따라가게 되면서 사태는 전혀 예기치 못했던 방향으로 전환됐다. 우리는 우리가 그때까지 네트워크에 대해 배웠던 거의 모든 것을 버리지 않을 수 없었다.

Hubs And Connectors 다섯 번째 링크

허브와 커넥터

《뉴요커(New Yorker)》의 기고 작가인 말콤 그래드웰(Malcolm Gradwell)은 최근에 출간된 그의 책 『티핑 포인트(The Tipping Point)』에서 어떤 개인이 얼마나 사교적(Social)인가를 테스트해 볼 수 있는 간단한 진단 방법을 제시하고 있다.

맨해튼 전화번호부에서 뽑은 248개의 성(姓) 목록을 주고 그러한 성씨를 갖는 사람을 몇 명이나 알고 있는지 점수를 매겨보는 것이다. 하나의 성에 대해 복수의 사람을 생각해도 좋은데, 말하자면 리스트에 있는 존스(Jones)라는 성을 가진 사람을 3명 알고 있다면 3점이 추가되는 것이다. 최근에 이민 온 20대 초반 학생들이 대부분인 맨해튼 시립대학 학생들에게 테스트해 본 결과 평균 점수는 21점이었다. 달리 말하면, 그들은 리스트에 있는 성씨의 사람을 평균적으로 21명 정도 알고 있는 것이다. 무작위로 선택된 고학력의 백인 교수들 집단에게 같은 조사를 해본 결과 평균은 39명으로서 대학생의 두 배 가까이 나왔다. 이것은 별로 놀랄 만한 일은 아니었다. 하지만 그래드웰의 관심을 끈 것은 바로 점수의 분포였다. 대학생들 집단의 점수 분포는 2점에서 95점까지였고, 고학력 백인교수 집단의 최저점은 9점이고 최고점은 118점이었다. 거의 비슷한 연령, 교육 수준, 소득 수준을 갖고 있는 사람들 사이에서조차 그 차이는 엄청났는데 그 경우 최저점은 16점인 반면 최고점은 108점이었다. 그래드웰은 결국 총 400명 정도의 사람들에 대해 조사했고, 모든 사회 집단에서 높은 점수를 나타낸 소수의 사람들을 발견할 수 있었다. 그의 결론은 다음과 같다. "모든 계층을 막론하고 친구나 아는 사람을 만드는 데에 있어서 극히 예외적인 솜씨를 가진 소수의 사람들이 있다. 그들은 커넥터(Connector)라 할 수 있다."

커넥터들은 우리의 사회 네트워크에서 극히 중요한 부분이다. 그들은 경향과 유행을 만들며, 중요한 거래를 성사시키고, 유행을 전파하며, 식당을 개업하는 것을 도와주기도 한다. 그들은 서로 다른 인종, 교육 수준, 가문들을 부드럽게 이어주는 사회의 실과 같은 존재이다. 커넥터에 주목하면서 그래드웰은 인간에게 특유한 뭔가를 확인했다고 생각했다. 잘 몰랐을지 모르지만 그는 그것보다 훨씬 큰 어떤 현상에 맞부딪치게 되는 것이며, 바로 그 현상은 『티핑 포인트』가 출판되기 오래 전부터 우리 연구팀을 괴롭히고 있던 것이다. 커넥터들—비정상적으로 많은 링크를 갖고 있는 노드들—은 경제에서 세포에 이르기까지 매우 다양한 복잡한 시스템에서 발견된다. 그것들은 사실 대부분의 네트워크의 근본적 속성이라 할 수 있으며, 생물학, 컴퓨터 과학, 생태학 등 다양한 분야의 과학자들의 호기심을 자극하고 있는 것이다. 커넥터의 발견은 우리가 네트워크에 대해 알고 있다고 생각해 오던 모든 것을 재검토하게 만들었다. 클러스터링은 에르되스-레니의 무작위적 세계관에 첫 균열을 드러냈다. 와츠-스트로가츠의 단순한 모델은 친구의 서클과 여섯 단계의 분리를 잘 화해시킴으로써 궁지를 벗어나게 해주었다. 그러나 이제 커넥터가 두 모델 모두에게 마지막 결정타를 먹였다. 연결선 수가 극히 많은 이 노드들에 대한 설명은 무작위적 세계관 전체를 완전히 폐기하도록 요구했다.

1.

사이버스페이스는 궁극적인 언론의 자유를 구현하고 있다. 어떤 사람은 그것에 대해 화낼 수도 있고 어떤 사람은 그것을 좋아할 수도 있지만 웹페이지의 내용을 검열한다는 것은 매우 어려운 일이다. 일단 출판되면 그것은 수십억 명이 볼 수 있다. 이처럼 유례 없이 커진 표현의 권리와 낮은 출판비용 때문에 웹은 민주주의의 궁극적 토론장이 되고 있다. 모든 사람의 목소리는 모두 다 균등한 기회를 갖고 있다. 적어도 헌법학자들이나 그럴듯한 비즈니스 잡지들은 그렇게 주장한다. 웹이 무작위 네트워크라면 그들의 주장은 맞을 것이다. 하지만 웹은 무작위 네트워크가 아니다. 우리의 웹 지도 만들기 프로젝트의 결과 중 가장 흥미로운 점은 웹에는 민주주의, 공정성, 평등성이 **완벽하게** 존재하지 않는다는 것이다. 웹의 위상구조는 저기에 널려 있는 수십억의 문서들을 모두 똑같이 볼 수만은 없게 만든다.

웹에 관한 한, 당신의 견해가 출판될 수 있는가 여부는 더 이상 핵심적인 문제가 아니다. 물론 당신의 견해를 웹에 출판할 수 있고, 일단 그렇게 되면 바로 인터넷에 연결할 수 있는 전 세계의 모든 사람들이 그것을 볼 수 있다. 중요한 문제는 당신이 어떤 정보를 웹에 출판했을 때, 수십억 페이지나 되는 이 문서의 정글에서 어떤 사람이 그것을 알아챌 수 있는가 이다.

소설가나 과학자들에게는 너무도 뻔한 이야기가 되겠지만 누군가 그것을 읽기 위해서는 먼저 그것이 가시적이어야 한다. 웹에서 가시성(visibility)의 척도는 바로 링크의 개수이다. 당신의 웹페이지로 들어오는 링크(incoming link)가 많으면 많을수록 그것은 가시적이다. 만약 웹상의 모든 문서들이 당신의 웹페이지로 향하는 링크를 갖고 있다면 순식간에 누구나 당신이 하고자 하는 이야기를 알게 될 것이다. 하지만 평균적인 웹페이지는 단지 다섯에서 일곱 개의 링크만 갖고 있고, 그 각각은 수십억 페이지 중 하나를 향하고 있다. 따라서 다른 웹 문서들이 당신의 웹페이지를 링크할 가능성은 거의 제로에 가깝다고 해야 할 것이다.

이러한 결론은 나의 홈페이지인 www.nd.edu/~alb에도 그대로 적용된다. 알타비스타(AltaVista)에 따르면 전 세계적으로 40여 페이지가 나의 홈페이지를 링크하고 있다. 사실 상당히 협소한 주제를 다루고 있다는 점을 감안하면, 이 정도면 생각보다 많은 편이라고 할 수 있다. 하지만 웹에 10억 페이지가 있다는 점을 감안하면 당신이 나의 페이지로 향하는 링크를 찾을 가능성은 10억 분의 40밖에 안 된다. 만약 당신이 웹을 무작위적으로 서핑하면서 각 페이지에 10초 정도 머문다고 가정해 보면 나의 홈페이지로 향하는 링크를 만나기 위해서는 8년 동안을 밤낮 없이 돌아다녀야 할 것이다.

우리는 모두 다른 관심과 가치와 신념과 취향을 갖고 있다. 우리가 웹페이지에 붙이는 링크는 이러한 것들을 반영할 것이다. 우리는 아프리카의 부족 예술에 관한 사이트에서부터 전자상거래 포털 사이트에 이르기까지 매우 다양한 링크를 붙일 수 있다. 우리가 선택할 수 있는 노드가 십억 개가 넘는다는 사실을 상기하면, 링크가 붙여지는 패턴이 상당히 무작위적일 것이라고 예상해도 좋을 것 같아 보인다. 그렇게 링크가 무작위적으로 붙여진다면 에르되스-레니의 모델이 웹을 지배하게 될 것이다. 그리고 에르되스-레니의 모델에 따르면 모든 노드들을 대체로 거의 같은 수의 들어오는 링크를 갖게 될 것이기 때문에 무작위적인 웹은 궁극적으로 평등주의를 지탱해 줄 것이다.

하지만 우리의 측정 결과는 이러한 기대를 부정한다. 우리의 로봇이 가지고 돌아온 지도는 웹 위상구조가 매우 불균등하다는 증거를 보여 주었다. 우리가 조사한 노트르담 대학의 도메인에 포함되어 있는 32만 5천 페이지들 중에서 27만 개(82%에 해당)의 페이지는 **세 개 또는 그 이하**의 들어오는 링크를 갖고 있었다. 그 반면 42개의 극소수의 페이지는 1,000개 이상의 페이지로부터 링크를 받고 있었다.

후속 연구에서는 2억 3백만 개의 웹페이지에 대한 샘플 조사가 이뤄졌는데, 그 결과는 더욱 이실적인 분포를 보여주었다. 즉 전체 중에서 90%에 해당하는 대다수의 문서는 10개 이하의 링크를 받고 있는 반면, 3개의 극소수 페이지는 100만 이상의 링크를 받아들이고 있었다.

사회에서 소수의 커넥터들이 엄청나게 많은 수의 사람들을 알고 있는 것처럼, 웹의 구조는 연결선 수가 매우 많은 극소수의 허브(hub)에 의해 지배되고 있음을 알 수 있다. 이 허브의 가장 잘 알려진 예는 야후나 아마존닷컴 등에서 찾을 수 있는데, 어디에 가든 우리는 이들 사이트를 가리키는 링크를 쉽게 찾아볼 수 있다. 웹 배후의 네트워크에 있어서는 이들 연결선 수가 많은 소수의 웹사이트들이 유명하지도 않고 적은 수의 링크만을 받고 있는 대다수의 노드들을 서로 연결하는 양상을 보이고 있다.

허브의 존재는 평등주의적 사이버스페이스에 대한 유토피아적 비전에 대해 가장 강력한 반론을 제기한다. 우리들 모두는 우리가 원하는 것을 웹에 올릴 권리를 갖고 있다. 하지만 그것을 누가 알아차릴까? 웹이 무작위 네트워크라면 남들이 우리를 보고 들을 가능성이 모두 같을 것이다. 어떤 면에서 보면 우리는 허브 사이트를 집단적으로 만들고 있는 것이다. 그것들은 당신이 웹상의 어디에 있든 간에 찾기가 매우 쉽다. 이러한 허브에 비하면 웹의 나머지 문서들은 가시성이 거의 없다. 실용적인 측면에서 보자면 두세 개 정도의 다른 문서들만이 링크하고 있는 페이지들은 사실상 존재하지 않는 것과 마찬가지이다. 그것들을 찾기는 거의 불가능한데 심지어는 검색엔진들조차 웹을 돌아다니며 새로운 사이트들을 찾아다닐 때 이런 페이지들은 무시하게끔 프로그램되어 있다.

2.

케빈 베이컨(Kevin Bacon)의 영화 〈에어(The Air Up There)〉가

TV에 방영되던 밤 펜실베이니아 주 리딩(Reading)에 있는 올브라이트 칼리지(Albright College)의 학생들인 크레이그 화스(Graig Fass), 브라이언 터틀(Brian Turtle), 마이크 지넬리(Mike Ginelly)의 머리에는 새로운 생각이 계시처럼 떠올랐다. 케빈 베이컨은 하도 많은 영화에 출연했기 때문에 할리우드의 어떤 배우와도 연결될 수 있으리라는 것이다. 흥분에 들떠서 그들은 1994년 1월, 당시 대학생들 사이에 인기가 있던 유명인사 초청 토크쇼인 〈존 스튜어트 쇼(Jon Stewart Show)〉에 편지를 보냈다. "우리 3명은 하나의 임무를 띠고 있는 사람들이다. 우리의 임무는 존 스튜어트 쇼, 아니 전 세계에 케빈 베이컨이 신(神)이라는 사실을 증명해 보이는 것이다." 그런데 그들도 놀랐겠지만 그들에게는 유명해질 수 있는 15분의 기회가 정말 주어졌다. 그들은 이 쇼에 초청되어 케빈 베이컨과 함께 출연했으며, 청중들이 영화 배우 이름을 댈 때마다 그 배우가 케빈 베이컨과 어떻게 연결되는지를 척척 보여줌으로써 청중들을 매혹시켰다. 하지만 엄밀하게 그들의 이야기는 완전히 틀린 것이다. 케빈 베이컨은 세계의 중심도 할리우드의 중심도 아니었다.

 이들 세 명 학생들의 천재적 재능—혹시 그렇게 부를 수 있다면—은 할리우드 영화 배우들 대부분은 케빈 베이컨과 전형적으로 2단계 내지 3단계 내에서 연결 가능하다는 점을 알아차렸다는 점이다. 예를 들면 톰 크루즈(Tom Cruise)는 케빈 베이컨으로부터 한 단계 거리밖에 안 떨어져 있는데, 이는 두 사람이 〈어 퓨 굿 맨(A Few Good Man)〉에 같이 출연했기 때문이다. '에르되스 넘버(Erdös number)' 식으로 이야기해서 톰 크루즈의 '베이컨 넘버(Bacon number)'는 1이다. 마이크 마이어스(Mike Myers)의 베이컨 넘버는 2인데, 이는 그가 〈나를 쫓아온 스파이(The Spy Who Shagged Me)〉에 로버트 와그너(Robert Wagner)와 같이 출연했으며, 와그너는 〈와일드 씽(Wild Things)〉에서 베이컨과 함께 출연했기 때문이다. 하지만 찰리 채플린(Charlie Chaplin)과 같은 역사적 인물 역시 케빈 베이컨과 연결되는 경로가 있다. 채플린은 베리 노턴(Barry Norton)과 〈살인광 시대(Monsieur Verdoux)〉에 함께 출연했고, 베리 노턴은 로버트 와그너와 〈왓 프라이스 글로리(What Price Glory)〉에 같이 출연했는데, 바로 이 와그너는 조금 전에 언급했다시피 베이컨 넘버가 1이다. 따라서 채플린의 베이컨 넘버는 3이 된다. 이야기를 조금 더 복잡하게 만들어 보면, 에르되스는 베이컨 넘버가 4인데 그 사연은 이러하다. 에르되스는 〈N은 넘버다(N is a Number)〉라는 자신에 관한 다큐멘터리 영화에 직접 출연했다. 거기에 나오는 사람 중에는 진 패터슨(Gene Patterson)이 있는데, 그는 후에 〈박스 오브 문라이트(Box of Moonlight)〉라는 영화에서 사소한 역을 맡게 되면서 베이컨 넘버 3을 부여받게 된다. 그리고 〈N은 넘버다〉는 그래프 이론의 심장부에 있기 때문에, 많은 수학자들은 작은 에르되스 넘버뿐 아니라 작은 베이컨 넘버도 같이 부여받게 되는 재미난 일이 생겼다.

컴퓨터 과학을 전공하는 학생 세 명이 〈존 스튜어트 쇼〉를 시청하지 않았더라면 케빈 베이컨 게임은 영화를 소재로 한 하찮은 퀴즈 게임으로 그쳤을 것이다. 버지니아 대학의 글렌 왓슨(Glen Wasson)과 브레트 챠덴(Brett Tjaden)은 모든 영화 배우와 영화에 대한 데이터베이스만 확보할 수 있다면 영화 배우 간의 거리를 알아낼 수 있고, 이것은 컴퓨터 과학의 프로젝트로서 손색이 없다는 것을 알아차렸다. 그리고 인터넷영화데이터베이스(Internet Movie Database,

IMDb.com)라는 영화 애호 사이트에서는 영화와 영화 배우에 대한 많은 정보를 제공하고 있었다. 왓슨과 챠덴이 '베이컨의 계시(The Oracle of Bacon)'라는 웹사이트를 만들어 내는 데에는 몇 주밖에 안 걸렸고, 이 사이트는 케빈 베이컨 게임의 대표 사이트가 되었다. 이 사이트에서는 두 명의 영화 배우 이름을 입력하면 순식간에 그 두 배우를 연결하는 최단 경로, 즉 영화 배우와 영화들의 연쇄를 보여준다. 곧 이 사이트는 하루에 2만 명의 방문자들이 드나드는 사이트가 되었고, 1997년에 《타임(Time)》이 선정한 TOP 10 사이트에 기록되기도 했다. 가장 최근인 2001년 8월 26일에 내가 방문해서 보니 그 날 하루에 1만 3천 명이 다녀간 것으로 나와 있었다.

3.

우리가 케빈 베이컨 게임을 할 수 있는 것은 할리우드 영화계가 조밀하게 연결된 네트워크를 이루고 있기 때문이다. 여기서 노드는 배우이며, 이들은 함께 출연한 영화에 의해 서로 연결되어 있는 것이다. 한 배우는 그 영화의 출연자 모두에게 링크된다. 따라서 많은 영화에 출연한 배우는 많은 링크를 얻게 된다. 각 배우가 평균 27개의 링크를 갖고 있는데, 이는 전체 네트워크가 연결되기 위해 필요한 노드당 한 개의 링크보다 훨씬 많은 값이기 때문에 여섯 단계의 분리는 필연적이다. 보다 정확하게는 **각각**의 배우는 다른 모든 배우들과 평균 3단계의 링크를 거치면 연결될 수 있다. 하지만 우리 연구팀이 배우 네트워크를 분석하면서 발견한 것처럼 여기서 평균은 큰 의미가 없다. 41%에 달하는 배우들이 10개 미만의 링크들만을 갖고 있다. 이들은 무명 배우들인데, 주로 사람들이 극장을 걸어나간 다음에야 영화 스크린에 그 이름이 나오는 사람들이라 하겠다. 그 반면 극소수의 배우들은 10개보다 훨씬 많은 링크를 갖고 있다. 존 캐러딘(John Carradine)은 정력적인 활동 과정에서 4천 개의 링크를 모았고, 로버트 미첨(Robert Mitchum)은 10여 년간의 은막생활 동안 2,905명의 동료들과 함께 출연했다. 연결선 수가 매우 많은 이 배우들이야말로 할리우드의 허브들이다. 이들 중 몇몇을 제거하면 다른 배우들로부터 케빈 베이컨으로 통하는 경로의 거리가 급격하게 길어질 것이다.

많은 영화에 출연한 배우들은 연결선 수 역시 많고 따라서 다른 할리우드 배우들과의 경로거리가 평균적으로 짧을 것이라는 추측을 해볼 수 있는데, 이는 대체로 사실이다. 많은 영화에 출연한 배우일수록 다른 동료 배우들과의 평균 경로거리는 짧다. 하지만 가장 많은 영화에 출연한 배우들이 반드시 가장 연결선 수가 많은 것은 아니라는 사실은 놀라웠다. 가장 많은 영화작품에 출연한 배우 TOP 10의 리스트는 아래와 같은데, 이는 정하웅 박사에 의해 수집된 것으로 괄호 안에는 그 배우가 출연한 영화작품 수를 표시하고 있다. 멜 블랑(Mel Blanc, 759), 톰 바이런(Tom Byron, 679), 마크 월리스(Marc Wallace, 535), 론 제러미(Ron Jeremy, 500), 피터 노스(Peter North, 491), T. T. 보이(T. T. Boy, 449), 톰 런던(Tom London, 436), 랜디 웨스트(Randy West, 425), 마이크 아너(Mike Horner, 418), 조이 실베라(Joey Silvera, 410). 이 리스트를 보면서 독자 여러분은 우리 연구팀에서 이 리스트를 처음 봤을 때 그랬던 것처럼 매우 낯선 이름들이라고 느낄 것이다. 물론 멜 블랑을 아는 사람이 있을지도 모르겠다. 그는 〈벅스 바니(Bugs Bunny)〉, 〈딱따구리 우디(Woody Woodpecker)〉, 〈대피 덕(Daffy Duck)〉, 〈포키 피그(Porky Pig)〉,

〈트위티 파이(Tweety Pie)〉, 〈실베스터(Sylvester)〉 등 많은 유명 만화 영화 캐릭터의 유명한 성우였다. 또한 50대 이상의 독자 중에는 톰 런던을 본 사람이 있을 수도 있다. 그는 서부 활극 영화에 단골로 출연한 배우로서, 보안관, 목장 주인, 심복 부하 등의 역할을 했다. 이 다작(多作) 배우 TOP 10 리스트에 있는 그 외의 배우들은 우리도 잘 알 수가 없었다. 우리는 약간의 조사를 통해 마침내 그 이유를 알아냈다. 이들은 모두 포르노 배우였다.

이 리스트는 네트워크에 있어서 크기가 항상 중요한 것은 아니라는 점을 생생하게 보여준다. 포르노 배우들은 엄청난 영화작품 개수를 기록하고 있지만 할리우드의 중심부 근처에도 들지 못한다. 네트워크가 클러스터화되어 있기 때문에, 자기 클러스터에 속한 노드들하고만 긴밀하게 연결되어 있는 노드는 그 하위문화 내지 장르에서만 중심적인 위치를 점한다. 그들을 외부 세계로 이어주는 링크들이 없으며, 그들은 다른 클러스터들에 속한 노드들과 멀리 떨어져 있게 된다. 따라서 포르노 영화에만 출연했거나 포르노 스타들 하고만 함께 출연한 배우들은 마틴 스콜세지(Martin Scoreses)나 안드레이 타르코프스키(Andrey Tarkovsky) 영화의 출연 배우들과 연결되기 어렵다. 그들은 단지 다른 세계에 있는 것이다. 네트워크 전체에서 진정으로 중심적인 위치를 차지하는 것은 여러 개의 큰 클러스터들에 동시에 속해 있는 노드들이다. 이 중심적인 노드들은 자신의 배우생활을 통해 매우 다양한 장르에서 활동한 배우들이다. 웹페이지로는 현대 미술에 대해 취급할 뿐 아니라 인문학 분야의 모든 영역에 대한 링크를 갖고 있는 사이트가 될 것이다. 일반적인 사람으로는 다양한 분야와 계층의 사람들과 정기적으로 접촉하는 사람이 될 것이다. 수학에서라면 어떤 테두리에도 가둘 수 없고 과학의 다양한 하위분야들의 문제들을 모두 쉽게 다룰 수 있는 에르되스 같은 사람이다. 예술과 과학에서 모두 편안함을 느꼈던 레오나르도 다 빈치 같은 사람이기도 하다.

케빈 베이컨은 물론 할리우드에서 두드러지는 배우이다. 그는 46개의 영화에 출연했으며, 1,800명의 배우들과의 링크를 모았다. 그와 다른 할리우드 영화 배우의 평균 경로거리는 2.79이다. 즉 대부분의 배우는 3개의 링크보다 작은 거리에 있다. 바로 이런 연유로 인해 사람들은 케빈 베이컨 게임에서 어렵지 않게 다른 배우와 그를 연결할 수 있는 것이다. 하지만 베이컨이 가장 연결선 수가 많은 배우라고 할 수 있을까? 정하웅 박사는 할리우드에서의 허브, 즉 가장 연결선 수가 많은 배우들 1,000명의 리스트를 만들었는데, 거기서 베이컨을 찾는 데에는 좀 시간이 걸렸다. 1위는 로드 스테이거(Rod Steiger)였는데, 그의 다른 배우와의 평균 경로거리는 2.53이었다. 도날드 프리슨스(Donald Preasense)가 경로거리 2.54로 그 뒤를 바짝 쫓고 있었다. 마틴 쉰(Martin Sheen), 크리스토퍼 리(Christopher Lee), 로버트 미첨, 그리고 찰톤 헤스톤(Charlton Heston)이 그 다음 순위를 각각 차지하고 있는데, 그들은 모두 2.57보다는 작은 경로거리를 유지하고 있었다. 그리고 나서 수십 페이지를 넘기면서 수백 명의 이름을 훑어갔지만 케빈 베이컨의 이름은 찾을 수 없었다. 마침내 목록의 끝부분 가까이 가서야 비로소 그의 이름을 찾을 수 있었다. 케빈 베이컨은 거기에 876위로 랭크되어 있었다.

그렇다면 왜 우리는 케빈 베이컨 게임을 하게 된 것인가? 베이컨이 유명하게 된 것은 일종의 역사적 요행 같은 것으로서 〈존 스튜어트 쇼〉가 유명했기 때문이다. 모든 배우들은 대부분의 다른 배우들과 3개의 링크 이내에 있다. 케빈 베이컨만이 특별한 것은 결코 아니다. 그는 세계의 중심으로부터 멀 뿐 아니라, 할리우드의 중심으로부터도 멀리 떨어져 있다.

4.

무작위적 세계에 커넥터(connector)란 없다. 만약 사회가 무작위적이었다면, 400명을 대상으로 한 그래드웰의 표본조사에서 한 사람당 평균적으로 약 39명 정도의 사회적 링크가 있다면, 가장 사교적인 사람이라고 하더라도 아는 사람의 숫자는 조사 결과로 나온 118명보다는 훨씬 작은 수여야만 한다. 만약 웹이 무작위적 네트워크라면 500개의 들어오는 링크가 있는 페이지가 있을 확률은 10^{-99} 즉 거의 0에 가까운 값이 되고, 따라서 무작위적으로 링크가 이뤄지는 웹에 허브는 없어야만 된다. 하지만 전체 웹의 1/5보다 작은 범위를 포괄하는 최근의 웹 측량에 따르면, 그러한 페이지가 400개나 되며 어떤 한 웹페이지는 200만 개의 들어오는 링크를 갖고 있는 것으로 나타났다. 무작위적 네트워크에서 그러한 노드를 찾는 것은 전체 우주에서 하나의 특정한 원자를 찾을 확률보다도 낮다. 만약 할리우드 영화계가 무작위적 네트워크를 이루고 있다면 로드 스테이거와 같은 배우는 없어야 한다. 왜냐하면 그처럼 연결선 수가 많은 배우가 존재할 확률은 10^{-120} 정도로서 이것은 너무도 작은 값이어서 적절히 비유할 말조차 없을 정도이기 때문이다. 우리는 웹과 할리우드를 통해 현실에 존재하는 네트워크의 구조를 이해하기 위해 노력했다. 그러다가 허브를 처음 발견했을 때 그처럼 놀랐던 것은 바로 이렇게 믿을 수 없을 적도로 작은 값 때문이었다. 그러한 실제 결과는 에르되스-레니의 모델과 와츠-스트로가츠의 모델 모두에 있을 수 없는 것이었다. 우리는 그러한 결과를 설명해 줄 수 있는 그 어떤 것도 갖고 있지 않았다. 그러한 결과들은 절대로 있어서는 안 될 것일 뿐이었다.

웹에서 소수의 허브가 링크의 대부분을 긁어들이고 있다는 사실의 발견은 다른 많은 분야들에서도 허브를 찾아보려는 열광적인 시도들을 불러일으켰다. 그리고 그 결과는 놀라운 것이었다. 이제 우리는 할리우드와 웹과 사회 그 각각이 결코 독특한 것이 아님을 안다. 예를 들자면 허브는 세포 내의 분자들 간의 화학적 상호작용 네트워크에도 존재한다. 물 분자나 ATP(아데노신 3인산) 분자 등 몇몇 분자들이 엄청난 수의 화학적 상호작용에 참여함으로써 세포 내에서 로드 스테이거의 역할을 하고 있다. 전 세계의 컴퓨터들을 연결하는 물리적 회선의 네트워크인 인터넷은 장애에 대비해 인터넷의 안정성을 보장함에 있어서 소수의 허브들이 결정적인 역할을 하도록 되어 있다.

에르되스는 수학자 공동체의 주요 허브인데 507명이나 되는 수학자들이 1이라는 에르되스 넘버를 갖고 있다. AT&T의 한 연구 결과에 따르면, 전체 송신 및 수신 통화 중에서 소수의 전화번호가 상당히 높은 비중을 점하고 있다고 한다. 집에 10대 소년을 둔 부모들이라면 이러한 전화 통화 허브의 정체에 대해 남다른 의심을 가질 만도 하지만, 실은 텔레마케팅 회사와 고객서비스 전화번호가 진범일 것이다. 허브는 과학자들이 이제까지 연구해 온 대부분의 대규모 복잡한 네트워크에서 발견된다. 그것은 우리의 복잡하고 상호연결된 세계의 보편적 구성요소인 것이다.

5.

최근 허브는 특별한 관심을 받고 있다. 엠마뉴엘 로젠(Emanuel Rosen)은 그의 저서 『소문의 해부(The Anatomy of Buzz)』에서 커넥터의 힘에 대해 강조하면서, 사회적 허브의 범주와 뉴스나 선전의 전파에 있어서 그들이 행하는 역할에 대해 여러 장을 할애하여 설명하고 있다. 4년마다 미국은 새로운 사회적 허브인 대통령을 새로 뽑는다. 사실 프랭클린 델라노 루즈벨트(Franklin Delano Roosevelt)의 인선 명부에는 2만 2천 명의 이름이 있었는데, 이는 그가 당대 최대의 허브였음을 보여주는 것이다. 최근에 세 명의 생물학자들이 유명한 과학 저널인 《네이처》에 기고한 논문에 따르면, 특수한 분자인 p53 단백질의 허브적 속성이 여러 형태의 암의 배후에서 진행되는 분자 수준의 과정을 이해하는 데에 열쇠를 제공한다고 한다. 생태학자들은 먹이사슬에서의 허브가 전체 생태계에서 가장 중요한 역할을 하는 종(種)으로서, 생태계의 안정성을 유지하는 데 극히 중요하다고 믿는다.

허브는 분명 주목할 만한 가치가 있다. 허브는 특별하다. 허브는 전체 네트워크의 구조를 지배하며, 그것을 좁은 세상으로 만드는 역할을 한다. 즉 허브는 엄청나게 많은 수의 노드들과 링크를 가짐으로써 시스템 내의 두 노드 간의 경로를 짧게 만든다. 그 결과 지구상에서 무작위적으로 선정된 두 사람 간의 평균거리는 6이지만, 임의의 사람과 커넥터 간의 거리는 대개 하나 내지 두개의 링크 연쇄에 불과하다. 이와 마찬가지로, 웹상의 두 페이지 간은 평균적으로 19클릭

만큼의 거리를 갖고 있지만, 거대한 허브인 야후닷컴은 대부분의 웹 페이지에서 두세 클릭만에 도달할 수 있다. 허브의 시각에서 보면 세상은 매우 좁다.

에르되스와 레니의 영향으로 수십 년 동안 이어져 온 무작위적 네트워크 이론은 최근에 여러 방면에서 비판을 받고 있다. 와츠와 스트로가츠의 모델은 클러스터링에 대한 단순화된 설명을 제공하여, 무작위 네트워크와 클러스터링을 같은 지붕 아래에 둘 수 있도록 했다. 하지만 허브는 또 다시 이 현상 유지에 도전을 던졌다. 그것은 두 모델 어느 쪽에 의해서도 설명될 수 없다. 허브는 네트워크에 대한 우리의 지식에 대해 재고할 것을 촉구하며, 세 가지의 근본적인 질문들을 던진다. 즉 허브는 어떻게 등장하게 되는가? 주어진 네트워크에서 얼마나 많은 허브의 발생이 예상되는가? 왜 이전의 모든 모델들은 그들에 대해 설명할 수 없었는가?

지난 2년간 이 질문들에 대한 대부분의 답변이 이뤄졌다. 상호연결된 세계에서 허브는 희귀한 사고의 산물이 아님을 우리는 알게 되었다. 오히려 그것은 엄격한 수학적 법칙을 따르며, 그 범위와 보편성은 우리로 하여금 네트워크에 대해 이제까지와는 달리 생각할 것을 강요하고 있다. 이러한 법칙들을 발견하고 설명해가는 롤러 코스터를 타는 것과 같은 황홀한 경험 속에서, 우리는 복잡하고 상호연결된 세상에 대해 지난 100년 동안 알게 된 것보다 많은 것을 알게 되었다.

The 80/20 Rule 여섯 번째 링크

80/20 법칙

　1900년대 초 제네바에서 열린 한 경제 회의에서 이탈리아의 영향력 있는 경제학자 빌프레도 파레토(Vilfredo Pareto)가 자신의 논문을 발표하고 있었다. 한데 그의 발표는 그의 동료이자 강력한 비판자인 구스타프 폰 슈몰러(Gustav von Schmoller)의 집요하고 소란스러운 반론으로 인해 계속 중단되었다. 베를린 대학의 왕좌에 앉아 독일 학계를 지배하던 슈몰러는 짐짓 돌봐주는 어조로 이렇게 소리쳤다. "하지만 과연 경제학에 법칙은 있는 것인가?"

　귀족으로 자랐지만 외양 따위에는 아랑곳하지 않은 채 파레토는 구두 한 켤레와 옷 한 벌밖에 없는 상황에서 그의 기념비적 저작인 《일반사회학개론(Trattato di Sociologia Generale)》을 집필했다고 한다. 따라서 그가 바로 그 다음날 거지 차림으로 길거리에서 만난 슈몰러에게 다가가 이렇게 말하는 것은 별 일이 아니었다. "나으리 공짜로 식사를 할 수 있는 식당을 혹시 알려주실 수 있겠는지요?" 슈몰러는 이렇게 대답하리라. "이 친구야, 그런 식당은 없지. 다만 저 모퉁이 근처에 싸게 괜찮은 식사를 할 수 있는 곳이 있어." 그러면 파레토는 승리감에 차서 웃으며 이렇게 대꾸하리라. "아하, 그러면 결국 경제학에 법칙이 있다는 거네요."

파레토는 20년 동안 철도 엔지니어로서 일한 후 경제학으로 관심을 전환했다. 뉴턴 물리학의 수학적 아름다움으로부터 깊은 감명을 받은 그는 경제학을 아이작 뉴턴의 《프린키피아(Principia)》에서 정식화되어 있는 것과 같은 보편적인 법칙들로 서술될 수 있는 엄밀한 과학으로 전환시키겠다는 꿈을 위해 그의 여생을 바쳤다. 그의 지칠 줄 모르는 탐구의 결실인 세 권짜리 《트라타토(Trattato)》는 경제학자들과 사회학자들 모두에게 끝없는 영감과 해석의 원천이 되고 있다.

학계 외부에서 파레토는 그가 행한 여러 가지의 경험적 관찰들로 널리 알려져 있었다. 원예사로서 그는 80%의 완두콩은 20%의 콩깍지에서 생산된다는 것을 알아냈다. 경제적 불평등에 대한 예리한 관찰의 결과 그는 이탈리아 땅의 80%는 인구의 20%가 소유하고 있다는 것을 알아냈다. 80/20 법칙이라고 알려진 파레토의 법칙 내지 원리는 보다 최근에는 머피의 경영 법칙으로 발전했다. 이것은 기업 이윤의 80%는 종업원 중 20%로부터 나오며, 고객서비스 문제의 80%는 고객들 중 20%로부터 나오고, 의사결정의 80%는 회의시간 중 20%에서 나온다는 것 등이 그것이다. 이는 다른 넓은 영역에까지 변형되어 적용되었는데 예를 들면 범죄의 80%는 범죄자 중 20%에 의해 저질러진다는 것 등이다.

80/20 법칙은 다양한 모양을 취하면서도 기본적으로 동일한 현상을 서술하고 있다. 즉, 우리 노력의 4/5는 크게 봤을 때 중요하지 않다는 것이다. 내가 80/20 법칙에 근접한 아이템을 몇 가지 추가해 본다면 다음과 같은 것들이 있겠다. 웹상의 링크 중 80%는 웹페이지 중 15%로 향한다. 인용의 80%는 38%의 과학자들에 대한 것이다. 할리우드에서 80%의 링크는 30%의 배우에게 연결되는 것이다. 80/20 법칙은 이 세상 모든 것에 적용될 수 있는 것이라고 추론하고 싶은 유혹이 생길 법도 하지만 그것은 과도한 해석이 될 것이다. 현실에 있어서 파레토 법칙에 따르는 시스템들은 다소 특별한 것들이다. 그리고 그것을 특별하게 만드는 그 속성은 복잡한 네트워크를 이해하기 위한 중요한 속성과 일치하는 것이다.

1.

정하웅 박사가 웹 지도를 제작하기 위해 작은 로봇을 만들기 시작했을 때만 해도 우리는 웹 배후의 네트워크의 구조에 대해 순진한 예상을 하고 있었다. 우리는 에르되스와 레니의 통찰에 따라 웹페이지들이 서로 간에 무작위적으로 연결되어 있을 것이라고 생각했다. 2장에서 논의한 바와 같이 웹페이지의 링크 개수는 가운데가 높은 분포(peaked distribution)를 따를 것이며, 대부분의 문서들은 거의 같은 정도로 인기 있을 것이라고 생각했다. 하지만 우리의 로봇이 여행의 결과 가지고 돌아온 네트워크에는 소수의 링크를 갖는 많은 노드들이 있었으며, 또한 극히 많은 링크를 가진 소수의 허브들이 있었다. **가장 놀라운 일**은 우리가 노드의 연결선 수를 나타내는 막대그래프(histogram)를 소위 로그-로그 플롯(log-log plot)이라는 것에 대 봤을 때 일어났다. 웹페이지들이 갖고 있는 링크의 분포는 **멱함수 법칙**(power law)이라고 불리는 수식을 정확하게 따르고 있음을 발견하게 된 것이다.

당신이 물리학자나 수학자가 아니라면 아마 멱함수 법칙이라는 것에 대해 한번도 들어본 적이 없을 것이다. 그것은 왜냐하면 자연 속의 대부분의 양(量)은 무작위 네트워크를 특징짓는 가운데가 높은 분포와 유사한 종형 곡선(bell curve) 분포를 따르기 때문이다. 예를 들어 당신이 알고 있는 성인 남자들의 키를 측정하여 몇 사람이나 4피트, 5피트, 6피트, 7피트만큼 큰지 사람 수를 세어 본다면, 대부분의 사람들은 5피트에서 6피트 사이에 있다는 것을 발견하게 될 것이다. 막대그래프는 이 값 근처에서 정점(頂點)을 갖게 될 것이다. 당신이 특별히 농구선수들에게서 표본을 많이 추출하지만 않는다면 7피트와 8피트인 사람은 매우 적을 것이다. 키가 작은 사람의 경우에도 마찬가지일 텐데, 3피트나 4피트인 사람은 매우 드물 것이다. IQ에서 기체의 분자 속도에 이르기까지 자연에 있는 대부분의 양은 이처럼 가운데가 뾰족한 분포를 따르기 때문에 많은 사람들이 종형 커브에 익숙하다.

지난 수십 년 동안의 연구 과정에서 과학자들은 자연이 어떤 경우에는 종형이 아니라 멱함수 법칙 분포에 따르는 양을 생성해낸다는 사실을 인식하게 되었다. 멱함수 법칙 분포는 종형 커브 분포와 매우 다르다. 우선 멱함수 분포에는 정점(peak)이 없다. 멱함수를 따르는 막대그래프는 단조 감소 커브로서, 다수의 작은 사건들이 소수의 큰 사건들과 함께 발생한다는 것을 시사한다. 만약 어떤 행성에 사는 생물체의 키가 멱함수 법칙 분포를 따른다면, 그들 대부분은 극히 작을 것이다. 하지만 그와 함께 수백 피트나 되는 괴물이 거리를 활보하고 다녀도 놀랄 일은 아니다. 만약 60억의 생물체가 있다면 적어도 그 중 하나는 키가 8천 피트나 될 것이다. 따라서 멱함수 법칙의 특징은 작은 사건이 많이 있다는 것 뿐 아니라 그것이 소수의 매우 큰 사건들과 공존하는 데에 있다고 할 수 있다. 종형 커브에서라면 이처럼 극히 큰 사건은 금지될 터이다.[1]

각각의 멱함수 법칙은 그것에 특유한 **지수(exponent)**에 의해 규정되는데, 이것이 예를 들면 극히 인기 있는 웹페이지가 인기가 적은 것들에 비해 어느 정도나 많이 있는가를 결정한다. 네트워크에 있어서 멱함수는 연결선 수의 분포를 서술하는 것이므로 이 지수는 흔히 연결선 수 지수(degree exponent)라고 불린다. 우리의 측정 결과에 따르면 웹에서 '들어오는 링크(incoming link)'의 분포는 멱함수 분포를 따르고 있는데, 거기서 연결선 수 지수는 대략 2 정도였다. 마찬가지로 '나가는 링크(outgoing link)'도 멱함수 분포를 따르고 있는데, 이 경우 연결선 수 지수는 2보다 약간 컸다.[2]

---

1) 멱함수 분포와 종형 곡선 분포는 그 꼬리 부분에 있어서 질적으로 다르다. 종형 곡선은 꼬리 부분이 지수함수적(exponentially)으로 감소(decay)하는데, 그 속도는 멱함수의 꼬리에 비해 훨씬 빠르다. 바로 이 지수함수적 꼬리 때문에 허브가 존재할 수 없는 것이다. 이에 비해 멱함수 분포는 훨씬 천천히 감소하므로 허브와 같은 희귀한 사건들이 생겨날 수 있다.

2) k개의 들어오는 링크를 가진 웹페이지의 개수를 N(k)라고 할 때, N(k)는 $N(k) \sim k^{-\gamma}$를 따른다. 여기서 γ는 연결선 수 지수를 의미한다. 로그-로그 플롯(log-log plot)상에서 기울기는 연결선 수 지수가 2.1에 가까운 값을 갖는다는 것을 가리키고 있다. 나가는 링크에 대해서도 동일한 패턴이 관찰되었다. 로그-로그 플롯을 보면 k개의 나가는 링크를 가진 웹페이지의 수 N(k)는 $N(k) \sim k^{-\gamma}$를 따르며, 여기서 $\gamma = 2.5$였다.

우리의 작은 로봇은 수백만 명의 웹페이지 제작자들이 모종의 마술적인 방식으로 협동하여 무작위성을 허용하지 않는 복잡한 전체 웹을 만들고 있다는 유력한 증거를 제공해 주었다. 이 집단적인 행위는 연결선 수 분포(degree distribution)가 무작위 네트워크의 상징인 종형 곡선을 갖지 않게 하고, 웹을 멱함수 법칙에 따르는 특수한 네트워크로 만들었다. 하지만 로봇은 우리의 가장 절실한 질문에 해답을 주지는 않았다. 즉 웹에서 무작위 네트워크의 예측을 벗어나게 한 것은 정확하게 무엇이었는가?

그러다가 우리는 이 문제에 접근하는 또 다른 방법이 있음을 알게 되었다. 이와 똑같은 단순한 법칙이 대부분의 복잡한 네트워크를 특징짓고 있는 것은 아닌가, 우리가 이제까지 그것을 알아보지 못한 것은 그것을 찾아보지 않았기 때문은 아닌가?

이 새로운 방식의 문제제기는 매우 믿음직스러운 것이었음이 드러났다. 몇 개월 후 할리우드의 배우 네트워크를 분석하는 과정에서 그것 역시 똑같은 수학적 관계에 따르고 있음을 발견했다. k명의 다른 배우와 링크를 갖고 있는 배우의 수는 멱함수 법칙에 따라 감소한다. 그 다음 에르되스와 그의 동료 수학자들 역시 이 법칙에 따른다는 것을 확인했다. 세포 내에서 k개의 다른 분자들과 상호작용하는 분자의 개수 역시 멱함수 법칙에 따라 감소한다는 것을 발견하게 되면서 세포 내의 네트워크 역시 목록에 추가되었다. 또한 보스턴 대학 물리학 교수인 시드 레드너(Sid Redner)는 물리학 저널에서의 인용의 분포가 멱함수 법칙에 따른다는 것을 발견했다. 인용 네트워크를 출판물이라는 노드들의 네트워크라고 보았을 때, 레드너의 발견은 인용 네트워크 역시 멱함수 법칙의 연결선 수 분포에 의해 기술될 수 있다는 것을 시사한다. 그 이후 우리와 많은 다른 과학자들이 조사한 다양한 네트워크들에서 놀라울 정도로 단순하고 일관된 패턴이 속속 재발견되었다. 정확히 k개의 링크를 갖는 노드의 개수는 멱함수 법칙에 따르며, 각 네트워크는 그에 고유한 연결선 수 지수(degree exponent)를 갖고 있는데, 대부분의 시스템은 그 값이 2에서 3 사이라는 사실이다.

2.

무작위 네트워크와 멱함수 법칙에 따르는 연결선 수 분포를 갖는 네트워크 간의 가시적이고 구조적인 차이를 극적으로 확인할 수 있는 가장 좋은 방법은 미국의 도로지도와 항공편 지도를 비교해 보는 것이다. 도로교통 지도에서는 도시가 노드가 되고 고속도로들이 그 도시들 간을 연결하는 링크이다. 이것은 꽤 균일한 네트워크라고 할 수 있다. 각 주요 도시들은 고속도로에 연결되는 적어도 하나의 링크를 갖고 있고, 반면 수백 개의 고속도로 링크를 갖는 도시는 없다. 따라서 대부분의 노드들은 대체로 비슷한 수의 링크를 갖고 있다는 점에서 비슷하다. 2장에서 보았듯이, 이러한 균일성은 정점 분포(peaked distribution)에 따르는 무작위 네트워크에 고유한 성질이라고 할 수 있다.

항공노선 지도는 도로교통 지도와는 완전히 다르다. 이 네트워크에서 노드는 공항들로서 이들은 항공편에 의해 서로 링크되고 있다. 비행기 좌석 뒤편에 꽂혀있는 항공잡지에 나오는 항공편 지도를 자세히 들여다보면, 시카고, 댈러스, 덴버, 애틀랜타, 뉴욕 등 미국 내의 거의 모든 공항에 연결되어 있는 몇몇 허브들에 주목하게 된다. 대부분의 공항은 몇 개의 허브에 연결되는 링크만 가진 작은 노드로 나타난다. 따라서 대부분의 노드들이 비슷한 고속도로 지도와는 대조적으로 항공편 지도는 몇 개의 허브가 수백 개의 작은 공항들을 연결하고 있다(그림 5).

바로 이와 비슷한 불균등성(unevenness)이 멱함수 분포를 가진 네트워크의 특징이다. 멱함수 법칙은 대개의 현실 네트워크에서 대다수의 노드들은 소수의 링크만 갖고 있고, 이러한 다수의 작은 노드들이 이례적으로 많은 링크들을 갖고 있는 소수의 큰 허브들과 공존하고 있다는 사실을 수학적 공식으로 표현한 것이다. 작은 노드들 상호 간을 연결하는 소수의 링크로는 네트워크 전체를 연결시키기에 역부족이다. 전체 네트워크가 분절화되는 것을 막는 기능은 몇몇 허브들의 몫이다.

무작위 네트워크에서는 분포의 정점이 있어서 대부분의 노드들이 같은 수의 링크를 갖고 있고 그것보다 크거나 작은 링크를 갖는 노드는 매우 희귀하도록 되어 있다. 따라서 무작위 네트워크는 노드의 연결 정도(connectivity) 측면에서 평균적 노드와 분포의 정점으로 구체화되는 고유한 **척도(scale)**를 갖고 있다. 이와 대조적으로 멱함수 연결선 수 분포에서는 정점이 없기 때문에 거기에는 전체를 특징짓는 노드(characteristic node) 같은 것은 없다. 희소한 허브에서부터 많은 작은 노드들에 이르기까지의 연속적인 위계가 있을 뿐이다. 가장 큰 허브 다음으로는 두세 개의 조금 작은 허브가 있고, 그 다음에는 열 개 정도의 조금 더 작은 허브가 있고, 이런 식으로 쭉 가장 작

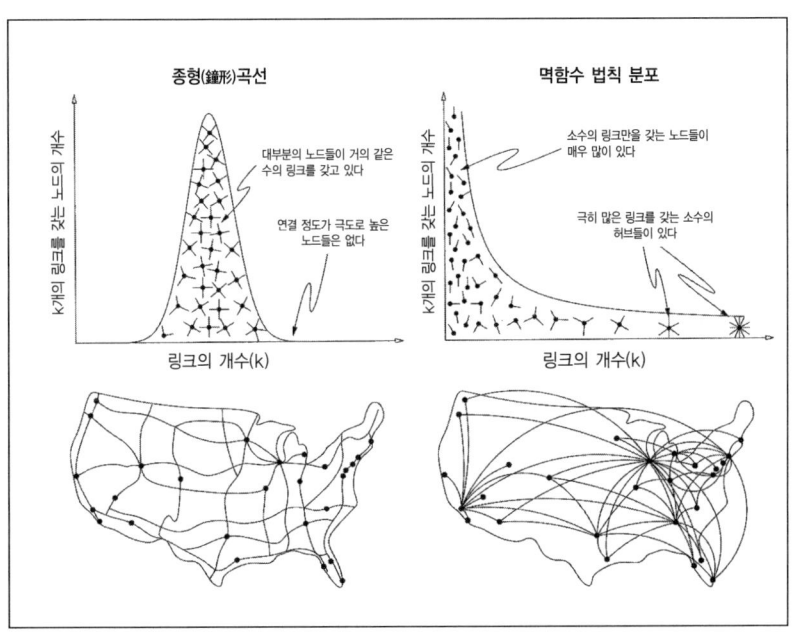

■ 그림 5 무작위 네트워크와 척도 없는 네트워크

· 무작위 네트워크의 연결선 수 분포는 종형 곡선을 따르는데, 이는 대부분의 노드들이 같은 수의 링크를 가지며 아주 많은 링크를 갖는 노드는 존재하지 않는다는 것을 말해 준다(윗편 왼쪽 그림).

· 따라서 무작위 네트워크는 고속도로 네트워크와 유사한데, 여기서 노드는 도시들이고 링크는 도시들을 연결하는 주요 고속도로들이다. 대부분의 도시들은 거의 같은 수의 고속도로를 갖고 있다(아래편 왼쪽 그림).

· 이와 대조적으로 노드의 연결선 수가 멱함수 법칙적 분포에 따르는 척도 없는 네트워크에서는 대부분의 노드들이 단지 소수의 링크만을 가지고 그들이 연결선 수가 매우 많은 소수의 허브들에 의해 연결되어 있는 모양을 예상케 해준다(윗편 오른쪽 그림).

· 시각적으로 이는 항공노선 네트워크와 매우 유사한데, 여기서 다수의 작은 공항들이 소수의 주요 허브들을 통해 서로 연결되어 있는 모양을 하고 있다(아래편 오른쪽 그림).

은 노드들까지 있다.

따라서 멱함수 분포는 척도 곧 특징적 노드라는 개념을 버리도록 강요한다. 연속적 위계에서는 어떤 하나의 노드를 끄집어내서 그것이 모든 노드들을 특징짓는 노드라고 내세울 만한 그런 노드는 없다. 이들 네트워크에는 내재적인 척도(intrinsic scale)란 없는 것이다. 바로 이것이 우리 연구팀이 노드의 연결선 수가 멱함수 법칙적 분포를 따르는 네트워크를 **척도 없는**(scale-free) 네트워크라고 부르기 시작한 이유이다. 그리고 자연 속의 대부분의 복잡한 네트워크들에 있어서 연결선 수가 멱함수 법칙 분포에 따른다는 것을 알게 되면서, 척도 없는 네트워크(scale-free network)라는 용어는 복잡한 그물망을 다루는 대부분의 분야에 급속히 통용되기 시작했다.

1999년에 우리가 허브의 위계나 멱함수 법칙이 도처에 존재한다는 것을 발견했을 때, 그 당시 존재하였던 어떠한 네트워크 이론으로도 이것을 설명할 수가 없었다. 기껏해야 그것들은 단지 우연적인 사건으로 치부하는 정도였다. 에르되스-레니의 네트워크 이론이나 그것을 클러스터에 우호적이게끔 확장시킨 와츠-스트로가츠의 이론은 모두 k개의 링크를 갖는 노드 개수는 지수함수적으로 감소할 것이라고 주장했다. 즉 멱함수 법칙에서 예측하는 것보다 훨씬 빨리 감소한다는 것이다. 엄밀한 수학적 용어로 이 두 이론은 우리에게 **허브는 없다**고 말하고 있는 것이다. 그러나 웹에서 멱함수 법칙을 발견하게 되면서 우리는 허브를 승인하지 않을 수 없게 되었다. 완만하게 감소하는 멱함수 분포는 변칙적으로 링크가 많은 허브를 자연스럽게 포용할 수 있다. 그것은 모든 척도 없는 네트워크는 몇 개의 거대한 허브를 가질 것이며 이들이 전체 네트워크의 위상구조를 규정하게 될 것이라고 예측해 준다. 웹에서부터 세포 내의 네트워크에 이르기까지 이론적으로 중요한 대부분의 네트워크들이 척도 없는 네트워크라는 사실이 밝혀지면서 허브는 정당성을 인정받았다. 우리는 그것들이 현실의 네트워크에서 구조적 안정성, 동적 작동, 견고성, 오류나 공격에 대한 저항력 등을 결정짓는다는 것을 보게 될 것이다. 그것들은 네트워크의 진화를 지배하는 조직화 원리에 대한 증거라고 할 수 있다.

3.

파레토는 한번도 "80/20"이라는 표현을 사용한 적이 없다. 그것은 이후의 경제학자들이 파레토의 경험적 저작들을 연구하면서 나온 말이다. 19세기 말에 파레토는 자연과 경제 영역 내에서 일부 소수의 양(量)은 흔한 종형 곡선을 거부하고 멱함수 법칙에 따른다는 것에 주목했다. 그의 발견 중에서 가장 유명한 것은 소득의 분포가 멱함수 법칙에 따른다는 것이다. 이는 대부분의 돈을 소수의 매우 부유한 사람들이 벌고, 대부분의 사람들은 아주 적은 돈만 번다는 것이다. 그의 발견은 전체 돈의 약 80%는 인구의 20%에 해당하는 사람들이 벌어간다는 것을 시사한다. 이러한 불평등 현상은 파레토의 발견 이후 100년이 지난 지금에도 우리 주변에 그대로 존재하고 있다.

80/20이라는 용어가 언제 처음으로 등장했는지는 명확하지 않다. 물리학자와 수학자들이 무덤덤하게 멱함수 법칙에 대해 이야기하는 반면, 대중적 출판물이나 비즈니스 관련 문헌들에서는 "80/20 법칙"이라는 문구가 널리 퍼져 있다. 그런데, 80/20 법칙이 적용되는 경우

에는 언제나 그 배후에 멱함수 법칙이 있다고 생각하면 틀림이 없다. 멱함수 법칙은 소수의 큰 사건이 대부분의 일을 한다는 생각을 수학적인 용어로 정식화 한 것이기 때문이다.

멱함수 법칙은 주사위를 던져서 모든 것이 결정되는 시스템에서는 거의 등장하지 않는다. 물리학자들은 멱함수 법칙은 많은 경우 무질서에서 질서로의 전이(transition)를 알리는 신호라는 것을 알게 되었다. 따라서 우리가 웹에서 판별한 멱함수 법칙은 현실의 네트워크가 무작위적인 것과는 거리가 멀다는 것을 처음으로 그리고 엄밀한 수학적 용어로 표현하고 있는 것이다. 그리하여 이제야 비로소 복잡한 네트워크들은 "자기 조직화"라든가 "복잡성(complexity)"을 연구하는 과학자들이 알아들을 수 있는 언어로 자신을 표현하기 시작했다. 복잡한 네트워크들은 질서와 발현적(emerging) 행동들에 대해 이야기하기 시작했고 우리는 이제 귀 기울여 듣기만 하면 된다.

네트워크들이 단순한 멱함수 법칙에 따른다는 발견이 소수의 수학자나 물리학자들에게만 흥미로운 것으로 보일지도 모르겠다. 하지만 멱함수는 카오스(chaos), 프랙탈(fractal), 상전이와 같은 20세기 후반에 이뤄진 가장 놀라운 개념적 진보의 심장부에 있는 것이다. 따라서 네트워크에 그것을 적용하게 되었다는 것은 네트워크와 다른 자연적 현상들을 연결할 수 있게 되었으며, 또한 네트워크를 복잡한 시스템(complex system) 일반에 대한 연구의 전면에 부각시켰다는 점에서 중요한 의미가 있다. 웹, 할리우드, 과학자 공동체, 세포, 그리고 다른 많은 복잡한 시스템들의 배후에 있는 네트워크가 모두 멱함수 법칙을 따른다는 사실은 파레토의 말을 빌어서 표현한다면 **복**

잡한 네트워크의 배후에는 **법칙이 있다**는 것을 처음으로 주장할 수 있게 해주는 것이다.

4.

물 분자는 H_2O 라는 분자식으로는 물론이고 심지어는 미키마우스의 얼굴을 커다란 O로 표현하고 두개의 귀를 H로 표현한 그림이 등장할 만큼 우리에게 익숙하다. 그리고 그것의 크기나 내부 구조 역시 매우 상세하게 알려져 있다. 사실 물은 지구상에 있는 그 어떤 물질보다도 가장 널리 존재하며 가장 많이 연구돼왔다는 점을 생각하면 그리 놀랄 만한 일이 아니다. 하지만 한 잔에 수십억 개의 물 분자가 모여 있는 액체 상태의 물은 우리에게 끊임없는 도전을 던지고 있다.

기체는 단순하다. 즉 분자들이 빈 공간을 날아다니다가 서로의 존재를 알게 되는 것은 서로 부딪칠 때 뿐이다. 고체는 이와는 반대이지만 상대적으로 단순한 것은 마찬가지이다. 즉 분자들이 서로 손을 꽉 잡고 서서 완벽하게 딱딱한 격자 구조를 형성하는 것이다. 하지만 액체는 이 양 극단의 사이에서 애매한 균형을 유지하고 있다. 물 분자들을 서로 끌어당기는 힘이 있지만 그렇다고 그 힘이 딱딱한 질서로 이끌 만큼 강한 것은 아니다. 질서와 혼돈(chaos) 사이에서 물 분자들은 장엄한 춤을 추어대는데, 어떤 분자들은 서로 모여서 질서 잡힌 작은 그룹을 형성하여 함께 움직이다가 이내 갈라서서 다른 분자들과 새로운 그룹을 형성하고는 하는 것이다. 한 잔의 물을 차갑게 만드는 것만으로는 물의 장엄한 춤이 크게 달라지지 않는다. 다만 물 분자의 움직임을 좀더 무겁고 완만하게 만들 뿐이다. 하지만 섭씨 0

도에 이르게 되면 뭔가 특별한 일이 생겨난다.
 물 분자들은 갑자기 완벽하게 질서 잡힌 얼음 결정체를 형성하는데, 이것은 마치 이리저리 제멋대로 돌아다니던 병사들이 장교의 구령에 따라 일제히 줄을 맞춰 서는 것과 비슷하다. 병사들은 전체 대형에서 자기가 정확하게 어디에 서야 하는지를 익히는 고통스러운 훈련을 수백 번 반복한다. 하지만 물 분자들은 예전에는 얼음이 되어본 적이 한번도 없을 수도 있다. 그럼에도 그들은 어떤 신비한 힘에 이끌려서 예전의 방랑하던 습성을 갑자기 버리고 엄격하고 질서 잡힌 모습을 보인다. 차가움과 완벽한 질서를 상징하는 얼음은 이렇게 자연발생적으로 생겨나는 것이다.

 물의 춤이 차갑고 질서 잡힌 결정체로 바뀌는 현상은 **상전이**(phase transition) 현상의 대표적인 예이다. 물리학자들은 이 현상을 이해하기 위해 1960년대 이전에도 수십 년 동안 노력해왔다. 상전이 현상은 많은 물질들에서 공통적으로 나타나는 현상인데, 그것이 취하는 형태는 물이 어는 것과는 매우 다르다. 예를 들면 강한 자성체 안에 있는 각각의 원자는 **자기모멘트**(magnetic moment) 내지 스핀(spin)이라는 것을 갖고 있는데, 이는 흔히 원자를 찌르는 작은 화살표로 표현된다. 온도가 높을 때 원자들은 자신의 스핀을 무작위적으로 아무 방향으로나 향하도록 한다. 하지만 어떤 임계온도까지 내려가면, 모든 원자들은 그들의 스핀을 완벽하게 같은 방향으로 향하게 함으로써 자석이 된다.
 액체가 어는 것이나 자석이 생기는 것은 모두 **무질서에서 질서로**의 전이이다. 결정체를 이루고 있는 얼음의 완벽한 질서에 비해 액체 상태의 물은 상대적으로 무질서하다. 빙점에서 물은 이 무질서 상태를 포기하고 고도의 대칭성과 질서 잡힌 상태를 선택한다. 마찬가지로 강자성의 금속에서 스핀이 무작위적인 방향을 갖고 있는 상태는 혼돈적 무질서 상태에 있는 것이다. 그것들은 어떤 임계온도 이하로 냉각되면 마술과도 같이 일제히 똑같은 방향을 갖게 된다. 이러한 돌연한 전이는 자연의 움직임에 관한 뿌리 깊은 문제, 즉 과학자들과 철학자들이 공히 관심을 갖고 있는 한 문제에 대한 열쇠를 제공한다. "어떻게 하여 무질서에서 질서가 생겨나는가?"

5.

자석에서 질서 있는 상태와 무질서한 상태라는 것은 열역학적으로 물질의 서로 다른 상(phase)에 대응되는 것이다. 정확하게 전이점(transition point)에 있을 때, 시스템은 이 두 개의 상 중 어떤 쪽을 취할지를 선택하기 위해 균형을 잡는다. 이는 마치 산 정상에 선 등산가가 어느 쪽 경사면으로 산을 내려갈지 선택하는 것과 비슷하다. 어떤 쪽으로 갈지 결정되지 않은 상태에서는 시스템이 빈번하게 왔다 갔다 하는데 이러한 동요는 임계점 근처에서 더욱 증가한다.

이러한 동요는 실험적으로 측정 가능한 결과에서 확인해 볼 수 있다. 임계점 근처에서는 하나의 물질 안에 질서와 무질서의 요소들이 혼합되어, 시스템이 정상의 양쪽 사면을 모두 탐색하고 있다는 신호를 보낸다. 전이 온도에 가까이 도달한 금속에서는 스핀이 같은 쪽으로 향한 원자들의 클러스터가 생겨난다. 금속이 임계점에 가까이 가면 갈수록 질서 잡힌 자성의 클러스터들이 점점 더 커진다. 1960년대에 물리학자들에 의해 수집된 많은 실험적 증거들에 따르면, 임계점 근방에 가면 몇몇의 핵심적인 양(量)들이 멱함수 법칙을 따르게 된다. 예를 들면, 원자들이 서로 신호를 주고받는 거리를 의미하는 **상관길이**(correlation length)는 클러스터의 대략적인 크기를 재는 척도로 흔히 사용되는데, 임계점에 가까워질수록 이 상관길이는 고유한 **임계지수**(critical exponent) 값을 가진 멱함수 법칙에 따라 증가한다고 알려져 있다. 금속이 상전이 온도에 가까워질수록 스핀들이 서로 아는 길이는 넓어지는 것이다. 임계점 근처의 온도에서 자력의 크기는 같은 방향을 향하고 있는 스핀의 비율에 의해 결정되는데, 이것 역시 고유한 임계지수를 갖는 멱함수 법칙에 따른다.

다양한 시스템들에서 무질서로부터 질서가 생겨나는 과정에 대해 물리학자들이 면밀하게 조사를 해나가기 시작하면서 상전이 과정에 멱함수 법칙이 작용한다는 사실들이 더욱 많이 발견되고 있다. 이 멱함수 법칙은 액체가 열을 받아서 기체로 바뀔 때에도 작용하며, 납 조각이 충분히 냉각되어 초전도체로 바뀔 때에도 작용한다. 무질서에서 질서로의 전이과정은 놀라울 만큼의 수학적 일관성을 보여주기 시작했다. 그러나 중요한 문제는 아무도 그 원인을 알지 못한다는 것이다. 즉, 왜 액체와 자석과 초전도체들은 어떤 임계점에서는 자신의 정체성을 잃고 일제히 멱함수 법칙을 따르기로 하는가? 이처럼 상이한 시스템들 간에 매우 높은 유사성이 발견되는 배후에는 무엇이 있는 것인가? 그리고 멱함수 법칙은 그것과 무슨 관계가 있는 것인가?

6.

무질서에서 질서 상태로의 전이에 대한 최초의 비약적인 연구 업적은 1965년 크리스마스 주간에 이뤄졌다. 일리노이 대학의 물리학자인 레오 카다노프(Leo Kadanoff)에게 갑자기 어떤 생각이 떠올랐다. 즉 임계점 근방에서는 원자들을 더 이상 따로 생각할 것이 아니라 전체가 일제히 움직이는 하나의 커뮤니티로 봐야 한다는 것이다. 개개의 원자들을 볼 것이 아니라 여러 개의 원자들이 들어가 일제히 움직이는 박스(box)들의 움직임을 봐야 한다는 뜻이다.

상전이를 연구하기 위해 이론 물리학에서 가장 뛰어난 학자들이 모여들어서 많은 시간을 노력한 결과, 임계점 근방에서 등장하는 멱함수 법칙들과 연관된 9개의 임계지수들이 있다는 것을 발견해냈을 때였다. 카다노프의 아이디어는 이 임계지수들 상호 간의 정확한 수학적 관계를 도출하기 위한 가시적 모델을 제공했다. 그는 무질서에서 질서로의 전이는 9개의 미지의 임계지수 모두를 알 필요 없이 그 중 아무거나 2개만으로 표현될 수 있다는 것을 증명했다. 그 자신은 몰랐지만 다른 여러 명의 연구자들이 동시에 이와 동일한 결론에 도달했다. 코넬 대학의 물리화학자 벤 위덤(Ben Widom), 소련의 파타신스키와 포크로프스키(A. Z. Patashinskii and V. L. Pokrovskii) 등은 방식은 달랐지만 유사한 스케일링(scaling) 관계를 도출했다. 코넬 대학의 물리학자인 마이클 피셔(Michael Fisher)에 의해 도출된 임계지수들 간의 부등식 역시 이들 간의 관계에 대한 추가적인 힌트를 제공했다.

하지만 아직도 뭔가 빠져 있었다. 2개의 미지의 지수를 도출해낼 이론이 없었으며, 복잡한 시스템에서 질서가 자연적으로 생겨날 때마다 왜 멱함수가 등장하는지를 설명해 줄 이론이 없었다. 이처럼 전체를 포괄할 수 있는 이론이 존재할 수 있기나 한 것인지조차 불투명했다. 그 때까지 쌓아올린 지적 업적의 내적 일관성과 아름다움을 근거로 그러한 이론이 있기를 희망할 뿐이었다. 물리학 커뮤니티는 1971년 11월에 최종적인 해답을 찾을 때까지 기다려야만 했다. 예상 밖에도 그 해결은 상전이나 임계 현상(critical phenomena)에 대해서는 전력이 거의 없는 한 물리학자로부터 나왔다.

1960년대 후반 케네스 윌슨(Kenneth Wilson)은 코넬 대학의 물리학과 조교수였다. 그에 대해서는 엇갈리는 평판이 있었는데, 누구나 그가 총명하다는 것을 인정했지만 그의 이러한 총명함은 학계에서 성공의 가시적 척도로 여겨지는 출판물로는 연결되지 않았다. 상태가 이렇다 보니 코넬 대학에서의 일자리마저 위태로울 지경이었다. 그는 종신재직권(tenure) 심사위원회로부터 연구 업적을 출판하라는 압력을 받고 나서야 자신의 책상 서랍에서 원고 몇 개를 꺼냈다. 그 중 두 개를 《피지컬 리뷰 B(Physical Review B)》에 1971년 6월 2일에 제출했고, 이것들은 같은 해 11월에 출판되었다. 이 두 논문은 통계 물리학계를 발칵 뒤집어 놓았다. 거기에는 전체를 포괄하는 상전이 이론이 우아하게 제시되어 있었던 것이다.

윌슨은 카다노프의 스케일링 아이디어를 받아들여 그것을 **재규격화(renormalization)** 이론이라는 강력한 이론으로 주조해냈다. 그는 임계점 근방에서는 물리학의 법칙들이 모든 스케일에서, 즉 개별 원자들 수준에서나 일제히 움직이는 수백만 개의 원자들의 상자들 수준에서나 똑같은 방식으로 적용된다고 가정했다. 스케일의 불변성에 대해 엄밀한 수학적 기초를 제시함으로써, 무질서가 질서에게 자리를 내어주는 곳인 임계점에 접근할 때마다 그의 이론은 멱함수 법칙을 뱉어냈다. 윌슨의 재규격화 군(group) 이론은 멱함수 법칙을 도입했을 뿐 아니라, 처음으로 2개의 미지의 임계지수를 예측할 수 있게 해주었다. 그리하여 그는 상전이라는 피라미드의 맨 꼭대기에 마지막 돌을 올려놓은 셈이 되었고, 이것으로 1982년에 노벨 물리학상을 수상했다.

보통 자연은 멱함수를 싫어한다. 보통의 시스템들에서 모든 양들은 종형 곡선을 따르며, 상관관계들은 지수의 법칙(exponential laws)에 따라 급격하게 감소한다. 하지만 시스템이 상전이를 겪고 있을 때 이 모든 것은 달라진다. 이 때에는 멱함수 법칙—혼돈이 가고 질서가 오고 있다는 자연의 확실한 신호—이 등장한다. 상전이 이론은 무질서에서 질서 상태로 가는 길은 자기 조직화라는 강력한 힘에 의해 유지되며, 멱함수 법칙에 의해 그 길이 닦여진다는 것을 크고 분명하게 이야기해 주었다. 그것은 또한 멱함수 법칙이라는 것이 단지 시스템의 움직임을 특징짓는 또 하나의 방식이 아니라, 복잡한 시스템에서의 자기 조직화의 공공연한 표식(signature)이라고 이야기해 주고 있는 것이다.

멱함수 법칙이 갖고 있는 이러한 심오하고 독특한 의미를 알고 나면, 우리가 웹에서 멱함수 법칙을 처음 발견했을 때 왜 그렇게 흥분했는지를 쉽게 이해할 수 있을 것이다. 그것은 단지 네트워크의 맥락에서 멱함수 법칙이 전례가 없거나 전혀 예상치 못한 것이었다는 이유 때문만은 아니었다. 그것은 멱함수 법칙으로 인해 복잡한 네트워크들을 에르되스-레니가 40년 전에 넣어 두었던 무작위의 정글에서 끌어올려서 다채롭고 개념적으로 풍부한 자기 조직화라는 새로운 영역에 갖다 놓을 수 있게 되었기 때문이다. 우리의 작은 검색엔진이 여행에서 가져온 멱함수 법칙에서 우리는 네트워크에 내재하는 새롭고 확실한 질서를, 그 아름다움과 일관성의 단면을 본 것이다.

7.

자석의 움직임이나 물의 냉각을 연구하는 물리학자들은 1960년대 후반에서 1970년대 초에 스케일링과 재규격화 군 이론이 등장했을 때 하나의 계시를 받는 것과 같은 경험을 했다. 임계점 근처에서는, 즉 무질서에서 질서가 막 생겨나는 지점에서는, 모든 중요한 양은 고유한 임계지수를 갖는 멱함수 법칙을 따른다는 것을 알게 되었다. 즉 물이 액체 상태에서 기체 상태로 변할 때, 마그마가 바위로 굳을 때, 금속이 자석이 될 때, 또는 도체가 초전도체로 변할 때에도 항상 이와 똑같은 법칙이 적용되며 바로 그 신비스런 멱함수 법칙이 등장한다. 그리하여 우리는 질서가 생겨날 때에는 복잡한 시스템들은 그들 각각의 고유한 성질들을 버리고 보편적인 양상을 보여준다는 것을 알게 되었다.

보스턴 대학에서 상전이에 관한 활동적인 연구팀을 이끌고 있으며 나의 박사학위 논문 지도교수이기도 한 유진 스탠리 교수는, 시스템이 무질서에서 질서로 전이하는 과정에서 멱함수 법칙이 보편적으로 나타난다는 사실을 두고 "보스턴 대학에는 로그-로그 페이퍼 밖에 없다"고 농담을 하기도 했다. 스탠리는 상전이에 대한 대부분의 주요 연구에 참여한 바 있는데, 이때 실험적 데이터에서 멱함수 법칙을 판별해내기 위해 과학자들이 사용하는 도면을 가리켜 이야기한 것이다. 사실 물리학자, 생물학자, 생태학자, 재료과학자, 수학자, 경제학자들이 1980년대와 1990년대에 자기 조직화 원리가 지배하고 있는지를 살펴본 거의 모든 시스템에서는 멱함수 법칙과 보편성이 그들을 반갑게 맞이했다. 네트워크 역시 다르지 않을 것으로 보인다. 허브의 배후에는 엄격한 수식, 즉 멱함수 법칙이 존재하는 것이다.

이러한 사실은 우리를 새로운 퍼즐로 인도한다. 만약 멱함수 법칙이 혼돈에서 질서로의 전이과정의 표지라면, 복잡한 네트워크에서는 도대체 어떠한 전이가 발생하고 있다는 것인가? 멱함수 법칙이 임계점 근방에서 생겨난다고 할 때, 현실의 네트워크들이 그들 고유의 임계점에 따라 척도 없는 행동을 보이도록 하는 것은 무엇인가? 물리학자들이 상전이 메커니즘을 발견한 방식으로 우리는 임계현상을 이해해야만 한다. 이제 엄밀한 이론들은 질서를 낳는 시스템 고유의 양들을 극히 정확하게 계산해낼 수 있다. 하지만 아직까지 네트워크에서는 단지 허브를 **관찰**한 것일 뿐이다.

그리고 우리는 그것이 멱함수 법칙의 결과라는 것, 그리고 자기 조직화와 질서의 힌트라는 것을 알게 되었다. 물론 이것은 네트워크를 무작위성의 영역에서 끌어내 올 수 있게 한 중요한 진일보였다. 하지만 가장 중요한 질문들, 즉 허브와 멱함수 법칙이 생겨난 메커니즘에 대한 질문들에 대해서는 여전히 답을 갖고 있지 못하다. 현실의 네트워크들은 끊임없이 무질서에서 질서로의 전이상태에 있는 것인가? 허브가 배우 네트워크에서 웹에 이르기까지 모든 종류의 네트워크에서 발견되는 것은 어찌된 연유인가? 그들이 멱함수 법칙으로 기술

될 수 있는 원인은 무엇인가? 다양한 네트워크들이 똑같은 보편적 형태를 취하게 하는 그 어떤 근원적인 법칙이 있는 것인가? 자연은 그물망을 어떻게 짜는가?

Rich Get Richer　일곱 번째 링크

부익부 빈익빈

　한때는 포르투갈 제국의 유명한 무역항이었던 포르토(Porto)는 오늘날에는 잊혀진 도시 같은 인상을 풍긴다. 포르토는 유유히 흐르는 두오로 강(Duoro River)의 물결이 해안을 막고 서 있는 가파른 언덕들을 굽이 져서 대서양을 향해 나가는 곳에 세워져 있는데, 전략적으로 쉽게 방어할 수 있는 좁은 관문에 위치하고 있는 분주한 중세 도시의 모양을 띠고 있다. 강을 내려다보는 장엄한 성들과 오랜 포도주 역사를 갖고 있어서 관광객들이 세계에서 가장 많이 방문할 만한 도시라고 생각할 듯하다. 그러나 이베리아 반도의 북서쪽 구석에 숨어 있어 관광객들은 어간해서는 여기까지 우회하려 하지 않는다. 이 위대한 중세 도시를 지금의 꿈속 같은 상태에서 깨워 일으키기에는 독특한 풍미를 가진 포르토 포도주의 팬이 너무 적어 보인다.

　나는 1999년 여름에 포르토를 방문했었다. 학생들과 함께 웹에서의 멱함수 법칙의 역할에 관한 원고의 초안 작성을 막 끝낸 직후였다. 포르토 대학 물리학과 교수인 호세 멘데스(José Mendes)와 마리아 싼토스(Maria Santos)가 조직한 비평형(Nonequilibrium)과 동역학 시스템(Dynamic systems)에 관한 워크숍에 참석하기 위해서였다. 1999년 여름만 해도 네트워크에 대해 생각하고 있던 사람은 극히 적었으며, 이 워크숍에서도 네트워크를 주제로 한 논의는 없었다. 하지만 나의 머리 속은 온통 네트워크에 대한 생각뿐이었다. 나는 이 여행 중에도 풀리지 않는 문제 하나를 내내 달고 다녔다. 왜 허브인가? 왜 멱함수 법칙인가?

그 당시는 허브가 있다는 것이 수학적으로 증명 가능한 네트워크는 웹 하나뿐이었다. 하지만 우리는 현실의 다른 네트워크들의 구조에 대해서도 알고 싶어했다. 그래서 포르토로 출발하기 전 던컨 와츠와 접촉했는데, 그는 친절하게도 미국 서부의 전력망과 씨 엘레강스(C. elegance)의 위상구조에 대한 데이터를 주었다. '베이컨의 계시(Oracle of Bacon)'라는 웹사이트를 만들었던 당시의 대학원생 브레트 챠덴은 아텐(Athen)의 오하이오 대학 컴퓨터학과 조교수가 되어 있었는데, 그는 할리우드 배우의 데이터베이스를 보내주었다. 노트르담 대학의 컴퓨터학과 교수인 제이 브로크만(Jay Brockman)은 인간이 만든 네트워크, 즉 IBM이 제조한 컴퓨터 칩의 회선도에 대한 데이터를 보내주었다. 내가 유럽으로 출발하기 전, 내가 지도하던 대학원생 레카 알버트(Réka Albert)는 이 네트워크 데이터를 분석하기로 했다. 내가 출발하고 나서 1주일이 지난 6월 14일에 그녀로부터 작업 진행상황에 대한 길고 상세한 이메일을 받았다. 그 메일의 끝부분에 추신은 다음과 같았다. "나는 연결선 수 분포 역시 살펴보았는데, 모든 시스템(IBM, 배우, 전력망)에서 분포의 꼬리는 멱함수의 법칙을 따르고 있습니다."

레카의 이메일은 웹이 특별한 것이 아니라는 사실을 분명하게 해줬다. 나는 회의장에 앉아서 진행되고 있는 논의에는 아무런 관심도 기울이지 않은 채, 이 발견의 의미에 대해 골똘히 생각했다. 만약 웹과 할리우드 배우 커뮤니티처럼 판이하게 다른 네트워크가 똑같이 멱함수 법칙적 연결선 수 분포를 보였다면, 모종의 보편적인 법칙 내지 메커니즘이 배후에 있을 것이다. 그리고 만약 그런 법칙이 있다면, 다른 모든 네트워크에도 적용될 수 있다. 첫 번째 논문발표가 끝나고 휴식시간이 되었을 때, 나는 숙소로 묵고 있었던 조용한 신학교로 돌아가기로 했다. 내 방으로 걸어서 돌아오는 15분 동안에 하나의 가설이 떠올랐는데, 그것은 너무도 단순하고 직설적이어서 설마 그것이 맞으리라고는 생각하지 않았다. 그렇지만 나는 바로 대학으로 돌아가서 레카에게 팩스를 보내 컴퓨터로 그 생각을 검증해줄 것을 요청했다. 몇 시간 후 레카에게서 그 결과를 담은 이메일을 받았다. 그런데 놀랍게도 나의 아이디어가 맞아 들어가고 있었다. 대부분의 네트워크에 존재하는 단순하기 짝이 없는 부익부 빈익빈 현상이 우리가 웹과 할리우드에서 발견한 멱함수 법칙을 설명해낼 수 있었던 것이다.

당시 나는 포르토에서 노트르담으로 잠시 돌아왔다가 다시 한 달간의 여행을 떠나기로 되어 있었다. 하지만 우리가 발견한 결과를 한 달 동안이나 내버려 둘 수는 없었다. 논문을 쓸 수 있는 시간은 일주일뿐이었다. 리스본에서 뉴욕으로 오는 비행기는 8시간이 걸리는데,

그 초고를 쓰기에는 안성맞춤이었다. 비행기가 이륙하자마자 나는 포르토로 출발하기 직전에 새로 산 노트북 컴퓨터를 꺼내서 미친 듯이 타이핑하기 시작했다. 승무원이 내 옆에 앉아 있는 승객에게 코카콜라를 건네주다가 한 잔을 모두 나의 노트북에 쏟은 것은 서론 부분을 거의 끝냈을 때쯤이었다. 망가진 노트북 컴퓨터 스크린에서는 무작위적으로 이런저런 글자들이 깜빡거리고 있었다. 하지만 결국 나는 그 비행기 안에서 논문을 처음부터 끝까지 손으로 써서 끝냈다. 일주일 후 논문을 《사이언스(Science)》에 투고하였는데, 열흘 후 기각되고 말았다. 편집진은 참신성과 폭 넓은 관심이라는 그 잡지의 기준에 맞지 않는다고 판단하여 통상적인 동료의 리뷰 절차도 없이 기각시켜 버린 것이다. 그 때 나는 트란실바니아(Transylvania)에 있는 카르파티안(Carpathian) 산맥에 있는 나의 가족과 친구들을 방문하고 있었다. 실망했지만 그 논문의 중요성에 대해 확신하고 있었으므로, 나는 예전에는 한번도 한 적이 없는 일을 감행했다. 논문을 기각한 그 잡지의 편집자에게 직접 전화를 걸어 결사적으로 설득 공세를 편 것이다. 한데 그 시도는 성공했다.

1.

　에르되스-레니의 무작위 모델은 단순하지만 흔히 간과되는 두 개의 가정에 입각해 있다. 첫째, 우리는 노드들의 집합에서 시작한다는 것이다. 즉 모든 노드들이 처음부터 주어져 있으며, 노드의 개수는 고정되어 있고, 네트워크의 생애 동안 그것은 변하지 않는다는 것이다. 둘째, 모든 노드는 똑같다는 것이다. 즉, 노드들은 어느 것이나 같기 때문에 우리는 그것들을 무작위적으로 링크한다는 것이다. 이 가정들에 대해서는 40년 동안 네트워크 연구에서 문제삼지 않아 왔다. 하지만 허브와 그것을 기술하는 멱함수 법칙의 발견에 따라 우리는 이 두 개의 가정을 버리지 않을 수 없었다. 《사이언스》에 기고한 논문은 이 방향으로의 첫 발걸음이었다.

2.

웹에 대해서 모든 사람들이 이구동성으로 인정하는 것이 하나 있다. 그것은 성장하고 있다는 것이다. 매일같이 웹에는 새로운 문서들이 추가된다. 개인들은 자신의 최근 취미와 관심을 알리기 위해서, 기업들은 그들의 온라인 제품과 서비스를 확대하기 위해서, 정부는 국민들에게 점점 더 많은 정보를 제공하기 위해서, 교수들은 강의노트를 배포하기 위해서, 비영리단체들은 자신의 서비스 수혜자를 늘리기 위해서, 그리고 수천의 닷컴 기업들은 화려하게 디자인된 페이지로 수입을 늘리기 위해서, 제각기 새로운 문서들을 추가한다. 10년 내에 웹에는 엑사바이트(exabyte, 10^{18})의 정보가 전 지구에 걸쳐서, 그리고 지금으로서는 알 수도 없는 다양한 포맷으로 담겨질 것으로 추산되고 있다. 물론 이러한 폭발적 증가 속도는 인간이 수집한 정보의 대부분이 온라인으로 올라가게 되는 시점에 가까워지면 점차 줄어들겠지만 아직까지는 그런 기미는 보이지 않고 있다.

오늘날 수십억 이상의 웹 문서들이 존재한다 사실에 비춰볼 때, 여러분은 웹이 한번에 하나의 노드씩 생겨났다는 것을 믿기 어려울 것이다. 하지만 그것은 분명한 사실이다. 10년 전만해도 웹에는 딱 한 개의 문서만이 있었다. 팀 베르너스 리(Tim Berners-Lee)의 유명한 첫 번째 웹페이지가 바로 그것이다. 물리학자들과 컴퓨터학자들이 자신의 페이지들을 만들기 시작하면서, 그 이전에 만들어진 웹페이지들이 점차 자신으로 향하는 링크를 획득하기 시작했다. 10여 개의 원시적 문서들로 이뤄진 초기의 웹은 오늘날 전 지구적 규모로 짜여지고 있는 웹의 전신(前身)이다. 웹의 다차원성과 복잡성에도 불구하고, 그것이 한 노드 한 노드씩 점증적으로 성장하고 있다는 것은 분명한 사실이다. 이러한 확장은 이 책에서 이제까지 살펴보았던 네트워크 내의 노드 개수가 일정하다고 가정하는 모델들과 극명한 대조를 이룬다.

할리우드 네트워크 역시 1890년대의 첫 번째 무성영화 시대의 배우들로 구성된 핵으로부터 시작했다. 인터넷영화데이터베이스(IMDb.com)의 데이터베이스에 따르면, 1900년 당시 할리우드에는 53명의 배우만이 있었다. 영화에 대한 수요가 증가하면서 새로운 얼굴들이 추가되었고 이 핵은 점점 커져 갔다. 할리우드에 첫 번째 붐이 일어난 것은 1904년에서 1914년 사이로, 이 때 배우의 수는 50명 이하에서 2,000명 이상으로 늘어났다. 1980년대의 두 번째 붐은 영화제작을 거대한 엔터테인먼트 산업으로 바꾸어 놓았다. 소규모의 무성영화 배우들의 클러스터에서부터 50만 이상의 노드로 구성된 거대한 네트워크로 성장해 왔으며, 그 성장은 경이적인 속도로 지속되고 있다. 1998년 한해에만 해도 처음으로 영화 스크린에 등장한 13,209명의 배우 이름이 'IMDb.com'의 데이터베이스에 추가되었다.

현실 네트워크의 다양성에도 불구하고 그들은 모두 한 가지의 본질적인 특징을 갖고 있다. 그것은 네트워크들이 성장한다는 것이다.

어떤 네트워크를 생각해 보더라도 몇 개의 노드로부터 시작해서 새로운 노드가 추가되면서 점차적으로 성장하여 현재 상태에 이르렀다는 점에서는 차이가 없다. 이러한 성장은 네트워크를 어떻게 모델링 할 것인가의 문제를 다시 생각하게끔 한다. 에르되스-레니의 모델과 와츠-스트로가츠의 모델은 모두 노드의 개수가 고정되어 있고, 이것들이 모종의 영리한 방식으로 짜여진다고 가정한다. 이 모델들에 의해 생겨난 네트워크는 그 생애 동안 노드의 개수가 변하지 않는다는 의미에서 정적(static)이다. 이와 대조적으로 이제까지 살펴본 현실 네트워크들의 예는 정적 가정은 적절하지 못하며, 네트워크 모델에 성장(growth)이라는 요소를 도입해야 한다는 것을 분명히 하고 있다. 이것이 허브에 대한 설명을 시도하면서 우리가 얻게 된 첫 번째 통찰이었다. 그리고 그 과정에서 무작위적 세계의 첫 번째 근본적 가정인 정적인 성질을 결국 몰아내게 되었다.

3.

성장하는 네트워크를 모델링하는 것은 비교적 쉬운 일이다. 작은 핵(core)에서 시작하여 노드들을 하나씩 추가하면 된다. 여기서 새로운 노드들은 두 개씩의 링크를 갖게 된다고 가정해 보자. 즉 두 개의 노드로부터 시작했다면 세 번째 노드는 애초의 두 개의 노드와 링크된다. 네 번째 노드는 앞서의 세 노드 중에서 두 개의 노드와 링크될 것이다. 링크할 노드 두 개를 어떻게 선택할 것인가? 단순화를 위해 일단 에르되스-레니를 좇아 세 개 중에서 두 개를 무작위적으로 선택해서 그것을 새로운 노드와 링크시켜 보자. 이런 식으로 새로운 노드를 추가하면서 기존의 노드 중에서 무작위로 두 개의 노드를 선택해서 그것들과 새로운 노드를 링크하는 과정을 무한히 계속해 볼 수 있다. 이 단순한 알고리듬(algorithm)에 따라 생성되는 네트워크를 모델 A라고 할 때, 이것은 성장성이라는 측면에서만 에르되스-레니의 모델과 차이가 있다. 하지만 이 차이는 중요하다. 링크를 부여할 때 무작위적이고 민주적으로 했음에도 불구하고 모델 A에서의 노드는 더 이상 서로 동등하지 않다. 우리는 승자와 패자를 쉽게 알아낼 수 있다. 매 순간 모든 노드들은 링크될 확률이 같으므로 오래된 노드가 확실히 유리하다. 통계적인 들쭉날쭉을 논외로 하면, 모델 A에서는 맨 처음의 두 노드들이 링크를 모아들일 시간이 가장 많기 때문에 이들이 가장 부자가 될 것이다. 가장 가난한 노드는 이 시스템에 가장 늦게 참여하는 노드로서 그들은 단지 2개의 링크만 가질 터인데, 이는 다른 노드들이 그것과 링크할 시간적 여유가 없었기 때문이다. **모델 A**는 웹과 할리우드에서 발견한 멱함수 법칙을 설명하기 위한 우리의 첫 번째 시도의 산물이었다. 컴퓨터 시뮬레이션의 결과 우리는 아직 해답을 찾지 못했음을 알 수 있었다.

척도 없는 네트워크를 무작위적 네트워크와 구별시켜주는 네트워크의 연결선 수 분포를 조사해보니 멱함수와는 달리 지수함수적으로 너무 빨리 감소했다. 초기의 노드들은 분명 승자는 되었지만, 지수함수적 형태로 인해 그 크기가 너무 작고 수가 너무 적었다. 그래서 모델 A는 허브와 커넥터를 설명하는 데에 실패했다. 하지만 그것은 성장 하나만으로는 멱함수 법칙을 설명할 수 없다는 것을 분명하게 증명해 주었다.

4.

1999년도 슈퍼 볼(Super Bowl) 경기에는 예전에는 들어보지도 못했던 닷컴 기업들, 이를테면 아우어비기닝닷컴(OurBeginning.com), 웹엑스닷컴(WebEx.com), 에피데믹 마케팅(Epidemic Marketing) 등이 덴버와 세인트루이스 팀 간의 경기를 보는 수백만의 미국인들에게 자신의 이름을 알리기 위해 광고편 당 200만 달러를 쏟아 부었다. 단 한해 동안에 E*트레이드(E*Trade)는 자신을 선전하기 위해 3억 달러를 썼고, 유명한 검색엔진 중 하나인 알타비스타(AltaVista)는 1억 달러에 육박하는 광고예산을 책정했으며, 온라인 세계의 골리앗인 아메리카 온라인(America Online)은 7천 5백만 달러의 광고예산을 썼다. 1999년 한해에 온라인 마케팅을 위해 32억 달러가 쓰였는데, 이는 같은 기간에 케이블 TV에 쓰인 것의 절반에 육박하는 액수이다.

이들 기업들이 얻고자 한 것은 무엇이었을까? 그 해답은 평범하지는 않을지 몰라도 매우 단순하다. 신생기업이든 중견기업이든 에르되스-레니의 **무작위적** 세계를 패배시키기 위해 하루에 수백만 달러씩 벤처자본이나 어렵사리 번 돈을 불태우고 있었던 것이다. 그들은 웹상에서 사람들이 무작위적으로 링크하지 않는다는 것을 알고 있었기 때문에 자신들을 링크해달라고 우리에게 애원하고자 했던 것이다.

웹상에서 어떤 웹사이트를 링크할 것인지를 우리는 어떻게 결정하는가? 무작위 네트워크 모델에 따르면, 우리는 다른 노드들을 무작위석으로 링크한다. 하지만 우리가 어떤 과정을 거쳐서 그 선택을 하는가에 대해 조금만 생각해보면 사실은 그렇지 않다는 것을 알 수 있다. 예를 들면 뉴스 사이트를 링크한 웹페이지는 많다. 구글(Google)에서 "뉴스"를 검색해 보면 약 109,000,000건이 검색된다. 사람이 직접 관리하는 야후(Yahoo)의 디렉토리 서비스에는 8천 개 이상의 신문이 엄선되어 있다. 그 중에 우리는 어떤 것을 고르는가? 무작위 네트워크 모델은 우리가 목록으로부터 무작위적으로 선택한다고 이야기한다. 솔직히 말해서 내 생각에는 세상에 그렇게 하는 사람은 아무도 없을 것이다. 우리 대부분은 소수의 주요한 뉴스 공급원을 잘 알고 있다. 별로 깊이 생각해 보지 않고도 우리는 그들 중 하나를 링크한다. 《뉴욕 타임스》의 오랜 독자로서 뉴욕타임스닷컴(nytimes.com)을 링크하는 것은 아무 생각 없이도 할 수 있는 일이다. 어떤 사람은 CNN닷컴이나 MSNBC닷컴을 더 좋아할 수도 있다. 하지만 어찌 됐건 간에 우리가 링크하고자 하는 웹페이지는 보통의 노드들은 아니다. 그들은 허브인 것이다. 그들이 잘 알려져 있으면 있을수록 더 많은 링크들이 그들을 향하게 된다. 더 많은 링크를 끌어들일수록 웹상에서 그들을 찾기는 더 쉬워지며, 또한 사람들은 그들을 더욱 잘 알게 된다. 결국 우리는 모두 우리가 잘 아는 노드를 링크하는 무식적인 편향을 따르는데, 웹상에서 이러한 노드는 곧 연결선 수가 많은 노드들이다. 즉, 우리는 허브를 선호하는 것이다.

요컨대 웹상에서 어디를 링크할 것인가를 결정함에 있어서 우리는 **선호적 연결**(preferential attachment)이라는 방식을 따른다고 할 수 있다. 두 개의 웹페이지가 있는데 그 중 하나가 다른 것에 비해 2배나 많은 링크를 갖고 있다면, 연결선 수가 많은 페이지에 2배나 많은 사람들이 링크를 부여하게 된다는 것이다. 우리 개개인의 선택은 예측하기 어려운 것이지만 하나의 그룹으로서 우리는 엄격한 패턴을 따르고 있는 것이다.

할리우드에서도 선호적 연결이라는 규칙은 그대로 적용된다. 영화가 이윤을 많이 내도록 하는 것이 직업인 영화 제작자 입장에서는 스타들이 영화를 판다는 것을 잘 안다. 따라서 캐스팅은 서로 상충되는 2가지의 요소에 의해 결정된다. 배우와 배역 간의 적합성과 배우의 인기. 그리고 이 두 가지 요소 모두 선별과정에서 어떤 편향을 끌어들인다. 링크가 많은 배우들은 새로운 배역을 맡을 가능성이 크다. 더 많은 영화에 출연한 배우일수록 캐스팅 감독의 레이더에 포착될 가능성이 큰 것이다. 이것이 바로 청운의 꿈을 안은 신인 배우들이 갖는 결정적 핸디캡이자 할리우드에 있는 사람이건 아니건 간에 누구나 알고 있는 딜레마이다. 즉, 좋은 배역을 얻기 위해서는 잘 알려져 있어야 하고 잘 알려지기 위해서는 좋은 배역이 필요한 것이다.

웹과 할리우드에 대한 이러한 사실을 통해 우리는 무작위 네트워크 모델의 두 번째 중요한 가정, 즉 네트워크의 민주적 성격에 대한 가정이 맞지 않다는 결론에 다다르게 된다. 에르되스-레니와 와츠-스트로가츠의 모델들에서 네트워크 내의 노드들 간에는 차별성이 없다. 모든 노드들은 링크를 받을 기회를 똑같이 갖고 있다. 방금 살펴본 예는 현실이 이와 다름을 시사한다. 현실 네트워크에서 링크는 결코 무작위적이 아니며, 인기가 곧 매력이다. 링크를 많이 갖고 있는 웹페이지는 링크를 받을 가능성이 더 많고, 연결선 수가 많은 배우는 새로운 배역에서 먼저 고려되며, 많이 이용되는 논문은 다시 더 인용될 가능성이 더 많고, 커넥터들은 새로운 친구를 사귈 수 있는

가능성이 더 많다. 네트워크의 진화는 미묘하면서도 가차없는 선호적 연결의 법칙에 의해 지배되고 있다. 이러한 원칙에 따라 우리는 무의식적으로 이미 많은 링크를 받고 있는 노드들을 또다시 링크하는 것이다.

5.

퍼즐 조각들을 모아 보면, 현실의 네트워크는 두개의 법칙을 따른다. **성장**(growth)과 **선호적 연결**(preferential attachment). 각각의 네트워크는 작은 핵으로부터 출발하여 새로운 노드가 추가되면서 확장되어 가는데, 이 새로운 노드들은 어디를 링크할 것인가를 결정할 때 이미 많은 링크를 갖고 있는 노드를 선호한다는 것이다. 이러한 법칙들은 현실 네트워크의 실상이 고정된 노드 개수와 이들 상호 간의 무작위적 연결을 가정한 이전의 모델들과는 다르다는 것을 의미한다. 하지만 이러한 법칙들만으로 현실의 네트워크에서 발견된 허브와 멱함수 법칙을 설명하기에 충분한 것일까?

이 질문에 답하기 위해 1999년 《사이언스》에 기고한 논문에서 우리는 2가지 법칙을 모두 고려한 네트워크 모델을 제안했다. 이 모델은 단순한데 성장과 선호적 연결이라는 2가지 법칙은 각기 단순한 규칙들을 구현하는 알고리듬으로 변환될 수 있기 때문이다.

A. 성장 : 각각의 주어진 기간 동안 우리는 새로운 노드들을 네트워크에 추가한다. 여기서는 네트워크가 한 번에 하나의 노드씩 짜여진다는 것이 요점이다.

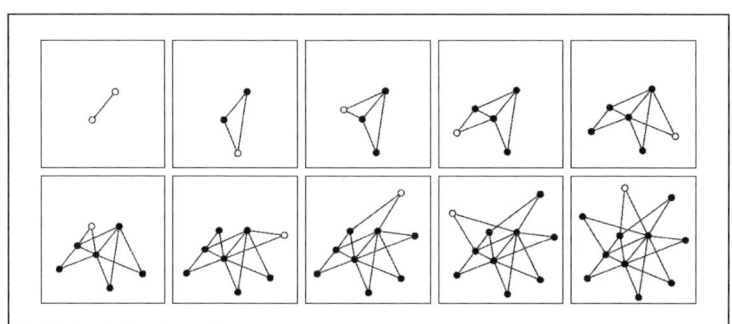

■ 그림 6 척도 없는 네트워크의 탄생

척도 없는 위상구조는 현실 네트워크들의 끊임없이 성장하는 속성의 자연스러운 결과이다. 두 개의 연결된 노드들로부터 출발하여(위쪽 맨 왼쪽), 각 네모 속에는 하나의 새로운 노드(흰색 노드로 표현됨)가 네트워크에 추가된다. 어느 노드에 링크할 것인가를 결정함에 있어서, 새 노드는 연결선 수가 많은 노드를 선호한다. 성장과 선호적 연결 덕분에 연결선 수가 매우 많은 소수의 허브가 생겨난다.

B. 선호적 연결 : 우리는 각각의 새로운 노드들이 네트워크 내에 이미 있는 노드들 중 2개에 링크된다고 가정한다. 기존의 한 노드를 링크할 확률은 그것이 현재 갖고 있는 링크 수에 비례한다. 즉 2개의 노드 중 어느 쪽을 선택할 것인가에 있어서, 하나의 노드가 다른 노드에 비해 2배만큼 많은 링크를 현재 갖고 있다면 새로운 노드가 연결선 수가 많은 그 노드에게 링크할 확률이 2배만큼 크다.

우리가 매번 (A)와 (B)를 반복할 때마다 우리는 새로운 노드를 네트워크에 추가하게 된다. 따라서 우리는 한 노드씩 그물망을 끊임없이 확장시켜 간다(그림 6).

성장과 선호적 연결을 결합한 이 모델은 허브를 설명할 수 있는 우리의 첫 번째 성공적 시도였다. 레카의 컴퓨터 시뮬레이션의 결과, 멱함수 법칙이 생겨난다는 것이 확인되었다. 그것은 현실의 네트워크에서 관찰되는 척도 없는 멱함수 법칙을 설명할 수 있는 첫 번째 모델이었기에, 이내 **척도 없는 모델**(scale-free model)이라는 이름으로 알려지게 되었다.

6.

척도 없는 모델에서는 왜 허브와 멱함수 법칙이 생겨나는 것일까? 우선 성장이 중요한 역할을 한다. 네트워크의 확장은 네트워크에 먼저 들어온 노드들이 나중에 온 노드들에 비해 링크를 획득할 시간이 많다는 것을 의미한다. 가장 마지막에 들어온 노드는 다른 노드들이 그것을 링크할 시간이 미처 없고, 맨 처음에 네트워크에 들어온 노드는 그 이후에 들어온 모든 노드들로부터 링크를 획득할 기회를 갖게 된다. 따라서 성장은 진입순서가 이른 노드에게 확실한 이점을 주고 그들을 링크 부자로 만든다. 그렇지만 진입순서가 곧 곧 멱함수 법칙을 설명해 주는 것은 아니다. 허브가 존재하기 위해서는 두 번째의 선호적 연결의 법칙이 필요하다. 새로운 노드들이 연결선 수가 많은 노드들을 보다 선호하기 때문에, 일찍 들어와서 이미 많은 링크를 모은 노드들은 진입순서가 늦고 아직 연결선 수가 적은 노드들보다 선택될 가능성이 크고 더 빨리 성장한다. 새로운 노드들이 더 많이 들어와서 연결선 수가 많은 노드들을 자꾸 더 선택하게 되면서 맨 처음에 들어온 노드들은 엄청난 링크를 획득하게 되어 결국 무리 중에서 벗어나 허브가 된다. 이리하여 선호적 연결의 법칙은 연결선 수가 많은 노드들이 뒤늦게 들어온 노드들보다 훨씬 많은 링크를 붙잡게 되는 **부익부**(rich-get-richer) 현상을 야기한다.

이 부익부 현상으로부터 현실 네트워크에서 발견되는 멱함수 법칙이 자연스럽게 유도된다. 우리의 컴퓨터 시뮬레이션 결과에 따르면 정확하게 k개의 링크를 갖는 노드의 개수는 어떤 k값에 대해서도 멱함수 법칙을 따르고 있었다. 멱함수 법칙 분포를 특징짓는 연결선 수 지수(degree exponent)의 정확한 값 역시 더 이상 신비한 것이 아니었다. 우리는 이를 위해 우리가 소개한 연속체이론(continuum theory)이라는 수학적 도구를 이용하여 그것을 분석적으로 계산할 수 있었다. 사실 선호적 연결의 법칙 덕분에 각각의 노드는 그것이 현재 갖고 있는 링크의 수에 비례하는 만큼 새로운 링크를 끌어당긴다. 이 단순한 관찰에 기반해 우리는 네트워크가 확장되어 갈 때 노드들은 어떻게 링크를 획득하는가를 예측해 주는 단순한 방정식을 만들 수 있었다. 그리고 그 해(solution)는 연결선 수 분포를 분석적

으로 계산할 수 있었는데, 그 결과 이것은 멱함수 법칙에 따르고 있다는 것을 확인할 수 있었다.[1]

성장 또는 선호적 연결 중 어느 하나만으로 멱함수 법칙을 설명할 수 있을까? 컴퓨터 시뮬레이션과 계산을 통해 양자가 모두 있어야 척도 없는 네트워크가 생겨난다는 것을 확인할 수 있었다. 선호적 연결이 없이 성장만 하는 네트워크에서 연결선 수는 지수함수적 분포를 갖게 되는데, 여기에서는 종형 곡선 분포와 마찬가지로 허브가 있을 수 없다. 또한 성장 자체가 없다면 우리는 다시 정적인 모델로 돌아가게 되는데, 이 경우 멱함수 법칙을 생성하는 것은 불가능하다.

7.

척도 없는 모델의 목적은 그리 대단한 것이 아니었다. 그저 성장과 선호적 연결이라는 2개의 단순한 법칙들이 허브와 멱함수 법칙이라는 수수께끼를 풀어줄 수 있다는 것을 증명하는 것이 바로 그것이다. 그래서 이 모델이 이후의 여러 연구에 큰 영향을 주는 것을 지켜보면서 우리는 즐겁기도 했지만 사실 의외였다. 특히 이 모델에서는 단순성과 명료성을 위해 현실 네트워크의 위상구조에 영향을 미치는 많은 요인들을 애초부터 의도적으로 무시했기 때문에 더욱 그랬다. 그 요인들 중 하나는 척도 없는 모델에서 모든 링크는 노드들이 네트워크에 참여할 때 부여되지만 실제 대부분의 네트워크에서는 새로

---

[1] 척도 없는 모델에서 연결선 수 지수는 $\gamma = 3$ 이었다.
즉 연결선 수 분포는 $P(k) \sim k^3$ 을 따르는 것으로 나타났다.

운 링크들이 자생적으로 생겨날 수 있다는 것이다. 예를 들어 내가 나의 웹페이지에 뉴욕타임스닷컴(nytime.com)을 향하는 링크를 추가하는 것은 이미 존재하는 2개의 노드 간을 연결하는 **내부적 링크**(internal link)를 만드는 것이다. 할리우드에서 94%의 링크는 내부적인 것으로서 이미 오래 전에 네트워크에 들어온 2명의 배우가 처음으로 같이 일하게 되면서 생겨난다. 척도 없는 네트워크 모델에 빠진 또 하나의 중요한 특성은 많은 네트워크들에서 노드와 링크가 사라질 수 있다는 점이다. 사실 많은 웹페이지들이 종종 파산하면서 수천 개의 링크들과 함께 없어져버리곤 한다. 또한 링크는 전환(rewired)될 수도 있는데, 이를테면 CNN닷컴에 링크되어 있던 것을 뉴욕타임스닷컴으로 바꾸는 것이 이러한 경우이다. 이처럼 척도 없는 모델에는 빠져 있지만 현실의 네트워크에는 흔히 존재하는 많은 현상들이 있다. 따라서 현실 네트워크의 진화는 척도 없는 모델보다 훨씬 복잡하다는 것을 감안해야 한다. 우리 주변의 복잡한 네트워크들을 이해하기 위해서는 이런 다양한 메커니즘들을 일관성 있는 네트워크 이론에 도입하여 그것들이 네트워크 구조에 어떤 영향을 주는지 설명해내야 할 것이다.

척도 없는 모델에 관한 논문을 기고한 후, 레카 알버트와 나는 내부적 링크나 링크의 전환 등의 과정이 척도 없는 네트워크의 구조에 어떠한 영향을 미칠지 조사하기 시작했다. 하지만 이제 더이상 우리만 외롭게 연구하는 것은 아니었다.
《사이언스》에 우리의 논문이 발표된 지 한 달 후 전 세계의 여러 연구소들에서 비슷한 연구가 진행되고 있다는 것을 알게 되었다. 나와 오랫동안 협동 연구를 해왔으며 현재 보스턴 대학의 연구교수로 있는 루이스 애머랠(Luis Amaral)은 웹사이트가 은퇴하여 더 이상 링크를 획득하지 않게 되는 노화(aging) 현상을 포함하여 척도 없는 모델을 일반화하는 작업을 진행하고 있었다. 애머랠은 진 스탠리(Gene Stanley)와 2명의 학생인 안토니오 스칼라(Antonio Scala), 마크 바르텔레미(Mark Barthélémy)와 함께 노드들이 일정한 나이가 지나서 더 이상의 링크를 획득하지 못하게 되면, 멱함수 법칙에서 예측하는 것에 비해 허브의 크기는 작을 것이고 또한 커다란 허브의 개수도 적게 된다는 것을 증명했다.

같은 시기에 호세 멘데스와 세르게이 도로고프체프(Sergey Dorogovtsev)는 포르토에서 그들 나름대로 비슷한 문제를 연구하고 있었다. 그들은 척도 없는 네트워크에 대한 일련의 영향력 있는 논문들을 발표했다. 노드들이 나이를 먹으면서 링크를 끌어당기는 힘을 서서히 잃게 된다는 가정하에 멘데스와 도로고프체프는 점차적 노화는 멱함수 법칙을 파괴하지는 않고 단지 연결선 수 지수를 변화시켜서 허브의 개수가 영향을 받게 된다는 사실을 보여주었다. 역시 보스턴 대학의 폴 크라피프스키(Paul Krapivsky)와 시드 레드너(Sid Redner)는 멕시코의 프랑스와 레이브라즈(Francois Leyvraz)와 함께 선호적 연결을 보다 일반화하여 노드에 링크하는 것이 그 노드가 현재 갖고 있는 링크의 수에 단순히 비례하는 것이 아니라 보다 복잡한 함수에 따르는 경우를 연구했다. 그들은 이러한 영향을 고려하게 되면 네트워크를 특징짓는 멱함수 법칙이 파괴될 수 있다는 것을 발견했다.

이러한 것들이 척도 없는 모델과 그것들의 다양하게 확장한 경우에 대해 정밀하게 조사한 물리학자, 수학자, 컴퓨터학자, 사회학자,

생물학자들의 초기 연구 결과들이다. 그들의 노력 덕분에 우리는 이제 몇 년 전만 해도 생각조차 할 수 없었던 네트워크의 성장과 진화에 대해 풍부하고 체계적인 이론을 갖게 되었다. 이제 우리는 내부적 링크, 링크의 전환, 노드와 링크의 제거, 노화, 비선형적 (nonlinear) 효과들 그리고 네트워크의 위상구조에 영향을 미치는 여러 가지 다른 과정들을 모두 포괄하는 네트워크 진화에 대한 이론이 가능하며 척도 없는 모델은 그것의 특수한 경우로서 존재한다는 것을 알게 되었다.

이러한 여러 가지 과정들은 네트워크가 성장하고 진화하는 방식들을 바꾸며, 결국 허브의 크기와 개수에 영향을 준다. 하지만 성장과 선호적 연결이 동시에 존재하는 경우에는 대개 허브와 멱함수 법칙이 등장한다. 복잡한 네트워크에 있어서 척도 없는 구조는 예외가 아니라 오히려 정상적인 경우이며 현실의 많은 시스템들에서 널리 관찰되는 이유는 바로 여기에 있다.

8.

지난 3년간 발전해온 네트워크 진화 이론은 네트워크를 모델링하는 방식이 나아가야 할 방향을 가르쳐준다. 즉, 척도 없는 모델은 네트워크를 시간의 흐름에 따라 지속적으로 변화하는 동적 시스템으로 봄으로써 새로운 모델링 철학을 구체적으로 부여주었다. 에르되스-레니로부터 시작된 고전적인 정적 모델들은 단지 고정된 수의 노드와 링크를 배열하여 그 결과로 나오는 그물망이 현실의 대상에 적합하도록 만드는 것이 목표였다. 이것은 드로잉과 비슷하다. 페라리 자동차 앞에 앉아서 누가 봐도 이 차를 알아 볼 수 있도록 그림을 그리는 것이다. 하지만 아무리 잘 그렸더라도 그림은 그 차가 애초에 만들어진 과정에 대해 말해주지는 않는다. 그것을 알기 위해서는 본래의 것과 똑같은 것을 만드는 방법을 알아야 한다. 바로 이것이 네트워크 진화 모델에서 이루고자 하는 바이다.

네트워크 진화이론은 자연이 여러 가지 복잡한 시스템들을 창조할 때 따랐던 발걸음을 재구성함으로써 네트워크가 어떻게 조립되었는지를 포착하고자 한다. 만약 우리가 네트워크의 조립과정을 정확하게 모델링할 수 있다면 결국 거기에서 생겨나는 네트워크는 현실의 그것과 비슷한 것이 될 것이다. 따라서 우리의 목표는 네트워크의 위상구조를 기술하는 것에서 네트워크의 진화를 형성한 메커니즘을 이해하는 것으로 바뀌었다.

이러한 초점의 전환은 네트워크에 관한 언어에서도 큰 변화를 일으켰다. 우리가 성장을 도입하게 되기 이전에는 고전적 모델이 갖고 있던 정적 성격은 사람들의 눈에 띄지도 않았다. 마찬가지로 멱함수 법칙이 우리에게 선호적 연결을 도입하도록 하기 전까지만 해도 무작위성이라는 가정은 문젯거리로 대두되지 않았다. 네트워크의 구조와 그것의 진화는 서로 뗄려야 뗄 수 없는 것이라는 점을 이해하고 나면 지난 수십 년 동안 우리의 사고를 지배해왔던 정적 모델로 돌아가기는 어렵다. 이러한 사고의 전환은 몇 쌍의 대립축을 형성했다.

정적(static): **성장**(growth), **무작위**(random): **척도 없음**(scale-free), **구조**(structure): **진화**(evolution).

앞의 장의 마지막 부분에서 우리는 중요한 질문을 제기한 바 있다. 멱함수 법칙의 존재는 현실의 네트워크들이 무질서로부터 질서로의 상전이 결과라는 점을 시사하는 것인가? 이 문제에 대해 우리가 현재 도달한 결론은 단순하다. 네트워크들은 무작위적 상태에서 질서 잡힌 상태로의 도중에 있는 것이 아니며, 무작위성과 혼돈의 양끝에 있는 것도 아니다.

척도 없는 위상구조는 네트워크 형성과정의 각 단계에서 작용하는 조직화 원리들의 증거인 것이다. 여기에는 신비한 것이란 없다. 왜냐하면 자연 속에서 관찰되는 네트워크들의 기본적 속성들은 성장과 선호적 연결로서 설명할 수 있기 때문이다. 네트워크가 아무리 복잡하고 커도 성장과 선호적 연결이 존재하면 거기에는 허브가 지배하는 척도 없는 위상구조가 자리잡게 된다.

척도 없는 모델은 그것에 뒤이은 발견들이 없었다면 흥미로운 학문적 연습거리 정도로 머물러 있었을 것이다. 가장 중요한 발견은 학문적으로나 실용적으로 중요한 대부분의 복잡한 네트워크들이 척도가 없다는 인식이다. 웹 데이터는 현실의 네트워크가 멱함수 법칙에 의해 기술될 수 있다는 것을 확신시키기에 충분할 만큼 방대하고 또한 상세했다. 이러한 깨달음은 엄청난 발견의 쇄도를 낳았고 그것은 아직도 계속되고 있다. 할리우드, 세포 내의 물질대사 네트워크, 인용 네트워크, 경제적 그물망들, 언어의 네트워크[2] 등이 목록에 추가되면서 여러 학문분야에서 척도 없는 위상구조의 기원(origin)의 중요성이 대두되었다. 척도 없는 모델에 내장된 네트워크 진화를 지배

---

2) 언어가 갖는 척도 없는 성격에 대해서는 여러 연구팀들이 보여준 바 있다. 이 네트워크에서 노드는 단어들이고 링크는 문서 내에서의 유의미한 동시발생(cooccurences), 또는 의미론적 관계들(동의어, 이의어) 등을 의미한다.

하는 두 가지 법칙은 이들 다양한 시스템들을 탐색하기 위한 좋은 출발점을 제공해 주었다.

　우선, 멱함수 법칙은 허브에 정당성을 부여했다. 그리고 척도 없는 모델은 현실의 네트워크에서 관찰되는 멱함수 법칙을 수학적 근거가 있는 이론적 개념으로 격상시켜 주었다. 척도 지수와 네트워크의 진화를 정확하게 예측할 수 있는 정교한 네트워크 진화 이론에 의거해서, 우리는 그 어느 때보다도 복잡성의 구조에 대해 정확하게 이해하게 되었으며 복잡하게 상호연결된 세계에 대해 한 차원 높은 이해에 도달하게 되었다.

　하지만 척도 없는 모델은 새로운 문제들을 야기하는데 그 중 특히 한 가지는 매우 자주 제기되는 것이다. 부익부 현상이 지배하는 세상에서 후발주자가 성공한 사례는 도대체 어떻게 해서 가능한 것인가? 그 해답의 탐구는 20세기 초 양자역학의 탄생이라는 전혀 의외의 장(場)으로 우리를 인도한다.

Einstein's Legacy   여덟 번째 링크

아인슈타인의 유산

　당신이 검색엔진 분야를 전공하는 컴퓨터 과학자이거나 닷컴 기업들의 동향에 대해 남달리 세밀한 관심을 기울이는 사람이 아니라면 아마 당신은 잉크토미(Inktomi)라는 이름을 한번도 들어보지 못했을 것이다. 이 회사는 웹에서 가장 유명한 사이트인 야후의 배후에서 검색엔진을 운영하던 회사이다. 사람들이 흔히 알고 있는 것과 달리 야후, 아메리카 온라인, 마이크로소프트나 그 외 유명한 사이트들은 검색엔진을 직접 운영하고 있는 것이 아니다. 대신 이들 회사는 웹에 대한 데이터를 많이 축적하고 있는 잉크토미와 같은 거대한 데이터 베이스 서비스에 가입하여 우리에게 서비스를 제공한다. 잉크토미는 자체적으로 포털 사이트를 만들지 않기로 했기 때문에, 자신의 서비스에 가입되어 있는 회사들과 같은 대중적 지명도를 갖고 있는 것도 아니었고 언론의 헤드라인을 장식하지도 않았다. 그러던 것이 2000년 6월에 이 회사 주식의 시장가치가 하룻밤 사이에 28억 달러

나 떨어졌다는 언론의 보도가 나오면서 오히려 갑자기 유명해졌다. 야후가 잉크토미와 계약을 해제하고 창업한 지 2년밖에 안된 신생 기업 구글(Google)로 검색엔진 부문을 대체했기 때문이다.

스탠퍼드 대학 중퇴자이며 구글의 공동창업자인 래리 페이지(Larry Page)를 나는 2000년 3월에 만난 적이 있다. 그 때는 아직 그의 검색엔진에 대해 아는 사람이 별로 없을 때였다. 그와 나는 샌프란시스코에서 열린 인터넷 아카이브(Internet Archive) 후원의 한 워크숍에 발표자로 참석했었다. 이 행사에는 새로이 등장하고 있는 온라인 세계에 흥미를 느낀 컴퓨터과학자, 물리학자, 문헌학자, 법률가 등과 몇몇 닷컴 기업의 백만장자들이 섞여 있었다. 래리 페이지는 자기들의 검색엔진에 대해 짧게 발표한 후, 티셔츠가 담긴 상자를 방의 한가운데에 펼쳐놓았다. 그 티셔츠에는 구글의 상징문구인 "나는 운이 좋다고 느껴(I'm Feeling Lucky)"라는 문구가 새겨져 있었다. 나는 집에 돌아와서 받은 티셔츠를 입어 봤다. 그리고 구글에 로그인해봤는데 곧바로 나는 구글 중독자가 되었다. 내가 보기에 야후가 구글을 선택한 것은 놀랄 일이 아니었다.

1.

구글이 나의 관심을 끈 것은 그것이 선발주자가 이점을 갖는다는 척도 없는 모델의 기본적 예측에 어긋나는 사례였기 때문이다. 척도 없는 모델에서 가장 연결이 많이 된 노드는 가장 일찍 등장한 노드이다. 그들은 링크를 모아서 허브로 발전해갈 수 있는 시간이 가장 많았다. 1997년에야 등장한 구글은 웹에서는 후발주자였다. 구글이 등장하기 훨씬 전에 알타비스타나 잉크토미 같은 인기 있는 검색엔진들이 이미 시장을 지배하고 있었기에 구글은 분명 후발주자였다. 그런데 3년도 안 돼서 구글은 가장 큰 노드가 되었을 뿐 아니라 가장 인기 있는 검색엔진이 되어 있었다.

물론 비즈니스의 역사를 보면 혁신적인 제품을 갖고 등장한 회사의 고객들이 보다 더 성공적인 후발주자에게 납치된 이야기들이 많이 있다. 컴퓨터 산업에서 유명한 사례는 애플(Apple)인데, 이 회사가 만든 독창적인 PDA 제품인 뉴튼(Newton)은 갑자기 등장한 팜(Palm) 때문에 기억에서 완전히 사라지게 되었다. 제품을 복잡한 비즈니스 네트워크 내의 노드로 보고 소비자를 그것들로 향하는 링크로 보면, 애플의 링크는 단기간에 팜으로 전환되었다고 할 수 있다.

일반적으로는 덜 알려져 있지만 항공산업에도 유사한 사례가 있다. 보잉(Boeing)은 제트동력 여객기를 발명하지 않았다. 그것을 발명한 영예는 드 하빌랜드(De Havilland)에 돌아간다. 이 영국회사는 첫 번째 제트기인 코멧(Comet)을 1949년에 마케팅하기 시작했다. 코멧은 최대속력 450마일을 자랑하면서 유럽과 미국의 시장을 석권했다. 하지만 이런 상황은 그리 오래 가지 않았다. 비행을 시작한 지 1년쯤 되면서부터 드 하빌랜드의 비행기는 추락하여 탑승한 승객들을 모두 죽이기 시작했다. 제트기의 경우 높은 고도와 속도 때문에 금속이 일반적인 환경과는 다른 식으로 마모된다. 보잉은 드 하빌랜드의 비극적인 부주의를 교훈 삼아 새로운 제트기를 설계했고 코멧의 첫 비행 5년 후에 보잉707을 발표했는데, 이것은 곧 드 하비랜드의 시장을 추월했다. 그 40년 후 보잉은 세 번째 주자인 유럽에어버스(European Airbus)가 자신의 전 세계적 지배력을 침범하여 시장 점유율을 급속하게 잠식하는 상황을 낙담한 채 지켜보고 있다.

대부분의 네트워크에는 "뉴 키즈 온 더 블록(new kid on the block)" 효과라는 것이 존재하는 듯하다. 하지만 척도 없는 모델에서는 후발주자가 지배적이 되는 것을 허용할 수 있는 공간이 없다. 이는 척도 없는 모델이나 우리가 이제까지 살펴본 다른 모델에서도 모든 노드들은 다 동일하기 때문이다. 물론 척도 없는 모델에서는 노드들이 링크의 수에 따라 차별화되며, 이것은 다시 그들이 네트워크에 진입한 시기의 함수로 이해된다. 하지만 대부분의 복잡한 시스템들에서 각 노드는 그것의 연결선 수와는 무관하게 자신의 고유한 속성을 갖고 있다. 웹페이지, 기업, 배우들은 각자의 고유한 성질을 갖고 있으며 이것이 경쟁적 환경에서 얼마나 많은 링크를 획득할 수 있는가에 영향을 미친다. 어떤 노드는 아주 늦게 등장했음에도 단기간에 모든 링크들을 긁어들인다. 반면에 어떤 노드는 초창기에 등장했으면서도 선발주자의 지위를 허브로 발전시키는 데 실패하기도 한다. 대부분의 네트워크에 존재하는 치열한 경쟁상황을 설명하기 위해서 우리는 각 노드들이 서로 다르다는 점을 인정해야 한다.

2.

어떤 사람들은 우연한 만남을 지속적인 사회적 링크로 만드는 재주가 있다. 어떤 기업들은 모든 고객을 충성스런 파트너로 만든다. 어떤 웹페이지들은 이용자를 열성적인 팬으로 만든다. 이들 사회, 비즈니스, 웹의 노드들이 공통적으로 갖고 있는 것은 무엇인가? 분명

이들 각자는 뭔가의 내적인 속성을 갖고 있어서 그것이 이들을 무리 중의 으뜸으로 만드는 것이다. 보편적인 성공의 비밀을 찾는 것은 우리 능력을 벗어나는 일이겠지만 승자를 패자로부터 구별하는 **과정(process)**, 즉 복잡한 시스템에서의 경쟁과정을 살펴볼 수는 있다.

경쟁적 환경에서 각 노드들은 어떤 **적합성(fitness)**을 갖고 있다. 여기서 적합성이란 다른 사람보다 상대적으로 친구를 잘 만드는 사람의 능력이 될 수도 있고, 다른 기업과 비교하여 고객을 잘 끌어들이고 유지하는 기업의 능력이 될 수도 있고, 다른 신인 배우에 비해 호감을 사고 오래 기억되도록 하는 배우의 능력일 수도 있고, 수십억의 다른 웹페이지보다 많은 관심을 끌어 사람들이 매일 방문하도록 하는 웹페이지의 능력일 수도 있다. 그것은 경쟁적 상황에서의 노드의 능력에 대한 양적 척도이다. 적합성은 사람의 유전적 속성에 기인할 수도 있고, 기업의 제품이나 경영의 품질과 관련된 것일 수도 있고, 배우의 재능과 관련된 것일 수도 있고, 웹사이트의 컨텐츠와 관련된 것일 수도 있다.

우리는 링크를 두고 경쟁하는 능력을 표현하기 위해 네트워크 내의 각 노드들에 적합성을 부여할 수 있다. 예를 들면, 웹상에서 나의 웹페이지의 적합성은 0.00001인 반면 구글의 적합성은 0.2라는 식으로 말이다. 이 수치의 절대적인 값은 중요하지 않다. 그 상대적인 비율이 방문자들을 유인하는 상대적 능력을 표현할 수만 있으면 된다. 보통 사람이라면 구글이 나의 개인 웹사이트에 비해 2만 배 정도는 유용하다고 생각할 것이다.

적합성을 도입한다고 해서 네트워크 진화를 지배하는 2개의 기본적 메커니즘인 성장과 선호적 연결을 배제하는 것은 아니다. 그렇지만 적합성이 도입되면서 경쟁적 환경에서 무엇이 매력적으로 여겨지는가 하는 것은 변한다. 척도 없는 모델에서 우리는 노드의 매력이 단지 그것의 링크 수에 의해서만 결정되는 것으로 가정했었다. 경쟁적 환경에서는 적합성도 영향을 미친다. 즉 적합성이 높은 노드는 보다 빈번하게 링크된다는 것이다. 적합성을 척도 없는 모델에 도입하는 한 가지 방법은 선호적 연결이 노드의 적합성과 링크 수의 곱으로 결정된다고 가정하는 것이다. 각각의 새로운 노드들은 링크할 노드를 정함에 있어서 모든 노드들의 **'적합도 × 연결선 수'**[1]를 비교해 보고 이 값이 큰, 즉 매력 있는 노드를 링크할 확률이 높다고 가정하는 것이다. 링크의 개수가 같은 두 개의 노드가 있을 때 적합성이 높은 노드가 보다 빨리 링크를 획득한다. 물론 적합성이 같다면 오래된 노드가 여전히 이점을 갖게 된다.

경쟁과 성장을 통합한 이 단순한 **적합성 모델**은 구글의 사례를 설명하기 위한 우리의 첫 시도였다. 그것은 노드들 간의 차이를 인정하고 후발주자에게 기회를 줄 수 있는 임시적 수정안으로서 설계됐다. 그러나 얼마 지나지 않아 우리는 적합성이 그것보다 훨씬 많은 영향을 미친다는 것을 알게 되었다. 우리의 임시 수정안은 본래 의도를

---

[1] 척도 없는 모델에서 새로운 노드가 k개의 링크를 갖고 있는 노드에 링크할 확률은 $k/\Sigma k_i$ 이다. 적합성 모델에서는 각 노드가 추가적인 특성값인 적합성 η를 갖는다. 따라서 k개의 링크를 갖고 있고 적합성이 η인 노드를 링크할 확률은 $k\eta/\Sigma k_i\eta_i$ 가 된다. 두 수식에서 네트워크 내의 모든 노드에 대해 합이 이뤄지면서 확률분포가 정규화되었다.

넘어서서 적합성이 고려되지 않았던 평등주의적 세계에서는 전혀 보이지 않았던 많은 현상들을 보여주는 새로운 창을 열어 젖혔다.

3.

내가 기네스트라 비안코니(Ginestra Bianconi)에게 적합성 모델의 속성들을 연구할 것을 권유했을 때, 그녀는 대학원 박사과정 1학년생으로서 들어온 지 몇 달 안 됐을 때였다. 물론 어떻게 구글이 그렇게 단기간에 허브로 변했는지를 이해하기 위해서였다. 그녀는 로마에서 태어나고 교육받았는데, 물리학에 대한 비상한 관심과 튼튼한 통계물리학적 배경을 갖고 우리 연구팀에 합류했다. 내가 보기에 적합성 모델은 그런 대로 흥미롭지만 수학적으로 극히 도전적인 문제는 아니어서 새로 온 학생이 다루기에 안전할 것이라고 생각했다. 그런데 비안코니는 나의 예상이 얼마나 빗나간 것이었는지를 곧 보여주었다. 우선, 적합성 모델의 배후에 있는 수학은 통상적인 것과는 거리가 멀었다. 둘째, 그것은 예상했던 것보다 훨씬 흥미로웠다. 그녀는 복잡한 네트워크들이 갖고 있는 놀라운 속성들의 속 깊은 차원들을 발굴해냈으며, 그리하여 네트워크의 조립과 진화에 대한 우리의 이해를 한층 풍부하게 해주었다.

비안코니가 계산해낸 결과는 우선 적합성이 존재하는 경우 일찍 일어나는 새가 항상 승자가 되는 것은 아닐 것이라는 추측을 확증해주었다. 적합성은 허브를 만들어내기도 하고 없애버리기도 하는 중요한 요인이었다. 척도 없는 모델에서 노드의 연결선 수는 시간의 제곱근에 비례하여 승가한다. 적합성 모델은 이와는 매우 다른 모습을 예측한다. 적합성 모델에 따르면 노드들은 여전히 멱함수 법칙 t^β에 따라 링크를 획득한다. 여기서 동적 지수 β는 각 노드가 얼마나 빨리 새로운 링크를 붙잡는가를 측정하는데, 이것은 각 노드마다 다르다. 이것은 노드의 적합성에 비례하므로, 다른 노드에 비해 2배만큼 적합성이 큰 노드는 동적 지수가 2배만큼 크기 때문에 링크를 보다 빨리 획득할 수 있게 된다. 따라서 노드가 링크를 획득하는 속도는 더 이상 진입한 나이(순서)의 문제가 아니다. 노드가 언제 네트워크에 참여했는가와는 무관하게, 적합한 노드라면 적합성이 낮은 모든 노드들보다 많은 링크를 획득할 수 있는 것이다. 구글이 바로 그 예이다. 즉 훌륭한 검색 테크놀로지를 가진 후발주자로서 그의 경쟁자들보다 훨씬 빠르게 링크를 획득하여 결국 그들보다 밝게 빛나게 된 것이다. 나이보다는 아름다움이다!

척도 없는 모델의 배후에 있는 동적인 그림은 각 자동차가 그 앞 자동차만 보고 따라가야 하는 꽉 막힌 1차선 고속도로와 비슷하다. 고속도로에 가장 먼저 진입한 자동차가 결국 승자가 되는데, 결국 속도보다 진입 순서가 우선이다. 적합성 모델에서의 경쟁은 각 노드들이 저마다의 적합성을 갖고 있고 이에 따라 링크를 획득하는 속도가 다르기 때문에 훨씬 풍부한 그림을 보여준다. 그것은 마치 여러 차선의 넓은 고속도로에서 온갖 차종이 경쟁적으로 질주하는 모습과 같다. 자동차들은 경주에 차례차례 참여하는데 자동차에는 서로 다른 엔진이 장착되어 있고 또한 운전자들의 능력도 모두 다르다. 결국 경주용 자동차가 미니밴을 따돌려서 먼지 속에 남겨둔 채 앞서 가버린다.

적합성 모델은 복잡한 네트워크에서의 경쟁을 포괄하게 되면서 새로운 문제들을 제기했다. 척도 없는 모델에서 발견되는 멱함수 법칙은 모든 노드들이 링크를 획득함에 있어서 동일한 규칙에 따른다는 사실에 기초해 있었다. 그런데 네트워크 내에서 어떤 노드는 천천히 성장하고 어떤 노드는 빨리 성장하면 이 미묘한 균형이 심각하게 교란될 수 있다. 멱함수 법칙은 이러한 경쟁적 환경, 즉 적합성 모델에서도 여전히 적용될 수 있는 것인가? 경쟁에 의해 추진되는 네트워크도 척도 없는 네트워크가 될 것인가? 그렇지 않으면 링크를 둘러싼 치열한 경쟁이 질서의 표식을 파괴시킬 것인가? 우리는 경쟁이 네트워크의 위상구조를 어떤 형태로 만드는가를 탐구하는 과정에서 전혀 엉뚱하게도 시대를 거슬러서 양자이론의 세 거인인 보즈(Bose), 아인슈타인(Einstein), 플랑크(Planck)로 우회하게 되었다.

4.

1924년 6월에 알버트 아인슈타인은 모르는 사람이 보낸 한 통의 편지와 짤막한 원고 한 편을 받았다. 그것은 영문으로 씌어져 있었는데, 사첸드라나스 보즈(Satyendranath Bose)라는 인도 다카 출신의 물리학자로부터 온 것이었다. 당시 아인슈타인은 모르고 있었지만 그 원고는 바로 전에 《필로소피컬 매거진 오브 더 로얄 소사이어티(Philosophical Magazine of the Royal Society)》에 제출되었다가 기각된 것이었다. 아인슈타인은 그 원고를 아주 맘에 들어해서 자신의 일도 젖혀둔 채 그것을 직접 독일어로 번역하여 《자이트쉬리프트 퍼 피직(Zeitschrift für Physik)》에 게재될 수 있도록 주선해 주며 그 글을 칭찬하는 노트까지 덧붙였다. "내 생각에 보즈의 플랑크 공식 유도는 매우 중요한 진전이다. 또한 그가 사용한 방법은 이상적 기체에 대한 양자이론을 가능케 하는 것인데 그것에 대해서는 별도로 상세히 다룰 예정이다."

당시에 이미 노벨상 수상자였던 아인슈타인이 이름도 없는 물리학자의 미간 원고에 근거하여 새로운 문제에 대한 작업을 시작하겠다고 할 만큼 흥분한 이유는 무엇이었을까? 이를 이해하기 위해서는 그로부터 20년 전으로 거슬러 올라가야 한다. 19세기말 독일 물리학자 막스 플랑크(Max Planck)는 당시 물리학자들의 공통된 관심사였던 문제 하나를 해결하고자 했다. 물체들은 어떻게 빛과 열을 방사하는가? 이에 대해서는 두 개의 이론이 경합하고 있었는데, 그 각각은 서로 다른 부분에 대해서는 설명할 수 있었지만 어느 쪽도 전체를 설명하지는 못했다. 그리고 두 가지 접근을 화해시키고자 하는 많은 시도들이 헛수고로 돌아갔다. 1900년에 플랑크는 모든 실험 결과들에 부합하는 수식을 처음으로 도출해냈다. 이것은 오늘날 '플랑크의 공식' 이라고 알려져 있다. 하지만 그는 그 과정에서 아주 비싼 대가를 지불했다. 그는 빛과 열이 작은 묶음, 즉 불연속적 양자 단위로 방사된다는 가설을 도입했는데, 이 아이디어는 빛과 전자기적 복사는 파동이지 불연속적인 입자가 아니라는 그 당시 물리학자들의 지배적인 견해에 배치되는 것이었기 때문이다. 아인슈타인은 플랑크의 가설을 처음으로 진지하게 받아들인 사람들 중 하나였다. 그는 빛이 정말로 광자라고 불리는 작은 입자로 되어 있다고 가정하고 **광전 효과**를 예측했는데 그는 바로 이 발견으로 1922년에 노벨상을 받았다. 그보다 전인 1919년에 아인슈타인의 추천을 받은 플랑크는 이미 양자 가설로 노벨상을 받았다.

1924년 당시 빛에 대한 양자 가설은 여전히 문제점을 갖고 있었다. 즉 플랑크 공식을 양자역학적으로 도출해내지 못하고 있었던 것이다. 오늘날 이 문제는 물리학을 전공하는 학부생에게도 간단한 문제가 되어버렸지만, 그 당시에는 그것을 도출하려는 모든 시도가 허사로 돌아가고 있었다. 보즈가 확실한 해결책을 제시할 때까지.

아인슈타인이나 플랑크 같은 물리학의 거인들조차 모르고 있었던 것을 인도의 다카에서 보즈가 이야기했다면, 과연 그 내용은 무엇이었던가? 19세기에 물리학자들은 원자가 서로 구별될 수 있으며, 그것들에 대해 각각 번호를 매길 수 있다고 믿었다. 복권 추첨을 할 때 빙글빙글 돌아가는 투명한 통 속에서 이리저리 튀기는 번호가 써있는 공들을 생각해 보라. 그 통에서 공 하나를 집어내면 복권을 갖고 있는 수백만의 사람들은 어떤 공이 선택되었는지 정확하게 아는데, 이는 번호가 그 위에 쓰여 있기 때문이다. 하지만 우리가 특정한 넘원자(subatomic)들을 구별해낼 수 있다고 생각하는 것은 일상생활에서 빌려온 허구일 뿐이라고 보즈는 주장했다. 빛 입자들은 비슷비슷하고, 번호가 매겨져 있지 않으며, 서로 구별할 수 없다. 보즈는 어떤 넘원자 입자들은 진짜 동일하다는 것을 인정하도록 통계물리학과 열역학의 이론을 수정하면 플랑크의 법칙은 쉽게 도출된다는 것을 보여주었다. 보즈의 논문이 아직 출판사에 있을 때 아인슈타인은 벌써 프러시아 학술원에서 자신의 연구 결과인 **단일원자 기체에 대한 양자이론**을 발표했다. 거기서 그는 보즈의 방법을 기체 분자들에 확대 적용했다. 6개월 후 그는 「두 번째 이론(Second Treatise)」라는 또 하나의 연구 결과를 발표했다. 이 글들에서 아인슈타인은 아주 이상한 현상을 예측했는데, 이것은 오늘날 **보즈-아인슈타인 응축(Bose-**

Einstein condensation)이라고 알려져 있다.

보통 온도에서 기체 분자들은 서로 다른 속도를 가지고 서로에게 부딪친다. 즉 어떤 것들은 빠르고 어떤 것들은 느리다. 물리학의 언어로 말하면, 어떤 것들은 높은 에너지를 또 어떤 것들은 낮은 에너지를 갖고 있다. 만약 기체의 온도를 낮추면 모든 원자들이 느려진다. 이들을 완전히 멈추게 하기 위해서는 온도를 현실적으로는 도달할 수 없는 온도인 절대 온도 0도로 낮춰야 한다. 아인슈타인은 만약 서로 구별되지 않는 원자들로 이뤄진 기체가 충분히 차가워지면 입자들 중 상당 부분이 가장 낮은 에너지 상태에 머물게 될 것이라고 예측했다. 즉, 원자들은 절대 온도보다는 높은 어떤 임계온도에서도 가장 낮은 에너지 상태로 만들 수 있다는 것이다. 입자들이 이러한 상태에 도달했을 때 그들은 새로운 형태의 물질을 형성하는데 이를 보즈-아인슈타인 응축물이라고 부른다.

1925년에 이뤄진 아인슈타인의 이 예측에 대해 많은 사람들이 회의적 반응을 보였다. 은하계 우주공간에서 가장 차가운 온도조차도 보즈 응축을 위해서는 너무 높은 온도라는 것이다. 필요한 온도―대부분의 원자에 대해 백만 분의 1 절대온도―에 현실적으로 도달할 수 없다는 것 때문에 예측의 물리학적 의의와 타당성에 대해 의문이 제기되었다. 초유동체 헬륨이나 초전도체 등 다양한 시스템에서 잠시 발견되기는 했지만 70년 동안 아인슈타인의 예측은 확증되지 않은 상태로 남겨져 있었다. 그러다가 1995년 콜로라도 주 보울더에 있는 국립표준연구소에서 에릭 코넬(Estc A. Cornell)과 칼 와이만(Carl E. Weiman)이 이끄는 연구팀이 루비듐 원자들을 충분히 낮은 온도로 만들어서 보즈-아인슈타인 응축물을 형성하는 데에 성공했다. 코넬과 와이만의 발견은 이들이 불과 6년 후인 2001년에 이 발견으로 노벨상을 받을 만큼 중요한 것이었다. 그들의 발견은 아인슈타인의 예측을 상세하게 증명한 것에만 있는 것이 아니다. 그것은 원자 물리학에 있어서 새로운 혁명의 출발점인 것이다. 오늘날 우리는 아인슈타인의 발견이 기체들에만 적용되는 것이 아니라는 것을 안다. 실제의 기체와는 전혀 비슷하지도 않은 많은 양자 시스템들에서 입자들을 가장 낮은 에너지 상태로 응축시키는 것과 유사한 사건들이 존재한다. 보즈-아인슈타인 응축은 이론 물리학자들의 도구함에 표준요소로 정착되었고, 별의 형성이나 초전도와 같은 전혀 판이해 보이는 현상들을 이해하는 데에 도움을 주고 있다. 비안코니가 적합성 모델의 작동에 대해 이해하고자 할 때 직면했던 것은 바로 이 도구였던 것이다.

5.

웹에는 넘원자들이라는 것은 없고 네트워크들에도 적어도 물리학자들이 의미하는 바의 "에너지 준위" 같은 것은 없다. 그렇다면 왜 보즈-아인슈타인 응축에 대해 이야기하는가? 이 질문은 2000년의 어느 일요일 오후에 논문을 가지러 대학에 잠시 들렀을 때 바로 내가 비안코니에게 던진 질문이다. 내가 막 사무실을 떠나려 할 때 그녀는 다소 흥분하여 자신이 뭔가 흥미로운 것을 발견했다고 이야기했다. "지금은 시간이 없는데…." 나는 4살짜리 아들이 차에서 기다리고 있어서 이렇게 말할 수밖에 없었다. "월요일에 봅시다." 보즈-아인슈타인 응축이라고? 양자역학자 말고 누가 또 그것에 대해 들어보기나 했을까? 그녀는 지금 누구나 친숙한 고전 물리학 법칙들이 지배하는 적합성 모델에 대해 연구하고 있어야 하는 것 아니었던가? 양자역학이 웹이나 사회 네트워크와 무슨 관계가 있단 말인가? 노트르담에서 시카고까지 2시간 동안 운전하면서 내게 이런 생각들이 스쳐 갔다. 하지만 월요일 날 나는 놀라지 않을 수 없었다.

비안코니는 단순한 수학적 변환[2]을 통해 적합성을 에너지로 대체하여 적합성 모델에서 각 **노드**에 에너지 수준을 부여했다. 그러자 갑자기 수식이 예상외의 의미를 갖게 되었다. 80년 전에 아인슈타인이 보즈-아인슈타인 응축을 발견할 때의 그것과 유사한 모양을 갖게 된 것이다. 물론 이것은 그냥 우연적인 일치로서 큰 의미가 없을 수도 있었다. 하지만 적합성 모델과 보즈의 기체 간에는 분명 엄밀한 수학적 대응관계가 있었다. 이 대응관계에 따르면 네트워크에서의 각 **노드**는 보즈 기체에서의 **에너지 준위**에 대응된다. 노드의 적합성이 높을수록 그것에 대응되는 에너지 수준은 낮아진다. 네트워크에서의 링크는 보즈 기체에서의 **입자**에 대응되는데, 그들 각각에는 에너지 수준이 부여된다. 네트워크에 새로운 노드를 추가하는 것은 보즈 기체에 새로운 에너지 수준을 추가하는 것과 같고, 네트워크에 새로운 **링크**를 추가하는 것은 보즈 기체에 새 입자를 추가하는 것과 같게 된다. 이 대응관계에서 복잡한 네트워크는 거대한 양자 기체와 같은 것이 되며, 거기에서 링크들은 넘원자적 입자처럼 움직인다.

---

2) 비안코니의 수학적 변환은, 적합성이 η인 각 노드에 에너지 수준 ε를 $\varepsilon = (-1/\beta) \log \eta$와 같이 부여하는 것이다. 여기서 β는 보즈-아인슈타인 응축에서 온도의 역수 역할을 하는 매개변수이다.

네트워크와 보즈 기체 간의 이러한 대응관계는 전혀 생각하지 못했던 것이다. 사실 보즈 기체는 양자역학에 고유한 것이다. 그것은 고유한 넘원자 물리학 법칙들의 지배를 받으며, 거시적 세계에서는 찾아볼 수 없는 여러 가지 직관적 현상들을 낳게 된다. 이 넘원자 물리법칙들은 이 책에서 이제까지 접했던 네트워크를 지배하는 법칙들과는 사뭇 다르다. 예를 들면, 인터넷의 노드와 링크들은 거시적 물체들이며 라우터(router)나 케이블 같은 것을 우리는 만지거나 자를 수도 있다. 이러한 것들이 양자역학적 법칙의 지배를 받을 것이라고는 아무도 믿지 않을 것이다. 하지만 수십 년 동안 우리는 네트워크를 수학의 영역에만 속하는 기하학적 대상으로 취급했다. 현실의 네트워크들이 빠르게 진화하는 동적 시스템이라는 발견에 따라 복잡한 네트워크에 대한 연구는 물리학자들의 손으로도 넘어갔다. 어쩌면 우리는 또 하나의 문화적 변화를 겪게 되어 있는지도 모른다. 사실, 비안코니의 수학적 대응은 그 작동 법칙의 측면에서 네트워크와 보즈 기체가 동일하다는 것을 나타낸다. 네트워크의 어떤 속성이 미시세계와 거시세계를 잇는 가교 역할을 하고 있는 것이라 할 수 있는데 이는 정말 흥미진진한 일이라 하겠다.

이 수학적 대응의 결과로 나오는 가장 중요한 예측은 다음과 같다. 어떤 네트워크는 보즈-아인슈타인 응축을 겪을 수 있다는 것이다. 이 예측의 결과는 양자역학을 전혀 모른다고 해도 이해할 수 있다. 그것은 간단히 말하면 **승자가 독식할 수 있다**는 것이다. 보즈-아인슈타인 응축물에서 모든 입자들이 최저 에너지 수준으로 몰려들어 다른 에너지 수준에는 입자들이 하나도 없게 되는 것처럼 어떤 네트워크들에서는 적합성이 가장 높은 노드가 모든 링크를 획득하여 나머지 노드들에는 링크가 하나도 없게 될 수 있는 이론적 가능성이 있다는 것이다. 승자가 독식한다.

6.

개개의 네트워크는 각자 자신의 고유한 적합성 분포를 갖고 있으며, 그것은 네트워크 내의 노드들이 얼마나 비슷한가 또는 상이한가를 알려준다. 대부분의 노도들이 비슷한 적합성을 갖고 있는 네트워크에서는 적합성의 분포가 정점이 뾰족한 종형 곡선의 모양을 따를 것이다. 어떤 네트워크에서는 적합성의 분포범위가 넓어서 소수의 노드들만이 다른 노드에 비해 상당히 높은 적합성을 가질 것이다. 예를 들면, 웹 서핑을 하는 사람들에게 구글은 대부분의 개인 홈페이지들보다 몇 만 배는 더 흥미로울 것이다. 양자 기체들을 기술하기 위해 수십 년 전에 개발된 수학적 도구들은 네트워크의 작동과 위상구조가 노드나 링크의 성격과는 독립적으로 그것의 적합성 분포 모양에 따라 결정된다는 것을 보여준다. 하지만 비안코니의 계산은 웹에서 할리우드까지 다양한 시스템들이 각자 고유한 적합성 분포를 갖고 있더라도 위상구조의 측면에서 모든 네트워크는 **두 개**의 가능한 카테고리 중 하나에 속한다는 것을 보여준다. 대부분의 네트워크에서는 경쟁이 네트워크의 위상구조에 가시적인 영향을 준다. 하지만 어떤 네트워크들에서는 승자가 모든 링크를 가져가 버리는데, 이는 보즈-아인슈타인 응축의 명백한 표식이라 할 수 있다.

첫 번째 카테고리에는 링크를 둘러싼 치열한 경쟁에도 불구하고 여전히 척도 없는 위상구조가 지배하는 네트워크들이 포함된다. 이 네트워크들은 **적익부(fit-get-rich)** 식으로 움직인다. 즉 적합성이 강한 노드들이 링크를 많이 갖는 허브로 성장한다. 그렇지만 이 승자의 우위는 결코 절대적인 것이 아니다. 가장 큰 허브 뒤에는 그보다 조금 작은 허브들이 바짝 추격하고 있다. 어떤 순간에도 노드들의 위계구조가 존재하며, 노드의 연결선 수 분포는 멱함수 법칙을 따른다. 따라서 대부분의 복잡한 네트워크들에서 멱함수 법칙과 링크를 둘러싼 투쟁은 적대적인 것이 아니라 평화적으로 공존한다.

두 번째 카테고리에 속한 네트워크들에서는 **승자가 독식**한다. 즉 적합성이 가장 큰 노드 하나가 **모든** 링크를 다 거머쥐어서 다른 노드들에는 링크를 거의 남겨 놓지 않는다. 이러한 네트워크들은 **스타** 위상구조를 갖는데, 모든 노드들이 한가운데에 있는 하나의 허브에 연결되어 있는 모양이다. 이러한 수레바퀴형 네트워크에서는 외로운 허브와 시스템 내의 다른 모든 노드 간에는 건널 수 없는 괴리가 있다. 우리가 앞에서 살펴봤던 척도 없는 네트워크에서는 허브들의 위계가 존재했고 연결선 수 분포가 멱함수 법칙을 따랐는데, 승자독식 네트워크는 그것과는 판이하게 다르다. 승자독식 네트워크는 척도 없는 구조를 갖지 않는다. 거기에는 단 **하나의 허브**와 많은 **작은** 노드들이 있을 뿐인데 이는 매우 중요한 차이이다. 사실 구글의 빠른 성장은 승자독식을 보여주는 것이 아니라 단지 적익부를 보여줄 뿐이다. 물론 구글은 많은 적자 허브들 중 하나지만 **모든** 링크를 거머쥐는 스타가 될 수는 없다. 구글은 링크 수가 비슷한 여러 다른 노드들과 스포트라이트를 나눠 갖는다. 승자가 독식하는 경우에는 잠재적 도전자가 있을 여지조차 없다.

이러한 승자독식의 양태를 보여주는 현실 네트워크가 존재하는가? 우리는 네트워크의 적합성 분포를 보면 그것이 적익부와 승자독식 중 어떤 양태를 보일 것인지 예측할 수 있다. 하지만 적합성은 가상의 양으로서 각 노드에 대해 적합성을 정확하게 측정하는 방법과 도구는 아직 개발되어 있지 않다. 다만 승자독식의 양태는 네트워크 구조에 가시적이고 극히 특이한 영향을 미칠 것이기 때문에 그것이 존재만 한다면 못 보고 지나칠 수는 없다. 그것은 척도 없는 위상구조의 특징인 위계구조를 파괴하여 단 하나의 노드가 모든 링크를 갖고 있는 별 모양의 네트워크로 만든다. 그런데 보즈-아인슈타인 응축물의 표지를 띠는 노드를 갖고 있는 현실의 네트워크가 우리 눈앞에 있다. 그 노드는 바로 마이크로소프트(Microsoft)다.

7.

빌 게이츠(Bill Gates)와 폴 알렌(Paul Allen) 파트너쉽의 가장 두드러진 산물은 뭐니뭐니 해도 MS 윈도우즈이다. 컴퓨터가 지배하는 이 세상에 윈도우즈가 미친 영향의 크기는 헤아릴 수 없을 정도이다. 그것은 하나의 문화적 단절까지 야기했다. 이 세상에는 두 종류의 사람이 있는데, 윈도우즈를 사랑하는 사람과 그것을 싫어하는 사람이다. 이도 저도 아닐 수는 없다. 그리고 당신이 어느 진영에 속해 있든 간에 아마도 그것을 사용하고 있을 것이다. 윈도우가 이렇게 널리 사용되고 있기는 하지만 그것이 빌 게이츠의 가장 중요한 발명품은 아니다. 빌 게이츠와 폴 알렌의 협력이 남긴 유산 중 지속적 중요성을 갖는 것은 단연 소프트웨어를 판다는 아이디어였다. 그들 이전에는 상상조차 할 수 없었던 일이다. 컴퓨터는 물리적 실체이지만 소프트웨어는 단지 정보일 뿐이며 디스크나 CD-ROM에 기록된 일련의 0과

1일 뿐인 것이다. 그 중에서도 가장 황당한 것이 바로 운영체제라는 것인데 이것은 스스로는 아무것도 안하고 단지 다른 0과 1의 연쇄를 운영해 주기만 하는 것으로서 말하자면 다양한 응용소프트웨어와 하드웨어 간의 단순한 교량 역할만을 하는 것이다. 따라서 마이크로소프트의 사업계획에 대해서는 모든 사람들이 부정적이었다. 정보와 프로그램은 모든 사람들에게 무료여야 한다고 생각하는 해커들은 그것을 싫어했다. 사업가들은 너무도 쉽게 복제될 수 있는 것을 팔겠다는 생각에 대해 황당무계하다고 느꼈다.

누구나 다 알다시피 마이크로소프트는 선발주자가 아니었음에도 윈도우즈가 승리했다. 윈도우즈의 첫 버전이 나왔을 때, 그것은 애플이 만든 혁명적인 운영체제의 흉물스런 모조품 같았다. 하지만 애플은 자신의 하드웨어에 대해 엄격한 독점정책을 고수한 반면 PC는 모든 컴퓨터 제조회사들에게 무임승차를 허용했다. 그리하여 PC가 지배적인 플랫폼이 되었고 이 물결 속에서 빌 게이츠와 그의 윈도우즈도 지배적이 되었다.

운영체제를 사용자라는 링크를 획득하기 위해 경쟁하는 노드라고 한번 생각해 보라. 한 명의 사용자가 윈도우즈를 자기 컴퓨터에 설치할 때마다 마이크로소프트에 하나의 링크가 추가된다. 척도 없는 모델은 가장 오래 된 운영체제가 가장 인기 있는 운영체제가 될 것이라고 예측할 것이다. 이 경우, 우리는 모두 저 원시적 DOS를 사용하고 있어야 맞다. 이보다는 좀더 현실적인 적합성 모델에서는 진입 순서와는 관계없이 적합성이 높은 운영체제가 적합성이 떨어진 운영체제로부터 소비자를 낚아채 갈 것이다.

만약 시장에서 척도 없는 네트워크에서와 같이 적익부의 원리가 적용된다면, 운영체제의 위계, 즉 가장 인기 있는 운영체제가 있고 그보다는 덜 인기 있는 여러 경쟁자들이 이를 추격하는 양상을 볼 수 있을 것이다. 그리고 대부분의 산업에서 우리는 이러한 위계를 발견할 수 있다. 컴퓨터 산업을 예로 들어 보자. 2000년도 2/4분기에 컴팩(Compaq)은 전 세계적 수출에 힘입어 13%의 시장점유율을 기록했고, 그 뒤를 바짝 추격하는 델(Dell)은 11%였으며, 휴렛팩커드(Hewlett-Packard)와 IBM은 7%, 그리고 후지쯔-지멘스(Fujitsu-Siemens)는 4%를 기록했다. 그리고 그 외의 다른 컴퓨터 제조업자들이 모두 합하면 55%라는 엄청난 비중을 차지하고 있어서 시장은 매우 잘게 세분화되어 있는 양상을 보인다. 대부분의 시장조사들에 5위까지의 리스트만 나와서 그 시장 점유율의 분포가 멱함수 법칙을 따르는지를 확인해 보기는 어렵다. 하지만 그런 결과가 나온다고 해서 놀랄 일은 아니다. 이러한 엄격한 위계구조는 컴퓨터 제조업체들이 적익부의 원리에 의해 조직화되어 있다는 것을 시사하며, 여기서는 어떤 노드도 혼자서 시장을 완전히 지배하지는 못한다.

그러나 운영체제 시장에서는 이러한 건강한 경쟁과 위계구조는 찾아볼 수 없다. 물론 윈도우즈가 이 세상에 있는 유일한 운영체제는 아니다. 애플의 제품들은 여전히 맥 OS(Mac OS)를 탑재하고 있고, 도스(DOS)는 여전히 많은 PC에 설치되어 있다. 또한 무료 운영체제로서 마이크로소프트에 대한 유일하고도 심각한 도전자인 리눅스(Linux)가 점차 시장점유율을 높여가고 있다. 또한 유닉스(UNIX)는 과학자들이나 네트워크 엔지니어들이 주로 사용하는 수치계산 전용 컴퓨터들에서 돌아가고 있다. 하지만 다양한 버전의 윈도우즈는 모든 PC 중 무려 86%에서 윙윙거리고 있기 때문에, 이에 비하면 다른 모든 운영체제들은 윈도우즈의 그늘에 가려진 난쟁이 같아 보인다. 두 번째로 인기 있는 운영체제인 애플의 맥 OS는 단지 5%의 시장을 점유하고 있고, 낡은 도스가 3.8%, 리눅스는 2.1%를 차지하고 있다. 유닉스를 포함하여 그 외의 모든 운영체제들은 다 합해봐야 시장 점유율이 1%의 시장을 점유하고 있을 뿐이다.

마이크로소프트가 사실상 독식하고 있는 것이다. 하나의 노드로 봤을 때, 이것은 그 다음 순위의 경쟁자보다 단지 약간 큰 것이 아니다. 소비자의 수로 봤을 때 그야말로 아예 비교가 안 된다. 우리는 모두 사회적인 보즈 입자들이며, 편리성이 우리를 윈도우즈 사용자라는 이름 없는 대중으로 응축시키고 있다. 우리가 새 컴퓨터를 사서 윈도우즈를 설치하는 순간 우리는 마이크로소프트를 중심으로 형성된 응축물을 키워주고 있는 셈이다. 운영체제 시장은 보즈-아인슈타인 응축을 겪은 네트워크의 표지를 띠고 있다. 승자독식을 명료하게 보여주고 있는 것이다. 많은 운영체제들이 가시성과 시장 점유를 위해 경쟁하고 있지만 마이크로소프트는 하나의 응축물로서, 소비자의 링크의 대부분을 지배하는 스타로서 자리를 굳히고 있다.

8.

노드들은 항상 연결을 위해서 경쟁한다. 상호 연관된 세계에서 링크는 곧 생존을 의미하기 때문이다. 대부분의 경우 이 경쟁은 겉으로 드러나는 것인데, 기업들이 소비자를 두고 경쟁하고, 배우들이 출연할 기회를 두고 경쟁하고, 사람들이 사회적 링그를 두고 성생하는 성우 등이 그러하다. 어떤 시스템에서는 동적인 변화가 보다 미묘하다. 예를 들면 세포 안의 분자들은 유기체 전체의 이익을 위해 링크를 획득한다. 하지만 싫든 좋든 우리는 모두 복합적인 경쟁 게임의 한 부분이다. 우리가 어떤 노드들은 환영하고 다른 노드들은 투표로 축출하는 한 항상 승자와 패자가 있게 마련이다. 우리 주변을 둘러싸고 있는 네트워크들은 노드와 링크의 지층 속에 경쟁의 표식을 띠고 있다.

 네트워크가 무작위적이라고 생각하던 동안, 우리는 그것을 정적 그래프로 모델링했다. 척도 없는 모델은 네트워크가 새로운 노드와 링크의 추가를 통해 끊임없이 변화하는 동적인 시스템이라는 현실을 우리가 깨달은 결과이다. 적합성 모델은 노드들이 링크를 두고 치열하게 싸우는 **경쟁** 시스템으로 네트워크를 서술할 수 있도록 해준다. 이제 보즈-아인슈타인의 응축은 승자가 어떻게 모든 것을 가질 수 있는 기회를 갖는가를 설명해 준다.

 적합성을 인정함으로써 얻어진 진전들은 척도 없는 모델을 불필요한 것으로 만드는 것인가? 결코 그렇지 않다. 적익부의 양태를 보이는 네트워크들에서는 경쟁이 척도 없는 위상구조를 초래한다. 우리가 연구해 온 대부분의 네트워크들—웹, 인터넷, 세포, 할리우드 그리고 많은 현실의 네트워크들—은 이 범주에 속한다. 승자가 연속적인 허브의 위계와 함께 스포트라이트를 나누어 갖는다.

 그러나 보즈-아인슈타인 응축은 어떤 시스템에서는 승자가 모든 링크를 가질 수 있다는 이론적 가능성을 제시하고 있다. 그런 일이 일어나면 척도 없는 위상구조는 사라진다. 현실의 시스템들 중에서는 마이크로소프트가 지배적 허브인 운영체제 시장만이 이 경우에 해당하는 것으로 보인다. 이와 유사한 양상을 보이는 시스템이 이 외에 더 있는가? 물론 가능한 일인데, 다만 그것들을 찾기 위해서는 시간이 좀 걸릴 것이다.

불과 몇 년 동안의 과정을 통해 우리는 거미줄 같은 세계의 새롭고 흥미진진한 속성들을 접하게 되었다. 네트워크의 진화를 지배하는 메커니즘을 발견함으로써 자연이 우리 주변의 복잡한 세상을 창조할 때 사용하는 도구들의 보편성을 포착할 수 있었다. 이제 세포생물학 분야에서 비즈니스에 이르기까지 과학자들은 자신들이 발견해낸 복잡한 위상구조가 어떠한 결과들을 낳는지 탐색하기 시작했다. 이러한 위상구조들은 복잡한 시스템의 안정성에 어떤 영향을 미치는가? 현실의 네트워크에서 바이러스는 어떻게 전파되는가? 긴급상황에서 고장은 어떻게 연쇄적으로 전달되는가? 네트워크의 구조와 행동에 대해 배워야 할 것이 아직 많이 남아 있다. 하지만 우리는 최근의 지적 진전들을 흥미롭고 창조적인 방식으로 밀고 나가기 시작한 것이다.

Achilles' Heel 아홉 번째 링크

아킬레스건

 덴버 시의 오후 기온이 37°C를 넘어 치솟자 수백 명의 직장인들은 자동차 에어컨의 찬바람을 맞기 위해 사무실을 빠져 나오기 급급했다. 주유소에는 휘발유를 주입하고 얼음을 사기 위한 줄이 길게 늘어섰다. 교통신호등도 작동을 멈췄다. 병원과 공항 관제센터는 비상전력 체제로 겨우 가동되었고, 엘리베이터에 갇힌 사람들이 비상버튼을 누르면서 구조를 요청하는 사태가 여기저기서 발생했다. 한 직장인은 "더운 날 현대식 사무실 빌딩이 인큐베이터로 변하는 것은 시간 문제입니다. 창문을 열지 못하니까 도무지 환기시킬 방법이 없어요"라고 투덜거렸다.

 우리는 현대 문명에 얼마나 많이 의존하고 살고 있는지를 쉽게 잊어버리는 경향이 있다. 바로 앞에서 지적한 바와 같이 우발적인 사고를 당하고 나서야 비로소 그 사실을 깨닫게 된다. 1996년 여름에 발생했던 이 사건은 태평양 연안에서 로키산맥 서쪽 지역에 걸쳐 전기로 작동되는 모든 것들을 한순간에 마비시켜 버렸다. 전문가들은 오래 전부터 1965년에 3천만 명이나 되는 사람들을 13시간 동안 공포에 휩싸이게 했던 미국 북동부지역의 정전 사태가 재연되는 것을 걱정해 왔다. 그리고 1996년의 정전 사태로 인한 경제적인 손실은 그보다 훨씬 더 참혹한 것이었다. 일부에서는 발전산업의 발전과정으로 미루어보아 위에서 언급한 것과 같은 사고들이 생각 이상으로 빈번하게 발생할 가능성이 높다고 우려하고 있다. 그리고 2001년에 발생했던 캘리포니아 주의 전력위기는 그 같은 우려가 사실무근이 아님을 잘 보여주고 있다.

오늘날과 비교하면 1965년 당시의 전력망 연결 상태는 매우 느슨했다. 그런 까닭에 메인 주는 그 해의 정전사고로부터 피해를 입지 않고 살아남을 수 있었다. 메인 주의 전력망은 뉴잉글랜드에서 전기가 보급되지 않은 지역과 느슨하게 연계되어 있을 뿐 거의 분리되어 운영됐던 것이다. 그러나 점차 국가적인 전력망을 확충되고 전기에 대한 의존도가 높아감에 따라 정전 사태로 공황상태에 빠지는 일들이 더욱 빈번하게 발생했다. 앨런 와이즈먼(Alan Weisman)은 《하퍼스(Harper's)》에 기고한 글에서 공공설비 시스템은 각종 시설을 공유하는 한편 비상사태에는 상호연결을 단절함으로써 안정성을 높이고 경비를 절감하는 방향으로 발전해왔다고 지적한 바 있다. 전력망 역시 이전의 고립지역이 점차 감소하고 연계가 강화되면서 인류가 만들어낸 것 중 지구상에서 가장 큰 구조물로 자리잡기에 이르렀으며 전선의 길이는 달을 왕복할 정도로 엄청나게 연장되었다.

수천 개의 발전설비, 수백 만 마일에 달하는 송전선, 그리고 획기적으로 증대된 전력량 등 오늘날의 전력시스템은 눈부시게 성장해 왔다. 전력망은 물샐틈없이 전국 각지를 치밀하게 연결하면서 보급되어 있고, 수천 마일 떨어진 곳에서 발생한 작은 사고까지도 손쉽게 탐지해낼 정도로 발전했다. 그렇지만 1996년에 발생한 정전 사태는 이 방대한 시스템에도 근본적인 취약점이 있다는 것을 극명하게 보여준 사건이었다. 태평양 북서부지역의 전력망을 관할하고 있는 보너빌(Bonneville) 전력관리국의 대변인 린 베이커(Lynn Baker)는 다음과 같이 말했다. "상호연결된 시스템은 자연 자원의 효율적 이용과 경비절감이라는 문제에서 대단히 중요한 역할을 하지만 문제가 생겼을 때 시스템 전체에 걸쳐 연속적으로 파급됩니다." 다시 말하지만 생산성 저하와 손실액 등이 15억 달러에 이를 정도로 피해가 컸던 그 정전 사태는 자주 간과되는 복잡한 네트워크의 특성, 즉 상호연결성에 의한 취약성을 부각시켜 준 사건이었다.

1.

인간이 만들어낸 물건은 으레 하자도 있고 고장도 나기 마련이다. 자동차 부품 가운데 한 가지만 고장나더라도 견인트럭의 신세를 지는 경우는 흔히 있는 일이다. 비슷한 경우로 컴퓨터도 선 하나만 잘못 연결하면 통째로 컴퓨터를 못쓰게 된다. 하지만 자연계의 시스템들은 조금 사정이 다르다. 지구의 지질학적 역사를 통해, 매년 100만 분의 1의 비율로 생물 종들이 멸종되는 것으로 알려져 있다. 대략 3백만에서 1억 종의 생물이 지구상에 살고 있는 것으로 추산되는 것을 감안하면, 올해에도 지구 어느 곳에서는 3종에서 100여 종의 생물이 자취를 감출 것이라는 계산이 나온다. 그러나 자연계의 멸종현상은 그다지 심각한 위협은 아니다. 수백만 년 동안 생태계는 웬만한 사건에는 민감하게 반응하지 않고 잘 견뎌내는 탁월한 능력을 발전시켜 왔다. 심지어 공룡을 포함하여 수천 종의 생물을 말살시켰던 유카탄 반도의 운석충돌 같은 극적인 사건에도 꿋꿋하게 살아남았다. 요컨대 생태계는 인간이 만든 시스템에서는 쉽게 발견할 수 없는 위기관리 능력을 보유하고 있는 것이다.

일반적으로 자연계 시스템들은 다양한 조건에서 생존할 수 있는 독특한 능력을 지니고 있다. 비록 시스템 내부에 비정상적인 요소가 출현하면 약간의 영향을 받기는 하지만, 오차율이 매우 클 때, 다시 말해 정상에서 크게 이탈된 경우에도 기본적인 기능들은 그대로 유지된다. 이것은 자연계 시스템이 대부분의 인공물과 확연하게 대조되는 점이다. 인공물은 부품 하나만 고장나도 곧잘 기계 자체를 못쓰게 되는 경우가 허다하다. 최근에 모든 전공 분야의 학자들이 모여 자연의 회복력을 확인하고 그것을 인공물에 적용하는 것이 가능하다는 희망적인 기대를 함께 나눈 일도 있었다. 바야흐로 다양한 분야에서 **견고성(robustness)** 을 연구 주제로 삼는 움직임이 활발해지고 있다. 이 단어의 어원은 참나무라는 뜻을 가진 라틴어 로부스(robus)인데 오래 옛날부터 힘과 장수를 상징하는 것으로 여겨져 왔다.

견고성에 대한 각 분야의 관심은 다음과 같다. 먼저 가장 열악한 조건과 빈번한 병리현상에도 불구하고 세포가 어떻게 생존해나가고 기능을 유지하는가를 규명하고자 하는 생물학자들에게는 견고성이야말로 주요 관심사가 된다. 사회과학자나 경제학자들은 기근과 전쟁, 사회 및 경제정책의 변화에 직면하여 다양한 인간집단들이 어떻게 안정을 유지하는가를 연구하면서 집단의 견고성에 관심을 갖는다. 산업 발전으로 인한 환경파괴를 막고 생태계를 건강하게 유지하려는 범세계적인 프로젝트에 관계하고 있는 생태학 또는 환경학자들에게도 물론 자연의 견고성은 초미의 관심사다. 그런가 하면 상호의존도가 점증하고 있는 정보통신 시스템에서도 항상 있을 수 있는 각종 사고와 장애에도 불구하고 늘 원활하고 안정적인 소통상태를 유지하는 것을 무엇보다 중요하게 생각하며 해당분야 전문가들은 그러한 상태를 만드는 것을 궁극적인 목표로 삼고 있다.

장애에 대한 저항력이 높은 시스템들은 대부분 다음과 같은 공통점이 있다. 그것은 고도의 상호연결성을 가진 복잡한 네트워크에 의해 시스템 기능이 유지된다는 점이다. 세포의 견고성을 유지시키는 비결은 내부의 복잡한 조절 및 신진대사 네트워크다. 사회적 일탈을 치유하고 정상적으로 복구시키는 힘은 그물처럼 얽혀있는 사회적 그물망이며, 경제안정은 각종 금융 및 규제기관들로 이루어진 미묘한 네트워크에 의해 달성된다. 또한 다양한 종의 생물들이 적절한 관계를 맺으면서 균형을 이루고 바로 그것에 의해 생태계의 생존가능성이 확보된다. 즉, 자연은 **상호연결성**을 통해서 견고성을 확보하려는 노력을 끊임없이 전개하고 있다고 말할 수 있다. 그리고 이처럼 상호연결된 네트워크가 보편적으로 존재하는 데는 결코 우연의 일치라고 볼 수 없는 그 이상의 의미가 내포되어 있다.

2.

　1999년 가을 미국방위고등연구계획국(DARPA, the Defense Advanced Research Projects Agency)에서 고장에 강한 네트워크를 주제로 연구 과제를 공모한 일이 있었다. 공모요강에는 "연구 과제는 외부의 공격을 방어하고 안정적으로 서비스를 공급할 수 있는 차세대 네트워크를 만들기 위한 네트워크 신기술 개발에 일차적 목표를 둔다"고 명시되어 있었다. 마침 우리 팀이 월드와이드웹과 척도 없는 네트워크에 대한 연구 결과를 발표하고 나서 몇 달 정도 지난 때였고, 연구비를 지원 받을 수 있는 방안을 모색하던 참이었다. 더구나 다르파(DARPA)의 공모과제는 우리의 연구 방향과 일치했기 때문에 나는 더할 나위 없이 좋은 기회라고 생각했다. 우리 연구팀은 척도 없는 네트워크가 네트워크의 견고성을 이해하는 데 매우 중요한 역할을 할 것이라고 생각하고 있었다. 제출시한인 11월 1일까지 연구계획서를 작성하는 등 과제 신청을 위한 준비를 마친 후, 동료인 레카 알버트, 정하웅 박사와 마주 앉은 자리에서 나는 과제로 선정될 때까지 기다릴 것 없이 연구계획서에 포함된 몇 가지 문제에 대한 연구에 착수하는 것이 어떻겠느냐고 제안했다.

　노드에서 발생한 장애는 곧잘 네트워크를 고립되고 단절된 조각들로 분리시킨다. 한 가지 예를 들어보기로 하겠다. 플로리다 주 잭슨빌과 레이크 시티를 지나는 고속도로가 폐쇄되었을 경우 고립되는 것은 두 도시만이 아니다. 미국의 나머지 다른 지역으로부터 고속도로를 경유하여 플로리다 반도 전 지역으로 가는 길 자체가 봉쇄된다. 이런 분절화 현상은 장애가 발생한 네트워크에서 흔히 볼 수 있는 잘 알려진 속성이며, 수학자나 물리학자들이 자주 다루는 문제이기도 하다. 대체로 분절화 현상에 관해서는 구체적으로 다음과 같은 문제들이 제기된다. 즉, 임의의 노드를 제거하였을 때 네트워크가 분절화되기까지 어느 정도의 시간이 소요되는가? 그리고 인터넷 연결을 단절시키고 네트워크를 붕괴시키기 위해 최소한 몇 대의 라우터를 배제시켜야 하는가 등의 문제가 그것이다.

분명한 것은 더 많은 수의 노드를 제거하면 할수록 고립되는 노드 군들이 더 많아진다는 것이다. 그렇지만 무작위 네트워크에 대해 수십 년 동안 이루어진 연구 성과에 의하면 네트워크는 점진적인 과정을 거쳐 붕괴되는 것이 아니다. 단지 몇 개의 노드를 제거하는 것만으로는 네트워크의 운영에 크게 지장을 받지 않는다. 그렇지만 제거하는 노드의 수가 일정 수치에 이르면 시스템은 돌연 연결이 단절된 작은 섬들로 분리되어 붕괴한다. 무작위 네트워크에서는 장애가 발생했을 때 그 값을 넘지 않는 한 시스템이 비교적 손상을 받지 않는 임계점이 존재한다. 그러나 임계점을 초과하는 순간 네트워크는 허물어져 버린다.

우리는 다르파 연구 과제 신청을 계기로 시작했던 연구를 지속적으로 수행했다. 그 연장선상에서 2000년 1월, 라우터 장애 발생시 인터넷의 복구능력에 대한 일련의 컴퓨터 실험을 실시했다. 우선 최상의 인터넷 맵을 확보하는 것이 선결 과제였다. 그런 다음 우리는 무작위로 선택된 노드를 하나 둘 제거하기 시작했다. 그리고 인터넷 연결에 심각한 장애를 초래하는 순간에 이를 때까지 그 수를 점차 늘려갔다. 우리는 네트워크가 쉽게 붕괴되지 않고 계속해서 정상적으로 작동되는 것에 크게 놀랐다. 전체 노드의 80% 가량을 제거한 뒤에도 나머지 20%의 노드들이 연결을 유지하면서 탄탄하게 결합된 일종의 군집을 형성하였다. 우리의 이 같은 실험 결과는 다른 많은 인공 시스템들과는 달리 인터넷이 라우터 장애에 대해 상당한 견고성을 보여준다는 점을 지적한 최근의 연구 성과와도 일치하는 것이었다. 미시건 대학의 연구에 따르면 무려 수백 대의 인터넷 라우터가 고장을 일으킨 경우도 있었다고 한다. 이처럼 빈번하게 발생하며 어쩌면 불가피한 것이라고 여겨지는 사고 및 장애에도 불구하고 이용자들이 서비스 중단으로 곤란을 겪는 심각한 사태는 거의 발생하지 않는다.

실험을 진행하면서 우리는 인터넷에서만 나타나는 고유의 특성을 발견한 것이 아니라는 점을 차차 깨닫게 되었다. 우리가 척도 없는 모델에 의거해 만들어진 네트워크들에 대해 컴퓨터 시뮬레이션을 해본 결과, **어떤 종류의 척도 없는 네트워크**에서도 상당 부분의 노드를 임의로 제거했을 때에도 네트워크는 붕괴되지 않고 그대로 작동되었다. 다시 말해서 이 같은 장애에 대한 견고성이야말로 무작위 네트워크와 구별되는 척도 없는 네트워크만의 특성인 것이다. 인터넷, 월드와이드웹, 세포 및 사회적 네트워크 모두 척도 없는 네트워크라는 점에서 볼 때, 우리가 행한 실험을 통해 이들 시스템에서 일관적으로 관찰되는 정상상태로의 복구능력이 네트워크의 위상구조에 따른 내재적 속성이란 점이 입증되었다고 할 수 있다. 그것에 의존하고 있는 사람들에게는 반가운 소식이 아닐 수 없다.

3.

그러면 앞서 살펴본 것과 같은 **위상구조적 견고성**은 어디서 비롯되는 것일까? 척도 없는 네트워크에서 볼 수 있는 뚜렷한 특징은 상대적으로 훨씬 더 많은 수의 연결을 가진 소수의 노드들, 즉 허브가 존재한다는 점이다. 크든 작든 노드의 크기에 관계없이 모든 노드들에서 장애가 발생할 확률은 동일하다. 10개의 빨간 공과 9990개의 흰 공이 담겨있는 주머니에서 눈을 가리고 10개의 공을 집어들었을 때, 10개 모두 흰 공이 나올 확률은 100분의 99다. 이런 계산을 토대로 생각해봤을 때, 네트워크에서 장애가 발생할 확률이 모든 노드에서 동일하다면 작은 노드일수록 장애로 인해 네트워크에서 이탈될 가능성이 더 크다. 왜냐하면 네트워크에는 작은 노드가 수적으로 훨씬 더 많기 때문이다.

작은 노드들은 네트워크의 통합성에 그다지 영향을 미치지 못한다. 앞서 언급한 확률대로라면, 무작위로 공항을 선택하여 폐쇄하는 경우 그 대상은 예컨대 인디애나 주 사우스 벤드 공항 같은 수많은 작은 공항 중의 하나가 될 가능성이 크다. 그런데 만약에 이 공항이 없어졌다고 하더라도 미국의 다른 지역에서는 그 사실 자체를 거의 알아차리지 못할 것이다. 그 공항이 없더라도 뉴욕에서 로스앤젤레스 그리고 산타페에서 디트로이트로 여행하는 데 아무런 지장이 없다. 다만 그곳을 발착지로 하는 일부 승객만이 불편을 겪게 될 따름이다. 아마도 더 작은 규모의 공항이 10개에서 20개 정도 동시에 문을 닫는다고 할지라도 항공교통이 그다지 큰 영향을 받지는 않을 것이다.

척도 없는 네트워크에서도 이와 마찬가지이다. 수많은 작은 노드들에서 각종 장애가 빈번하게 발생하지만 그것이 네트워크 전체의 마비로 이어지는 일은 극히 드물다. 실수로 허브 하나를 제거하는 경우에도 치명적인 결과를 낳지는 않는데 그 이유는 상위 계층에 있는 보다 큰 몇몇 노드들에 의해 네트워크의 통합성이 유지되기 때문이다. 결국 위상구조적 견고성은 척도 없는 네트워크의 구조적 특성인 불균일성에서 비롯되는 것이며 작은 노드에서 발생하는 장애는 그다지 큰 영향력이 없다.

그런데 컴퓨터 시뮬레이션을 통해 얻은 성과에도 불구하고 여전히 풀리지 않은 문제가 있었다. 그것은 모든 척도 없는 네트워크가 동일한 오류 허용도를 보일 것인가 하는 것이었다. 그러나 해답을 얻어내는 데 그리 오랜 시간이 걸리진 않았다. 우리가 연구보고서를 발표하기 1주일 전, 나는 이스라엘의 라마트 간(Ramat Gan)에 위치한 바일란 대학(Bar-Ilan University)의 물리학 교수인 슈로모 하블린(Shlomo Havlin)으로부터 한 통의 이메일을 받았다. 그는 여과이론(percolation theory)의 세계적인 권위자 가운데 한 사람으로서 이스라엘 물리학회 회장직을 역임한 바 있다. 여과이론 분야에서는 현재 무작위 네트워크 연구 분야에서 폭넓게 사용되고 있는 방법론들이 개발되었다. 사실 에르되스와 레니가 이룩한 연구 성과들 중 상당부분은 여과현상을 연구하는 많은 물리학자들에 의해 그것과 독자적으로 발견된 바 있다.

하블린이 간파한 것은 척도 없는 네트워크가 장애에 대해 독특한 대응방식을 지니고 있다는 점이었다. 그는 두 명의 제자 로이벤 코헨(Reuven Cohen)과 케렌 에레즈(Keren Erez), 그리고 예전의 제자이자 현재는 클락슨 대학(Clarkson University)에서 물리학 교수로 재직하고 있는 다이엘 벤 아브라함(Daniel ben-Avrahma) 등과 함께 연구에 착수했다. 그들이 한 작업은 임의로 무작위 및 척도 없는 네트워크를 선정한 뒤, 그 네트워크를 와해시키려면 적어도 몇 개의 노드를 제거해야 되는가를 산출하는 것이었다. 연구 결과는 다음과 같은 두 가지 사항으로 요약할 수 있었다. 그 하나는 무작위 네트워크에서는 임계값 이상의 노드를 제거한 연후에야 비로소 네트워크가 붕괴된다는 이미 잘 알려진 사실을 뒷받침하는 것이었다. 다른 하나는 척도 없는 네트워크에서는 연결선 수 지수가 3 이하일 때 임계값이 존재하지 않는다는 것을 발견한 것이다. 놀랍게도 나의 관심 대상이었던 인터넷, 세포 등의 네트워크는 대부분 그 범주에 속하는 것들이다. 따라서 이 네트워크들은 **모든** 노드를 없애지 않는 한 좀처럼 붕괴되는 것을 기대하기 어렵다. 그리고 현실적으로도 그런 일은 일어나지 않는다.

4.

야후, e베이, 아마존닷컴 등을 해킹한 혐의로 체포되어 재판을 받고 있었던 몬트리올의 10대 소년 마피아 보이에게 선고가 내려진 것은 국제무역센터와 펜타곤을 강타한 9.11 테러 직후, 그러니까 바로 그 다음날이었다. 법원의 판결 내용은 청소년 감호소 8개월 수감 및 자선단체 기부금 250달러였다. 선고에 앞서 길드 오울레트(Gilled Oullet) 판사는 "이번 사건은 전체 전기통신 시스템의 약화를 초래했다"고 논죄한 바 있다. 그렇지만 이와 유사한 많은 주장에도 불구하고 마피아 보이는 인터넷에 위험을 가한 것이 아니었다. 세계 굴지의 사이트가 잠깐 동안 서비스 불능으로 인한 피해를 입기는 했지만 인터넷의 기반구조는 전혀 영향을 받지 않았던 것이다. 그가 저지른 행위의 결과는 2년 전 "엘리저블 리시버 작전(Operation Eligible Receiver)"의 잠재적 파괴력에 비교하기조차 민망한 그야말로 아무것도 아닌 일이었다.

국가안전보장국(NSA)에서는 미국 전력 공급망의 안전성을 시험하기 위해 도상작전 프로그램을 개발한 바 있었는데, 1997년 여름 실시되었던 가상훈련 과정에서 정체불명의 이용자들이 하나둘씩 나타나기 시작했다. 당시 다소 애매모호 했던 공식발표 때문에 NSA에서 고의적으로 25~50명의 컴퓨터 전문가를 고용하여, 비밀 취급을 받지 않는 국가시스템을 합동 공격하고 전력망과 911 응급구호시스템 등을 교란시켰다는 의혹을 불러일으켰다. '엘리저블 리시버'로 명명된 이 가상훈련은 구설수에 올랐지만 어쨌든 손쉽게 접근할 수 있는 수단을 확보한 적들이 교묘한 방법으로 합동 공격을 감행할 가능성이 충분히 있으며, 그 경우 미군의 전기통신 시스템과 여타 중요 기반시설을 송두리째 무너뜨릴 만큼 잠재적인 파괴력이 엄청나다는 사실을 확인시켜주는 사건이었다.

마피아 보이의 소행으로 빚어진 사태는 기껏해야 가장 인기 있는 온라인 사이트에 잠깐 동안 이용자들이 접속하지 못해 짜증났던 것이 고작이었다. 그에 비해 엘리저블 리시버 작전에서는 미국 경제 및 안전 시스템의 중추부에 치명적인 약점이 있다는 것이 노출되었다. 전자와 후자 모두 무작위로 노드를 공격했던 것은 아니다. 그들은 직관적으로 허브를 겨냥하여 없애버리려 했던 것이다.

5.

　인터넷의 가장 큰 허브들을 하나 하나 차례로 파괴시켜 갔던 크래커[1]의 행동을 모방하여 우리는 새로운 일련의 실험을 수행하였다. 마피아 보이나 엘리저블 리시버 작전에 개입했던 사람들과 마찬가지로 우리는 지금까지와는 달리 노드를 무작위로 선택치 않고 대신 허브에 타겟을 맞추고 공격을 감행했다. 제일 먼저 가장 큰 허브를 제거하고, 이어서 두 번째로 큰 허브 그리고 그 다음 크기의 허브를 차례차례 제거해 나갔다. 공격의 결과가 명백했다. 첫 번째 허브를 제거했을 때 시스템은 붕괴되지 않았는데, 그것은 나머지 허브들만으로 여전히 네트워크를 지탱할 수 있었기 때문이다. 그러나 몇몇 허브들을 추가로 제거하면서 붕괴의 조짐이 확연하게 드러났다. 많은 수의 노드들이 주요 부분과의 연결이 단절되면서 네트워크에서 분리되어 떨어져 나갔다. 그리고 더 많은 허브를 제거해 가는 과정에서 돌연 네트워크가 장렬한 최후를 맞이하는 것을 지켜볼 수 있었다. 특별히 임계점 같은 것은 존재하지 않는 듯하다가 공격을 받고 나서 갑작스럽게 임계점에 도달하고 곧이어 붕괴되기 시작한 것이다. 즉, 단지 일부의 허브를 제거하는 것만으로 인터넷을 작고 보잘 것 없는 고립된 조각으로 깨뜨려버린 것이다.

---

[1] 최근 악의적인 목적에서 자신의 전문지식과 기술을 이용, 다른 컴퓨터 시스템에 침입한 후 시스템 가동을 중지시키거나 그 밖의 손상을 입히려는 개인들을 해커(hacker)와 구분하기 위해 크래커(cracker)라는 용어가 사용되고 있다. 대조적으로 해커는 긍정적인 의미로 사용되며 컴퓨터에 관한 전문 능력을 갖추고, 다른 컴퓨터에 해를 끼치거나 다른 이용자를 방해하지 않으면서 온라인 세계의 한계를 순수하게 탐색하는 개인들을 가리킨다.

산타페와 사우스 벤드 공항이 동시에 없어지다면 그 사실 자체가 거의 알려지지 않은 채 조용히 지나가겠지만, 만일 단 몇 시간 동안만이라도 시카고의 오헤어(O'Hare) 공항이 폐쇄된다면 그것은 신문의 머리기사를 장식하는 것은 물론 단숨에 전국적으로 항공교통에 심각한 영향을 미칠 것이다. 좀더 확대해서 애틀랜타, 시카고, 로스앤젤레스 그리고 뉴욕에 동시다발적으로 사건이 발생하여 공항 기능이 일시 마비된다면 어떻게 될까? 물어보나마나 비록 다른 모든 공항들이 정상적으로 기능하고 있을지라도 미국의 항공교통은 1시간 이내에 멈춰버리고 말 것이다. 몇 번의 시뮬레이션 끝에 우리는 인터넷에도 이와 비슷한 문제들이 있다는 것을 확신할 수 있었다. 즉, 크래커가 가장 큰 몇 개의 인터넷 허브들을 성공적으로 공격할 수만 있다면 그 잠재적 피해는 아마도 엄청날 것이다. 그렇다고 해서 이것이 인터넷 프로토콜들이 결점이 있다거나 잘못 설계된 결과는 전혀 아니다. 그러한 공격에 대한 취약성이야말로 모든 척도 없는 네트워크가 지니는 내재적인 속성인 것이다.

우리 연구팀은 효모 분자의 단백질 상호작용 네트워크에서 많은 연결고리를 가진 단백질을 제거하였을 때에도 똑같이 엄청난 해체 현상이 나타나는 것을 관찰했다. 이것은 생태학자들에 의해 관찰되는 먹이사슬의 파괴에 있어서도 마찬가지다. 그리고 하블린의 연구팀과 코넬 대학의 던컨 캘러웨이(Duncan Callaway) 외 세 명의 학자—마크 뉴만, 스티븐 스트로가츠, 던컨 와츠—에 의해 완성된 두 편의 연구 논문은 그런 관찰을 분석적으로 뒷받침하고 있다. 그들의 연구에 의하면 가장 큰 노드들이 제거된 다음에는 어떤 임계점이 있어서 그것을 넘어서면 네트워크가 붕괴된다는 것이다. 따라서 공격에 대한 척도 없는 네트워크의 반응은 내부 고장에 대한 무작위 네트워크의 행동들과 유사한 측면이 있다. 하지만 여기에는 중요한 차이점이 존재한다. 즉, 척도 없는 네트워크에서는 임계점에 이르기 위해 그렇게 많은 노드들을 제거하지 않아도 된다는 것이다. 다시 말해 소수의 허브를 제거하는 것만으로도 척도 없는 네트워크는 순식간에 여러 조각들로 붕괴되는 것이다.

6.

복잡한 네트워크의 장애 및 외부 공격에 대한 견고성을 다룬 논문을 제출한 지 며칠 지나지 않았을 때, 우리가 신청한 연구 계획은 DARPA의 연구 과제로 선정되지 않았다. 하지만 논문은 곧바로 《네이처》에 게재되었으며 잡지의 표지를 장식하는 영광까지 누리게 되었다. 연구 과제 공모에 탈락하는 바람에 실망이 컸지만 나는 DARPA를 탓할 마음이 없었다. 비록 연구 과제로 선정되지는 않았지만, 그것을 계기로 착수했던 논문이 빛을 보고 충분한 보상을 받았기 때문이다. 2000년 초반만 하더라도 공격 및 장애 대처 능력의 문제를 이해하는 데 있어 척도 없는 네트워크가 중요한 역할을 수행할 것이라고 예측하는 사람은 아무도 없었다. 심지어 인터넷이 척도 없는 네트워크라는 사실조차 불과 몇 명의 연구자들에게만 알려져 있을 뿐이었으며, 그것이 함축하고 있는 의미는 극히 일부분을 제외하고는 상당 부분 그늘에 가려져 있었다. 겨우 현재 시점에 이르러서야 십여 개의 연구 프로젝트가 진행되고 있으며 우리가 발견했던 것의 결과를 이제서야 이해하기 시작하고 있다.

지금까지의 연구 성과를 종합해 볼 때, 척도 없는 네트워크는 장애에 대해 취약하지 않다. 그러나 바로 그 장애관리 능력으로 인해 역설적으로 외부 공격에는 치명적인 약점을 노출한다. 즉, 가장 많이 연결되어 있는 노드를 제거하면 급격하게 네트워크가 해체되고 커뮤니케이션이 단절된 수많은 작은 섬들로 분리된다. 요컨대 척도 없는 네트워크는 구조적 특성으로 인해 아킬레스건을 감추고 있는 것이다. 내부의 장애는 잘 관리해 나가지만 외부의 공격에는 취약한 것이다.

견고성과 취약성의 공존은 대부분의 복잡한 시스템에서 보여지는 양상을 이해하는 데 핵심적인 역할을 수행한다. 예를 들어 단백질 네트워크는 자연 상태에서 무작위로 발생하는 유전자 돌연변이의 경우에도 좀처럼 파괴되지 않는다는 것이 실험 결과 밝혀지고 있다. 실제로 세포 내부의 가장 핵심적인 이 네트워크에서 많은 노드를 제거하더라도 유기체의 생명을 위협하거나 하지는 않는다. 그러나 가장 연결이 많은 단백질을 합성하는 유전자가 약물이나 질병에 의해 손상을 입게 되는 순간 세포는 더 이상 살아남지 못한다. 한편 바르셀로나 대학교(Barcelona Universitat) 카탈루니아 공과대학(Politecnica de Catalunya)의 리카르트 솔레(Ricard V. Solé)와 호세 몬토야(José M. Montoya)의 연구는 임의의 생물종이 소멸되더라도 생태계는 곧잘 유지되지만 연결도가 높은 생물종이 사라지면 급속하게 파괴된다는 것으로 보여주고 있다.

캘리포니아의 해달에 대한 보다 심층적인 연구 사례를 살펴보자. 해달은 19세기에 모피를 얻기 위한 과도한 수렵으로 멸종 위기에 처했었다. 그러나 연방 정부가 1911년 수렵 금지 조치를 취하면서 이 아름다운 동물은 그 수가 급격히 늘어나기 시작했다. 그러자 이번에는 해달의 먹이가 되는 성게의 개체수가 감소했으며, 연쇄적으로 성게가 좋아하는 먹이인 켈프(kelp)의 증식을 가져왔다. 또한 이로 인해 어족의 먹이가 풍부해졌으며, 해안선을 바닷물의 침식으로부터 보호하는 결과를 가져왔다. 결국 비록 한 종에 불과하지만 허브에 해당하는 생물을 보호하는 것으로 해안 지역의 경제와 생태계 모두가 극적으로 변화된다는 것을 이 사례는 보여주고 있다. 한때 패류 양식에 전념했던 이 일대의 연안 어업은 현재는 어류 양식이 주류를 이루고 있다.

척도 없는 네트워크가 비록 공격에는 취약한 면이 있지만, 그 네트워크를 붕괴시키기 위해서는 적어도 가장 큰 몇몇 허브를 동시에 제거하지 않으면 안 된다. 전체 허브 중 5~15% 가량을 없애야 하는 경우도 종종 발생한다. 따라서 만일 크래커가 인터넷 전체를 붕괴시키려 마음을 먹었다면 몇 백 개에 달하는 라우터에 침입하여 고장을 일으켜야 하는데 이는 엄청나게 시간을 잡아먹는 일이다. 따라서 인터넷의 위상구조는 아킬레스건임에도 불구하고 무작위로 발생하는 장애에 대해서 뿐만 아니라 경미한 공격에 대해서는 여전히 강력한 방어력을 지니게 되는 셈이다. 하지만 이 점에 너무 의존해서는 곤란하다. 이후에 보게 되겠지만 외부공격에 대해 위상구조적 안정성에 과도하게 의존한다면 큰 낭패를 볼지도 모른다.

7.

처음에는 UFO에서 테러리스트에 이르기까지 온갖 추측이 난무했지만 결국 1996년도 여름의 정전 사태는 조직적인 공격에 의한 것이 아닌 것으로 판명되었다. 송전선은 온도가 상승하면 팽창한다. 때때로 고온의 날씨가 원인이 되기도 하지만 과부하 전압이 흐를 때에도 송전선은 쉽게 온도가 상승하고 늘어지는 성향이 있다. 최고 기온의 기록을 세웠던 그날, 그러니까 1996년 8월 10일 정각 15시 34분 37초에 오리건(Oregon) 주 올스톤-킬러(Allston-Keeler) 구간에서 날씨 탓에 전선의 길이가 늘어나 나뭇가지에 걸쳐져버린 사고가 발생했다. 순간 거대한 섬광이 치솟고 1,300메가와트의 전력을 공급하던 송전선이 절단되었다. 전기는 속성상 어느 한 곳에 저장할 수 없기 때문에 이 엄청난 양의 전력이 인접한 다른 전선으로 순식간에 분산되었다. 그 과정은 자동적으로 진행되었는데, 고압선의 전력이 캐스케이드(Cascade) 산맥 서쪽 사면의 115~230킬로볼트급 저압선으로 갑자기 한꺼번에 몰리는 현상을 초래했다.

하지만 이 송전선들은 오랜 시간 동안 과잉 전력을 송전할 수 있도록 설계된 것이 아니었다. 만일 열 수준의 수치가 115%를 상회하면 그것들 역시 고장을 일으킨다. 사고는 먼저 115킬로볼트급 송전선에 있는 계전기(繼電器)가 고장을 일으키고, 과잉전류가 발생하여 로스-렉싱턴(Ross-Lexington) 구간선을 과열시켰으며, 또 다시 전선이 나무 위로 늘어뜨려지는 결과를 초래했다. 이 순간부터 사태는 악화 일로를 치달았다. 매너리(McNary) 댐이 발전기 중 13개가 고장을 일으켰고, 급격스러운 전력과 전압의 변동으로 인해 캘리포니아-오리건 주 경계에 인접한 NSPI(North-South Intertie) 시스템에 치명적인 손상을 입혔다. 결국 미국 서부 지방의 전력망은 일대 혼란을 빚게 되었으며 미국의 11개 주와 캐나다의 2개 주의 정전 사태로 이어졌던 것이다.

1996년의 정전 사태는 과학자들이 종종 **연쇄 사고**라고 부르는 것의 전형적인 사례다. 네트워크가 운송 시스템처럼 작동할 때, 한 노드에서 장애가 발생하면 그곳의 부하 또는 책임은 다른 노드로 이전된다. 만일 이전된 부하가 무시해도 좋을 정도로 작다면 시스템의 다른 노드들에 의해 여분의 부하가 원활하게 흡수됨으로써 장애 자체가 크게 부각되지 않고 처리될 수 있다. 그렇지만 새로 추가된 여분의 부하가 이웃한 노드에서 처리할 수 없을 정도로 과도한 경우 그 부하는 폐기되든지 아니면 또 다른 노드로 재이전된다. 두 경우 모두 일종의 연쇄반응이 일어나는 셈인데, 그 규모와 범위는 최초에 제거된 노드의 중요도와 처리능력에 따라 달라진다.

연쇄 사고는 전력망에서만 볼 수 있는 독특한 현상은 아니다. 인터넷 프로토콜(protocol)은 라우터에 장애가 발생하면 다른 라우터의 경로를 찾아 우회한다. 만일 장애가 발생한 라우터의 교통량이 많다면 인접한 라우터들에게 큰 부담이 된다. 일반적으로 라우터는 교통량이 과다하다는 이유로 고장나진 않는다. 다만 자신이 처리할 수 있는 만큼의 패킷(packet)을 큐(queue)에 저장한 뒤 순차적으로 처리하고, 처리 한계를 초과하는 패킷에 대해서는 무시해 버린다. 그러므로 특정 라우터에 과도한 교통량을 전송하는 경우에는 서비스 거부 공격과 같은 상태를 초래하게 되고, 극히 일부분의 패킷들에서만 성공적으로 처리된다. 그 나머지 처리에 실패한 패킷들은 송신자가 자신이 보낸 메시지가 도착했음을 확인하는 회신을 받지 못하기 때문에, 당초의 메시지를 계속해서 재전송하게 되고 그로 인해 교통량은 더욱 가중된다. 따라서 몇몇 큰 노드들을 제거함으로써 손쉽게 엄청난 사태, 즉 오레곤 주에서 과열로 늘어난 송전선이 전력 시스템 전반에 대해 영향을 미친 것과 똑같은 정도의 사태를 인터넷에도 가져올 수 있다.

경제 분야에서도 연쇄 사고가 빈번하게 발생한다. 나중에 14장에서도 살펴보겠지만, 1997년도 동남아시아 경제 위기는 국제통화기금(IMF)이 몇몇 태평양 연안 국가의 중앙은행들에게 부실 금융기관에 대한 구제 금융 지원을 제한하도록 압력을 행사한 것에서 원인을 찾는 사람들이 많다. 결국 부실 금융기관들은 자구책으로 무리하게 기업 대출을 환수할 수밖에 없었고 그 과정에서 많은 금융기관과 기업들이 연쇄 부도를 내는 최악의 상태를 연출하게 되었다. 요컨대 최대의 금융 허브라 할 수 있는 IMF의 결정이야말로 경제적인 연쇄 사고를 일으키게 만든 장본인이었던 것이다.

연쇄 사고는 자연의 살아있는 시스템들에서도 결코 드문 것이 아니다. 그리고 크게는 생태 환경에서 작게는 세포에 이르기까지 모든 생물 시스템에 대해 똑같은 정도로 영향을 미친다. 앞서 해달의 사례에서도 살펴본 것처럼, 어떤 생물종이 사라진다면 최종적으로는 생태 시스템을 상당히 뒤바꾸어 놓는 결과를 초래하는 단계에 이르기까지 일련의 연쇄 사건들이 잇달아 발생하게 될 것이다. 이와 유사하게 분자 구조 내부의 갑작스러운 변화 역시 계속적인 연쇄 사건들을 불러일으키고 그것이 종국에는 세포의 사망으로 이어질 수도 있다.

분명히 부분적인 장애가 전체 시스템을 곤란하게 만들 가능성은 가장 많이 연결된 노드를 혼란에 빠뜨릴수록 그만큼 더 커진다. 이것은 컬럼비아 대학의 던컨 와츠의 연구에 의해 확인된 바 있다. 그는 한편으로는 정전과 같은 현상을 모델로 연쇄 사고의 일반적 특성을 분석했으며, 다른 한편으로는 상반되게 보이면서도 같은 연구 방법에 의해 기술될 수 있는 책, 영화, 음반 등의 연쇄적인 인기 상승에 대해 조사했다. 그의 시뮬레이션 결과에 따르면 대개의 경우 연쇄적으로 일어나는 현상들이 즉시 진행되는 것은 아니다. 오히려 사고는 한동안 노출되지 않은 상태에 머물러 있다가 산사태처럼 갑자기 시작된다. 그렇다고 해서 연쇄적인 사건들의 페이스를 줄여보려고 시도한다면 그것이 오히려 연쇄적 확산에 성공한 흐름을 보다 파괴적으로 만들어 버리는 결과를 초래하게 된다.

 연구 성과에도 불구하고 연쇄 사고에 대해 우리들이 알고 있는 것은 매우 제한적이다. 위상구조적 견고성이 네트워크의 구조적 특징이라고 한다면 연쇄 사고는 복잡한 시스템의 역동적인 속성이라고 할 수 있을 것인데, 이는 아직 더 많은 연구를 필요로 하는 미개척 영역이다. 연쇄 사고를 지배하고 있는 법칙 중 극히 일부분만이 우리에게 알려져 있다고 말해도 내 생각에는 그리 틀린 말이 아니다. 그 법칙들을 지속적으로 발견하는 노력은 인터넷에서 마케팅에 이르기까지 많은 연구 분야들에서 대단히 중요한 의미를 지닌다.

9.

 이 장에서 논의된 것처럼 오류에 대한 내구력이 존재한다는 것은 대단히 기쁜 소식임에 틀림없다. 네트워크가 견고성이 있다는 것은, 우리 몸 속에 어떤 이물질이 침입해서 말썽을 일으킨 끝에 발진이나 가벼운 염증 따위의 결과를 가져온다고 하더라도 우리가 정상적으로 일상적인 기능들을 수행하는 데에는 별 지장이 없다고 말하는 것과 다를 바가 없다. 또한 네트워크의 장애 관리 능력은 왜 우리가 평소 라우터의 오류에 대해 민감하게 눈치채지 못하고 있으며, 왜 한두 가지 생물종이 사라지더라도 환경파괴로 이어지지 않는지를 잘 설명해 준다.

그러나 위상구조적 특성으로 인한 견고성은 곧바로 공격의 위험으로부터 결코 자유스럽지 못하다는 것을 의미하기도 한다. 많은 연결을 가진 허브 계층을 제거하면 그 어떤 시스템도 쉽게 붕괴시킬 수 있다. 이것은 크래커로 하여금 교묘한 전략으로 기반 구조 전체에 손상을 입힐 수 있게 한다는 점에서 인터넷의 입장에서는 좋은 소식이 아니다. 또한 나쁘게 마음먹는다면 경제 이면에 숨어있는 네트워크에 초점을 맞춤으로써 얼마든지 경제를 교란시키는 전략을 수립할 수 있게 한다는 점에서도 역시 좋은 소식은 아니다. 우리는 이 장에 기술된 연구 결과들을 훑어보면서 위상구조, 견고성, 취약성 등이 별개로 떨어질 수 없는 불가분의 것임을 인정할 수밖에 없었다. 모든 복잡한 시스템들은 제각기 아킬레스건을 지니고 있다. 우리는 위상구조가 대단히 중요하다는 것과 함께 허브에 대해 보다 잘 이해할 필요가 있다는 교훈을 얻었다. 이것은 허브를 보호하기 위한 첫걸음이다.

2001년에 있었던 9.11 테러 사건은 허브의 중요성과 네트워크의 복구 능력을 동시에 보여준 사건이었다. 공격 목표는 무작위로 선택된 것이 아니었으며, 미국 경제력과 안전의 상징 가운데에서도 가장 눈에 띄는 것들이었다. 테러리스트들은 바로 그 같은 목표를 겨냥하면서 세계 자본주의의 허브를 파괴시키려 했던 것이다. 미국이 지난 20년간 경험했던 다른 어떤 사건보다도 훨씬 더 크게 자리 매김 되는 인간 비극을 만들어냈는지는 몰라도, 테러리스트들은 그들이 세웠던 가장 큰 목표, 즉 네트워크를 뒤집어엎으려는 목표를 성공시키지 못했다. 그러나 그들은 어쨌든 연쇄 사고를 촉발했으며 그것은 전 세계로 퍼져나갔다. 그럼에도 불구하고 비록 국제무역센터의 쌍둥이 빌딩은 잿더미로 변했지만 인터넷과 경제시스템 등 모든 네트워크는 너무나 버젓이 살아남았다. 이는 중앙 집중화된 인간 계획의 취약성과 자기 조직적 네트워크 구조의 복구 능력 사이에 존재하는 근본적 차이점을 너무나 극명하게 보여준 예가 아닐 수 없다.

9.11 테러로부터 우리가 배운 과학적 교훈이 있다면 그것은 아마도 우리가 여전히 견고성과 취약성의 상호작용에 대해 너무 모르고 있다는 점일 것이다. 과학자들이 최근 들어 견고성의 기본 원리들을 하나둘씩 밝혀내고 있는 것은 틀림없는 사실이다. 우리는 이제 네트워크들이 복구 능력을 발휘하는 데 있어 수행하는 기본적인 역할에 관해 이해할 수 있게 되었다. 사실 이것만으로도 획기적인 발전이 아닐 수 없지만 여기에 머물러서는 안 된다. 아직까지는 우리가 얻은 지식을 현실로 실천하는 다음 단계로 나아가지 못하고 있다. 그 누구도 테러 사건이 촉발한 연쇄적 피해의 정도를 예측하고 있지 못하다. 모든 사람들이 그 연쇄 반응의 사건들을 하나 하나 지켜보면서 다음과 같이 입을 모았다. 다음에는 또 어떤 사건일까? 우리는 얼마나 취약하단 말인가? 그나마 다행스러운 일은 장애와 공격에 대한 이해를 통해 국지적인 파괴와 연쇄 사고의 문제를 과학의 언어로 기술할 수 있게 되었다는 것이다. 이런 문제들을 이해하려는 노력의 요체는 정

확한 문제 제기에 자원을 집중하는 것이다. 불행하기 짝이 없는 사건임에도 9.11 테러는 견고성과 공격이라는 문제를 바로 볼 수 있게 해주었을 뿐만 아니라 그것에 대한 지식 또한 한 차원 더 끌어올리는 계기가 되었다.

Viruses And Fads 열 번째 링크

바이러스와 유행

개탄 듀가스(Gaetan Dugas)는 원하는 것은 무엇이든 가질 수 있었고 그 자신이 그것을 잘 알고 있었다. 그는 런던과 파리의 최신 유행 의상과 건장한 몸매로 어떤 클럽에 가더라도 단연 눈에 띄는 존재였다. 매혹적인 프랑스계 캐나다인 억양으로 말을 걸기만 하면 그 어떤 상대라도 쉽게 유혹할 수 있었다. 그는 곧잘 '내가 최고'라는 말을 스스럼없이 내뱉었고 친구들 역시 그 말을 인정하곤 했다. 그러던 그가 얼마 전부터는 인기 있는 디스코테크나 사람들로 북적이는 나이트클럽을 찾지 않게 되었다. 대신 김이 서린 거울이나 음습한 공기로 가득 찬 베이 에어리어(Bay Area)의 사우나를 즐겨 찾게 되었다. 그는 나르시시즘 성향에도 불구하고 자신의 신체적 매력을 드러낼 수 없는 어두운 곳들을 좋아하게 된 것이다. 이제 그에게는 개인 욕실들이 늘어선 어둡고 긴 복도야말로 가장 안락한 장소가 되어버렸다. 1982년 어느 날 밤 그는 욕실을 나오면서 전기 스위치를 켜고 불과 몇 분 전 생전 처음 만나 성행위를 나눈 상대에게 자신의 얼굴에 피어 있는 자주색 반점과 혹을 보이면서 다음과 같이 속삭였다. "나는 에이즈에 걸렸어. 머지 않아 죽을 운명이고 그건 당신도 마찬가지야."

듀가스는 전직 항공기 승무원으로 종종 에이즈 전염병의 감염원(Patient Zero)으로 불린다. 그렇지만 이 말은 그가 에이즈에 감염되었다고 진단된 최초의 환자라는 뜻은 아니다. 그보다는 1982년 4월 당시 에이즈로 진단된 248명 가운데 적어도 40명 이상이 그와 직접적으로 또는 그로 인해 발생한 2차 감염자들과 성적 접촉을 가졌기 때문이다. 샌프란시스코, 뉴욕, 플로리다 및 로스앤젤레스를 중심으로 북미 대서양 양안지역에 서서히 출현하고 있었던 남자 동성연애자들 사이의 복잡한 성적 네트워크, 바로 그 중심에 듀가스가 서 있었던 것이다.

듀가스의 이런 중심적 역할은 거기서 멈추지 않았다. 그는 북미 지역에서 카포시 육종으로 진단된 남자 게이들 가운데 한 사람으로 다시 한번 지목되었다. 즉, 1983년에 듀가스를 포함한 수백 명의 남자 게이들이 앓고 있었던 이 질환은 무엇인가 감염원이 있을 것이며 듀가스가 그 대상에 포함되어 있으리란 사실이 점차 명백해졌던 것이다. 그럼에도 그는 자신이 단지 피부암에 걸렸을 뿐이라고 줄곧 주장해 왔다. 한술 더 떠서 암은 전염되지 않기 때문에 자신의 성적 파트너에게 위험을 불러일으킬 수 있다는 점을 몇 년 동안 계속 절대 인정하지 않았다. 게다가 자신의 매력과 성적 편력에 도취된 나머지 그와 상담했던 의료관계자에게 자신의 은밀한 성행위 습관을 자세하게 묘사한 일도 있었다. 그는 자신과 성적 접촉을 가진 상대가 매년 250명쯤이었다고 추정한 바 있다. 몇몇 사람들은 그 숫자가 최대 2만 명에 이를 것으로 보고 있는데, 그것이 다소 과장되었다고 하더라도 대략 10년 동안 그가 게이 클럽이나 사우나 등지에서 난잡한 성생활을 펼쳐오면서 적어도 2,500명의 게이들과 접촉했던 것만큼은 분명하다.

듀가스가 북미 지역에 에이즈를 전파한 장본인이었는지는 확실치 않다. 또한 그가 초기 에이즈의 발견 사례가 있었던 프랑스를 자주 왕래했지만 그가 그곳에서 감염되었는지 아니면 미국에서 감염되었는지의 여부는 결코 쉽게 가려낼 수 없는 성질의 것이다. 다만 우리가 알 수 있는 것은 그가 북미에서 발견된 초기 사례들과 직·간접적으로 연관되어 있으며, 현재까지 20만 명에 달하는 목숨을 앗아간 전염병의 뿌리에 위치하고 있다는 사실이다.

결국 에이즈가 동성연애자들 사이에나 존재하는 희귀한 '게이 암'이며 그 정체가 불분명했던 단계에서 북미 지역의 보건 위기라는 상태로 진전되기까지 지극히 짧은 몇 년 동안 듀가스는 매우 중요한 역할을 담당했던 셈이다. 그는 에이즈를 전통적인 전염 모델로는 더 이상 설명하기 어렵다는 것을 보여주는 한편, 고도의 이동성과 연계성을 지닌 현대 사회에서 허브의 위력이 얼마나 큰지를 드러낸 좋은 본보기다. 바이러스와 전염병에 관한 한 허브는 그야말로 치명적인 결과를 가져오기도 하는 것이다.

1.

　2000년 11월 8일 저녁, 다른 수백 만의 미국인들처럼 마이크 콜린스(Mike Collins) 역시 TV를 통해 플로리다에서 논란을 빚었던 나비형 투표용지를 바라보고 있었다. 그의 첫 반응은 "참, 저래서야 어떻게 투표지에 제대로 기입할 수 있담" 하는 것이었다. 그리고 나서 다음과 같이 중얼거렸다. "이왕이면 좀더 헷갈리는 투표용지를 만들 수도 있을 것 같은데…(그림 7)."

　콜린스는 당시 26세로 뉴욕 주 엘미라(Elmira) 시 수도국에 근무하면서 취미 삼아 카툰을 그리던 사람이었다. 다음날은 자신의 생일이었을 뿐만 아니라 여동생이 딸을 출산한 관계로 그는 하루 종일 집 밖에 나가 있었다. 저녁에 집으로 돌아왔을 때 어마어마한 선물이 그를 기다리고 있었다. 선물이란 다름 아니라 웹사이트에 올린 그의 카툰에 대한 폭발적인 반응이었는데, 조회수가 무려 17,000을 기록했으며 몇 백 통에 달하는 이메일도 답지해 있었다. 그가 외출해 있는 동안 2000년 미국 대선에 대해 모든 이들이 느끼고 있던 혼란스러움과 좌절감을 완벽하게 표현한 그 카툰이 전 세계를 돌고 돌았던 것이다. 카툰을 본 사람은 누구나 모두 그것을 사용하고 싶어했다. 미국은 물론이고 일본 등 세계 각지의 신문이나 웹사이트에서 카툰의 사용을 허락해 달라는 문의가 쇄도했다. 불과 몇 시간만에 그는 벼락 유명인사가 되어버린 것이다. 얼마 후 대선 과정에 대한 논쟁은 수그러들었지만 한동안 그의 사인이 들어 있는 카툰은 웹사이트를 통해 판매되기도 했던 티셔츠에서부터 각종 축하카드에 이르기까지 거의 모든 것에 등장할 정도로 대단한 인기를 누렸으며 과거 10년 동안 그려진 카툰 중 가장 유명한 것으로 평가받았다. 내 생각으로는 이것이

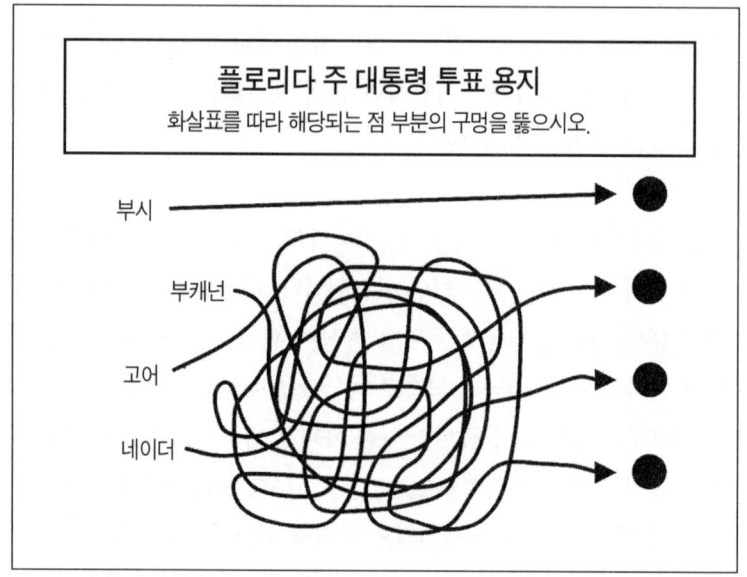

■ 그림 7 플로리다 주 대통령 선거 투표용지

플로리다 주에서 2000년 대통령 선거 당시 사용되었던 애매모호한 나비형 투표용지를 풍자해서 그린 마이크 콜린스의 카툰.

악명 높았던 2000년 플로리다 주 대선과 관련하여 가장 오래 지속되는 유일한 이미지가 아닌가 싶다.

마이크 콜린스가 갑자기 유명인사가 된 과정은 전형적인 아메리칸 드림의 하나라고 할 수 있다. 그렇지만 콜린스의 예는 그 과정이 엄청나게 빨리 이루어졌다는 점에서 일반적인 경우와는 차이가 있다. 몇 십 년 전만 하더라도 하룻밤 사이에 세계적인 명성을 얻는다는 것은 미국에서조차도 불가능한 일이었다. 하지만 이제 상황은 달라졌으며 대개는 그런 변화의 원인으로 인터넷을 꼽는다. 분명 매체의 변화가 명성을 획득하거나 전파하는 과정을 단축시킨 것은 틀림없다. 그렇지만 전적으로 기술적인 측면에만 의존하여 설명하는 것으로는 불충분하다. 우리가 지금 목격하고 있는 것은 아이디어나 유행이 개인들에게 빛과 같은 아주 빠른 속도로 파급되게 만드는 질적으로 전혀 다른 새로운 그 무엇이다.

2.

앞에 제시한 개탄 듀가스와 마이크 콜린스의 두 사례는 일견 그다지 공통점이 없는 것처럼 보일지도 모른다. 전자는 참혹한 질병을 퍼뜨린 반면 후자는 소도시의 아마추어 카툰이스트가 참신한 아이디어를 발휘함으로써 명성을 얻은 경우다. 또한 에이즈는 당초 발생지였던 아프리카를 벗어나 인적 경로를 통해 세계로 퍼져나가기까지 10년 정도의 세월이 걸렸지만, 콜린스의 카툰은 단 하룻밤 사이에 인터넷과 이메일을 통해 전 세계로 전달되었다. 이같이 피상적으로는 전혀 달리 보이지만 좀더 면밀히 관찰하면 두 사례에는 매우 중요한 공통점이 있다. 그것은 바로 이 두 사례가 복잡한 네트워크에서 일어나는 확산과정을 잘 보여주는 예라는 점이다. 에이즈는 1980년대 당시 복잡하게 얽힌 성적관계의 네트워크에 내재한 링크를 따라 확산되었는데, 여기에는 성적인 측면에서 대단히 능동적인 게이 문화가 톡톡히 한 몫을 했다. 한편 투표용지를 풍자한 카툰 역시 복잡하기 짝이 없는 컴퓨터 네트워크를 통해 급속도로 확산되었으며 그 배경에는 친구들 사이에서 오가는 이메일이 작용했다. 결국 두 사례는 복잡한 네트워크에서 유행, 아이디어, 그리고 전염병 등이 확산되는 과정을 지배하는 동일한 기본법칙에 따른 셈이다. 이 법칙들은 이미 여러 분야에서 집중적인 연구 대상이 되어왔던 것이다. 예컨대 보다 효과적인 판매 방법을 연구해 온 마케팅 관계자, 유행, 패션 및 폭동의 확산과정을 규명하고자 하는 사회학자, 선거 패턴과 정치적 결과를 추적해 온 정치학자, 에볼라 바이러스로부터 가벼운 감기에 이르기까지 모든 전염병에 대해 일일이 감염을 둔화시키기 위해 노력하는 의사와 면역학자, 마이크로소프트의 모든 소프트웨어를 하룻밤 사이에 파괴시킬 수 있는 가공할 만한 컴퓨터 바이러스를 만들고자 헛된 수고를 아끼지 않는 10대 청소년, 그리고 그런 무모한 시도를 막아야만 하는 시스템 관리자, 이 모든 사람들이 찾으려고 해왔던 바로 그 법칙들이다. 이 법칙들은 보편적으로 존재하는 것이라 믿어져 왔고 또한 그것은 사실이기도 하다. 비록 그렇긴 하지만 복잡한 네트워크에 대해 최근 새롭게 발견되고 있는 지식들에 비추어 볼 때, 종전과 같은 방법으로는 아무래도 부족한 점이 없지 않다. 법칙을 찾아내기 위해서는 새로운 지식에 입각한 또 다른 시각이 필요하다.

3.

　1933년에 북미 전역에 걸쳐 40,000에이커에 불과했던 잡종 옥수수의 경작면적은 1939년에 이르자 2,400만 에이커로 크게 확대되었는데, 이는 미국 전체 옥수수 경작지역의 1/4에 해당하는 것이었다. 가히 미국 농업의 혁명적인 사건으로 10년 사이에 미국 중서부에서 농업의 모습을 송두리째 바꾸어 놓는 결과를 가져왔다. 그 중에서도 특히 아이오와 주는 개량 옥수수 종자를 발빠르게 도입했다. 1929년에 막 출현한 새로운 종자가 1939년에는 아이오와 주 옥수수 전체 경작면적의 75%를 차지하기에 이르렀다. 그리고 이렇듯 급속한 잡종 옥수수의 확산은 이른바 기술 혁신의 확산에 대해 연구를 시작하게 된 최초의 계기를 마련했는데, 1943년 아이오와 주립대학(Iowa State College)의 브라이스 라이언(Bryce Ryan)과 닐 크로스(Neal C. Cross)가 연구에 착수하게 된다.

　일반적으로 기술 혁신을 도입하기 전에 사람들은 보통 몇 가지 질문을 던져본다. 예를 들면 신기술을 평가하기 위해 시간과 노력을 투자할 것인가 그리고 신기술 도입으로 인해 과연 예상된 결과를 얻을 수 있는지를 판단하려면 어떻게 해야 할 것인가 등이 바로 그것이다. 잡종 옥수수의 경우에도 이런 질문들이 예외 없이 제기되었다. 결과적으로 품종 교체로 인해 기대 이상의 수확량을 거뒀지만, 기존의 옥수수 종자를 대체할 신품종에 대한 투자 역시 불가피했으며 과연 그런 초기 투자를 상쇄할 수 있을 정도의 효과가 있는지를 보장하는 것은 거의 없었던 것이다. 특히 새로운 종자를 먼저 도입한 사람일수록 위험이 더 크다는 점은 자명했다. 그럼에도 불구하고 아이오와 주에서 잡종 옥수수가 확산되고 뿌리를 내리게 된 것은 그런 위험을 기꺼이 감수한 소수의 사람들 덕택이었다. 오늘날 우리는 그런 사람들을 혁신가(innovator)라고 부른다.

우리 모두는 이런 저런 혁신가들에 대해 익히 잘 알고 있다. 멀리서 찾을 필요도 없이 애플의 초소형 휴대용 컴퓨터인 뉴튼이 출시되자마자 곧바로 구입하기에 바빴던, 이웃에서 흔히 볼 수 있는 그런 사람들이 혁신가에 속한다. 비록 성능면에서 뉴튼이 기대를 충족시키기에는 미흡했었지만 말이다. 몇 년 후 핸드헬드(handheld) 컴퓨터의 혁명이라 일컬어질 정도로 발전한 팜파일럿(Palm Pilot)이 발표되자 역시 가장 먼저 그것을 구입하고 사용하기 시작했던 사람들은 뉴튼에 대해 실망했던 바로 그 사람들이었다. 그 밖에도 혁신가는 도처에 존재하고 있다. 새로운 유행이 주류로 자리잡기 전 선구적으로 그것을 받아들이는 10대들이나 모든 사람들이 책이나 영화와 잡지 등을 통해 새로운 사고에 익숙해지기에 훨씬 앞서 신사고를 받아들이고 그것을 발전시켜 가는 예술가와 지식인들이 다름 아닌 혁신가들인 것이다. 아이오와 주의 사례에서는 몇몇 농민들이 옥수수 신품종에 대해 각종 책자를 뒤적이고 궁금한 점은 종묘상에게 적극적으로 물어보는 등 혁신가의 역할을 아낌없이 수행했다.

라이언과 크로스는 연구를 통해 매년 옥수수 신품종을 채택하는 농민의 숫자가 최대치에 이르기까지 급격하게 증가하다가 그 이후에는 동일한 속도로 급감한다는 사실을 밝혀냈다. 이른바 벨형 곡선의 형태를 취한다는 것이었다. 그 과정을 좀더 자세히 살펴보면 신기술이 혁신가들의 중요한 평가 과정을 거친 이후 그들의 권유에 의해 초기 수용자들이 신기술을 채택한다. 다음으로 더 많은 수의 다수 수용자가 뒤를 따르는데 이 단계에 이르면 전체 인구의 절반 정도가 신기술을 수용하는 상태가 된다. 이어 정점을 지나면서 신기술 수용자의 수는 감소하기 시작하지만 의사 결정에 신중했던 사람들이 수용 효과에 대한 지배적인 증거에 힘입어 수용자로 변신한다. 이런 후기 다수 수용자들은 아이오와 주의 사례에서는 옥수수 밭의 절반 가량이 신품종으로 교체된 것을 보고 나서야 마침내 확신을 얻게 된 농민들에 해당한다. 마지막으로 벨형 곡선의 끝 부분에는 지각 수용자들이 위치하는데 이들은 자신이 명백한 소수가 된 다음에야 마지못해 신기술을 수용하는 사람들이다.

라이언과 크로스가 확인한 분포 형태는 아이오와 주 농민들의 경우에서만 볼 수 있는 독특한 것은 아니다. 그것은 대부분의 기술 혁신의 확산과정에서 발견되는 특징이며, 마케팅이나 기획 전문가들이 신제품 수요 예측을 하는 데에도 사용되는 매우 탁월한 도구이다. 그러나 이것만으로는 오늘날 면역학자나 CEO들이 진정으로 알고 싶어하는 그 무엇, 즉 바이러스 또는 기술 혁신의 확산에서 사회 네트워크가 어떤 역할을 수행하고 있는지를 묻는 질문에 대해 충분한 설명을 제공할 수 없다.

4.

1954년 컬럼비아 대학의 응용사회조사연구소(Bureau of Applied Social Research) 연구원이었던 엘리후 카츠(Elihu Katz)는 사회관계가 행위에 미치는 영향에 대한 연구 계획을 제출했다. 우연하게도 제약업계의 거인인 파이자(Pfizer)의 마케팅 조사 책임자가 바로 컬럼비아 대학 졸업생이었다. 의사들의 신약 채택 과정이 최대 관심사였던 만큼 그 책임자는 카츠와 그의 동료들인 제임스 콜먼(James Coleman)과 허버트 멘첼(Herbert Menzel)에게 4만 달러의 연구비를 지원했는데, 연구 과제는 1950년대 중반 개발되었던 강력한 항생제인 테크라사이클린(tetracycline)의 수용 과정을 추적하는 것이었다.

세 사람의 연구자는 일리노이 주의 한 소도시를 대상으로 125명의 의사들의 면접조사를 수행하면서, 진단과 치료방법에 대해서 의논하는 상대, 의약품에 관한 자문을 구하는 상대, 친구라고 생각하는 동료의사를 각기 세 명씩 열거해보라고 요구했다. 그들은 조사 결과를 바탕으로 의사 집단에 존재하는 복잡한 사회 관계의 네트워크를 재구성하고 그 영향력을 규명할 수 있었다.

그 내용을 살펴보면 먼저 대부분의 응답자들이 자신들의 일상적인 의사 결정에 있어 중요한 역할을 수행하는 동료의사는 소수에 불과한 것으로 나타났는데, 그 소수의 의사들이 곧 의사집단의 허브인 셈이다. 반면에 허브로 평가될 수 있는 소수를 제외한 대다수의 다른 의사들은 그다지 영향을 미치지 않는 것으로 나타났다. 또한 테크라사이클린의 확산에 관련된 질문에서는 3명 이상의 응답자에 의해 친구라고 지목된 의사들의 경우 단 1명도 친구라고 지목한 응답자가 없는 의사들에 비해 신약 사용 비율이 3배 가량 높은 것으로 조사되었다.

연구자들은 또한 약국의 처방전 기록을 분석했는데 여기에서도 신약 사용의 확산이 사회적 유대관계를 따라 이루어질 수 있다는 결론에 도달했다. 앞에서 제시한 용어를 빌리자면, 이 조사 연구에서 초기 수용자와 전기의 다수 수용자로 나타난 의사들은 다양한 사회관계를 지닌 사람들이었던 것이다. 즉, 사회관계의 빈도가 높은 의사일수록 혁신가와 접촉할 기회가 상대적으로 많았던 것이고 나아가 신약에 관한 지식 습득 역시 활발하게 이루어졌다고 볼 수 있다. 일단 허브에서 신약 사용을 수용하게 되면, 그들로부터 후기 다수 수용자들에게 확산되는 과정은 훨씬 더 용이하게 이루어졌으며, 마지막까지 신약 사용을 거부했던 의사들은 지각 수용자로서 그 뒤를 이었다.

앞에서 살펴본 파이저의 사례는 기술 혁신이 혁신가에서 허브로 확산되는 과정을 잘 보여준다. 허브는 그 다음 단계로 자신이 맺고 있는 다양한 사회관계의 연결고리를 따라 특정 사회 네트워크 또는 전문가 집단의 네트워크에 속한 대부분의 사람들에게 정보를 전달하게 된다. 허브는 척도 없는 네트워크의 중심적 구성요소라 할 수 있으며, 통계적으로는 그 숫자가 적지만 높은 연결도를 통해 사회 네트워크 전체가 이어지도록 만드는 개인들을 가리킨다. 에이즈 사례에 등장한 전직 항공기 승무원 개탄 듀가스는 핵심적인 허브로서 충분한 자격이 있음을 보여준다. 또한 많은 곳을 돌아다니면서 그를 따르던 광범위한 추종자 집단을 지녔던 사도 바울 역시 초기 기독교 시대의 가장 영향력 있는 허브 중 한 사람이었던 것이다.

마케팅 분야에서 흔히 '오피니언 리더' '파워 유저' 또는 '지도자'로 지칭되고 있는 허브는 특정 제품에 대해 일반인들보다 훨씬 더 많은 사람들과 커뮤니케이션을 행하는 개인들이다. 그들은 다양한 사회적 접촉을 통해 가장 먼저 혁신가들로부터 정보를 입수하는데, 오히려 혁신가 자신들보다 그들의 수용 여부가 새로운 아이디어 또는 기술혁신이 확산될 것인지를 가름하는 관건이 된다. 만일 허브가 특정 제품의 사용을 거부한다면, 그것이 견고하고 영향력 있는 장벽으로 작용하여 기술 혁신이 더 이상 확산되지 못한 채 실패로 끝날 수도 있다. 반면에 허브 자신이 일단 수용하게 되면 그들은 대단히 많은 사람들에게 영향을 미친다.

사회학자나 마케팅 전문가들은 이러한 오피니언 리더에 대해 잘 알고 있다. 하지만 아주 최근까지도 허브를 단순히 특이한 현상쯤으로 치부할 뿐 허브가 왜 존재하는지 그리고 어떻게 존재하는지에 관해서는 거의 아는 것이 없었다고 해도 과언이 아니다. 사회 네트워크 모델에서는 허브의 존재 자체를 상정하지 않는다. 따라서 척도 없는 네트워크라는 개념에 의해 마련된 분석틀 덕분에 허브는 사상 처음으로 당연히 받아야 할 주목을 받게 된 셈이다. 앞으로 차차 살펴보겠지만 아이디어, 기술 혁신 그리고 바이러스 등의 확산에 관해 지금껏 우리가 알고 있는 모든 것들은 바로 허브의 개념을 도입함으로써 전혀 새롭게 조명될 것이다.

5.

펩시콜라로부터 애플의 CEO로 영입되었던 존 스컬리(John Sculley)의 머리 속에 들어 있었던 아이디어가 실현되어 핸드헬드 컴퓨터 뉴튼이 마침내 그 모습을 드러낸 것은 1993년이었다. 비록 크게 성공을 거두지는 못했지만 뉴튼으로 인해 또 하나의 혁명이 시작되었다는 것은 부정할 수 없는 사실이다.

오늘날 주머니에 넣고 다닐 수 있는 정도의 초소형 컴퓨터는 수백만 대에 이르고 있다. 하지만 그 엄청난 숫자에도 불구하고 초소형 컴퓨터 시장은 아직도 무궁무진하며 많은 사람들은 겨우 시장의 초기 단계에 진입해 있을 뿐이라고 믿고 있다. 애플의 입장에서는 아쉽겠지만 이 막대한 시장을 점유하고 있는 것은 뉴튼이 아니라 그 사촌격인 타사의 경쟁 제품들―팜, 핸드스프링(Handspring) 및 다양한 포켓 PC―이다. 선발주자가 항상 유리하지만은 않다는 것을 다시 한 번 보여주는 대목인 셈이다. 뉴튼은 다양한 신기술을 결합한 제품으로 이제껏 꿈으로만 여겨졌던 성능들을 훌륭히 수행해낼 것으로 기대를 모았다. 하지만 불행하게도 결과는 만족스럽지 못했다. 입력 장치로 쓴 필기체 내용에 대한 인식 능력에 문제가 있다는 일단의 제품 리뷰가 발표되면서 악몽이 시작되었다. 또한 비평가들은 단지 20분 정도의 사용 시간에도 배터리 용량이 엄청나게 소모된다는 점을 지적했다. 기대가 크면 실망도 크게 마련이었다. 그 결과 뉴튼의 단점을 보완하여 후속 모델로 출시된 메시지패드(MessagePad)의 1995년도 판매량은 고작 85,000대에 머무를 정도로 참담했다. 그로부터 3년 후 스티브 잡스(Steve Jobs)가 애플의 임시 CEO로 복귀하였을 때, 더 이상의 손실을 막기 위해 제품 생산이 중단되는 운명을 처할 수밖에 없었다.

뉴튼과 그것을 비롯한 나쁜 많은 제품들의 실패 사례는 무언가 설명을 필요로 한다. 왜 어떤 종류의 기술 혁신, 유언비어 그리고 바이러스들은 전 세계적으로 확산되며, 반면 다른 것들은 단지 부분적으로 살아남거나 아니면 소멸되어 버리는 것일까? 경쟁의 승자와 패자 사이에는 어떤 차이가 있는 것일까? 그것이 단지 광고 탓이라고 치부하는 것은 아무래도 충분한 설명이 못 된다. 무엇보다도 애플의 어마어마한 마케팅 능력에도 불구하고 결국 뉴튼이 실패했다는 사실이 그 점을 잘 말해 준다. 지금 제기된 이 문제를 해결한다면 그것은 적어도 수십억 달러의 가치가 있을 것이다. 한 무더기의 사과 속에서 썩은 사과 한 톨을 가려내는 그런 혜안을 갖추려면 도대체 어떻게 해야 할 것인가?

6.

바이러스나 유행들이 어떤 경우에는 확산되고 어떤 경우에는 소멸되는지 그 원인을 규명하기 위해, 사회학자나 면역학자들은 **임계 모델**이라 불리는 매우 유용한 분석 도구를 개발해냈다. 우리가 어떤 기술 혁신을 받아들이는데 있어 그 수용 의사의 정도는 제각기 차이가 있기 마련이다. 만일 긍정적인 증거들이 충분히 확보되어 있으면 대부분은 새로운 사고를 그다지 어렵지 않게 수용할 수 있다. 그렇지만 수용 여부를 결정하는 데 필요한 증거가 구체적으로 어느 정도가 되어야 하는지는 개인에 따라 다를 수 있다. 확산 모형에서는 이 같은 개인차를 인정하고 개인들에게 임계값을 설정한 다음 특정 기술 혁신의 수용 여부를 측정한다. 예를 들어 뉴튼이 출시되자마자 곧바로 구입했던 사람이라면 다른 종류의 핸드헬드 컴퓨터에 대해서도 임계값이 거의 0에 가깝다고 할 수 있다. 그런데 신용카드를 사용해서 신제품을 구입하는 경우에는 문제가 좀 달라진다. 우리들 가운데 대부분은 충분한 검토를 마칠 때까지 기다릴 것이며 이런 경우에는 임계값이 보다 높다.

목적과 세부 내용면에서는 중요한 차이가 있지만, 모든 확산 모델들은 한 가지 동일한 가정을 포함하고 있다. 즉, 각각의 기술 혁신에 대해 **확산율**—개인이 기술 혁신을 접했을 때 그것을 수용할 가능성—을 명확하게 규정할 수 있다는 것이다. 예컨대 확산율을 가지고 어떤 사람이 새로 출시된 핸드헬드 컴퓨터를 곧바로 구입할 것인가를 예측할 수 있다. 그러나 단지 확산율이라는 기준을 확대해 그것만으로 기술 혁신의 운명을 결정하는 것은 아무래도 무리가 따른다. 따라서 기술 혁신이 이루어지는 네트워크의 속성들까지 함께 고려하는 **결정적 임계**의 개념을 도입하지 않으면 안 된다. 만일 특정 기술 혁신의 확산율이 결정적 임계의 값보다 낮은 경우에는 그것이 더 이상 확산되지 못하고 소멸될 것이다. 반면에 확산율이 결정적 임계를 초과한다면 기술 혁신의 수용자들은 기하급수적으로 증가해 결국 모든 사람들에게로 확대될 것이다.

이처럼 어떤 유행이나 바이러스가 확산되기 위해서는 반드시 결정적 임계를 넘어서는 것이 전제가 된다는 사실은 아마도 전파와 확산에 대한 연구에서 가장 중요한 이론적 발전일 것이다. 현재 결정적 임계 개념은 대부분의 확산 이론들에서 다루어지고 있다. 면역학자들은 신종 감염성 질환이 에이즈의 경우처럼 전염병으로 발전할 것인지를 모델링하는 과정에서 그 개념을 사용하고 있다. 마케팅 분야의 교과서들 또한 신제품의 성공적인 시장 진입을 논하면서 같은 개념을 다루고 있고, 사회학자들은 여성의 임신중절 확대 경향을 설명하는 데에 사용하고 있으며, 정치학자들은 정당과 사회 운동의 라이프사이클을 설명하거나 평화적인 시위가 폭동으로 변질되어 가는 과정을 모델링하는 데에 이용하고 있다.

지금까지 살펴본 단순하지만 강력한 이론적 패러다임은 수십 년 동안 확산과 관련된 문제의 논의를 지배해 왔다. 즉, 특정의 기술 혁신이 어느 정도로 확산될 것인가를 예측하기 위해서는 그것의 확산율 및 이와 관련된 결정적 임계를 파악하기만 하면 되었다. 그 누구도 이 패러다임에 이의를 제기하는 사람은 없었다. 그러나 또 다시 최근에 와서 이상한 징후가 포착되기 시작했다. 기존 패러다임으로 설명되지 않는 새로운 바이러스와 기술 혁신이 등장하기 시작했던 것이다.

7.

사상 최고의 파괴력을 지닌 러브 버그(Love Bug) 바이러스가 진원지인 필리핀으로부터 전 세계의 컴퓨터로 확산되기까지는 불과 몇 시간밖에 걸리지 않았다. 2000년 5월 8일 아침해가 떠오르면서 세계 각지에서는 시차를 두고 한꺼번에 수천 대의 컴퓨터가 차례로 바이러스의 공격을 받아 피해를 입었다. 그것은 마치 전 세계적으로 도미노 현상이 일어난 것과 같았다. 컴퓨터 보안 전문가가 홍콩에서 바이러스의 최초 피해자를 발견했다는 말을 꺼내기 무섭게, 독일의 주요 신문사 한 곳에서는 시스템 관리자가 2,000장의 디지털 사진들이 파괴되는 것을 겁에 질려 바라보고 있었다. 벨기에에서는 현금 인출기가 고장을 일으켰으며, 한 시간 후 런던에서는 국회 컴퓨터 시스템이 마비됐다. 유럽을 벗어나 다른 지역으로 옮겨가기까지 스웨덴, 독일, 네덜란드에 있는 컴퓨터 가운데 70% 정도가 바이러스에 피해를 입었다. 그리고 미국으로 건너간 이 바이러스는 워싱턴의 국회의사당 건물에 있던 컴퓨터들에 침투한 것을 필두로 국방성과 국무성을 비롯한 연방정부 기관의 80%를 감염시켰다. 부시 선거진영의 이메일 시스템 또한 예외가 될 수 없었다.

러브 버그 바이러스에 감염된 컴퓨터는 전 세계적으로 4,500만 대, 피해액은 100억 달러에 달할 것으로 추정된다. 이처럼 가공할 파괴력을 지닌 러브 버그 바이러스는 누구나 쉽게 빠져나갈 수 없도록 심리적 측면을 교묘하게 이용한 부비 트랩 같은 것이었다. '러브레터(LOVE-LETTER-FOR-YOU)'라는 제목이 붙여진 메시지를 곧바로 열어보지 않을 재간이 있겠는가? 그러나 일단 그 유혹에 빠져버리면 바이러스가 활동을 개시해서 하드디스크에 저장된 일련의 문서들 특히 디지털 화상과 음악을 담고 있는 jpeg, mp3 파일들을 삭제해 버린다. 다음에는 마이크로소프트의 메일 프로그램인 아웃룩 익스프레스(Outlook Express)를 찾아내서 주소록에 담겨있는 이메일 주소로 복제된 러브레터를 발송한다.

필리핀인 리차드 첸(Richard Chen)과 마리셀 쏘리아노(Maricel Soriano)가 이 바이러스에 대한 백신 프로그램을 개발해내자 피해를 입는 컴퓨터는 점점 줄어들었다. 그렇지만 러브 버그에 대해 놀라움을 금할 수 없는 사실은 백신 프로그램이 널리 배포되고 또 손쉽게 구할 수 있게 된 연후에도 여전히 사라지지 않고 있다는 점이다. 바이러스 발생 정보를 수집하여 온라인상에서 발표하고 있는 바이러스 블러틴(Virus Bulletin)에 따르면 러브 버그는 처음 발견된 지 1년이 지난 2001년 4월 현재에도 가장 활발하게 활동하고 있는 7번째 바이러스로 기록되어 있다. 나의 경우에는 2001년 7월에도 문제의 러브레터를 받은 적이 있다.

자칫 러브 버그는 전염성이 너무나 강하기 때문에 근절하는 것이 사실상 불가능하다고 생각하기 쉽다. 그렇지만 전염성 한 가지만으로 그 끈질긴 생명력을 전부 설명할 수 있다고 말하기는 어렵다. 앞으로 살펴보겠지만 두 명의 물리학자 로무알도 파스토르 사토라스(Romulado Pastor-Satorras)와 알레산드로 베스피냐니(Alessandro Vespignani)의 연구는 그 같은 점을 잘 보여주고 있다. 그들은 임계 모델에 입각한 설명과는 달리 실제 네트워크에서는 전염성이 강력하다고 해서 그것이 보다 잘 확산된다는 보장이 없다는 점을 입증한 바 있다.

8.

역사적 전통만큼이나 독특한 이탈리아 북부의 도시 트리에스테(Trieste)는 유명한 국제이론물리학센터(International Center for Theoretical Physics)가 위치한 곳이다. 노벨상 수상자이기도 한 파키스탄 출신 물리학자 압둘라 살람(Abdula Salam)이 설립하고 직접 수십 년 동안 이끌어 오는 동안 이 연구소는 전 세계의 동료 학자들과 활발히 교류할 수 있는 마당을 제공하여, 제3세계 물리학자들에게 안전하면서도 지적인 도전을 고취시키는 안식처가 되어 왔다. 스페인의 물리학자인 로무알도 파스토르-사토라스는 1999년에 교수로 임명되어 바르셀로나로 돌아가기 전까지 바로 이곳에서 2년 동안의 박사후(post doctor) 과정을 마쳤다. 이듬해인 2000년 여름 그는 두 달간 체류 예정으로 다시 트리에스테로 돌아왔다. 그의 지도교수였던 알레산드로 베스피냐니와 함께 수행하던 몇 가지 프로젝트가 완료되지 않은 채 남아 있었던 것이다. 새롭게 논문을 준비하면서 참고

문헌을 정리하는 과정에서, 그들은 IBM의 컴퓨터 바이러스 전문가인 스티브 화이트(Steve R. White)가 발표한 「컴퓨터 바이러스 연구에 있어서 널리 알려진 문제들」이라는 제목의 논문을 우연히 발견했다. 그 논문에는 생물학적 사고에 기초한 전염병 모델로는 러브 버그를 비롯한 다른 컴퓨터 바이러스들의 확산을 적절히 기술할 수 없다는 주장이 담겨져 있었다.

여기에 흥미를 느낀 두 사람의 연구자는 문제를 보다 면밀히 분석할 필요가 있다고 판단했다. 그리고 바이러스 블루틴의 기록을 조사하여, 특정 바이러스가 처음 출현한 지 수개월이 경과한 후에도 지속적으로 발생할 수 있는 가능성이 얼마나 되는지를 살펴보았다. 조사 결과는 놀라운 것이었다. 대부분의 바이러스 수명이 6개월에서 14개월 사이인 것으로 나타났는데, 이것은 바이러스가 최초 발견되고 백신에 의해 사라졌다고 믿어진 시점 이후에도 1년 넘게 계속 발생하고 있다는 것을 말해 주는 것이다. 두 사람은 "바이러스 백신 프로그램이 사용 가능한 단계까지의 시차(대개는 최초 발견 사례 보고 이후 며칠 또는 몇 주 만에 백신프로그램이 등장한다)와 비교하면 바이러스의 수명은 인상적일 만큼 상당히 길다"고 말했다. 바이러스가 마치 미라처럼 영면의 안식을 얻지 못하고 시시때때로 관속에서 벌떡벌떡 일어나는 것이다.

내개 연구자들은 다양한 형태의 전통적인 임계 모델에 입각하여 컴퓨터 바이러스의 확산을 기술하고자 한다. 이에 따르면, 일단 컴퓨터들은 바이러스에 감염된 것과 감염되지 않은 정상적인 컴퓨터로 나눌 수 있다. 정상적인 컴퓨터도 일정한 간격을 두고 감염된 컴퓨터에 접속함으로써 바이러스에 감염될 수 있다. 역설적으로 들릴지도 모르지만 바이러스에 감염된 컴퓨터는 백신 프로그램으로 치유되자마자 곧바로 또다시 감염의 위험 앞에 놓이게 된다. 이때 컴퓨터들이 상호 무작위로 연결되어 있다고 가정하면, 전염성이 강한 바이러스, 다시 말해 결정적 임계값을 상회할 정도의 전염성이 있는 바이러스는 그만큼 더 많은 수의 컴퓨터로 확산될 가능성이 높다. 반면에 그 임계값에 못 미치는 전염성을 가진 바이러스라면 새롭게 감염되는 컴퓨터의 수가 급속히 감소되며 마침내는 소멸된다. 이처럼 임계 모델로 설명을 시도하면 결국 바이러스 확산의 고전적인 시나리오를 입증하는 셈이 된다.

2000년 8월 당시 파스토르 사토라스와 베스피냐니 두 사람은 화이트의 주장이 타당하다고 결론 내렸다. 즉, 컴퓨터 바이러스의 경우에는 전통적인 전염 모델들의 예측이 들어맞지 않는다는 것이다. 하지만 왜 이러한 불일치가 생겨나는지 그 원인은 명확하지 않았다. 다행스러운 일인지 아닌지 잘 모르겠지만 우리 연구팀이 《네이처》에 "인터넷의 아킬레스건"이란 제목의 논문을 발표한 것이 바로 그때였다. 두 사람은 나의 논문을 읽으면서 일순 그들이 놓치고 있었던 부분을 알아차렸다. 인터넷에서는 컴퓨터들이 무작위로 연결되어 있는 것이 아니며 기본적으로 척도 없는 위상구조를 취하고 있다. 따라서 이전의 모든 연구들이 그랬던 것처럼 무작위 네트워크를 전제로 할 것이 아니라 그 대신 척도 없는 네트워크를 고려하면서 컴퓨터 바이러스의 확산 과정을 모델링해야 했던 것이다. 파스토르 사토라스와 베스피냐니는 자신들이 얻은 영감을 놓치지 않고 신속하게 작업에 착수했다. 이것은 척도 없는 네트워크에서의 확산에 대한 최초의 연구였다. 그리고 그 결과는 대단히 놀라운 것이었다. 즉, 척도 없는 네트워크에서는 전염 임계라는 것이 사라져버린다는 것이다. 여기서는 바이러스가 비록 전염성이 약한 경우라도 얼마든지 확산되고 또 살아남게 되는 것이다. 척도 없는 네트워크 속에서 활동하는 바이러스들은 어떤 종류의 임계에도 영향을 받지 않으며 따라서 그것을 막을 방법을 현실적으로 찾을 수 없게 된다. 이러한 발견은 지난 50여 년 동안 확산 연구를 통해 얻어진 지식 모두를 정면으로 거부하는 것이었다.

이처럼 컴퓨터 바이러스에서 보여지는 전혀 예상 밖의 확산 양상은 인터넷의 불균일한 위상구조에서 그 원인을 찾을 수 있다. 척도 없는 네트워크에서는 허브가 지배력을 행사한다. 각각의 허브는 대단히 많은 수의 다른 컴퓨터들과 연결되어 있기 때문에 그 중 한 컴퓨터에 의해 바이러스에 감염될 가능성이 높다. 역으로 일단 허브가 감염되면 그것에 연결된 다른 컴퓨터들에게 바이러스가 손쉽게 전파된다. 그런 관점에서 보면 많은 연결을 가진 허브는 바이러스가 확산되고 살아남는 데 있어 매우 효과적인 수단이 되는 셈이다. 전염성이 강한 바이러스는 어떤 네트워크에서나 각각의 노드에 빠르게 확산된다. 그렇지만 네트워크의 위상구조가 척도 없는 구조라면 비록 전염성이 상대적으로 약하다고 할지라도 여전히 살아남을 수 있는 기회는 많다.

위에서 언급한 내용은 단지 컴퓨터 바이러스에만 해당하는 것은 아니다. 파스토르 사토라스와 베스피냐니가 그들의 연구에 사용한 모델을 약간 수정하기만 하면 아이디어, 기술 혁신, 신제품 그리고 감염성 질환의 확산 등을 명확하게 설명하는 데 얼마든지 이용할 수 있다. 조금 거칠게 말하는 것인지는 모르겠으나 그 자신이 풍부한 인간관계와 함께 여기저기를 끊임없이 돌아다니는 허브로서 많은 사람들에게 초기 기독교 신앙을 전파하는 데 기여했던 사도 바울의 예에서 보는 것처럼 종교의 확산 과정에 있어서도 이 모델은 훌륭한 분석 도구가 될 수 있다. 아이디어와 기술 혁신은 사회 네트워크의 링크를 따라 사람에게서 사람으로 전파된다. 그리고 사회 네트워크가 특성상 척도 없는 위상구조를 가진다고 한다면 컴퓨터 바이러스에서 발견된 그런 예외적 현상이 사회 네트워크에도 마찬가지로 존재한다고 보는 것은 지극히 당연한 일이다.

9.

수백 가지나 되는 사회적 링크 가운데 성병을 감염시킬 수 있는 정도로 친밀한 성격의 것은 극히 일부분이다. 그러므로 에이즈의 경우는 고도로 상호연결된 사회 네트워크 중에서도 비교적 연결이 성긴 하위네트워크(sparse subnet)에서 진전된 것이라 간주할 수 있다. 아울러 비교적 전염성이 약하다는 점을 감안할 때 지금쯤 감염율이 둔화되거나 아예 소멸될 것으로 기대하는 것도 무리는 아니다. 하지만 생각과는 달리 에이즈 감염 인구는 대략 5천만 명에 달하고 있을 뿐 아니라 지속적인 증가 추세를 멈추지 않고 있다. 아마 여러분은 앞에 서술한 트리에스테에서의 연구를 액면 그대로 받아들여 에이즈의 급속한 확산을 사회 네트워크의 척도 없는 위상구조와 관련지어 설명하려는 시도를 해보는 일에 유혹을 느낄지도 모르겠다. 그렇지만 모든 사회적 관계가 성적인 접촉이 활발하게 일어나는 링크가 아니라는 점을 감안할 때, 그보다 앞서 그처럼 치명적인 질병을 퍼뜨리는 성적 네트워크의 위상구조가 과연 어떤 것인지에 대해 먼저 의문을 제기하지 않으면 안 될 것이다.

2000년 11월 하순의 어느 날, 스웨덴 스톡홀름 대학(University of Stockholm)의 박사과정 대학원생인 카리나 무드 로만(Carina Mood Roman)은 수업 과제물을 해결하기 위해 골머리를 앓고 있었다. 그녀의 과제는 일군의 조사 대상으로부터 섹스 파트너의 숫자를 예측하는 것이었다. 남녀가 결혼 전에 동거할 권리를 법적으로 인정한 최초의 국가 중 하나인 스웨덴은 성적 규범에 관한 한 비교적 자유로운 편이다. 또한 보건의료 제도가 잘 정비되어 있고 사회보장 서비스가 발달된 나라로 잘 알려져 있다. 북유럽 지역에 에이즈 환자가 발생하기 시작하자 스웨덴의 연구자들은 감염율을 둔화시킬 수 있는 수단을 찾아내고자 성적인 접촉에 대한 광범위한 조사 연구에 착수했다.

사람들 사이의 성관계 네트워크를 포착하여 지도를 만드는 것은 한마디로 불가능한 일이다. 당신이라면 성관계를 맺은 모든 상대방의 이름을 낱낱이 그것도 기꺼이 말해줄 수 있겠는가? 설혹 그런다고 할지라도 성관계의 링크를 완벽하게 파악하기 위해서는 상대방을 찾아다니면서 하나 하나 확인하지 않으면 안 될 것이다. 그렇지만 다행스럽게도 성적 네트워크의 위상구조가 무작위인지 아니면 척도 없는 네트워크인지를 확인하기 위해서는 완진한 성관계 맵을 그려내지 않아도 된다. 즉, 표본집단을 선정한 후 그들의 섹스 파트너 숫자를 조사하여 연결선 수 분포를 측정하는 것만으로 충분하다. 조사 대상에게 섹스 파트너의 신분을 밝히도록 요구할 필요가 없으므로 조사가 훨씬 쉬워진다. 1996년 스웨덴의 학자들은 18세에서 74세 사이의 연령에 해당하는 4,781명을 무작위로 추출하여 성행위 습관에 관한 면접 조사를 실시한 바 있다. 응답률은 59%였으며 조사 결과 2,810개의 노드를 검출하고 그것들의 성의 링크를 분석했다.

오늘날 학생들에게는 다양한 통계 기법을 실험하는 데 필요한 표집 자료가 제공되곤 한다. 로만은 자신의 조사 결과에 나타난 오차 문제를 해석하기 위해 룸메이트에게 달려갔다. 프레드릭 릴리에로스(Fredrik Liljeros)는 이전부터 일련의 수리사회학 강의에 큰 흥미를 느꼈고, 사회 조직의 진화 과정에 초점을 맞춘 연구들에 몰두한 적이 있었다. 따라서 그는 자기 조직화 문제나 멱함수 법칙과 같은 수학적 분석 도구와 개념에 대해 익히 알고 있었다. 릴리에로스는 전형적인 스칸디나비안의 풍모를 지니고 있었지만, 20대 약관의 나이였던 그는 자신의 연구에 관한 한 외모와는 달리 머뭇거리거나 양보하는 타입이 결코 아니었다. 그는 로만이 보여준 분포 곡선을 보더니 "이건 멱함수 법칙이네!" 하고 그 자리에서 큰 소리를 질러댔다. 도움을 요청한 로만의 일은 안중에 없었다. 그는 자신의 직감을 확인하기 위해 적반하장 격으로 더 많은 데이터를 요구했다. 그리고 나서 이전에 공동 연구자였던 보스턴 대학의 루이스 애머랠에게 이메일을 보냈다. 애머랠은 그때 복잡한 네트워크들에 관심을 가지고 있었으며 척도 없는 위상구조의 모델링 문제를 주제로 세미나에서 발표할 몇 편의 논문을 준비하고 있었다. 그는 릴리에로스가 보내준 이메일의 데이터를 보고 즉각 우리가 앞서 제기했던 질문, 즉 성관계 네트워크의 위상구조는 어떤 것일까 하는 것에 대해 답변해 줄 수 있는 중요한 정보를 담고 있다는 점을 알아차렸다.

그런데 성행위 습관에 대한 연구들은 종종 피조사자의 기억과 관련하여 매우 잘못된 편견―남성이 여성에 비해 섹스 파트너를 더 잘 기억한다는―을 드러낸다. 앞서 기술한 스웨덴인에 대한 조사에서도 조사의 정확성을 기하기 위해 처음에는 먼저 남성을 대상으로 그들이 지난 1년간 몇 사람의 상대방과 성관계를 가졌는지를 묻고 이어 일생 동안의 섹스 파트너 숫자를 질문하는 형태로 진행되었다. 조사 결과 응답자의 대부분은 일생 동안 한 명에서 열 명 사이의 상대방과 성관계를 가졌던 것으로 나타났으며 일부는 열 명 이상 그리고 극소수가 수백 명이라고 응답했다. 또한 조사 과정에서 방금 지적한 편견이 잘못되었다는 점이 확인되었다. 즉 남성이나 여성 또는 조사 대상기간―1년 또는 일생 동안―에 관계없이 일관된 조사 결과가 나왔으며 모든 경우에 응답 내용의 분포는 멱함수 법칙을 따르는 것으로 나타났던 것이다. 이것은 결론적으로 성관계의 네트워크가 척도 없는 위상구조를 지닌다는 것을 강력하게 뒷받침하는 것으로 해석할 수 있으며, 미국인을 대상으로 한 후속 조사 연구에서도 이 같은 결론이 재차 확인된 바 있다.

앞의 사례를 보면 개탄 듀가스가 1년에 250명 정도의 상대와 성관계를 가졌다는 점에서 아마도 이 부문 최고 기록 보유자가 될지도 모르겠다. 그러나 2만 명의 여성들과 상대했다는 월트 체임벌린(Wilt Chamberlain)의 주장이 사실이라면 듀가스는 기록 축에도 끼지 못하는 셈이다. 그는 "과장이 아닙니다. 틀림없이 서로 다른 2만 명의 여자들과 관계를 맺었습니다. 그러니까 열다섯 살 때부터라고 치면 매일 1.2명의 여성과 잠자리를 함께 한 것이네요"라고 적고 있다. NBA 명예의 전당에도 헌액된 바 있는 체임벌린의 이런 계산은 그의 난잡한 성생활 때문에 감정이 상했던 많은 사람들의 호된 비평을 자초했다. 하지만 스톡홀름과 보스턴에서 수행되었던 연구에 의하면, 체임벌린의 경우는 얼마든지 있을 수 있는 일이다. 척도 없는 위상구조라는 것은 곧 대부분의 사람들은 매우 적은 수의 성의 링크를 가지는 반면 일반적인 경우에 비해 훨씬 더 많은 수의 성적 접촉을 가지는 소수의 허브가 공존한다는 사실을 뜻한다. 믿을 수 없을 정도로 많은 숫자의 섹스 파트너를 가졌던 월트 체임벌린이나 개탄 듀가스 등이 바로 그런 경우에 해당했던 셈이다.

트리에스테 연구 사례에서 얻어진 결론은 에이즈에 대해서도 새로운 분석 시각을 제공해 준다. 즉, 치명적인 이 바이러스 또한 기술 혁신이나 컴퓨터 바이러스의 확산에서 보았던 그런 경로를 따라 전파되었던 것이 확실하다. 여기에서도 허브는 그들의 빈번한 성적 접촉 때문에 가장 먼저 감염된 사람에 속하게 되며, 일단 자신이 감염된 이후에는 빠른 시간 내에 수백 명의 다른 사람들에게 병을 퍼뜨리게 된다. 만일 성의 네트워크가 동질적이고 균일한 무작위 네트워크였다면 에이즈는 벌써 오래 전에 사라졌을 것이다. 에이즈의 확산을 가능케 했던 것은 그 무엇도 아닌 바로 성관계 네트워크가 갖는 척도 없는 위상구조 때문이었던 것이다.

10.

1997년 미국에서 에이즈로 인한 사망자 수가 사상 처음으로 감소하자 사람들은 이제 최악의 상태를 벗어났으며 사태는 점차 호전될 것이라고 생각했다. 하지만 그 생각은 잘못된 것이었다. 현재 전 세계적으로 하루에만 15,000명의 감염자가 새롭게 발생하고 있으며, 그들 대부분은 10년 안에 사망하고 말 것이다. 보츠와나(Botswana)에서는 15세 되는 사람이 남은 일생 동안 에이즈에 걸려 사망할 확률이 거의 90%에 육박하고 있다. 누군가 이 나라를 비롯하여 사하라 사막 이남 지역의 국가를 대상으로 지구 전체를 뒤덮고 있는 이 질병으로부터 살아내야 할 청소년을 가려내라고 한다면, 그것은 아마도 매우 곤혹스러운 일이 될 것이다. 그리고 유감스럽게도 이미 어느 정도의 효과가 있다고 알려진 에이즈 치료약이 시판되고 있는 현실에도 불구하고 이것은 엄연한 현실이다. 물론 이들 치료약이 에이즈를 완전히 치료하는 것은 불가능하지만, 적어도 각각의 치료제는 대부분의 에이즈 환자들이 상당히 오랜 기간 동안 생존할 수 있도록 함으로써 마치 에이즈가 만성 질환인 것처럼 여겨지도록 만들고 있다. 그렇다면 신약이 개발되는 데도 에이즈가 여전히 기승을 부리고 있는 이유는 무엇일까? 무엇보다 가장 큰 문제점은 연간 15,000달러에 이르는 치료비가 유럽과 북미를 제외한 대부분의 나라에서는 경제적 부담 능력을 넘어서는 액수라는 것이다.

특히 아프리카 지역에 직면한 위기가 가장 심각하다. 대부분의 아프리카 국가들은 약값을 지불할 능력이 없는 것은 말할 것도 없고, 한술 더 떠서 가격이 인하된다고 할지라도 치료제를 전달하고 투여할 충분한 기반 시설을 갖추고 있지 못하나는네 더 큰 문제가 있다. 에이즈는 최초로 발견 사례가 보고된 지 20년밖에 안되었지만 그야말로 악명 높은 일종의 유명인사와 같은 존재가 되었다. 빌 게이츠로에서부터 여러 명의 인기 있는 팝 스타에 이르기까지 제법 알려진 사람들이 발벗고 나선 덕분에 에이즈 퇴치 운동은 세인의 주목을 받아

왔으며 제약업계의 대기업들 역시 저개발국가들에게는 저렴한 가격으로 치료약을 공급하고 있다. 그렇지만 이것은 단지 첫걸음에 불과할 뿐이다. 비록 수십억 달러 규모의 국제적인 자금이 투입되더라도 그리고 가격이 대폭 인하되더라도 모든 에이즈 환자가 필요한 치료약을 구입하기에는 턱없이 부족하다는 것이 너무나도 자명하다. 그렇다면 과연 누가 치료약을 구할 것인지 하는 문제가 남게 된다.

에이즈는 초기 단계에서는 동성애로 인한 감염이 주류를 이뤘지만 오늘날에는 이성간의 성관계가 최우선적인 감염 경로가 되어가고 있다. 또한 앞서 살펴본 것처럼 에이즈의 감염 과정에서도 허브가 핵심적인 역할을 수행한다. 그런데 이러한 허브의 특성을 고려하는 경우 어떻게 보면 효과적일 수도 있지만 한편으로는 가혹한 해결책이 도출될 수밖에 없다는 결론에 도달하게 된다. 그것은 다름이 아니라 자원이 한정되어 있다는 점을 감안하면 치료의 일차적인 대상을 허브에 한정해야 한다는 점이다. 최근에 이루어진 두 연구에서도 동일한 결론에 도달한 바 있다. 하나는 전술한 파스토르 사토라스와 베스 피냐니의 연구이고 다른 하나는 우리 연구실에 소속된 대학원생 졸탄 데죄(Zoltán Dezsö)의 연구이다. 이 연구들에서는 모두 결론적으로 사전에 설정된 어떤 값보다 큰 연결선 수를 갖는 모든 노드들에 대해 치료를 할 경우에는 그 값을 어떤 수준으로 설정하든 전염의 임계값이 유한한 값으로 나타났다. 보다 많은 허브에 대해 치료를 집중하면 할수록 전염의 임계는 커지고 따라서 바이러스가 소멸될 가능성은 그만큼 더 커진다는 것이다.

그런데 정작 문제는 누가 허브인지 정확하게 알지 못한다는 사실이다. 이 점에 착안하여 졸탄 데죄와 함께 나는 좀더 정교한 질문 방법을 찾아내는 일에 착수했다. 비록 고도의 신뢰성을 가지고 허브를 식별해내는 방법에 대해서는 알지 못하지만, 지난 수십 년 간의 연구 과정에서 확률이 높은 고위험집단이나 특정 집단 내에서 감염원일 가능성이 가장 높은 개인들을 식별하기 위한 다양한 사회학적 방법들이 개발되어 왔다. 여기에는 사회적 지위, 연령, 직업과 기타 여러 요인들이 작용한다. 따라서 일정한 확률을 가지고 허브를 식별해낼 수는 있다. 물론 실제로 많은 허브들이 간과되기도 하고, 또 거꾸로 실제로는 허브가 아닌데 허브로 잘못 식별되기도 할 것이다. 그렇다면 이처럼 불완전한 방법이 과연 유용하다고 할 수 있는가? 허브를 식별하기 위해 단지 최선을 다한다는 것만으로 부족하다고 할 때, 그럼에도 불구하고 여전히 전염 임계에 의존할 수 있는가? 이 질문에 답하기 위해서 일반적으로 보건의료 관계기관들은 성적 링크가 적은 사람들보다 상대적으로 더 많은 성적 링크를 가진 사람들에게 치료를 치중할 가능성이 높다고 가정해 볼 필요가 있다. 이러한 확률론적인 접근방법에 의거할 때 과연 무작위적인 방법으로 치료하는 것이 효과적인지, 아니면 훨씬 더 많은 연결을 가진 노드를 식별하여 그것을 우선적으로 치료하는 것이 효과적인지를 비교해 보는 것이 가능해진다.

졸탄 데죄는 바로 이러한 비교 연구를 수행한 바 있는데 우리는 그 결과에 놀라시 않을 수 없었다. 무작위로 대상을 골라 치료하는 방법에 의존했던 정책들에서는 전염 임계가 아예 없었기 때문에 바이러스의 확산을 막는 데 실패하게 된다. 반면에 더 많은 연결을 가진 노드에 대해서 차별적으로 접근했던 정책에서는 그 차별의 정도가 아무리 미미한 경우였더라도 유한한 값의 전염 임계가 설정될 수 있었다. 즉 모든 허브를 발견할 수 없는 경우라 하더라도 그것을 위해 노력하는 길만이 적어도 질병의 확산을 둔화시킬 수 있다는 것이다.

선택이 개입된 차별화 정책은 항상 중요한 윤리적 문제를 제기한다. 나의 연구가 도출한 결론에 따르자면 자원은 제한되어 있으므로 난잡한 성생활에 대해 우선적으로 보상해야 한다는 결론에 도달하는 셈이다. 즉, 더 많은 섹스 파트너를 가지면 가질수록 치료 대상으로 선정될 가능성이 높아지는 것이다. 그것은 그런 사람들을 효과적으로 색출해서 적절히 치료하는 일을 잘할수록 그만큼 더 감염자가 감소할 수 있는 확률이 커지기 때문이다. 바로 그런 이유에서 우리는 다음과 같은 윤리적 질문을 던지게 된다. 우리는 전체 인구의 복리를 위해서(성관계가 복잡한 사람을 우선적으로 치료해야 하기 때문에) 성적 접촉이 상대적으로 적은 사람들을 포기할 준비가 되어 있는가? 우리는 부유하면서 성관계가 덜 복잡한 중산층보다 복잡한 성관계를 가지는 빈곤한 윤락 여성들에게 우선적으로 치료약을 공급할 준비가 되어 있는가?

이러한 윤리적 논쟁을 학술적인 측면에서 해결할 수 있는 한 가지 방법이 있다. 그것은 다름 아닌 백신이다. 현재 전 세계적으로 에이즈 백신 개발에 투자되는 연간 연구비는 단지 3억 5천만 달러에 불과하다. 이는 미국과 유럽에서 에이즈 치료약 개발에 연간 투자되는 30억 달러 내지 그 이상으로 추정되는 연구비나 10억 달러 이상을 호가하는 전투기 한 대의 가격에 비하면 극히 미미한 액수다. 따라서 연구의 우선 순위를 조정하는 일이 무엇보다 시급하며 여기에 노력을 집중하지 않으면 안 된다. 동시에 그렇게 하고 있는 동안이라도 손을 놓고 있어서는 안 되며 에이즈 확산을 막기 위해 필요한 일이라면 무엇이든지 즉시 시작해야 한다는 것이 나의 생각이다. 비록 그것이 난잡한 성생활에 보상을 하는 결과를 초래하게 되더라도.

11.

　선구적인 아이오와 연구 이래 성공과 실패 그리고 전염병과 유행 등에 대한 우리들의 이해는 괄목할 정도로 발전해 왔으며, 지난 몇 십 년 동안 연구 주제 또한 놀라울 정도로 매우 다양해졌다. 옥수수 신품종의 도입 과정에 대한 연구가 에이즈의 확산이나 하룻밤 사이에 갑작스럽게 탄생한 유명인사를 보다 잘 이해하는 데 도움이 된다는 사실을 깨달았고, 비록 모든 확산의 과정에는 무작위성이 내재되어 있지만 그 과정은 수학 용어로 정확히 기술될 수 있는 법칙을 따른다는 점도 확인할 수 있었다. 그리고 최근 들어 사회 네트워크가 확산의 과정에서 수행하는 매우 중요한 역할에 대해 이해하기 시작하고 있다.

　그렇지만 다른 한편으로 지난 50여 년 동안 너무나 많은 변화가 있었던 것 또한 부정할 수 없는 사실이다. 전 세계적인 규모로 사회 네트워크의 내부에 팩시밀리에서 이메일에 이르기까지 빠른 속도의 통신 수단들이 폭발적으로 보급되어 역사상 선례가 없을 정도로 우리들을 밀접하게 결속시키고 있다. 그리고 이러한 변화가 확산의 법칙과 관련하여 어떤 영향을 미치고 있는지에 대한 연구가 시급한 과제로 대두된 실정이다. 구체적으로 바이오테러리즘의 위협이 증가하고 있으며, 에이즈는 누그러질 기미를 보이지 않은 채 지속적인 확산을 거듭하고 있다. 특히 오늘날과 같이 이동성이 향상된 사회에서는 감염자가 쉽게 비행기로 오가며 국지적인 전염병을 전 세계적인 범위로 확산시키는 것이 용이하다는 점에서 치명적인 바이러스의 전파 과정을 추적하고 예측하는 일이 무엇보다 중요한 과제가 되었다. 아울러 점점 더 컴퓨터에 대한 의존도가 높아지면서 우리는 국경 자체가 존재하지 않는 새로운 종류의 바이러스까지 만들어내고 있다. 러브 버그를 비롯한 컴퓨터 바이러스들은 더 이상 단순히 귀찮은 것 정도로 그치지 않는다. 그것들은 우리들의 안전과 생활 양식에 대한 실질적인 위협이며, 생명이 위태로운 응급 사태를 손쉽게 야기하는 것도 얼마든지 가능한 일이다. 사태가 이렇게 진전되자 급기야 새로운 종류의 면역학자, 즉 컴퓨터 보안 전문가가 등장하는 지경에까지 이르렀으며 이들은 온라인 세계의 건강을 지키는 파수꾼으로서 한 눈 파는 법 없이 열심히 모니터링에 몰두하고 있다.

기술 혁신과 생물학적 또는 컴퓨터 바이러스들은 허브가 핵심적 역할을 수행하는 불균일한 네트워크를 통해 확산된다. 트리에스테 연구진의 연구는 우리가 전파와 확산에 대해 얼마나 알고 있는 것인지를 놀라움 속에서 스스로 깨닫게 하는 계기를 마련해 주었다. 지금까지 얻은 연구 결과는 단지 빙산의 일각에 불과하다는 것이 나의 믿음이다. 전파와 확산은 보편적인 속성이지만 개별 시스템들은 종종 일반 법칙과 똑같은 정도의 중요성을 갖는 고유한 특성을 보유하고 있다. 컴퓨터 바이러스를 모델링함으로써 에이즈에 대해 완벽하게 파악할 수 있다는 것은 한마디로 억지에 불과하다. 에이즈의 확산에 대해 보다 정밀히 예측하기 위해서는 에이즈 특유의 자세한 특성들을 고려한 모델이 있어야 함은 두말할 필요도 없다. 그리고 이것은 아직 요원한 꿈일지도 모른다. 하지만 전파와 확산 현상을 지배하고 있는 근본 법칙들의 규명이야말로 에이즈 정복에 필수적인 요건이다. 다행스럽게도 최근의 연구에서 이루어진 성과들은 매우 고무적이어서 마케팅에서 인플루엔자의 전염에 이르기까지 모든 종류의 문제들을 재조명하고 그것에 내재되어 있는 가정들을 새롭게 하나하나 검토하기에 적합한 환경이 조성되고 있다. 나는 계속 이 방향으로 연구들이 진전되어 더욱더 놀라운 연구 결과와 새로운 발견들이 풍성해질 것을 믿는다.

확산과 전염병 연구에 있어서 최근에 이루어진 패러다임의 변화는 무엇보다도 인터넷이 제공한 풍부한 데이터에 힘입은 바 크다. 네트워크 중에서도 그 구체적 모습을 가장 잘 포착할 수 있는 것 중 하나라고 할 수 있는 인터넷은 일차적으로 척도 없는 네트워크에 대한 우리들의 이해를 가능케 해주었다. 전염병 중 어떤 것은 감염 과정을 방해하는 임계값이 없다는 점을 확인해 준 트리에스테에서의 연구가 가능했던 것은 인터넷으로 전파되는 바이러스를 통해 연구에 필요한 통찰력과 데이터를 제공받을 수 있었기 때문이다. 나아가 컴퓨터 바이러스에 관한 연구를 통해 새롭게 발견된 지식들은 유행이나 에이즈 등 모든 종류의 확산을 새로운 시각에서 다시 한번 들여다보게 만들었다. 자, 이제부터 잠시 한 걸음 물러서서 이 모든 발견을 가능케 했던 인터넷 그 자체에 내해 살펴보고 그것의 네트워크적 속성을 탐색해 보기로 하자.

The Awakening Internet 열한 번째 링크

인터넷의 등장

펜실베이니아 대학 재학 시절, 폴 배런(Paul Baran)은 처음 듣는 컴퓨터 강좌에 1주일 늦게 수강 등록을 했다. 그 바람에 첫 수업을 놓쳤다는 것을 알고 있었지만 별로 신경 쓰지 않았다. 어쨌든 첫 수업 시간에 진도 나가는 법은 별로 없으니까. 두 번째 시간에 교실에 들어갔을 때는 컴퓨터 논리의 기초가 되는 수학 이론인 부울대수학 (Boolean algebra) 강의가 한창이었다. 그는 다음과 같이 회상했다. "강사가 칠판으로 다가가더니 '1+1=0'이라고 적더군요. 순간 저는 교실 안을 둘러보면서 누군가 장난 같은 이 계산에 대해 지적할 것이라고 생각했습니다. 그러나 아무런 일도 없이 그저 조용하기만 했습니다. 그래서 내가 무엇인가를 빼먹었구나 싶었습니다. 뭐 그냥, 다시는 수업에 들어가지 않았지요." 그러나 졸업 후 네 번째 직장에 들어갔을 때 그는 바로 그 문제를 가지고 씨름해야 하는 처지가 되었다. 하지만 이번에는 조금 상황이 달랐다. 그는 남들보다 너무 일찍 앞서 나갔던 것이다.

배런이 랜드연구소(RAND Corp.)에 취직했을 때 갓 서른을 넘긴 나이였다. 그런 그에게 핵무기 공격에도 버틸 수 있는 커뮤니케이션 시스템을 개발하는 막중한 임무가 부과되었다. 1959년 당시만 하더라도 소련에서 쏘아 올린 핵탄두가 난데없이 하늘에서 떨어지는 일은 단순히 공상과학 소설에나 나올 법한 이야기가 아닌 충분히 우려할 만한 전쟁 시나리오였다. 배런이 일하고 있던 직장은 핵무기 증강의 이론적 근거를 제공하기 위해 1946년에 창립된 캘리포니아의 싱크탱크(think tank)로서 전쟁 시나리오를 개발하고 그것이 야기하는 잠재적인 재난을 분석하는 전문가를 많이 보유하고 있었다. 핵무기 공격으로 인한 수백만 명의 살상 결과를 예측하고 분석하는 섬뜩한 임무였던 만큼 결코 언론에 노출되는 일은 없었으며 종종 영화 속에서 전쟁광으로 묘사되었던 '전면 핵전쟁 추진론자(Dr. Strangelove)들의 소굴'이라는 오명을 쓰는 일도 있었다. 배런에게 주어진 과제는 랜드연구소에서는 흔하고 평범한 연구 주제였다. 그럼에도 그는 이 일에 열심히 매달렸고 12편의 연구 발표를 통해 기존의 커뮤니케이션 시스템이 갖는 취약성을 치밀하게 기술하는 한편 보다 나은 대안—인터넷(Internet)—을 제안했다.

배런은 1950년대의 명령체계기 취약성을 갖는다면 그것은 기존 커뮤니케이션 네트워크의 위상구조 때문이라고 판단했다. 핵폭탄이 투하되었을 때, 피해 반경 내의 모든 장비가 일순 마비되더라도 이 반경 외부의 사용자들 사이의 통신은 두절되지 않는 시스템을 설계하고자 한 것이 그의 의도였다. 그는 당시의 커뮤니케이션 시스템을 분석한 뒤, 세 가지 유형의 네트워크로 분류할 수 있다고 결론지었다 (그림 8 참조). 배런은 이 세 가지 유형 가운데 우선 별 모양의 위상구조를 지닌 네트워크를 배제시켰는데 그것은 "중앙집중화된 네트워크는 중앙노드에 일격을 가하기만 해도 단말국 상호 간의 통신이 단절되는 명백한 취약점이 있다"는 이유에서였다. 이어 그는 당시의 시스템에 대해 "몇 개의 별 모양 네트워크가 계층 구조로 연결되면서 더 큰 형태의 별 모양 네트워크를 형성하고 있다"고 말했는데 이는 척도 없는 네트워크의 초기적 형태라고 볼 수 있다. 하지만 그는 대단한 통찰력으로 이 유형 역시 중앙집중화 경향 때문에 공격에 취약하다고 생각했다.

마지막 유형은 마치 고속도로망처럼 생긴 그물 모양의 분산 네트워크였는데, 이 유형이야말로 핵무기 공격에도 견딜 수 있는 이상적인 구조라는 것이 배런의 생각이었다. 그림에서 보는 것처럼 비록 일부 노드가 붕괴된다고 할지라도 나머지 노드들 상호 간에 연결을 유지할 수 있는 대체 경로가 많다.

인터넷이 소련의 핵 공격에 대처하기 위해 고안된 것이라는 믿음은 오랫동안 지속되어 왔다. 배런의 당초 의도가 소련의 핵무기 공격에도 붕괴되지 않는 시스템을 개발하는 것이었다는 것만큼은 틀림없는 사실이었지만 결국 그의 생각과 연구 결과의 거의 대부분이 군사 당국에 의해 무시되었다. 그런 의미에서 결과적으로 오늘날과 같은 인터넷 위상구조는 배런의 생각과 직접적인 관계가 없다고 할 수 있다. 그런데 군사 분야와 산업계의 많은 사람들이 배런의 생각에 대해 맹렬하게 반대했던 이유는 그가 주장한 네트워크 위상구조의 변

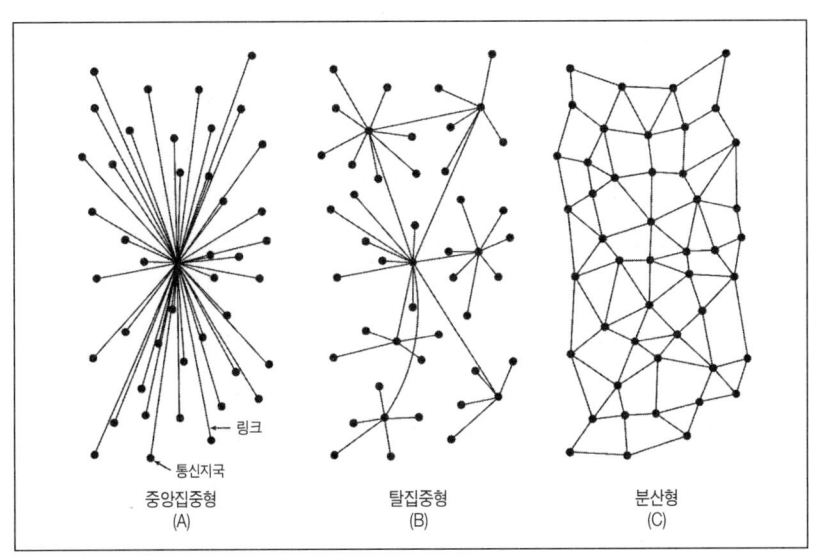

■ 그림 8 폴 배런이 제시한 네트워크 유형

1964년 폴 배런은 인터넷에 맞는 최적의 구조를 모색하기 시작했다. 그는 네트워크의 구조를 세 가지 유형—중앙집중형, 탈집중형 및 분산형—으로 구분하고, 그 당시 주류를 이루던 중앙집중형과 탈집중형 통신망은 공격에 대해 너무나 취약한 구조라고 경고했다. 나아가 기존의 통신망과는 달리 인터넷은 그물 모양의 분산 구조를 갖도록 설계되어야 한다고 주장했다.

화 때문이 아니었다. 배런은 균일한 크기의 작은 패킷으로 메시지를 분할해서 그것들이 각기 독립적으로 네트워크를 통해 전송되는 방식을 제안했는데, 사람들은 바로 이 방식에 반대했던 것이다. 이 방식은 기존의 아날로그 통신망에서는 실현 불가능했기 때문에 배런은 디지털 통신망으로의 전환을 주장했다. 이것은 당시 통신 사업 분야에서 독점적 지위를 차지하고 있었던 AT&T로서는 대단히 어려운 문제였다. AT&T의 잭 오스터만(Jack Ostermann)은 큰 소리로 배런의 주장을 일축했다. "우선 그것은 제대로 작동할 가능성이 거의 없습니다. 비록 가능하다고 하더라도 고작해야 스스로 경쟁자를 만들어 내는 얼토당토않은 결과밖에 얻는 것이 없겠죠." 이렇듯 매 단계마다 업계와 군에 의해 좌절되었던 배런의 아이디어는 몇 년 후에야 비로소 고등연구계획국(ARPA, Advanced Research Projects Agency)이 그의 연구를 알지 못한 상태에서 독자적인 연구 끝에 같은 결론에 도달할 때까지 빛을 보지 못했다. 그리고 그동안 인터넷은 자체적으로 발전 과정을 밟아나가고 있었다.

    인터넷의 위상구조를 이해하는 것은 빠른 속도의 신뢰할 수 있는 통신 기반을 제공하는 다양한 도구와 서비스를 설계하는 데 필수요건이라 할 수 있다. 비록 인간에 의해 만들어졌지만 인터넷은 몇 사람 또는 몇몇 국가를 중심으로 설계된 것이 아니다. 구조적으로 인터넷은 스위스 시계보다는 오히려 생태계에 더욱 가깝다. 그런 까닭에 인터넷을 이해하는 일은 단지 공학 또는 수학적인 문제만은 아니다. 오늘날과 같은 인터넷의 구조가 형성되기까지 역사적인 힘이 매우 중요한 방식으로 작용해 왔다. 인터넷에는 갖가지 아이디어들이 수렴되는 한편 상충된 입장들이 대립했던 흔적들이 남아있으며, 인터넷은 역사학자나 컴퓨터 과학자들이 규명해야 할 복잡한 지식의 뭉

치들을 가득 담고 있다.

1.

소련이 최초의 인공위성인 스푸트니크를 발사하자 이에 맞서기 위해 아이젠하워 미 대통령은 아르파(ARPA)를 탄생시켰다. 원래 아르파는 최첨단 군사 관련 연구와 개발 프로젝트, 특히 미사일 방어와 인공위성 프로그램을 중심으로 총체적인 책임을 담당하고 있었지만 나사(NASA)가 우주계획을 전담하면서 점차적으로 이전의 우위를 상실하고 축소되었다.

아르파로서는 기관의 위상을 새롭게 정립하는 것이 시급한 과제였다. 여타의 군사 관련 기관들이 자체적으로 단기개발 프로젝트를 추진하는 것과 차별화하기 위해, 군사 분야의 장기연구 프로젝트를 수행하는 데 적합하도록 조직의 면모를 일신했다. 인터넷이 관심사로 떠오른 것은 바로 그 때 1965년 또는 1966년쯤이었는데, 아르파 컴퓨터 프로그램 부문의 책임자인 밥 테일러는 막대한 연방정부의 자원이 낭비되는 것을 발견하고 갑자기 그 문제에 큰 관심을 기울이게 되었다.

1960년대에 이미 아르파는 컴퓨터관련 연구에 적지 않은 예산을 투입하고 있었다. PC 혁명이 도래하기 수십 년 전이었기 때문에 컴퓨터 값만 오십만 달러에서 수백만 달러에 달하는 엄청난 액수였다. 아르파는 그런 괴물 대여섯 대를 전국 각지의 연구실에 나누어 보유하고 있었다. 그런데 문제는 심지어 같은 연구실에 설치한 컴퓨터들 사이에서도 정보 교환이 불가능하다는 것이었다. 이때 밥 테일러의 머리 속에서 훌륭한 아이디어가 떠올랐다. 호환되지 않는 이 컴퓨터들을 어떻게든 연결시키기만 한다면 자원 낭비를 막을 수 있지 않을까? 1966년 2월에 그는 찰리 허즈펠드(Charlie Herzfeld) 국장에게 자신의 계획을 설명했다. 그리고 곧바로 신규 프로젝트에 대한 백만 달러 규모의 예산을 확보하고 새롭게 불타오르는 사명감을 만끽했다.

컴퓨터를 연결시킨다는 생각을 한 사람이 또 한 명 있다. 그는 런던에서 통근 거리에 위치한 소도시 테닝톤(Tennington) 소재 영국 국립물리학연구소(National Physical Laboratory)의 컴퓨터 연구실 책임자로 있었던 도널드 데이비스(Donald Davies)였다. 그는 자신의 아이디어를 현실로 만들기 위해 열심히 일했으며, 패킷과 패킷 교환 방식을 고안해 냈는데, 배런의 연구는 후에 알게 되었다. 그리고 1967년 텍사스 주 가트린버그(Gatlinburg)에서 개최된 심포지엄에서 그의 연구팀은 아르파의 지원을 받고 있는 연구팀들을 앞에 두고 그 자신의 것이자 동시에 배런의 것이기도 한 아이디어를 소개했다. 이를 계기로 고속 통신회선 위에서의 패킷 교환 방식이야말로, 대단히 효율적인 컴퓨터 통신망을 구축하는 데 있어 필수적인 기술이라는 사실이 모든 사람들에게 분명해졌다. 마침내 10년 묵은 배런의 비전이 실현되기 시작한 것이다. 오늘날 우리가 인터넷이라고 부르는 네트워크는 이렇게 탄생했다.

인터넷이라는 단어는 컴퓨터, 라우터, 광케이블 그리고 심지어 월드와이드웹까지를 포함해서 온라인 세계와 관련된 모든 것들을 표현하는데 자주 사용되고 있다. 하지만 이 책에서는 단지 컴퓨터들을 연결한 물리적 기반 구조를 가리키는 용도로만 사용하게 될 것이다. 인터넷은 라우터들로 구성된 네트워크이며, 폴 배런이 제안했던 프로토콜에 의존해서 상호 커뮤니케이션을 행한다. 그리고 이러한 네트워크가 출현하게 된 데에는 무엇보다 아르파의 두둑한 돈주머니가 큰 몫을 담당했다. 오늘날 인터넷의 밑바탕에 깔려있는 기본 원리들은 모든 면에서 당초 배런이 생각했던 것과 같다. 그러나 아이러니컬하게도 외부의 공격에 대한 네트워크 취약성을 보완하고자 했던 본래의 의도라는 면에서는 전혀 정반대의 결과를 낳았다. 배런이 그렸던 고속도로망과 같은 분산 네트워크는 인터넷이 계속 군사적으로 통제, 유지되었더라면 실현되었을지도 모른다. 하지만 인터넷은 자체의 생명력을 가지고 스스로 발전해갔다.

2.

루슨트벨(Lucent/Bell) 연구소의 자회사 루메타(Lumeta)의 연구원인 빌 "체스" 체스윅(Bill "Ches" Cheswick)은 컴퓨터 관련 학계에서 방화벽과 컴퓨터 보안에 관한 저술로 유명하다. 그렇지만 일반인들에게는 같은 회사 소속인 할 버치(Hal Burch)와 함께 인터넷 지도를 만들어내고 그것을 웹사이트 피콕맵스닷컴(Peacockmaps.com)에서 판매하는 것으로 더욱 유명하다. 2000년 1월 1일 현재 인터넷의 위상구조를 나타내는 뉴 밀레니엄 인터넷 지도에는 라우터와 링크들이 빽빽하고 복잡하게 뒤얽혀 마치 아름다운 한 폭의 그림처럼 수놓아져 있다. 아마 인터넷 지도의 복잡성에 비견할 수 있는 것은 인간의 두뇌뿐일지도 모른다. 그러나 둘 사이에는 매우 중요한 차이가 존재한다. 인간의 두뇌는 그 크기가 수백 년 동안 변함이 없었던 반면 인터넷은 전혀 수그러들지 않는 기세로 가히 폭발적인 팽창을 거듭하고 있는 것이다.

　인터넷 지도를 만들고 있는 사람은 체스윅만이 아니다. 아르파(ARPA)를 계승한 다르파(DARPA)에서는 현재 미국 전역에 걸쳐 그같은 작업을 하고 있는 여러 연구팀에게 수백만 달러의 연구비를 지원하고 있다. 그 중에서도 가장 돋보이는 것은 'CAIDA(Cooperative Association for Internet Data Analysis)'라고 불리는 대형 연구 프로젝트이다. 캘리포니아 대학(UCSD)에서 공동 연구를 주관하고 있으며, 트래픽에서 위상구조에 이르기까지 인터넷의 모든 특징들을 포착하는 것이 주된 목적이다. 한편 대서양 건너 런던대학(University College London)의 공간분석센터(CASA, Center for Advanced Spatial Analysis) 연구원인 마틴 닷지(Martin Dodge)는 사이버맵스닷컴(Cybermaps.com)이라는 웹사이트를 운영하고 있다. 이 웹사이트에서도 인터넷을 보기 좋게 지도로 표현하여 가시화 한 풍부한 사례들을 발견할 수 있다.

　만일 당신이 차고 있는 손목시계의 내부 또는 컴퓨터의 펜티엄 칩 혹은 매일 출퇴근 길에 몰고 다니는 자동차 같은 것들을 세밀하게 도면으로 그려야 한다면 어떻게 해야 할까? 그렇지만 실제로 그런 일은 별로 없을 것이다. 진짜로 자동차 내부가 궁금하다면 제조회사에 가서 자동차 설계도를 얻으면 되기 때문이다. 손목시계나 컴퓨터 칩, 그리고 자동차는 생산되기에 앞서 기술자들이 보통 수백 장이 넘는 설계도면을 그리게 마련이다. 이 설계도에는 모든 부품들의 세부 사양이 표시되어 있을 뿐 아니라 각 부품의 위치나 부품 상호 간의 관계까지 상세하게 기록되어 있다. 하지만 이렇듯 우리가 알고 있는 웬만한 물건에는 자세한 설계도가 있는데 인터넷이 미국 경제의 견인차 역할을 다하고 있는 오늘날까지도 정작 인터넷에 대한 세부 지도는 만들어지지 않고 있다. 전미과학재단(National Science Foundation)이 일찍이 1995년에 인터넷에 대한 영향력을 포기한 이래로 인터넷의 성장과 구조를 통제하거나 기록하는 중심 기관은 존재하지 않았다.

현재 인터넷은 그때그때 필요할 때마다 국지적이고 분산된 형태의 의사 결정에 의존해 발전해오고 있다. 기업에서부터 교육기관에 이르기까지 모든 사람들이 어떤 중앙기관의 허락을 받을 필요 없이 자유롭게 노드를 추가하고 링크를 연결한다. 게다가 하나의 네트워크만 있는 것도 아니다. 독립적이지만 상호연결된 다양한 네트워크들이 'WNET, vBNS, Abilene' 등의 이름으로 공존하면서 운용되고 있다.

혹시 그래도 누군가는 이 모든 것을 중단시킬 수 있는 사람이 있을 것이라고 생각할지도 모른다. 하지만 그것은 어림도 없는 소리다. 어떤 한 기관의 네트워크를 폐쇄하도록 종용하는 것은 가능할 수도 있겠지만 개인이나 기업이 통제할 수 있는 부분은 인터넷 전체로 볼 때 전적으로 무시해도 좋을 만큼 극히 미미한 정도에 지나지 않는다. 기간(基幹) 네트워크도 분산화와 탈집중화가 진행되고 있으며 지역적으로 통제되고 있기 때문에 전체에 대한 개략적인 지도를 작성하는 간단한 것조차도 사실상 불가능한 일이 되어가고 있다.

3.

전 세계의 인터넷 지도를 작성하고자 하는 데는 그럴 만한 중요한 실제적 이유들이 있다. 우선 인터넷의 위상구조를 제대로 파악하지 않고서는 보다 나은 도구와 서비스를 설계하는 것이 불가능하기 때문이다. 현재 사용되고 있는 인터넷 프로토콜만 해도 소규모 네트워크와 1970년대의 기술 및 수요를 염두에 두고 개발된 것이다. 인터넷이 성장하고 새로운 애플리케이션이 등장하면서 기존의 프로토콜로는 기대를 충족시킬 수 없는 경우가 점점 더 빈번하게 발생하고 있다. 인터넷의 기본 구조는 전혀 달라진 것이 없지만 오늘날 우리가 인터넷을 사용하는 모습은 그것을 처음 설계했던 사람들의 상상을 초월하는 것이다. 이메일의 경우를 예로 들어보자. 이메일은 매사추세츠 주 케임브리지의 BBN이라는 작은 컨설팅 회사에서 일하던 모험적인 해커, 래그 톰린슨(Rag Tomlinson)이 메일 메시지를 전송할 수 있도록 파일 전송 프로토콜을 수정하는 과정에서 탄생된 것이다. 그런데 톰린슨은 한동안 자신이 한 일을 남에게 알리지 않았다. 자신의 동료에게 처음으로 그것에 대해 얘기하는 순간까지도 경고의 말을 잊지 않았다. "이건 비밀이야. 아무에게도 말해서는 안 돼. 할 일은 내팽개치고 엉뚱한 짓거리만 하고 있다는 게 알려지면 곤란하잖아." 하지만 결국 이메일에 대한 정보는 새나갔으며 초창기 인터넷의 주된 애플리케이션 가운데 하나가 되었다.

월드와이드웹(WWW)의 경우도 크게 다르지 않다. 인터넷의 기반 구조는 월드와이드웹에 맞출 준비가 되어 있지 않은 상태였다. 월드와이드웹은 "성공한 실패작"의 가장 훌륭한 본보기라고 할 수 있다. 즉, 새로운 기능을 갖춘 제품이 세상 밖으로 흘러나와 그 기능이 제대로 검증을 거쳐 기술적으로 완성되기도 전에 엄청난 속도로 유포되는 것과 다를 바가 없다. 오늘날 인터넷은 거의 대부분 월드와이드 웹 서비스와 이메일을 이용하기 위해 접속한다고 해도 과언이 아니다. 만일 인터넷의 창시자들이 그것을 알았다면 지금과는 전혀 다른 그러면서도 훨씬 더 개선된 기반 구조를 설계했을 것이다. 유감스럽게도 그렇게 되지 않은 이상, 우리는 여전히 기술적 제약에 묶인 채로 어렵지만 적응해 나가는 도리밖에 없다. 현실 세계에서 참신하고 창의적인 인터넷 이용이 나날이 증가하고 있고 그에 따라 기술 발전에 대한 요구가 점차 다양하고 크게 확대되고 있는데도 말이다.

90년대 중반까지 모든 인터넷 연구의 관심사는 새로운 프로토콜과 구성요소를 설계하는 데 집중돼왔다. 그런데 최근 들어 갑자기 도대체 그런 작업이 무슨 의미가 있는가를 묻는 연구자들이 하나둘씩 늘어나기 시작했다. 인터넷은 비록 전적으로 인간이 만들어낸 작품이기는 하지만 이제는 독자적으로 살아가는 생명체 같은 존재가 되어가고 있다. 인터넷은 복잡하면서 동시에 진화하는 시스템의 모든 특징을 나타내고 있으며, 컴퓨터 칩보다는 살아있는 세포에 훨씬 더 가깝다. 그리고 인터넷의 구성요소들은 각기 독립적으로 발전해 왔지만 부분들의 단순한 총합 이상의 의미를 내포하면서 전체로서의 시스템이 기능하는 데 기여하고 있다. 그에 따라 인터넷을 연구하는 사람들도 점차석으로 설세사가 아니라 담험가와 같은 성격으로 변모해 가고 있다. 즉, 생물학자나 생태학자들이 자신과 독립적으로 존재하는 복잡한 시스템을 다루고 있는 것과 매우 흡사하다. 단지 차이가 있다면, 생물학자들이 예컨대 단백질이 어떻게 구성되어 있는지 그리고 각각은 어떻게 상호작용 하는지를 규명하기 위해 수십 년 동안 노력해왔던 반면 인터넷의 구조를 이해하고자 하는 연구자들은 적어도 인터넷의 구성요소들에 대한 상세한 정보만큼은 어렵지 않게 구할 수 있다는 점이다. 구성요소에 대한 지식 정도에서는 이처럼 생물학자와 컴퓨터 과학자들이 차이를 보이지만 양자 모두 아직까지 해결하지 못하고 있는 문제가 있다. 그것은 바로 각각의 구성 부분들을 결합했을 때 어떤 과정을 통해서 보다 큰 규모의 구조가 만들어지는가 하는 문제다.

4.

캘리포니아 버클리에 있는 국제인터넷연구센터(International Computer Science Institute Center for Internet Research)의 번 팍슨(Vern Paxon)과 샐리 플로이드(Sally Floyd)는 1997년에 발표한 매우 영향력 있는 논문에서 네트워크 위상구조에 대한 제한된 지식이야말로 전체로서의 인터넷을 이해하는 데 가장 큰 걸림돌이라고 지적한 바 있다. 또한 3년 후 세 명의 그리스 형제 컴퓨터 과학자—UC 리버사이드의 미갈리스 파루소스(Michalis Faloutsos), 토론토 대학의 페트로스 파루소스(Petros Faloutsos) 그리고 카네기 멜론 대학의 크리스토스 파루소스(Christos Faloutsos)—들이 놀라운 발견을 했다. 내용인즉, 인터넷 라우터들의 연결선 수 분포를 조사한 결과 멱함수 법칙을 따른다는 것이었다. 이들 형제 과학자는 「인터넷 위상구조의 멱함수 법칙 관계」라는 제목의 세미나 발표 논문에서 다양한 물리적 회선으로 연결된 라우터들의 집합체인 인터넷이 척도 없는 네트워크라는 점을 증명하였다. 그들의 발견은 단순한 메시지를 담고 있는 것이었는데 이것이 연구자들 사이에 빠른 속도로 퍼져나갔다. 그것은 1999년 이전까지 무작위 네트워크라는 것을 전제로 하여 만들어진 인터넷 구조에 대한 모든 모델링 도구들이 틀렸다는 메시지이다.

파루소스(Faloutsos) 형제는 비슷한 시기에 발견된 월드와이드웹(WWW) 위상구조의 멱함수 법칙에 대해서는 미처 모르고 있었다. 하지만 월드와이드웹 위상구조에 대한 연구 성과와 더불어 그들의 발견은 더욱 중요한 의미를 지니게 되었다. 즉, 그들은 인터넷을 더이상 무작위 네트워크의 세계에 속하지 않는, 다채롭기 그지없는 척도 없는 네트워크 세계의 일원으로 탈바꿈하는 획기적인 계기를 마련했던 것이다. 이러한 결과는 전혀 예상치 못한 것이었다. 어쨌든 인터넷은 물리적 회선과 라우터들로 구성되어 있으며 그것들 모두는 하드웨어에 불과할 뿐이다. 그런데 어떻게 해서 이런 물리적인 것들의 연결에 있어서도 사람 사이에 이루어지는 사회적 링크나 URL 링크를 웹페이지에 연결하는 것에서 볼 수 있는 것과 동일한 법칙이 적용되는 것일까?

5.

1969년 10월 찰리 클라인(Charley Kline)은 보통의 전화선을 통해 컴퓨터 사이에 메시지 교환이 이루어지는 최초의 실험을 하고 있었다. 그는 레나드 클라인락(Leonard Kleinrock)이 이끄는 UCLA 연구실의 프로그래머였는데, 인터넷 노드가 최초로 설치된 곳 중 하나인 스탠퍼드 대학과 통신망을 연결하는 프로젝트팀의 일원으로 일하고 있었다. 실험은 클라인이 "login"이라는 다섯 글자를 타이핑하는 것으로 시작되었다. 'l' 자를 타이핑 한 뒤 잠시 후 스탠퍼드로부터 문자를 수신했다는 것을 확인하는 에코가 되돌아왔다. 다음으로 'o' 자도 같은 과정이 되풀이되었다. 용기를 얻은 그는 계속해서 'g' 자로 나아갔다. 하지만 그것으로 끝이었다. 아직 미숙한 시스템으로서는 그것조차도 감당하기 어려운 부담이었다. 컴퓨터 가동이 중단되었으며 통신 또한 단절되었다.

그렇지만 두 지점 간의 통신망은 신속하게 복구되었다. 그리고 UCLA와 스탠퍼드 노드가 튼튼하게 연결되면서 다른 노드들이 여기에 참여하기 시작했다. 『미래의 역사개관』의 저자인 존 노튼(John Naughton)에 따르면, UC 산타 바바라와 유타 대학이 1969년 10월과 11월에 각기 세 번째와 네 번째의 노드를 설치했다. 다섯 번째 노드는 1970년 초반에 매사추세츠 주의 컨설팅 회사 BBN에 설치되었는데, 로스앤젤레스와 BBN이 위치한 보스턴을 연결시키기 위해 최초로 미국을 동서로 횡단하는 장거리 회선이 사용되었다. 이어 같은 해 여름에는 6, 7, 8, 9번째 노드가 잇달아 MIT, 랜드연구소, SDC(System Development Corporation), 하버드에 설치되었다. 그리하여 1971년 말까지 인터넷은 15개의 노드로 구성되기에 이르렀으며 또다시 1년 후에는 35개로 확대되었다. 노튼의 표현대로 "이제 시스템은 날개를 펼치기 시작했다―조금 과장됐다고 생각한다면 조심스럽게 말해서 더듬이를 내밀기 시작했다고 해도 좋다."

여러분도 충분히 알아차렸겠지만, 인터넷은 성장해 가는 네트워크의 고전적인 시나리오에 꼭 들어맞는다. 처음 등장한 지 20여 년이 흐른 지금, 인터넷은 각각의 노드가 새로운 노드를 추가하면서 지속적으로 팽창하고 있는데 이것이야말로 척도 없는 위상구조가 출현할 수 있는 첫 번째 필수 조건이다. 두 번째 조건은 다소 미묘한데 그 것은 선호적 연결이다. 즉, 아무 노드나 다 연결되는 것은 아니라는 뜻이다. 예컨대 어떤 사람이 자신의 컴퓨터를 가장 가까운 곳에 위치한 라우터가 아니라 다른 곳의 라우터에 연결하는 데에는 어떤 이유가 있을 것이다. 어쨌든 더 멀리 회선을 설치한다면 그만큼 더 비용이 많이 들게 마련이다.

통신 회선의 길이는 인터넷의 성장 또는 정체를 결정하는 데 제한 요인이 되지 못하는 것으로 나타나고 있다. 어떤 조직에서 컴퓨터들을 인터넷에 접속시키려고 할 때 고려해야 할 요소는 오직 통신비뿐이다. 또한 1초당 얼마나 많은 양의 정보를 전달할 수 있는가를 측정하는 단위인 대역폭(bandwidth)에 있어서도 가장 가까운 곳의 노드가 최선의 선택이 아닌 경우가 비일비재하다. 통신 회선의 길이가 더 늘어나더라도 오히려 속도 빠른 라우터에 접속될 수 있는 가능성은 얼마든지 있다.

더 큰 대역폭을 가진 라우터일수록 더 많은 링크를 가질 가능성도 그만큼 크다. 따라서 만일 접속 대상을 물색하고 있는 네트워크 전문가라면 연결선 수가 더 많은 접속 노드에 우선적으로 관심이 이끌릴 것이다. 단순한 것 같지만 바로 이런 측면이 선호적 연결의 근거가 될 수 있다. 그 밖에 다른 이유가 있는지에 대해서는 확실하게 알 수 없지만 선호적 연결의 경향이 인터넷에 존재한다는 것만큼은 틀림없는 사실이다. 나와 같은 연구팀 소속인 박사과정생 육순형과 정하웅 박사는 몇 개월 간격을 두고 작성된 인터넷 지도들을 비교하면서 처음으로 그 같은 사실을 증명한 바 있다. 그들은 인터넷의 노드가 확장되는 과정을 추적하였으며 그 결과 많은 링크를 가진 노드들이 그렇지 않은 노드들에 비해 상대적으로 더욱 많은 링크를 가지게 된다는 충분한 증거를 확보할 수 있었다.

파루소스 형제들이 발견한 척도 없는 위상구조는 네트워크의 지속적인 성장과 선호적 연결이라는 두 가지 기준으로 충분히 설명할 수 있어야 하지만 실제로 인터넷에 있어서는 문제가 좀더 복잡하다. 거리는 일차적인 고려사항은 아니지만 그렇다고 전혀 문제가 되지 않는 것은 아니다. 0.5마일보다 2마일의 광케이블을 설치할 때 더 많은 비용이 든다는 것은 삼척동자도 아는 일이다. 또한 노드들이 지리적으로 무작위하게 분포하지 않는다는 사실도 고려하지 않으면 안 된다. 라우터가 설치된다는 것은 그곳에 수요가 있다는 것을 의미하는 것이며, 그런 수요는 얼마나 많은 사람들이 인터넷 이용을 희망하는가에 따라 결정된다. 따라서 인구 밀도와 인터넷 노드의 밀도 사이에는 매우 밀접한 상관관계가 존재한다. 북미 지역의 지도상에 나타난 라우터들의 분포를 보면 1970년대 베노이트 만델브로트(Benoit Mandelbrot)에 의해 발견된 프랙탈 도형과 매우 흡사하다. 결론적으로, 지금까지의 내용을 정리해 보면 모델링 할 때 인터넷이 성장, 선호적 연결, 거리, 프랙탈 구조 등이 서로 얽혀 상호작용하고 있다는 것을 인정해야 한다는 것이다.

위에서 열거한 네 가지 요소 중 어느 하나의 힘이 지나치게 클 경우 척도 없는 위상구조가 붕괴될 수도 있다. 예를 들어 링크의 연결 대상을 선정할 때 통신 회선의 길이가 중요한 고려사항이 되는 경우 그 결과로 나타나는 네트워크는 지수함수적 연결선 수 분포를 갖게 될 것인데 이는 고속도로망과 비슷한 위상구조를 지니게 될 것이다. 그러나 놀랍게도 현실에서는 붕괴되거나 하는 일이 일어나지 않는다. 이들 요소들이 공존하면서 미묘하게 균형을 이루기 때문에 인터넷의 척도 없는 위상구조가 그대로 유지되는 것이다. 그러나 이 같은 힘의 균형이야말로 앞에서 살펴본 바와 같은 인터넷의 아킬레스건이다.

6.

MAI 네트워크 서비스는 버지니아 주 맥린(McLean)에 본사를 둔 중소 인터넷 서비스 제공업체로 스프린트(Sprint)나 유유넷(UUNet)과 같은 대형 네트워크와 몇 대의 고속 라우터로 접속되어 있었다. 1997년 4월 25일 금요일 아침, MAI는 라우팅 테이블 업데이트 작업을 실시했다. 라우터는 패킷의 주소를 보고 최적의 경로를 결정하여 목적지까지 전송하게 되는데 이때 참조하는 것이 라우팅 테이블로서 한마디로 인터넷의 교통 지도라고 할 수 있다. 그런데 네트워크의 위상구조가 끊임없이 변화를 계속하기 때문에, 라우팅 테이블 또한 정기적으로 업데이트하지 않으면 안 된다. MAI에서는 바로 이 같은 작업을 수행하기 위해 아침 8시 30분에 자사 라우터들로 업데이트된 라우팅 정보를 송출했다. 하지만 환경 설정에 약간의 문제가 있었다. 그 결과 업데이트 정보가 MAI의 리우터에만 전송되는데 그치지 않고, 그것에 연결되어 있던 스프린트와 유유넷의 라우터들에까지 잘못 전달되어 라우팅 테이블을 바꾸어 버리는 예기치 않은 사고가 발생했다. 그 바람에 몇 대 안 되었던 MAI의 라우터들이 스프린트와 유유넷 전체 네트워크에 흘러다니는 모든 패킷을 한꺼번에 받아들여야 했다.

 그것은 마치 댐이 붕괴되어 흘러 넘친 거센 물줄기가 앞길에 놓인 모든 것들을 한꺼번에 휩쓸어버리는 광경을 방불케 했다. MAI는 모든 인터넷 트래픽이 일시에 자사 네트워크로 집중되는 것을 보고 경악을 금치 못했다. MAI의 장비들은 이런 패킷 홍수의 극히 작은 부분조차 처리할 수 있을 만한 용량이 아니었으므로 순간적으로 모든 것을 빨아들이는 블랙홀이 되어버렸다. 45분이 지나고 나서야 MAI는 더 이상의 피해를 막기 위해 네트워크 가동을 중단시켰다. 다른 인터넷 서비스 업체들도 속수무책으로 이 사태를 지켜보아야 했다. 스프린트에서는 자사가 보유한 모든 라우터의 라우팅 테이블을 일일이 수정한 후에야 가까스로 네트워크를 복구할 수 있었으며, 다른 여러 인터넷 서비스 업체들도 이 사태로 인해 크고 작은 피해를 입었다.

 다행히 문제가 신속하게 해결되었고 아직은 인터넷이 막 성장하고 있었던 초기 단계였던 만큼, 이 사건은 세상의 이목을 조용히 피해갈 수 있었다. 하지만 이것은 오류가 인터넷에서 얼마나 빠른 속도로 전파되는지를 생생하게 보여주는 사건이었다. 라우팅 테이블의 오류가 불과 몇 분만에 여러 대형 네트워크로 확산되었고, 그것들이 연달아 마비되는 연쇄 사고의 고전적인 사례로 이어졌던 것이다.

 폴 배런이 인터넷의 원형을 설계했을 때, 그는 아주 특정한 위험을 염두에 두고 있었다. 소련의 핵탄두가 정보 및 군사 시설의 중심부를 강타해서 궁극적으로 모든 정보가 유실되고 통신망이 완전 마비되는 사태를 우려했던 것이다. 그렇지만 그를 비롯한 인터넷 선구자들은 언젠가 세계 어느 곳에서나 손쉽게 인터넷의 기반 구조에 접근할 수 있게 되리라고는 상상조차 못했을 것이다. 오랫동안 미국은 자국의 적대 국가들과의 기술 공유를 거부해 왔다. 나의 기억에도 생생하게 베를린 장벽이 붕괴된 이후에야 비로소 미국은 헝가리에서의 인터넷에 대한 대공산권수출규제대상품목(COCOM list) 해제가 이루어졌던 것이다. 그러나 인터넷의 전파력은 너무나 강력한 것이어서 그 같은 인위적 장벽은 별다른 효과를 보지 못했다. 사실 그런 규제가 철폐되기 훨씬 이전부터 동구권의 많은 대학들에서는 시스템 관리자들의 교묘한 재주 덕택에 서방의 동료들과 정기적으로 이메일을 주고받고 있었다. 오늘날 지구상의 거의 모든 나라가 인터넷에 접속되어 있다. 역설적으로 이런 개방형 접근 정책으로 인해 인터넷으로 연결된 온라인 세계는 예기치 않은 위험과 취약점들을 내포하고 있다.

　AT&T의 노드들은 미국에서도 가장 분주한 곳 중 하나라고 할 수 있는데, 일리노이 주 시카고 교외의 샴버그(Schamburg)에 위치한 지하시설 속에서 엄중한 보호를 받고 있다. 이 노드들도 그렇지만 이와 유사하게 철저하게 보호되고 있는 핵심 노드들을 보면, 인터넷이 어떤 종류의 고의적 공격으로부터도 안전할 수 있다는 그릇된 믿음에 기초하고 있는 것은 아닌가 하는 생각이 든다. 그러나 네트워크 구조와 프로토콜 사이에 실제로 어떤 상호작용이 일어나고 있는가에 대해 점차적으로 깊은 이해에 도달하게 되면서 그런 믿음이 사실과는 거리가 있다는 점이 명백해지고 있다. 즉, 어느 정도 숙련된 크래커라면 세계 어느 곳에서든 30분 이내에 네트워크를 붕괴시킬 수 있으며 그 방법도 무궁무진하다. 몇몇 중요한 핵심적 라우터들에 침투하여 기능을 마비시키든지 아니면 가장 트래픽이 많은 노드에 대해 서비스 거부 공격을 가하는 방법 등으로 얼마든지 네트워크를 위험 속에 빠뜨릴 수 있는 것이다.

2001년 여름에 전 세계 수십만 대의 컴퓨터들을 강타했던 코드 레드 바이러스(Code Red worm)는 앞에서 지적한 것처럼 기술적으로 네트워크를 파괴하는 것이 가능하다는 점을 유감 없이 보여주는 본보기다. 침투한 컴퓨터에 별다른 피해를 주지 않았기 때문에 처음에는 무해한 바이러스로 잘못 인식되었다. 그러나 며칠 간의 잠복기가 지나자 갑자기 감염된 모든 컴퓨터들이 유령으로 변해 일제히 백악관을 집중 공격하는 사태가 발생했다. 코드 레드는 자동화된 컴퓨터 바이러스가 무엇을 할 수 있는지를 명쾌하게 보여준 이른바 '원리 증명(proof of principle)' 사례에 불과하다. 만일 보다 정교한 바이러스가 만들어진다면 비교할 수 없을 만큼 커다란 피해를 가져올지도 모른다. 얼핏 생각하면 몇몇 주요 노드를 곤경에 빠뜨리는 것만으로는 네트워크 전체가 쉽게 붕괴되지 않을 것이라고 생각하기 쉽다. 하지만 넘쳐나는 트래픽이 다른 작은 노드들로 방향 전환을 하게 되면서 다른 라우터들이 연쇄적 장애에 휘말리면 전체 네트워크의 마비는 시간문제이다.

비록 방법을 알고 있더라도 대부분의 크래커 또는 해커들은 인터넷 전체를 망가뜨리는 일 따위에는 관심이 없다. 만일 공략하기 어려운 네트워크에 침투하는 데 성공을 거두었다면, 그들은 재미있게 가지고 놀던 장난감 하나가 없어졌다고 생각할 뿐 그 이상의 다른 의도를 가지고 있지 않다. 따라서 진짜 해커라면 인터넷 전체에 대해 대규모 공격을 가하거나 하는 일은 결코 없다. 하지만 불순한 생각을 가진 국가나 테러리스트 집단 역시 그 같은 일을 쉽게 저지를 수 있다는 데 문제가 있다. 바로 그런 경우로부터 우리 자신을 보호하기 위해서라도 인터넷의 위상구조에 대한 이해가 절대적으로 필요한 것이다.

7.

2001년 8월 30일 나의 최근 연구 논문이 실린 《네이처》가 출간된 그 날, NPR(National Public Radio) 라디오에서도 나의 연구 관련 보도가 5분 동안 전파를 탔다. 내가 소속된 연구팀의 작업이 언론에 소개된 것이 처음이 아니었지만 이번에는 전과 달리 무언가 심상치 않은 조짐을 보였다. 다음날 아침 프로젝트의 홈페이지에 조회수가 무려 10,000회를 넘어서는 것을 보고 놀라움을 금할 수 없었던 것이다. 내 이메일 수신함에도 엄청난 양의 이메일이 쇄도했다. 대부분 긍정적인 내용이었지만, 일부는 우려의 목소리를 담고 있기도 했다. 전쟁억제 프로그램을 개발하고 있는 한 고위 관계자는 "제발 내 컴퓨터만은 무사하기를"이라고 적고 있었다. 또한 결코 우호적이라고 할 수 없는 이메일에서는 "미 연방정부에 의해 동구권의 또 다른 컴퓨터 과학자가 체포, 투옥되는 일 따위는 다시는 없기 바란다"면서 글을 맺고 있었는데, 이것을 보면서 최근 미 당국에 의해 체포되었던 러시아 해커의 사건을 떠올리기도 했다. 노르웨이의 한 회사 CEO는 이렇게 쓰기도 했다. "우리들 네트워크에 물려 있는 컴퓨터들은 그 프로그램의 공격 대상이 되었던 적이 한번도 없었고 현재도 그렇다는 것을 확인해 주셨으면 합니다. 아울러 그 컴퓨터들에 저장되어 있는 그 어떤 자원도 허락 없이 사용하는 것은 불법이며, 만일 그러한 사태가 발생하면 상응하는 법적 조치와 배상 청구가 이루어질 것이라는 점을 상기시켜 드립니다." 나는 이런 일련의 반응을 지켜보면서 다음과 같은 의문을 제기하지 않을 수 없었다. 과연 어떻게 해서 학자들을 대상으로 하는 가장 권위 있는 학술지에 발표된 연구 논문이 이렇듯 격렬하고 즉각적인 반응을 불러올 수 있었던 것일까?

2000년도 초반에 노트르담 대학의 국제연구학과 학과장인 제임스 맥아담스(James McAdams)는 제법 괜찮은 아이디어 하나를 생각해 냈다. 그 아이디어란 경제학, 물리학, 법학, 화학 공학, 컴퓨터 공학 및 아시아 언어 연구 등 서로 다른 전공학과에서 몇몇 교수들을 모아 민주주의에서 교육 문제에 이르기까지 모든 것들에 인터넷이 미친 영향에 대해 격의 없이 논의해 보자는 것이었다. 모임은 한 달에 한 번 꼴로 아침 또는 점심 식사를 함께 하며 이루어졌는데 돌아가면서 주제를 선정하고 읽을 거리를 제시하였는데 사이버 법률이나 인터넷에서의 사회 운동 등 그야말로 다양한 내용들이 다루어졌다. 그런데 언젠가 아침 모임에서 컴퓨터 과학자인 제이 브로크만이 "비유적으로 표현해서 웹은 마치 하나의 컴퓨터와 같다"고 말한 일이 있었다. 나는 그의 말을 듣고 순간 어리둥절했다. 인터넷은 수많은 컴퓨터들로 구성되어 있다. 물론 이들은 웹페이지나 이메일을 주고받는다. 하지만 컴퓨터들이 단지 제한적인 커뮤니케이션을 한다고 하여 월드와이드웹(WWW)이 단일한 컴퓨터와 같다고 말하는 것은 무리다.

월드와이드웹이 단일한 컴퓨터처럼 작동되게 하려면 어떻게 해야 할까? 컴퓨터들이 서로 서로 작동을 제어하도록 만들 수 있을까? 간단히 말해, 인터넷에 물려 있는 어떤 컴퓨터로도 내게 필요한 계산을 하게 만들 수 있을까? 만일 그 대답이 긍정적이라면, 적어도 그런 관점에서 인터넷 전체를 하나의 컴퓨터에 비유해도 크게 잘못된 것은 아닐 것이다. 나는 관심을 가지고 이 문제를 좀더 깊게 다루어 보고자 했으며 생각을 같이 하는 다른 몇 사람과 팀을 조직했다. 나와 브로크만에 이어 인터넷 프로토콜 전문가인 빈센트 프리(Vincent Free)와 오랫동안 나와 함께 연구를 해왔던 정하웅 박사가 동참했다. 우리들은 수없이 각자의 생각을 발표하고 서로 토론하는 자리를 가졌으며, 그 과정에서 단순하지만 약간은 논란의 여지가 있는 개념, 즉, **기생 컴퓨팅**(parasitic computing)의 개념이 도출되었다.

인터넷에서 어떤 메시지를 전송하는 것은 복잡한 프로토콜의 여러 계층들에 의해 제어되는 정교한 과정이다. 예를 들어 당신이 웹페이지에 나타난 특정 링크(URL)를 클릭하게 되면, 그 링크로 옮겨가게 해달라는 요구가 여러 개의 작은 패킷으로 나누어진 다음 그 웹페이지를 저장하고 있는 컴퓨터에 전달된다. 패킷들을 전송 받은 컴퓨터는 그것들을 재구성하여 요구를 해석한 뒤, 멀리 떨어진 다른 컴퓨터로 하여금 원래 당신이 요구한 웹 도큐먼트가 전달될 수 있도록 만드는 것이다. 이렇게 URL을 클릭하는 겉보기에 지극히 단순한 작업조차도 컴퓨터 내부에서는 상당한 양의 계산 작업이 수반되는 **복잡한** 것이다. 기생 컴퓨팅은 바로 이 같은 측면에 착안하여 탄생된 개념이다. 즉, 커뮤니케이션에 참여하는 컴퓨터들 사이에는 주종관계가 성립되며, 마스터의 위치에 있는 컴퓨터가 다른 컴퓨터로 하여금 특정 계산 작업을 수행하도록 명령할 수 있다는 것이다. 우리는 불법적이 아닌, 정상적으로 인터넷상에서 요구가 이루어지는 방식으로 몇몇 복잡한 계산 문제를 다른 컴퓨터들이 수행할 것인지를 실험했다. 실험 결과, 전송 과정에서 패킷이 손상을 입지 않고 온전하게 전달된 컴퓨터들은 우리가 기대한 것과 같은 계산 작업을 수행하고 그 결과를 다시 패킷으로 되돌려 준다는 것을 확인할 수 있었다.

기생 컴퓨팅에 대한 우리들의 실험은, 수천 마일이나 떨어져 있는 다른 컴퓨터들도 얼마든지 우리가 원하는 어떤 계산 작업을 수행해 내도록 강제할 수 **있다**는 것을 보여 주었다. 그런 점에서 인터넷은 근본적인 취약성을 지니고 있다고 말할 수 있으며, 컴퓨팅은 물론 윤리적이고 법적인 다양한 문제를 끊임없이 제기하지 않을 수 없게 만들고 있다. 아마도 다음과 같은 것들이 문제가 될 것이다. 만일 어떤 사람이 의도적으로 인터넷상의 다른 컴퓨터를 보다 효율적으로 부려먹을 수 있는 방법을 개발하여 그것이 전 세계적으로 범위를 확대한다면 과연 어떤 일이 벌어질 것인가? 인터넷을 통해 그 누구라도 컴퓨팅 자원을 쉽게 사용할 수 있게 된다면 소유권 문제는 어떻게 처리해야 하는가? 혹시 이것이 인터넷에 연결되어 있는 모든 컴퓨터가 마치 한 대의 컴퓨터처럼 기능하는 이른바 인터넷 컴퓨터의 출현을 보여주는 것은 아닐까? 그리고 그것이 결국 제3의 지능을 가진 존재로 변모하는 것은 아닐까?

극단적으로 말하자면 장차 모든 컴퓨터들이 기생 컴퓨팅에 의해 필요할 때마다 정보와 서비스를 손쉽게 교환하는 일까지도 얼마든지 생각해 볼 수 있다. 지금 당장은 칩 내부에서 이루어지는 정보의 전송 속도가 인터넷에 비해 비교할 수 없을 정도로 빠른 것이 사실이다. 그렇지만 광대역 정보 통신의 기술 발전에 따라 그 격차는 점차적으로 감소할 것이다. 그렇게 되면 단일 컴퓨터 또는 일개 연구 집단으로서는 도저히 감당할 수 없는 복잡한 문제를 해결하기 위해 인터넷을 매개로 다른 컴퓨터의 자원을 활용하는 일이 전혀 이상하지 않고 오히려 자연스럽게 받아들여질지도 모른다. 비록 작은 규모이기는 하지만 이러한 가능성을 모색하는 시도가 이미 시작되었다. 그것은 버클리 대학을 중심으로 추진되고 있는 'SETI@home' 프로젝트인데, 수백만 대에 달하는 컴퓨터의 유휴 시간을 활용하여 외계인을 찾는다는 것이 프로젝트의 골자이다.

SETI 프로젝트는 참가자의 자발적인 참여를 전제로 하고 있다. 우리들 대부분은 너무 게으른 나머지 쉽게 그런 일을 하려 하지 않기 때문에 기생 컴퓨팅에 그다지 큰 의미를 두지 않을지도 모른다. 그러나 앞으로 정보와 서비스에 대한 교환 사용을 허용하는 프로토콜이 일종의 규범으로 자리잡는다면, 그동안 사용되지 않았던 엄청난 양의 유휴 자원을 활용할 수 있는 새로운 길이 열리게 될 것이다. 나아가 인터넷은 인간의 손길을 벗어나 더 이상 감독할 수 없는 독립적인 존재로 변모할지도 모른다. 왜냐하면 특정 문제를 해결하기 위해 필요한 정보와 서비스들 가운데 대부분을 스스로의 힘으로 찾아낼 수 있기 때문이다. 또한 이것은 궁극적으로 자기 조직화 속성을 훨씬 더 크게 작용하게 하면서, 인터넷의 위상구조에 전례 없이 커다란 영향을 미치게 될 것이다.

당신이 웹 브라우저를 통해서 어떤 문제를 해결했을 때, 당신이나 당신의 컴퓨터가 그 해결이 어느 곳으로부터 왔는지를 도무지 알 수 없는 그런 상황이 전개되는 것을 나는 어렵지 않게 머릿속에서 그려낼 수 있다. 해결의 출처를 꼭 알아야 하는 것일까? 그렇지 않다. 당신의 두뇌 어느 곳에 'A'라는 문자가 저장되어 있는가를 굳이 알아야 할 필요는 없는 것처럼.

8.

인간의 피부는 독특한 성질을 가진 공학적 부품이다. 온도라든가 공기의 움직임 등 미세한 변화를 감지하는 능력을 지니고 있을 뿐 아니라, 대상의 크기를 판별하고 형상을 포착해낸다. 이런 능력이 가능한 것은 신경 시스템을 통해 서로 신호를 주고받는 수많은 작은 화학적 센서들이 있기 때문이다. 그런데 인간의 피부가 갖는 그런 감각 능력을 지닌 또 다른 종류의 피부가 지금 지구를 둘러싸고 있다는 것이 닐 그로스(Neil Gross)의 지적이다. 그는 《비즈니스 위크(Business Week)》를 통해 그 같은 언급을 한 바 있는데, 그 피부란 다름 아니라 수백만 개에 달하는 각종 계측 장치를 일컫는 것이다. 카메라, 마이크, 온도계, 온도조절기, 광 센서, 교통계측 장치 및 환경오염 경보장치 등 그야말로 수많은 계측 장치들이 온 지구 위를 뒤덮으면서 연결된 컴퓨터들에게 빠른 속도로 정보를 전송하고 있다. 전문가의 예측에 의하면, 2010년에는 인구 1명에 대해 약 10,000대 가량의 원격 계측 장치가 관여하게 될 것으로 전망하고 있다.

그렇지만 우리는 이미 오래 전부터 슈퍼마켓에 설치된 감시 카메라에서부터 교차로의 도로 밑에 매설되어 교통 신호를 바꾸어주는 차량 감지기에 이르기까지 많은 종류의 센서들에 대해 익숙해져 있기 때문에 그 수치가 그다지 큰 의미를 지니는 것 같지는 않다. 오히려 주목해야 할 변화는 사상 처음으로 다양한 센서들이 단일의 통합된 시스템, 즉 인터넷을 통해 정보를 전달하기 시작했다는 점일지도 모른다. 인터넷에 연결된 휴대 전화는 머지 않아 30억 대를 돌파할 것이며, 토스터에 내장된 칩이나 패션 디자인용의 고성능 PC 등 다양한 형태로 존재하는 컴퓨터들 가운데 인터넷에 접속된 것들은 거의 160억 대에 육박한다. 이렇듯 작은 센서들로 이루어진 피부가 지구 전체를 물샐틈없이 덮고 있는 만큼, 환경에서 고속도로에 이르기까지 세상 모든 것을 감시하게 되리라는 것은 어렵지 않게 생각할 수 있다. 하지만 그보다 중요한 것은 바로 이들이 모두 연결되어 있다는 점이다. 즉, 우리 지구는 점차 수십억 개의 서로 연결된 프로세서 및 센서들로 구성된 단일의 거대 컴퓨터로 진화해 가고 있는 것이다. 여기서 다음과 같은 의문이 제기되지 않을 수 없다. 즉, 그 거대 컴퓨터가 언제쯤 자기인식 능력을 갖추게 될 것인가를 인류는 한번쯤 심각하게 고려할 단계에 이른 것이다. 인간 두뇌에 비해 엄청나게 더 많은 명령을 훨씬 더 신속하게 처리하는 생각하는 기계가, 수십억 개의 서로 연결된 컴퓨터들로부터 갑자기 출현하는 때는 과연 언제가 될 것인가?

인터넷이 자기 인식 능력을 언제 갖추게 될 것인가를 예측하는 것은 불가능한 일이다. 그렇지만 적어도 인터넷은 이미 독자적인 삶을 살아가고 있으며, 엄청난 속도로 성장과 진화를 거듭하고 있다. 동시에 인터넷은 자연에서 거미줄이 만들어지는 과정에서 발견되는 것과 똑같은 법칙들을 따르고 있나. 실존하는 유기체들과 여러 가지 측면에서 많은 유사성을 보이고 있는 것이다. 세포 내부에서 수백만 가지의 반응이 일어나듯이, 인터넷에서도 매일매일 링크를 따라 테라바이트 규모의 엄청난 정보들이 전달되고 있다. 그런데 놀라운 점은 그 정보 가운데 일부는 검색해내기가 매우 어렵다는 것이다. 이런 문제를 풀기 위해, 이제부터 또 다른 네트워크, 즉 월드와이드웹의 세계로 들어가 보자.

The Fragmented Web | 열두 번째 링크

웹의 분화 현상

"세기말에는 인간의 모습을 한 로봇이 모든 일상사를 처리하게 될 것이다." 어린 시절 탐독했던 책들 그러니까 공상과학 소설의 작가들이나 다른 몽상가들의 영향으로 나는 적어도 그렇게 믿고 있었다. 그러나 새 천년을 맞이한 지금까지도 미천한 하인, 곧 로봇은 아직 등장하지 않고 있다. 그런데 가만히 생각해 보면 우리 주위에 소리 소문 없이 슬며시 다가온 로봇들이 있다. 이것들은 늘 걱정에 잠겨 있는 씨쓰리피오(C3PO)의 금빛 찬란한 갑옷도 입고 있지 않으며 알투디투(R2D2)처럼 즐겁게 휘파람도 불지 않는다. 우스개 소리로 들릴지 모르지만, 이들은 우리 인간들로 빽빽하게 들어찬 유클리드 공간에 더 이상 혼잡을 초래하지 않으면서 천정부지로 치솟는 집값 따위에는 구애받지 않아도 되는 슬기로움마저 지니고 있다. 이렇듯 21세기의 로봇은 눈에 보이지 않는 무형의 존재인 것이다. 대신 이 로봇들은 가상 세계에 존재하며 그 덕택에 너무나도 손쉽게 대륙에서 대륙으로 세계 도처를 돌아다닌다. 컴퓨터 모니터를 아무리 뚫어지게 쳐다보더라도 이 로봇들은 모습을 드러내지 않는다. 이들 로봇의 정체가 과연 무엇인지 궁금한가? 답을 알고 싶다면, 다른 사람들이 당신의 웹사이트를 방문했던 기록을 상세히 담고 있는 로그 파일 (log file)을 한번 자세히 들여다보기 바란다. 그 속에는 귀찮은 일을 도맡아 하는 인간을 닮은 로봇이 아니라 수백만 개에 달하는 많은 웹페이지를 검색하여 일일이 인덱스 하는 검색엔진의 로봇이 다녀간 흔적이 남아 있을 것이다. 어찌 보면 검색엔진의 로봇이야말로 인류가 생각해낸 것 가운데 가장 생색나지 않으면서도 귀찮기 짝이 없는 일을 쉴 새 없이 되풀이하고 있는지도 모른다.

웹의 스포츠카나 마찬가지인 검색로봇은 만들어질 때부터 속도와 효율성을 고려했기 때문에 빠른 속도로 링크를 따라다니면서 지나가는 경로에 놓여진 모든 것들을 샅샅이 살피고 돌아다닌다. 마치 풍운의 협객 같은 이런 검색로봇에 비할 바는 못되지만 나의 동료인 정하웅 박사 역시 웹을 맵핑하기 위해 로봇을 제작한 바 있는데 내 생각으로는 자긍심을 느낄 만한 것이었다. 비록 이 로봇이 중고차처럼 이틀 간격으로 고장을 일으키기도 하고 종종 웹페이지를 보호하기 위해 로봇이 작동하지 못하도록 프로그램 된 파일을 잘못 검색해 가져오는 사고를 치기도 했지만.

어쨌든 실험을 시작한 지 얼마 되지 않아 웹 전체의 지도를 작성하는 것은 우리들의 검색엔진 로봇의 성능을 초월하는 꿈 같은 일이라는 것이 밝혀졌다. 그렇지만 실험 자체를 크게 알리지 않고 진행했으며 때로는 로봇이 말썽을 일으켰음에도 불구하고 300,000건의 웹페이지를 검색해내는 데 성공할 수 있었다. 그리고 이것만으로도 충분히 척도 없는 네트워크의 성격을 규명해낼 수 있었다. 우리는 그 시점에서 실험을 중단하였는데 지금 생각하면 조금 이른 감이 있다. 만일 로봇 실험을 계속해서 보다 많은 검색 결과를 얻어냈다면 적은 수의 검색 결과에서는 밝혀지지 않았던 복잡한 네트워크의 또 다른 특징들을 찾아낼 수도 있었을 것이다. 실제로 검색엔진들은 우리가 실험했던 것보다 훨씬 더 많은 부분의 웹을 검색한다. 연구자들은 실제 검색엔진에서 얻어지는 막대한 양의 검색 결과를 바탕으로 연구를 진행해 오면서, 바로 그런 특징들을 하나둘씩 밝혀내고 있다. 뒤에서 자세히 살펴보겠지만, 그런 발견 중에서도 주목되는 것은 웹이 몇몇 대륙과 커뮤니티들로 나뉘어져 있으며 그 때문에 온라인 세계에서의 우리 행동이 제한되고 결정된다는 사실이다. 아울러 다소 역설처럼 들릴지도 모르지만 여전히 전인미답의 미개척지가 존재한다는 것, 즉 로봇이 웹의 모든 대륙들을 빠짐없이 방문하거나 검색한 적은 결코 없다는 것 또한 함께 발견된 사실이다. 그리고 무엇보다도 가장 중요한 것은 월드와이드웹의 구조가 웹 서핑에서 민주주의에 이르는 모든 것에 영향을 미치고 있다는 점을 알게 되었다는 사실이다.

1.

몇 년 전만 하더라도 우리는 웹에 대한 모든 것을 알고 있다고 믿고 있었다. "알타비스타로 검색할 수 없는 것은 아예 존재하지 않는 것이다", "핫봇(Hotbot)은 웹 **전체**를 검색하고 인덱스 할 수 있는 최초의 검색로봇이다"라고 말하는 것이 전혀 이상한 일이 아니었다. 검색엔진을 통해 모든 웹페이지를 찾아내고 그 내용을 검색할 수 있다는 것에 대해 의심을 품고 있는 사람은 아무도 없었던 것이다. 그러던 것이 1998년 4월 갑작스럽게 변화하기 시작했다. 주요 검색엔진의 대변인들은 일제히 "보다 많은 사이트를 검색하기보다는 양질의 사이트들을 중점적으로 인덱스 하는 것이 더 바람직하다" 는 식으로 말을 바꾸었다. 다른 사람들은 한 술 더 떠서 "많은 웹페이지들은 인덱스 할 가치조차 없다"라고까지 주장하기도 했다. 도대체 어떻게 된 일일까? 이 갑작스러운 변화를 촉발시킨 장본인은 다름 아닌 1998년 4월 3일자 《사이언스》를 통해 발표된 한 편의 연구 논문이었다. 불과 3페이지 분량의 이 논문이 웹상의 정보 접근에 대해 우리가 생각해왔던 모든 것들을 완전히 바꾸어 놓았던 것이다.

스티브 로렌스와 리 자일즈는 결코 검색엔진의 신뢰성을 해칠 의도가 없었다. 뉴저지 주 프린스턴 소재 NEC 연구소에 근무하고 있었던 두 사람은 당시 컴퓨터 과학에서 새롭게 각광받고 있었던 기계 학습(machine learning)에 흥미를 느끼고 있었다. 그들은 특정 검색어를 주고 각각의 주요 검색엔진에 질의를 수행할 수 있는 이른바 메타 검색엔진, 즉 인콰이러스(Inquirus)라 부르는 로봇을 만들었다. 그리고 나서 연구가 절반 정도 진행되었을 때, 그들은 자신들이 만든 로봇이 처음 기대한 것 이상의 성과를 가져다 준다는 것을 알아차렸다. 이 로봇이 웹의 규모를 추정하는 데 도움을 주었던 것이다.

그들은 인콰이러스를 사용해서, 몇몇 검색엔진으로 하여금 예컨대 'crystal' 과 같은 특정 단어를 포함하고 있는 모든 도큐먼트의 목록을 제시하도록 했다. 만일 각각의 검색엔진이 모두 웹 전체를 방문하여 인덱스를 만든다면 검색 결과 또한 동일할 것이었다. 실험 결과,

검색엔진들이 보여준 결과에는 커다란 차이가 있었다. 하지만 어떤 경우든 상당 부분이 중복되는 결과를 나타냈다. 예를 들어 알타비스타에 의해 'crystal'이란 단어를 포함한 것으로 검색된 1,000개의 도큐먼트 가운데 343개는 핫봇의 검색 결과와 중복됐다. 여기서 중복 부분을 알타비스타의 전체 검색 결과로 나누어 구해진 수치는 핫봇의 검색 범위를 의미하게 된다. 그런데 1997년 12월 현재 핫봇에서 인덱스 하고 있는 것으로 발표한 웹페이지의 숫자는 1억 1천만 건이므로, 두 사람의 NEC 연구팀은 월드와이드웹 전체의 도큐먼트 총계가 110,000,000/0.343, 즉 3억 2천만 건에 달한다고 추정했다. 지금은 이 수치가 그리 커 보이지 않겠지만 1997년 당시에는 웹의 규모를 가장 크게 추정한 수치보다 적어도 2배 이상 되는 것이었다.

1998년 이전까지만 해도 웹의 크기에 대해 우리는 검색엔진이 이야기해 주는 것을 곧이곧대로 믿었다. 적어도 검색엔진들은 그것을 잘 알고 있으리라 생각한 것이다. 그러던 것이 로렌스와 자일즈의 기념비적 연구를 계기로 웹은 과학적 탐구의 대상으로 탈바꿈했다. 즉, 체계적이고 재현 가능한 방법론에 의해 연구될 수 있으며 반드시 그래야 하는 것이 되었다. 그렇지만 어떤 면에서 그들의 연구는 웹 전체를 맵핑하기에는 검색엔진의 능력이 턱없이 모자란다는 점을 보여줌으로써 유쾌하게만 생각할 수 없는 여지를 동시에 남기고 있다.

2.

앞에서 살펴본 NEC 연구에 따르면 1997년도에는 핫봇이 다른 검색엔진을 따돌리고 가장 광범위하게 도큐먼트를 수집하는 것으로 나타났다. 핫봇으로서는 일대 희소식이 아닐 수 없었다. 그 회사의 마케팅 이사였던 데이비드 프리처드(David Pritchard)는 자랑스럽게 다음과 같은 반응을 보였다. "우리는 최대 규모의 인덱스를 보유하고 있습니다. 우리로서는 연구 보고서 내용에 그리 놀랄 것이 없군요." 하지만 분명 놀라운 내용이 들어 있었다. 핫봇에게는 좋지 않은 소식이었겠지만, 웹 전체로 보아 핫봇의 검색 범위는 단지 34%에 불과했다. 다시 말해서 전체 웹페이지의 66%는 검색되지 않았던 것이다. 그 다음을 차지한 것이 당시 가장 인기 있는 검색엔진이었던 알타비스타로 28%에 그쳤으며, 라이코스를 비롯한 몇몇 검색엔진들은 고작해야 2%밖에 안 되는 것으로 밝혀졌다. 연구서를 본 각 회사 관계자들은 충분히 예상할 수 있는 대답들을 내놓았다. 예를 들어 라이코스(Lycos Inc.)의 생산 부장인 라지브 마튀르(Rajive Mathur)같은 사람은 "솔직히 말해서, 저는 이런 종류의 보고서를 신뢰하지 않아요. 우리는 양보다는 질 쪽에 초점을 맞추고 있습니다"라고 피력하기도 했다.

NEC 연구가 검색엔진들로 하여금 검색의 범위를 더욱 확대하는 방향으로 이끌지 않았을까 생각하는 사람들이 혹시 있을지 모르겠다. 그런 일은 벌어지지 않았다. 1년 후인 1999년 2월에 로렌스와 자일즈가 같은 실험을 반복하였을 때, 웹의 규모는 2배 이상인 대략 8억 건으로 팽창한 것으로 추정됐다. 반면에 검색엔진은 그 같은 성장폭을 따라잡지 못했으며 실제로 검색 범위가 전년에 대비해 더욱 축소된 것으로 조사되었다. 두 번째의 조사에서 1위를 차지한 것은 노던 라이트(Nothern Light)였으며, 이 검색엔진이 커버한 웹페이지는 단지 16%에 지나지 않았다. 핫봇과 알타비스타는 순위가 뒤로 밀리면서 각기 11%와 15%로 검색 범위가 줄어들었으며, 구글은 7.8%였다. 또한 조사 대상 검색엔진 모두를 합친 경우에도 웹 전체로 보아 약 40% 정도만을 커버하고 있는 것으로 나타났다. 이것은 당신이 어떤 질의를 했을 때, 관련 내용을 담고 있는 웹페이지 10건 중에 6건은 검색엔진으로 찾을 수 없다는 것을 의미한다. 간단히 말해서 그런 웹페이지가 있는지조차 모르는 셈이다.

NEC 연구는 결국에는 검색엔진들 사이에 격심한 경쟁을 불러일으켰으며, 돌연히 검색 범위의 크기가 승패를 가름하는 중요한 기준이 되었다. 알타비스타와 새롭게 등장한 패스트(FAST)의 검색엔진(alltheweb.com)이 우위를 점하기 위해 벌였던 치열한 전개 과정을 살펴보면, 두 회사의 목표가 무엇이었는지를 뚜렷하게 알 수 있다. 2000년 1월 올더웹닷컴(alltheweb.com)이 3억 건의 인덱스 기록을 돌파하자 알타비스타가 곧바로 그 뒤를 따랐다. 이어 같은 해 6월에는 새로운 주자 구글이 무시할 수 없는 경쟁자로 등장해 5억 건의 인덱스를 기록했다. 이번에는 잉크토미와 웹톱닷컴(WebTop.com) 같은 신참자들이 계속해서 그 뒤를 이었다. 그리고 마침내 2001년 6월에는 구글이 재차 신기록을 수립하였다. 사상 최초로 10억 건이라는 놀라운 크기의 인덱스를 보유하게 된 것이다.

현재는 구글이 계속해서 선두를 달리고 있다. 궁극적으로 웹 전체를 매핑하겠다는 야심 찬 계획을 갖고 있는 올디웹닷컴이 그 뒤를 이어 2위를 차지하고 있으며 6억 건의 인덱스를 보유하고 있다. 3위는 5억 5천만 건의 알타비스타이다. 검색엔진들은 지속적으로 발전하고 있다. 이것은 기쁜 소식임에 틀림없지만 한 가지 문제가 있다. 그것은 유감스럽게도 웹이 더 빠른 속도로 성장하고 있다는 사실이다.

대부분의 검색엔진은 웹 전체를 커버하려는 시도조차 하지 않는다. 그 이유는 단순하다. 가장 많은 검색 결과를 가져다주는 검색엔진이 반드시 최선의 것은 아니기 때문이다. 만일 찾기 힘든 정보를 검색하는 경우라면 검색 범위가 넓으면 넓을수록 좋은 결과를 얻게 될 것이라는 점은 확실하다. 그렇지만 인기 있는 주제에 관해 검색할 때에는 인덱스가 많다고 해서 반드시 좋은 것은 아니다. 아무리 단순한 질의에도 웬만한 검색엔진이라면 수천 건의 검색 결과를 보여주는 것에 우리는 이미 익숙해져 있다. 여기에다 수백만 건을 더 추가하는 것은 전혀 무의미한 일이다. 따라서 일정 수준에 도달한 연후에는 검색 범위를 더욱 넓히기 위해 노력하는 것보다, 이미 충분한 검색엔진의 데이터베이스로부터 최선의 검색 결과가 선택될 수 있도록 하는 알고리듬을 향상시키는 편이 훨씬 더 유리하다.

개인이나 검색로봇이 웹을 서핑할 때, 경제적 동기의 유무만이 유일한 제약 조건은 아니다. 웹의 위상구조 또한 웹의 모든 부분을 볼 수 없도록 제한하고 있다. 월드와이드웹은 앞서 설명한 것처럼 수많은 링크로 연결된 허브와 노드들로 점철되어 있는 척도 없는 네트워크이다. 차차 살펴보겠지만 이 커다란 네트워크는 몇 개의 부분으로 구획 지을 수 있다. 바로 그 점 때문에 링크를 따라 얼마나 많은 부분을 탐색할 수 있는지에 제약이 생기는 것이다.

3.

웹상에 존재하는 도큐먼트가 수십억 건에 달하고 있는데도 평균거리는 19단계 정도밖에 되지 않는다는 것은 웹의 항해가 비교적 손쉽다는 것을 시사한다. 넓고도 좁은 세상인 것이다. 그렇지만 웹이 좁은 세상이라고 말할 때에는 약간의 주의가 필요하다. 그것은 두 도큐먼트 사이에 항상 경로가 존재한다면 큰 문제가 아니지만 실제로 모든 도큐먼트가 서로 연결되어 있는 것은 아니기 때문이다. 어떤 한 웹페이지에서 시작하였을 때, 링크를 따라 도달할 수 있는 것은 전체 웹페이지의 24%에 불과할 따름이다. 그 나머지는 우리가 볼 수도 없고 서핑에 의해 찾아지지도 않는 것들이다.

이것은 여러 가지 기술적 이유에서 웹의 링크가 방향성을 갖기 때문에 생긴 결과이다. 달리 말해 웹을 여행할 때 URL을 따라가다 보면 오직 한 방향으로만 나아가게 된다는 것이다. 이처럼 방향성을 갖는 네트워크(directed network)에서 만일 두 노드 사이를 직접 연결하는 링크가 없다면, 두 노드를 연결하기 위해서 불가피하게 다른 노드를 경유해야 할 것이다. 예를 들어 노드 A에서 노드 D로 가는 경우, 둘 사이를 연결한 직선 경로가 없다면 노드 D로 이어지는 제2, 제3의 노드(노드 B, 노드 C)를 따라 움직여야 할 것이다. 여기서는 오직 편도만 있을 뿐 되돌아오는 경로는 존재하지 않는다. 반면에 양쪽 방향으로 연결되어 있는 방향이 없는 네트워크에서는 A→B→C→D의 경로를 따라 옮겨간 다음 되돌아올 때의 최단 경로는 그 역순의 과정을 밟는 것인 D→C→B→A가 된다. 결국 방향성 네트워크에서는 원래의 노드로 되돌아오는 경로가 갈 때와는 전혀 다른 노드들을 거치게 된다. 웹은 이처럼 방향성을 가지면서 분절되어 있는 수많은 경로로 가득 차 있다. 그리고 바로 이 경로들이 웹의 항해성을 근본적으로 결정짓는다.

방향성 네트워크가 기존의 네트워크에서 볼 수 없었던 전혀 새로운 유형은 아니다. 척도 없는 네트워크냐 무작위 네트워크냐에 관계없이, 항상 링크는 방향이 있는 것과 방향이 없는 것으로 나뉜다. 다만 지금까지 우리들이 대부분 방향 없는 링크에 대해서만 다루어왔을 뿐이다. 또한 실제로 사회적 네트워크나 단백질 대사 과정 등 많은 네트워크는 방향성이 없는 네트워크이다. 반면에 먹이사슬이나 월드와이드웹 같은 일부 네트워크들은 방향성 링크들로 구성된다. 다시 말하지만 이런 방향성은 네트워크의 위상구조 때문에 생긴 결과라고 할 수 있는데, 월드와이드웹에 관해 이 점을 최초로 언급한 사람은 알타비스타의 안드레이 브로더(Andrei Broder), 그리고 IBM과 컴팩(Compaq) 등에서 일하고 있던 그의 몇몇 동료들이었다. 그들은 2억 개의 노드를 대상으로 연구를 수행하였는데, 이것은 1999년 현재 시점으로 전체 웹페이지의 1/5에 해당하는 수치였다. 그리고 분석 결과, 방향성의 결과 가운데 가장 중요한 것으로 그들이 지적한 것은 웹이 단일의 균질적인 네트워크가 아니라는 점이다. 그들의 주장에 따르면 오히려 웹은 서로 다른 네 개의 주요 영역(혹은 대륙)으로 나눌 수 있으며(그림 9 참조), 각각의 영역에서는 각기 다른 교통 규칙들에 따라 항해할 수밖에 없다는 것이다.

연구 내용을 좀더 자세히 살펴보자. 그들이 구획 지은 첫 번째 대륙은 **중심핵**으로 대략 모든 웹페이지의 1/4 가량이 여기에 속한다. 대표적인 예로는 야후나 CNN닷컴과 같은 포털사이트의 웹페이지를 들 수 있다. 이곳에서는 그 어떤 두 개의 도큐먼트 사이에서도 경로가 존재하기 때문에 항해성이 높다는 것이 무엇보다 큰 특징이다. 그렇지만 모든 노드가 직접적인 링크로 연결되어 있다는 뜻은 아니다.

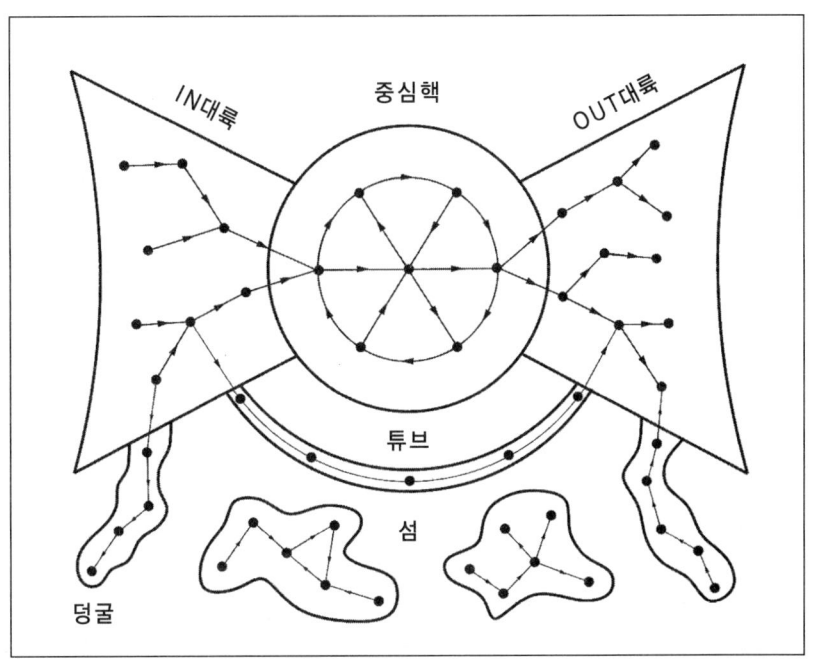

■ 그림 9 방향성 네트워크의 대륙들

월드와이드웹(WWW)과 같이 방향 있는 네트워크들은 쉽게 식별할 수 있는 몇 개의 대륙들로 자연스럽게 나뉘어진다. 중심핵(central core)에 있는 모든 노드들은 상호 간에 모두 도달 가능하다. IN 대륙에 있는 노드에서 링크를 따라가면 결국 중심핵에 도달하게 되지만, 중심핵으로부터 출발해서 IN 대륙으로 돌아가는 길은 없다. 이와 대조적으로 OUT 대륙에 있는 모든 노드들은 중심핵에 있는 노드들로부터 도달될 수 있지만, 거꾸로 거기에서 중심핵으로 도달하는 경로는 없다. 그리고 IN 대륙에서 OUT 대륙으로는 튜브가 직접 연결되어 있다. 덩굴에 있는 일부 노드는 IN 대륙 또는 OUT 대륙에만 연결되어 있다. 고립된 섬에 있는 소수의 노드들은 다른 곳에 있는 노드에선 접근할 수 없다.

비록 우회적인 경로라도 어쨌든 특정 노드를 찾아가는 경로가 존재한다는 것이 아마도 보다 정확한 표현일 것이다.

두 번째와 세 번째 대륙은 각기 IN과 OUT으로 이름 붙여진 것으로 크기는 중심핵과 비슷하지만 항해성은 훨씬 떨어진다. IN 대륙에 속한 웹페이지에서 출발하여 중심핵에 도달하는 것은 가능하지만, 역으로 중심핵에서 IN 대륙으로 돌아오는 경로는 존재하지 않는다. 대조적으로 OUT 대륙에 속하는 노드들은 중심핵에서 쉽게 도달할 수 있지만, 역시 중심핵으로 되돌아가는 링크가 존재하지 않는다. OUT 대륙에서 가장 흔하게 발견되는 것이 기업의 홍보용 웹사이트들이다. 마지막 네 번째 대륙은 그림에서 보는 것 같은 **덩굴**과 **고립된 섬**들로 이루어져 있는데, 내부적으로는 서로 연결되어 있지만 중심핵과 연결되는 경로가 전혀 존재하지 않는다. 전체 웹페이지 중 약 1/4 정도가 여기에 속한다. 지금까지 살펴본 것처럼 웹을 네 개의 대륙으로 나누었을 때, 웹페이지가 그 가운데 어디에 속할 것인가 하는 문제는 일반적으로 웹페이지의 컨텐츠와는 크게 관계가 없다. 그보다는 대부분 그 웹페이지와 다른 웹페이지의 관계, 즉 다른 웹페이지로 연결되거나 혹은 다른 웹페이지에 의해서 연결되는 관계에 의해 결정된다.

웹의 항해성은 네 개의 대륙들에 의해 상당한 정도로 제한된다. 우리가 어떤 곳에서 출발하는가에 따라 얼마나 멀리까지 서핑해 갈 수 있는지가 결정된다. 만일 출발지가 중심핵 대륙이라면 그 대륙, 그리고 인접한 OUT 대륙에 속해 있는 모든 웹페이지에 접근할 수 있다. 그렇지만 IN 대륙과 기타 섬 지역의 노드에는 도달할 수 없기 때문에 웹 전체의 절반이나 되는 부분이 여전히 시야에서 벗어나 있는 셈인 것이다. 중심핵을 벗어나 일단 OUT 대륙으로 들어가기만 하면 곧바로 막다른 길에 맞닥뜨리게 된다. 또한 덩굴이나 섬 지역에서 서핑을 시작한 경우에는 다른 곳의 도큐먼트를 찾아낼 도리가 없으며 아마도 웹은 작은 세계로 비쳐질 것이다. 만일 당신의 웹페이지가 섬의 영역에 속해 있다면, 당신이 일부러 URL 주소를 제공하지 않는 한 검색엔진은 도저히 그것을 찾아낼 수 없을 것이다.

따라서 우리가 월드와이드웹 전체를 맵핑할 수 있는가 없는가 하는 능력은 단지 자원이나 경제성의 측면에서만 판단할 수 없는 문제가 된다. 링크의 방향성이 네 개의 주요 대륙으로 구획 지으면서 웹을 분절화 시키고 있다. 앞에서 지적한 바 있듯이 빈번한 방문이 이루어지고 있는 중심핵의 노드들로부터 출발한다면 대륙 내부와 OUT 대륙에는 연결된 링크가 존재하고 있기 때문에 검색엔진에 의해 웹의 절반 정도까지는 비교적 쉽게 도달할 수 있다. 그렇지만 IN 대륙과 섬 지역으로 이루어진 나머지 절반은 일말의 가능성도 없는 상태로 고립되어 있다. 검색 로봇이 제아무리 애를 써도 그곳에 위치한 노드들로부터는 아무런 도큐먼트도 찾아낼 수 없다. 대부분의 검색엔진이 웹사이트 주소를 등록할 수 있게 하고 있는 것은 바로 그런 이유에서다. 당신이 등록한 그 주소를 출발점으로 하여 검색을 시작한다면, 검색엔진이 여태껏 접근하지 못했던 숨겨진 웹의 영역에 도달하게 해주는 새로운 링크를 발견할 가능성이 얼마든지 있는 것이다. 당신이 웹사이트 주소를 등록하는 일이 달갑지 않아 거부한다면 다른 도리가 없다. 수많은 노드들이 앞으로도 계속해서 미지의 세계에 처박혀 탐험가의 손길을 하염없이 기다리고 있어야 하는 운명 외에는 말이다.

지금까지의 논의를 이어가면 자연스럽게 다음과 같은 의문이 생긴다. 과연 현재 볼 수 있는 웹의 분절화된 구조가 지속될 것인가? 아니면 웹이 성장과 진화를 거듭해감에 따라 궁극적으로 네 개의 대륙을 모두 흡수하여 완벽하게 연결된 단일 대륙으로 발전할 것인가? 이 문제에 대한 대답은 자명하다. 적어도 링크의 방향성이 지금처럼 유지된다면, 그런 통합은 결코 일어나지 않을 것이다. 구성요소들이 몇몇 영역으로 분화되는 것은 월드와이드웹에서만 볼 수 있는 고유한 특징은 아니다. 이것은 모든 방향성 네트워크에서 공통적으로 나타나는 현상이다. 예를 들어 학술 정보를 탐색하는 능력에 결정적인 역할을 하는 네트워크, 즉 참고문헌 인용의 네트워크에 대해 생각해 보자. 과학 논문이라면 그 어떤 것이든 연구 내용과 관계 있는 참고문헌을 적어도 몇 개쯤은 인용하기 마련이다. 수학의 경우 동일한 문제를 다루고 있는 다른 논문을 인용할 것이고, 생물학이나 물리학 논문에서는 실험 결과의 또 다른 적용 사례를 보여주는 논문을 인용하는 것이 보통이다. 여기서 과학 연구의 저작물을 노드에 비유한다면 이 노드들은 인용이라는 과정을 통해 상호연결 된다는 점에서 일종의 학술적 연결망이 형성되는 것이라고 말할 수 있다. 그런데 이렇게 인용에 의해 연결되는 링크는 보통 일정한 방향으로 형성되는 경향이 있다. 독자 여러분은 책 말미에 제시되어 있는 참고문헌 속에서 본문 중에 인용된 논문들을 발견할 수 있을 것이다. 그러나 역으로 이들 논문에는 이 책이 참고문헌 목록에 나타나 있지 않을 것이다. 별다른 이유가 있는 것이 아니라 단지 인용되지 않았기 때문이다. 이런 점에서 인용의 네트워크는 매우 특수한 형태라고 할 수 있다. 즉, 각각의 논문들이 IN 또는 OUT 대륙에 속하는가의 문제, 다시 말해 링크의 방향은 논문이 발표된 역사적 순서에 의해 결정된다. 또한 계속적으로 인용의 링크를 추적해 갈 수 있는 논문들, 그러니까 중심핵에 해당하는 것들은 비교적 소수에 불과하다. 한편 자연 속에서도 방향성을 가진 그물망이 발견되는데 그 대표적인 예가 바로 먹이사슬이다. 먹이사슬에서는 각각의 종들이 먹고 먹히는 링크 관계에 의해 연결된다. 물론 여기서도 방향성이 나타나며 포식자의 위치가 서로 뒤바뀌는 역전 현상은 좀처럼 일어나지 않는다. 사자가 영양을 잡아먹는 것이지 영양이 사자를 잡아먹을 수는 없는 것이다.

지금까지 논의된 내용에서 가장 핵심적인 것은 모든 방향성 네트워크가 비슷하게 네 개의 영역으로 구분될 수 있다는 점이다. 따라서 이것은 웹에서만 특수하게 발견되는 조직 원리가 아니라는 점에 유의할 필요가 있다. 무작위 네트워크든 척도 없는 네트워크이든 링크의 방향성이 존재하는 곳에는 앞서 설명한 네 개의 대륙 또한 존재하는 것이다. 포르투갈 포르토 대학의 세르게이 도로고프체프, 호세 멘데스 그리고 사무킨(A. N. Samukin) 등 3명의 학자들은 그 같은 연구 결과를 내놓은 바 있다. 그들은 한 걸음 더 나아가 이 대륙의 크기와 구조에 대해서도 어느 정도 예측 가능하다고 주장하고 있기도 하다. 물론 특정 네트워크의 속성에 따라 대륙의 크기가 달라질 것이라는 점은 굳이 중언할 필요가 없을 것이다. 크기야 어쨌든 간에 중요한 사실은 웹이 아무리 확장되고 또 복잡해지더라도 결국은 몇 개의 대륙으로 나누어진다는 바로 그 점이다.

4.

2000년 6월 시카고 대학의 법학 교수인 카스 서스틴(Cass Sustein)

이 매우 흥미로운 한 가지 조사를 실시했다. 그가 60개의 정치 관련 사이트를 무작위로 추출하여 조사해본 결과, 상반된 견해를 보이는 사이트에 대해 링크를 제공하고 있는 사이트는 단지 15%밖에 되지 않았다. 이와는 대조적으로 우호적인 견해를 표방하고 있는 사이트에 대해서는 조사 대상의 60%가 링크를 제공하는 것으로 나타났다. 또한 웹상에서의 민주주의에 관한 토론을 주제로 한 연구에서도 유사한 결과가 도출되었는데 여기서도 약 15% 정도만이 반대 입장 사이트에 대한 링크를 올려놓은 것으로 밝혀졌다. 서스틴은 이 점에 대해 새롭게 등장하고 있는 온라인 세계가 반대 입장에 대한 접근을 제한함으로써 혹시 사회적 갈등과 분리를 조장하는 것은 아닐까 우려하고 있다. 분명 웹에서 일어나고 있는 사회적 또는 정치적 고립화 현상의 이면에는 자기 보강의 기제가 자리잡고 있음에 틀림없다. 이것은 온라인 세계를 분절화시킴으로써 웹의 위상구조를 변화시킨다. 서스틴의 연구에서 보듯이 웹의 분화 현상에는 앞서 언급한 대륙처럼 큰 규모로 이루어지는 것만 있는 것은 아니다. 대륙이 소규모로 다시 분화된 부락과 도시가 존재하는 것이다. 같은 생각과 취미를 가진 사람들이 웹사이트를 중심으로 커뮤니티를 형성하여 활동하는 것들이 방금 말한 부락과 도시에 해당한다. 재즈 애호가나 새를 좋아하는 사람들의 동호회 사이트 등 이런 웹사이트는 그야말로 다양하다. 동구의 종교적 근본주의자들은 미국에 있는 신념의 동반자들과 가상 공간을 함께 공유하고 있으며, 유럽과 일본의 반세계화 행동 대원들은 온라인 세계에서 만나 자유롭게 토론하면서 전략을 수립하고 행동 지침을 결정한다.

커뮤니티는 역사적으로 인간 사회의 근간을 이루는 구성요소다.

커뮤니티 중에서도 가장 최소 단위는 아마 그라노베터가 제시한 바와 같은 친구 집단일 것이다. 그런데 최근 이런 커뮤니티들이 그 구성원들은 채 인식하지 못했겠지만 웹의 지평에서 점점 더 많이 그 모습을 드러내고 있다. 우리들 삶이 점차 디지털화되면서 생겨난 부대 효과는 아마도 신념을 갖거나 특정 단체에 소속되는 일이 공개적으로 이루어질 수 있다는 점에 있을지도 모른다. 내가 어떤 웹페이지에 링크를 하는 순간 그 웹페이지가 나의 지적 관심과 어떤 연관이 있는가를 드러내고 있는 셈이기 때문이다. 예를 들어 열광적인 탐조가(探鳥家)의 웹사이트를 방문하여 관련 링크를 따라가다 보면 필경 유사한 내용을 담고 있는 또 다른 웹사이트에 연결되기 마련이다. 그런데 한 가지 재미있는 사실은 링크를 따라가는 과정에서 자연스럽게 탐조가들로 이루어진 커뮤니티의 윤곽이 드러난다는 점이다.

웹 기반 커뮤니티를 식별하는 일은 다양하게 응용될 수 있는 엄청난 잠재력을 지니고 있다. 예를 들어 자동차 회사가 스포츠카 매니아들의 커뮤니티에 대해 알고 있다면, 신차 모델을 그 커뮤니티의 몇몇 허브들에게 집중적으로 선전함으로써 가장 효과적인 마케팅을 해낼 수 있을 것이다. 또한 에이즈 퇴치 운동가들도 에이즈 환자들의 커뮤니티를 잘 파악한 뒤, 병마를 극복하는 데 적극적인 몇명의 환자를 선정하여 그들에게 에이즈 퇴치 운동의 선도적 역할을 수행하게 한다면 그 이상 바랄 것이 없는 최선의 선택이 될 것이다. 인종 관련 사이트 및 그 커뮤니티도 마찬가지다. 만일 특정 인종의 페스티벌 기획자라면 행사 관련 소식을 미리 전하기도 하고, 지역별 단위 조직이 결성되도록 지원하는 과정에서 인종 관련 웹사이트와 커뮤니티는 큰 도움이 될 것이다. 그러나 한 가지 문제가 있다. 아무리 커뮤니티의 잠재력이 크다고 하더라도, 수십억의 웹페이지로부터 어떻게 원하는 사이트를 찾아낸다는 말인가? 그것이 과연 가능하기는 한 것일까?

포터 스튜어트(Potter Stewart) 대법관은 1964년 다음과 같은 유명한 말을 남겼다. "나는 오늘 어디까지가 '외설' 인지를 규정하는 더 이상의 노력을 하지 않겠습니다… 또한 냉철한 지성으로 그 일을 완벽하게 해낼 만한 자신이 없습니다. 그렇지만 그것을 보는 순간만큼은 그것에 대해 알고 있다고 생각합니다." "웹 기반 커뮤니티"에 대한 적절한 정의를 찾아내는 일에 있어서도 아마 똑같은 말이 적용될 수 있을 것 같다. 우리는 그것을 보고 있는 동안에는 그것에 대해 알고 있다고 생각한다. 하지만 모든 사람이 동일한 기준을 가지고 있는 것은 아니다. 이 같은 애매모호함이 존재하는 이유 가운데 하나는 다양한 커뮤니티들을 구분하는 명확한 경계가 없다는 것이다. 실제로 동일한 웹사이트가 동시에 서로 다른 그룹에 속하는 경우까지도 발생할 수 있다. 어떤 물리학자가 자신의 웹사이트 홈페이지에 전문적 관심사인 물리학은 물론 음악이나 등산 등 자신의 취미에 관한 링크를 올려놓았다고 하자. 그렇다면 이 웹페이지가 어떤 커뮤니티에 속해 있다고 말해야 할까? 커뮤니티의 크기 또한 천차만별이다. 예컨대 "암호"에 관심 있는 사람들로 구성된 커뮤니티는 그 크기가 작을 뿐더러 상대적으로 찾기도 쉬운데 반해 "영문학"의 동호인들로 구성된 커뮤니티는 식별하기도 어려우며 셰익스피어나 커트 보네거트(Kurt Vonnegut) 등 수많은 작가별 하위 커뮤니티들로 또 다시 세분화되어 있다.

최근 게리 플레이크(Gary Flake), 스티브 로렌스 그리고 리 자일즈 등 3명의 NEC 연구소 과학자들은 동일한 커뮤니티에 속한 도큐먼트들이 커뮤니티 외부의 도큐먼트들과 링크되어 있는 것보다 훨씬 더 많은 수의 링크로 각자 서로와 연결되어 있다고 주장한 바 있다. 그들의 주장은 매우 정확한 것이어서, 월드와이드웹의 위상구조를 기반으로 서로 다른 그룹들을 식별할 수 있는 알고리듬이 개발되는 근거를 마련해 주었다. 그러나 실제로 그런 방법에 의해 커뮤니티를 식별한다는 것이 좀처럼 쉽지 않다는 것이 곧 판명되었다. 다시 말해 이것은 **'풀기 복잡한 문제(NP complete problem)'** 의 범주에 속하는 것인데, 이론적으로는 커뮤니티들을 식별하는 것이 가능하지만 실제로 그것을 구현할 수 있는 효과적 알고리듬이 존재하지 않는다는 뜻이다. 웹상에서 커뮤니티를 식별하는 과정에서 겪는 어려움은 세일즈맨의 경로 문제(Traveling Salesperson Problem) 그러니까 가장 짧은 여행 거리로 일정한 개수의 도시를 한 번씩만 방문하고 출발점으로 돌아오기 위한 경로를 찾는 문제를 푸는 경우와 매우 흡사하다. 커뮤니티를 식별하는 작업에서 성공을 보장하는 혹은 세일즈맨의 경로 문제에서 최단 경로를 찾는 유일한 방법은 모든 가능한 경우를 조합하는 것밖에는 없다. 아마도 그런 작업에 소요되는 시간은 웹의 크기에 따라 기하급수적으로 증가할 것이다. 혹시 충분히 빠른 성능의 컴퓨터가 있다고 할 때, 수백 건의 정도의 도큐먼트만에서 커뮤니티를 판별해내는 것은 가능할지 모른다. 그러나 수십억에 달하는 웹페이지를 대상으로 그 작업을 한다는 것은 한마디로 생각할 수조차 없다.

컨텐츠와 위상구조를 결합하면 문제 해결은 조금 쉬워진다. 예를 들어 한두 개의 키워드를 지닌 도큐먼트에 초점을 맞추어 보자. 스탠퍼드 대학의 라다 아다믹(Lada Adamic)은 최근 "낙태를 찬성하는 쪽"과 "낙태를 반대하는 쪽"이란 구절을 키워드로 검색을 실시하고 그 과정에서 드러난 커뮤니티들을 조사하였다. 결과는 다음과 같이 나타났다. 즉, 낙태 반대를 키워드로 조사했을 때에는 링크에 의해 서로 연결되는 핵심적인 도큐먼트가 41개인 것으로 드러났으며, 대조적으로 낙태 찬성파는 여러 개의 단절된 사이트로 분절되어 있음이 밝혀졌다.

경쟁적인 두 커뮤니티 사이에 보이는 구조적인 차이는 마케팅과 조직 능력 면에서 매우 중요한 결과를 가져왔다. 아다믹이 언급한 바 있듯이 몇몇 낙태 반대파 사이트에서 시작된 부분낙태법안에 대한 반대 운동은 다른 낙태 반대파 사이트로 발빠르게 전파되었는데, 이것은 그 사이트들 사이에 많은 링크가 있었기 때문이다. 게다가 찬성파 사이트에는 반대파 사이트로 연결되는 링크들이 있었고, 그로 인해 낙태 찬성파 사이트를 방문한 사람까지도 낙태 반대 운동에 대해 알게 되는 결과를 가져왔다. 나아가 반대파 사이트들은 운동의 확산을 위해 고립되어 있는 몇몇 찬성파 사이트에서도 낙태 반대 운동을 전개할 필요가 있었다. 결과적으로 낙태 반대파 사이트들로 이루어진 커뮤니티는 웹상에서 활발하게 활동함으로써 존재를 더욱 부각시켰을 뿐만 아니라 상대 사이트들에 대해 더욱더 잘 알게 되면서 결속력을 향상시킬 수 있었다.

이미 여러 번 강조했지만 웹은 노드와 링크들로 이루어진 균질적인 바다가 아니다. 그것은 네 개의 대륙으로 나뉘어져 있으며, 각각의 대륙에는 서로 중복되는 수많은 촌락과 도시들이 존재한다. 그리고 우리는 이들 커뮤니티 가운데 하나 또는 여러 개에 얼마든지 가입할 수 있다. 아쉽게도 우리는 아직까지 웹의 이런 구조에 대해 충분히 이해하고 있지 못하다. 그렇지만 상업적 이익이나 학문적 호기심 등 여러 다양한 요구에 의해 더욱 많은 연구가 이루어지도록 끊임없이 자극 받고 있다. 나는 더 깊이 파고들수록 틀림없이 많은 놀라운 발견에 직면할 것이라고 믿고 있다. 그리고 그런 발견을 통해 복잡하기 짝이 없는 무형의 그리고 계속해서 변화하고 있는 이 온라인 세계를 좀더 명확하게 이해할 수 있게 될 것이다.

5.

프랑스의 장 자끄 고메즈(Jean-Jacques Gomes) 판사는 예심 판결에서 2000년 11월 20일자로 야후는 프랑스 국민이 나치 기념품 경매 사이트에 접근하는 것을 차단하는 조치를 취하도록 판결했다. 이는 프랑스 영내에서 나치 기념품 판매를 금지하는 기존 법안을 다시 한 번 확인하는 것이었다. 프랑스 법원의 결정이 지니는 법률적 의미에 대해서는 현재까지도 전 세계적으로 논쟁이 벌어지고 있다. 야후는 인터넷은 기본적으로 국경을 포함하여 그 어떤 지리적 경계로부터 자유로우며 미국 회사가 세계 각국의 법률에 지배되는 것은 있을 수 없는 일이며 나아가 인터넷의 기본 철학을 심각하게 위협하는 것이라고 주장했다. 다른 견해를 가진 사람들도 있었다. 그들의 주장에 의하면, 인터넷이라고 해서 특별히 다를 것도 새로울 것도 없으며 일반적으로 국제적 비즈니스에 적용되는 동일한 거래 규약에 예외가 있어서는 안 된다는 것이었다.

법률적 차원을 넘어 너욱 본실석인 문제는 코드, 즉 웹 배후에서 작동되는 소프트웨어에 관한 것이다. 프랑스 법정은 웹의 속성상 프랑스를 세계로부터 완벽하게 고립시키는 방법은 존재하지 않는다는 점을 인정했다. 프랑스 법원의 태도를 변화시킨 것은 몇몇 전문가들의 증언이었다. 그들은 야후 측에서 여과 장치를 만든다면, 나치 관련 사이트에 접근을 시도하는 프랑스 국민 가운데 적어도 70~80% 정도는 차단할 수 있을 것이라고 진술했던 것이다. 결국 프랑스 법원은 야후에게 프로그램의 수정을 명령했다. 그런데 재판이 진행되는 동안 전개된 일련의 과정은 스탠퍼드 대학의 법학교수 로렌스 레식(Lawrence Lessig)이 일찍이 그의 저서 『사이버스페이스의 코드와 법률 연구』에서 이미 예견한 바 있었다. 그의 책을 잠시 인용해 보자. "그대로 놓아둔다면 사이버스페이스는 완벽한 통제 수단이 될 것이다… 사이버스페이스의 보이지 않는 손에 의해 탄생했을 때의 모습과는 전혀 다른 구조가 점차 틀을 갖추고 있다."

레식은 웹의 이면에서 작동되고 있는 모든 소프트웨어를 총칭하는 의미에서 '아키텍처' 라는 용어를 사용하고 있으며, 사이버스페이스에서의 행동에 영향을 미칠 수 있는 유일한 방법은 프로그램에 대한 규제라고 결론 내리고 있다. 그는 프로그램 규제와 관련하여 대체로 두 종류의 세력이 개입하려고 하는 것으로 보고 있다. 첫 번째 세력은 정부 당국이다. 음란물이 되었든 암호해독키가 되었든 어떤 것에 대해 접근을 제한하도록 입법화 하는 것은 전혀 어려운 일이 아니다. 따라서 정부는 각종 규제 정책을 내놓게 되는데 곧 대부분은 실패로 돌아가는 시행착오의 과정을 밟게 된다. 그 이유는 국경 없는 사이버 세계에서는 그런 규제 법안들을 집행해 나가는 것이 현실적으로 거의 불가능하기 때문이다. 일단 정부에서 웹을 규제하려는 노력을 포기하게 되면 그 자리를 기업이 대신한다. 기업 입장에서는 거래의 안

전성이나 마케팅 등 다양한 목적에서 자신의 고객들을 식별해낼 수 있는 보다 확실한 비즈니스 환경을 필요로 하기 때문에 제반 프로그램의 운영에서 통제에 더욱 큰 비중을 두게 된다. 그리고 이 같은 기업의 욕구를 충족시키는 방향으로 점차 기술 발전이 이루어짐에 따라 결국 네티즌들은 더 이상 익명성을 보장받지 못한 채 자유를 상실해갈 것이다.

야후를 비롯한 다른 사례들에서 보여지듯, 레식이 암울하게 내다보았던 미래의 모습들은 비록 부분적이기는 하지만 차차 현실이 되어가고 있다. 그럼에도 불구하고 나는 조금 다른 견해를 갖고 있다. 즉, 사이버스페이스를 진정으로 이해하기 위해서는 **코드**와 **아키텍처**를 보다 면밀하게 구분할 필요가 있다는 것이 나의 생각이다. 코드 또는 소프트웨어는 사이버스페이스를 구성하는 벽돌과 시멘트에 해당한다. 한편 아키텍처는 코드를 벽돌 삼아 쌓아올린 구조물을 의미하는 것이다. 미켈란젤로에서 라이트에 이르기까지 인류 역사상 위대한 건축가들은 비록 건축의 재료는 제한을 받는다고 할지라도 건축의 가능성은 결코 제한 받지 않다는 것을 강력하게 증명하고 있다. 코드는 행위에 제약을 가할 수도 있고 구조에 영향을 미치기도 한다. 그렇지만 모든 것이 오로지 그것에 의해서만 결정되는 것은 아니다.

건축가의 작품인 건축물이 그렇듯이 웹의 아키텍처 또한 똑같이 중요한 두 가지 층위인 코드와 그 코드를 이용하는 **인간의 집합적 행동**이 함께 작용해 얻어진 산물이다. 전자는 얼마든지 법원과 정부 또는 기업의 규제 대상이 될 수 있다. 그렇지만 후자는 일개 사용자나 기관에 의해 만들어지는 것이 아니다. 웹에는 설계를 담당하는 중앙

기관이란 것 자체가 존재하지 않을 뿐더러 자기 조직화 성향을 지니고 있기 때문이다. 웹은 수백만 명에 달하는 사용자들이 취하는 개별적 행동에 모두 영향을 받으면서 진화하며, 그 결과로 나타난 아키텍처는 부분들의 단순한 총합 이상의 의미를 지닌다. 정말 중요한 웹의 특징들은 대부분 대규모인 동시에 자기 조직화 성향인 웹의 위상구조로부터 자연스럽게 발생한다.

웹과 민주주의에 대해 생각해 보면 충분히 이해할 수 있는 일이다. 우리는 이미 앞에서 척도 없는 위상구조로 인해 매우 인기 있는 소수에 링크가 집중되어 있는 까닭에 나머지 대부분의 방대한 도큐먼트들은 쉽게 발견되지 않는다는 것을 살펴보았다. 분명 우리는 웹에서 언론의 자유를 누리고 있다. 하지만 우리들의 목소리가 너무 미약한 나머지 묻혀버릴 가능성이 다분히 존재한다. 자신에게 연결되는 '들어오는 링크'가 많지 않다면 검색될 가능성은 거의 없다. 반면 허브는 시간이 갈수록 집중도가 더욱 높아지기 마련이다. 검색로봇에 의존하면 그런 불균형을 막을 수 있다고 생각하기 쉽다. 검색로봇은 그렇게 할 수 있지만 결코 그렇게 하지 않는다. 검색엔진이 특정 도큐먼트를 인덱스 할 가능성은 오히려 그 도큐먼트로 '들어오는 링크'의 숫자에 크게 좌우된다. '들어오는 링크'가 단 하나인 도큐먼트를 검색엔진이 찾아낼 확률은 고작 10%도 되지 않는다. 그렇지만 링크 숫자가 21~100개에 달한다면 이야기가 달라진다. 검색엔진은 그런 도큐먼트들은 90% 이상 찾아내서 인덱스 하는 것이다.

레식의 지적은 틀리지 않았다. 특정 웹페이지가 서핑을 통해 발견될 수 있는 가능성이나 소비자에 대한 접근성 등 모든 것을 웹의 아키텍처가 통제한다. 그러나 웹에 대한 연구가 지속적으로 축적됨에 따라 그 아키텍처라는 것이 코드보다 상위의 조직 레벨에 있다는 점이 점차 밝혀지고 있다. 이 책의 독자인 당신이 나의 웹페이지를 발견할 가능성은 오직 한 가지 요인, 즉 나의 웹페이지가 웹상에서 어떤 위치에 놓여있는가에 따라 결정되는 것이다. 많은 사람들이 내 웹페이지에 대해 흥미를 느끼고 링크를 연결시킨다면 나의 웹사이트가 서서히 소형 허브로 변해갈 것이고 검색엔진도 불원간 그것을 알아차리게 될 것이다. 반대로 모든 사람이 나의 웹사이트에 대해 흥미를 느끼지 않는다면 검색엔진 또한 그럴 것이다. 그리고 나서 결국은 대부분의 다른 웹사이트들처럼 아무도 찾지 않는 잊혀진 웹사이트 신세로 전락해버릴 것이다. 요컨대 웹의 위상구조 또는 참된 의미에서의 웹의 아키텍처는 웹에서의 우리들의 행동과 웹페이지의 검색가능성에 중대한 영향을 미친다. 그리고 이것은 정부나 기업에서 코드를 집적거리는 정도와는 비교할 수 없을 정도의 막대한 영향력을 가진다. 규제는 시간의 경과에 따라 신설되기도 하고 소멸되기도 한다. 그렇지만 위상구조와 그 밑바탕에 깔려있는 근본적인 자연 법칙은 영구불변이다. 링크의 연결 여부를 개인의 선택에 맡겨두는 한, 웹의 위상구조를 크게 변화시키는 일은 결코 일어나지 않을 것이며 그런 위상구조에 의해 지배되는 온라인 세상을 그대로 인정하고 사는 것 외에는 다른 도리가 없을 것이다.

6.

웹이 나름대로 매력을 갖는 이유는 아마도 우리가 만든 웹페이지들이 우리와 함께 성숙해가기 때문일 것이다. 개인 홈페이지의 내용을 수정했다고 치자. 그럼 혹시 누군가 10년 전의 내용을 떠올리며 전에는 그렇지 않았는데 왜 갑자기 내용을 바꿨냐고 책망하진 않을까? 그런 걱정은 붙들어 매도 좋다. 웬만해서 그런 경우는 잘 일어나지 않는 법이다. 당신은 몇 년 전 헤어진 남자 친구를 기억하고 있는가? 물론 그럴 테지만 다른 사람이 기억하는 것은 별로 달갑지 않을 것이다. 어쨌든 그 친구의 사진들은 당신의 홈페이지에서 사라진 지 오래라 기억해내는 이도 없겠지만 말이다. 지금 생각하면 부끄럽기 짝이 없는, 고등학교 시절 철없는 나이에 작성한 성명서는 또 어떤가? 그리고 현재는 공화당을 지지하고 있지만, 불과 2년 전에 민주당 편에 서서 관련 링크를 잔뜩 모아놓았던 것은 기억하는가? 이 모든 것들은 이미 사라져서 추적할 수 없는 것들이다. 그렇지 않다고 생각한다면 적어도 우리들은 그렇게 생각하려는 경향이 있다고 말할 수는 있을 것이다. 이상하게 들릴지 모르겠지만 그것이 바로 대부분의 네티즌들이 브루스터 케일(Brewster Kahle)의 이름을 한번도 들어본 적이 없게 만든 이유다. 독자 여러분은 무슨 말을 하고 있는지 궁금할 것이다. 내가 말하고 싶은 것은 당신의 웹사이트에서 삭제해 버린 그래서 까맣게 잊어버린 모든 사진과 도큐먼트들을 손쉽게 복사해 보관할 수 있었던 사람이 바로 케일이라는 점이다.

광역 네트워크용 서버를 발명했고, 주요 검색엔진의 하나인 알렉사 인터넷(Alexa Internet)을 설립하기도 했던 케일은 웹에 관한 한 베테랑이라고 할 수 있다. 1999년 알렉사를 아마존닷컴에 매각한 대금으로 그는 샌프란시스코의 옛 군사 기지였던 프리시디오(Presidio)에 비영리조직인 인터넷 아카이브(Internet Archives)를 설립했다. 그가 아카이브를 설립한 목적은 단순하다. 웹의 컨텐츠가 과거 속으로 사라지는 것을 막고자 하는 것이다.

 2000년 3월에 개최된 제1차 인터넷 아카이브 워크숍에 논문 발표를 위해 참가하였을 때, 케일은 고대의 전설적인 알렉산드리아 도서관을 상기시켜 주었다. 그 도서관이 당대의 모든 서적들을 수장하고 있었으며, 갑작스러운 화재로 하루아침에 잿더미로 변해 사라졌다는 것은 우리 모두가 잘 아는 사실이다. 또한 그는 막대한 양의 영화 필름 컬렉션이 새로 제작되는 영화를 위해 재활용되고 있다는 얘기도 함께 들려주었다. 인류에게 문화 유산이 없다면 기억도 없고, 기억할 방법이 없으면 역사로부터 성공과 실패의 교훈을 얻는 것 자체가 불가능하다. 그런데 유감스럽게도 우리는 월드와이드웹에 대해서 기록을 남기지 않는 역사를 다시 한번 되풀이하고 있다. 그런 역사가 반복되는 것을 방지하기 위해 인터넷 아카이브는 1996년 이래 알렉사가 검색한 모든 도큐먼트를 보관해 오고 있다. 현재 그곳에서 보관하고 있는 도큐먼트는 벌써 1천억 건에 달하고 있으며 100테라바이트(terabytes)나 되는 용량을 차지하고 있다. 미국의회도서관에서 수장하고 있는 서적 및 문서 데이터가 20테라바이트인 것과 비교하면 그 규모를 가히 짐작할 수 있을 것이다.

 아카이브의 웹 컬렉션은 역사학자와 사회과학자 및 웹 위상구조 연구자들 모두에게 매우 소중한 가치를 지니고 있다. 2000년 미국 대선 과정에 대한 역사를 기술하는 경우를 생각해 보자. 매우 좋은 방법은 먼저 아카이브에서 자료 수집을 하는 것이다. 그것은 마치 타임머신과 같아서 대통령 후보의 사이트, 선거인의 투표 요령, 그리고 정당의 홈페이지 등 당시의 모습 그대로를 낱낱이 보여줄 것이다. 작년 9.11 테러 이후 인터넷에서의 반응이 어땠는지 궁금하다면, 역시 아카이브에 의존하는 것이 좋을 것이다. 사건 발생 후 불과 한 달이 지난 시점에서 수집한 관련 도큐먼트의 양만도 2억 건에 달했다. 웹의 위상구조에 대한 연구를 수행하는 경우에도 아카이브를 연구의 출발점으로 삼는다면 탁월한 선택이 될 것이다. 그곳에 수집되어 있는 컨텐츠를 조사함으로써 언제 어떤 사이트에서 웹페이지와 링크가 추가되고 또 삭제되었는지, 어떻게 해서 새롭게 등장한 웹사이트가 하룻밤 사이에 일약 인기 있는 톱 랭크 사이트로 부상하게 되었는지, 그리고 한때 수많은 이용자를 자랑했던 허브 사이트가 시나브로 명성을 잃게 되었는지 등에 대해 일일이 추적해낼 수 있을 것이다. 또한 시간 간격을 두고 웹의 맵을 비교해 보면, 가상 커뮤니티들이 어떻게 출현해서 조직을 갖추어 가는지에 대해서도 파악할 수 있을 것이다. 지금까지 살펴본 것처럼 아카이브는 충분한 데이터를 확보하고 있어서 혼돈스럽게만 보이는 노드와 링크들의 진화 과정을 재구성할 때 그리고 웹이 어떻게 해서 현재와 같은 구조로 발전했는지를 규명할 때 매우 큰 도움이 될 것이다.

아카이브는 다양한 분야로부터 많은 팬을 확보하고 있지만 아직까지 대부분의 연구자들은 존재 사실 자체를 모르고 있거나 비록 알고 있더라도 손쉽게 접근하고 효율적으로 이용하기 위한 기술에는 익숙하지 않은 것 또한 사실이다. 따라서 일반 대중이나 학계 모두 안타깝게도 아카이브가 지니고 있는 잠재력을 최대한 끌어내지는 못하고 있다. 하지만 나는 아카이브에 여전히 희망을 걸고 있다. 왜냐하면 아직은 시작에 불과할 따름이고 온라인 세계에 대한 우리들의 역사적 책임을 나름대로 훌륭하게 일깨워주고 있기 때문이다. 아카이브가 웹페이지를 하나도 빼지 않고 모조리 수집하려는 것은 결코 아니다. 컬렉션의 주요 부분은 케일과 브루스 길리엇(Bruce Gilliat)이 1996년에 설립한 검색엔진 회사인 알렉사에 의해 제공되고 있다. 앞에서도 살펴본 것처럼 검색엔진은 월드와이드웹의 극히 작은 부분만을 커버할 뿐이며, 알렉사 또한 검색 범위에는 그다지 관심을 두지 않아 왔다. 따라서 아카이브의 현재 컬렉션이 비록 엄청난 규모지만, 웹 전체로 보면 지극히 미미한 정도에 지나지 않으며 대상의 대부분은 인기 있는 웹페이지들이다. 요컨대 알렉사는 허브에 초점을 맞추고 있는 것들이다. 알렉사의 검색로봇조차 무시하는 적은 수의 링크를 가진 방대한 나머지 웹페이지들이 하루에도 몇 백만 건씩 저 망각의 세계로 흘러가 버리고 있다.

7.

저 멀리 우주에서 날아온 외계인이 태양계에 접근하면서 지구를 바라본다면 지구는 단지 둥근 공에 지나지 않을 것이다. 그러나 점차 지구에 가까워지면서 처음에는 대륙이 눈에 들어오고 계속해서 파리, 뉴욕, 런던, 도쿄 등 대도시의 야경을 발견하고는 지능을 갖춘 생명체의 존재를 짐작하게 될 것이다. 좀더 가까이 다가갈수록 작은 부락과 소도시의 모습들이 확연해지고 고속도로를 비롯한 도로망들이 하나둘씩 선명하게 나타날 것이다. 마침내 가장 가깝게 접근했을 때, 우주에서 보았을 때에는 윤곽만 드러났던 도시와 도로망 등 거대 구조물을 만들어낸 장본인, 곧 사람과 맞닥뜨리게 될 것이다.

우리가 이 장에서 줄곧 함께 했던 월드와이드웹에 대한 탐구 역시 똑같은 경로를 밟아 이루어졌다. 처음에 우리는 월드와이드웹의 세계가 비균질적인 거대 구조이며, 멀리서 볼 때는 대부분의 행성이 공처럼 보이듯 한데 뭉뚱그려져 보일 수밖에 없다는 점을 확인했다. 그러나 한 걸음 다가가면서 각기 다른 법칙에 의해 지배되고 있는 네 개의 대륙을 발견했으며, 시야를 좁혀감에 따라 커뮤니티, 즉 공통의 관심사에 따라 결합되는 웹페이지들의 집단들이 눈에 들어오기 시작했다. 그러는 동안 우리가 지금껏 월드와이드웹에 대해 알고 있었던 지식도 크게 변화했다는 것을 깨닫게 되었다. 구체적으로 온라인 세계는 그 어떤 사람이 상상했던 것보다 훨씬 더 크다는 것, 그리고 우리가 믿고 있는 것보다 훨씬 더 빠른 속도로 성장하고 있다는 것도 알게 되었다. 아울러 인정하기는 싫지만 웹의 세계를 지도로 나타내는 일이 생각보다 훨씬 더 어렵다는 사실도 깨달았다. 2년 전의 시점을 기준으로 할 때, 10건의 웹페이지 가운데 6건은 그 어떤 검색엔진도 찾아내지 못했으며, 이러한 추세에 근거하면 지금 이 순간 검색엔진이 볼 수 있는 웹페이지는 웹 전체로 보아 더욱 작은 부분에 지나지 않을 것이다. 그나마 다행스러운 것은 검색엔진들이 경쟁을 통해 검색 범위를 확대하는 데에 많은 노력을 기울이고 있다는 점이다. 하지만 그러한 경쟁이 아무리 치열해지더라도 웹은 그것보다는 항상 더 크다는 점을 간과해서는 안 될 것이다.

그렇다고 해서 검색엔진과 그 로봇들이 우리에게 제공하고 있는 방대한 서비스를 과소평가 하는 것은 결코 바람직하지 않다. 우리는 종종 웹을 '정글' 에 비유하면서 절망 섞인 한숨을 토하기도 한다. 하지만 만일 검색로봇마저 존재하지 않았다면 정글이 아니라 무엇이든 빨아들여 결코 그곳을 탈출하지 못하는 '블랙홀' 이 되었을지도 모르는 일이다. 그런 관점에서 볼 때, 검색로봇은 날로 더해 가는 월 드와이드웹의 복잡성에도 불구하고 그것이 붕괴되지 않게 해주고 있다고 할 수 있다. 다시 말해 노드와 링크들로 이루어진 혼돈의 세계에서 검색로봇이야말로 최소한의 질서를 유지케 하는 파수꾼인 셈이다.

우리들의 일상생활은 점점 더 크게 웹에 의존하고 있다. 그에 비해 웹에 대한 관심과 웹을 이해하기 위해 우리가 투자하는 노력은 너무나 빈약하기 짝이 없다. 그러나 정보의 접근이라는 관점에서 혁명이라고 불러도 좋을 정도로 새로운 바람을 일으키는 데 그다지 많은 노력이 필요한 것은 아니며, 또한 머지 않아 그런 일이 실제로 벌어질 것이다. 오히려 우리가 주의해야 할 것은 그 과정에서 과연 우리가 잃는 것은 무엇일까 하는 문제를 함께 고려하는 일이다.

인터넷에 대한 의존도가 점증하고 있는 오늘날의 사회에서 월드와이드웹에 대한 이해는 그 자체로서만이 아니라 다른 것을 위해서도 엄청난 가치를 지닌다. 나에게는 그 이상이다. 웹의 세계를 탐구하는 과정에서 나로 하여금 가장 흥분하게 만들었던 측면의 하나는, 단지 사이버 세계에 머물지 않고 그것을 넘어서서 보다 광범위하게 적용될 수 있는 법칙들을 발견할 수 있었다는 점이다. 이 법칙들이 세포나 생태계 등에도 똑같이 적용될 수 있다는 사실은 자연 법칙이라고 하는 것이 얼마나 필연적인지 그리고 자기 조직화 법칙이 오늘날 우리가 살고 있는 세계를 현재의 모습대로 만드는 데 얼마나 깊숙하게 관여하고 있는지를 여실히 증명하고 있다. 월드와이드웹은 그것이 지닌 디지털적인 속성과 방대한 규모로 인해 아주 세부적인 모습까지도 밝혀낼 수 있는 모델 시스템이 돼주고 있다. 지금까지 우리는 그 어떤 네트워크에 대해서도 웹에서처럼 그렇게 가까이 접근해 본 적이 없다. 바로 그렇기 때문에 웹은 우리가 살고 있는 웹과 유사한 세계의 본질을 규명하고자 하는 사람들에게 앞으로도 지속적인 영감과 아이디어의 원천이 될 것이다.

The Map of Life 열세 번째 링크

생명의 지도

1987년 2월에 《네이처》는 우울증에 대해 중요한 연구 결과를 발표하였다. 우울증은 미국 성인의 1%~5%가 겪고 있으며, 그 중에 25%~50%는 적어도 한번은 자살을 기도하였다. 우울증을 앓은 직계 가족이 있는 사람은 일반 사람보다 5~10배 정도 발병률이 높다는 사실에서 유전적인 요소가 결부되어 있다는 추측이 나오고 있다. 이러한 맥락에서 우울증이 유전적 결함과 어떤 관련이 있는지가 과학자들의 관심을 끌고 있다. 1987년에 《네이처》는 펜실베이니아 주의 랭카스터 시에 살고 있는 아미쉬 족(Amish family)의 유전자를 연구하여 11번째 염색체의 결함이 우울증과 관련 있다는 연구 결과를 발표했다. 그러나 2년이 지나서 그들의 결과는 철회되었다.

첫 번째 연구 발표 후 10년이 지난 1996년에 3개의 연구 기관에서 우울증과 염색체의 관계에 대해 서로 다른 연구 결과를 발표했다. 다른 아미쉬 족을 대상으로 한 연구 결과는 우울증이 6번째, 13번째, 15번째의 염색체와 관련이 있다는 것이었다. 한편 코스타리카의 중앙 계곡에서 외부와 차단된 채 살고 있는 부족들의 유전자 연구에서는 18번째 염색체의 이상이 우울증과 관련이 있다는 또 다른 연구 결과가 나왔다. 또 스코틀랜드 족 등을 대상으로 한 연구에서는 4번째 염색체가 깊은 관련이 있다는 사실도 밝혀졌다. 또 다른 정신 질환인 정신분열증에 대한 연구에서는 1번째 염색체와 관련성이 있다는 결과가 발표되었고, 5번 염색체와 관련되어 있다는 연구 결과도 발표되었다.

이렇게 서로 다른 연구 결과를 발표하는 과학자들을 정말 신뢰할 수 있는 것인지에 대해 의문스럽지 않을 수 없겠지만 과학자들이 거짓말을 하고 있는 것은 결코 아니다. 과학자들이 밝힌 것은 우울증이나 암 질환 같은 질병들은 하나의 유전자의 이상으로 유발된 것이 아니라 이상이 있는 유전자들이 세포 안에 숨어 있는 복잡한 네트워크를 통하여 발현되고 있다는 데 있다. 요즘 새롭게 소개되고 있는 세포 안에서 일어나는 소위 빌딩 블록(building block)을 이해하고자 하는 과학자들의 노력은 종래의 생물학적인 측면에서 접근하였던 방법이 성공적이지 않았으며 최근 일어나고 있는 네트워크의 관점에서 이해되어야 한다는 것을 의미한다. 포스트 게놈 시대를 맞이하여 생물학적으로 한 단계 올라서는 중요한 과정은 생명을 이해하고 질병을 치료하기 위해서는 세포 안에 존재하는 네트워크의 구조를 이해하여야 한다는 것이다.

1.

"오늘 우리들은 신이 생명을 창조하셨을 때 사용하였던 언어를 지금 배우고 있는 것입니다." 이 말은 백악관에서 2000년 6월 26일에 30억 개의 인간의 유전자 해독 작업의 시작을 선포하면서 빌 클린턴 대통령이 한 말이다. 이 말이 사실인가? 인간은 생명의 책을 건네 받았는가? 이 선언식에서 클린턴 대통령의 양옆에 배석했던 프란시스 콜린스(Francis Collins)와 크래그 벤터(Craig Venter) 박사들은 21세기 생명의 예언자인가? 그들은 정부 주도하에 진행돼왔던 인간 게놈 프로젝트를 선두 지휘했으며 사설 기관인 셀레라 지노믹스(Celera Genomics)의 유전자 해독 작업을 지도하면서 마침내 우리들에게 인간 생명에 대한 유전자 지도를 펼쳐 주었다.

생명의 책을 보면 이 유전자 지도는 《뉴욕타임스》 일요일 판의 만 부에 해당하는 방대한 분량인 30억 개의 문자들로 채워져 있다. 각 문장들은 다음과 같은 부호의 연속으로 이루어져 있다.

TCTAGAAACA ATTGCCATTG TTTCTTCTCA TTTTCTTTTC ACGGGCAGCC

이러한 문자들은 DNA를 구성하는 분자를 나타낸다. 이 문자들의 순서에 따라 각 개인의 유전적 특징이 나타난다. 예를 들어 50세에 대머리가 된다든지 70세에 알츠하이머병에 걸린다든가 하는 내용이 담겨 있다. 그러므로 개인의 건강 상태는 이러한 유전자 순서에 따라 결정된다고 할 수 있다. 따라서 이러한 유전자 순서를 해독하는 작업은 개인의 건강을 이해하는 데 매우 중요한 일이 되는데 이런 일들은 생물학자나 의사들이 할 수 있는 일이 아니다.

　복잡한 생명의 조직과 현상을 한 권의 책에서 찾아볼 수 있다는 것은 분자생물학의 크나큰 업적이다. 하지만 우리는 이러한 유전자 분석만으로는 생명체의 행동을 올바로 이해하는 데 부족하다는 것을 알게 되었다. 유전자의 수가 예상외로 적었기 때문이다. 앞의 예에서 본 바와 같이 우울증은 한 개의 유전자 문제가 아니라 여러 개의 유전자들의 연결 문제이다. 그러므로 각각의 질병들은 하나의 유전자와 관련된 문제로 볼 것이 아니라 생명체의 총체성이라는 측면에서 접근해야 하는 것이다. 이제 우리들은 언제, 어떻게 서로 다른 유전자들이 서로 상호작용하고 있는가, 상호작용이 만들어내는 새로운 현상은 무엇인가, 유전자가 세포 안에서 어떻게 신호 전달을 하는가 등을 알아내야 한다. 생명의 지도는 어떤 세포들이 피부와 심장을 구성하고 있는지, 외부의 환경 변화에 어떻게 반응을 하는지, 암과 정신 질환 등의 병을 어떻게 치료할 수 있는지 등을 알려줄 것이다. 최근의 《사이언스》에 실린 구절을 빌리면, 인간의 유전자를 해독한 결과 얻은 결론은 유전자에는 좋은 유전자, 나쁜 유전자가 존재하는 것이 아니라 여러 단계의 네트워크가 존재한다는 것이다.

2.

　인간의 유전자 해독 결과 우리가 알아낸 것은 세포의 성분이다. 이는 자동차를 구성하고 있는 여러 부속을 알게 된 것과 같다. 자동차를 해체시키고 다시 조립하기 위해서는 자동차의 설계 도면이 필요하다. 15년 전에 인간 게놈 프로젝트를 시작할 때와 마찬가지로 대부분의 세포에 대해 우리는 아직도 막연한 상태이긴 하다. 그렇지만 세포 속에 어떤 구성 성분이 있는지에 대하여 알지 못하는 것이 가장 중요한 문제는 아니다. 가장 중요한 문제는 세포 속에 존재하는 복잡한 조직들을 네트워크의 관점에서 규명한 구성원들의 설계 도면을 알아내는 것이다.

우리는 하루하루 생활하기 위한 에너지를 섭취한 음식물을 분해하여 진행되는 소위 신진대사 활동을 통해 얻는다. 신진대사 활동은 신진대사 네트워크를 통하여 이루어지는데, 이 **신진대사 네트워크**는 여러 단계의 세포 간의 생화학 반응 과정으로 구성되어 있다. 이러한 신진대사 네트워크의 노드는 물, 이산화탄소 등의 간단한 분자이기도 하고 ATP와 같은 복잡한 분자이기도 하다. 노드를 연결하는 링크는 이러한 분자들 사이에 일어나는 화학 반응이다. 예를 들어 A와 B의 분자들이 반응하여 C와 D의 분자를 만들어 낸다면, 이 네 개의 분자들은 서로 연결되어 있다고 보는 것이다.

세포의 신진대사 네트워크를 자동차의 엔진으로 생각하자. 자동차 엔진만으로는 자동차가 잘 달릴 수 없으며 자동차가 도로에서 안전하게 달릴 수 있도록 하기 위해서는 많은 부속들이 잘 협동하여 그 기능을 발휘해야 한다. 같은 맥락에서, 세포의 세계에서는 신진대사 네트워크에서부터 세포의 죽음에 이르기까지 각 기능이 조화롭게 이루어지도록 조절하는 **조절 네트워크**(regulatory network)가 있어야 한다. 이 조절 네트워크의 노드는 유전자와 DNA에서 해독된 정보로부터 만들어진 단백질이며, 링크는 이러한 단백질 사이에서 일어나는 생화학 반응이다. 유전자는 처음에는 mRNA를 만들어내고 이 mRNA는 단백질을 합성한다. 몇몇의 단백질들은 DNA와 반응을 하여 새로운 유전자가 발현되는 것을 도와주기도 하고 억제하기도 하며, 우연히 일어나는 DNA의 파손을 고쳐주기도 하고, 세포가 복제할 때 DNA의 두 개의 끈을 복사하기도 한다. 또한 단백질들은 상호작용을 통해 단백질 복합체를 구성하기도 한다. 대표적인 예로 헤모글로빈은 네 개의 단백질로 구성된 단백질 복합체인데 피 속에서 산소를 수송하는 역할을 한다. 이와 같이 두 단백질이 서로 결합하는 경우에 각 단백질을 노드로 보고, 결합하는 두 단백질 사이에는 연결선이 있다고 생각할 수 있는데 이렇게 구성된 네트워크를 단백질 상호작용 네트워크라 부른다. 앞에서 살펴본 바와 같이 유전자, 단백질, 다른 분자들이 복잡하게 얽혀 있는 생물학적 네트워크가 **세포 네트워크** 안에 구성되어 있다.

얼마 전까지만 해도 우리는 유전자를 제대로 이해할 수 있으면 생명체의 생물학적인 모든 지식을 이해할 수 있을 것이라고 믿었다. 그러나 포스트 게놈(post-genome) 시대인 오늘날, 아직 초기 단계이긴 하지만 우리는 지금까지 당연하다고 믿어왔던 각각의 유전자가 각자의 역할을 할 것이라는 관점에서 탈피하기 시작했다. 유전자는 단백질을 구성시키며, 다음 세대에게 유전적 정보를 전달하는 등의 **구조적** 역할을 수행하는 것으로 이해되어 왔다. 그러나 최근 들어 과학자들은 유전자가 복잡한 세포 네트워크 내에서 중요한 **기능적** 역할을 수행한다는 것을 밝혀냈다. 이 역할은 유전자가 다른 세포의 구성성분과 동적으로 상호작용 한다는 것을 의미한다. 유전자는 암호의 배열 순서에 따라 그 기능이 결정된다. 지금까지 우리들은 초파리부터 인간의 유전자까지 몇몇의 중요한 생명체의 유전자 순서 배열 암호를 해독했다. 그러나 이러한 해독 작업은 아직 초기 단계라고 할 수 있다. 이러한 유전자 암호를 해독하는 일이 첫 번째 단계라면, 두 번째 단계로 시행되어야 하는 것은 세포 네트워크 내에서의 유전자의 기능적 활동을 확인하는 것이다. 이러한 확인 작업에는 단순한 유전자의 나열을 담은 생명의 책이 필요한 것이 아니라, 세포 내 여러 구성 요소들의 연결에 관한 **생명의 지도**가 필요하다고 할 수 있다.

3.

졸탄 올트바이(Zoltán Oltvai)는 노스웨스트 의과대학의 유명한 세포 생물학자이다. 처음 만났을 1998년 당시 우리들은 프랑크 로이드 라이트(Frank Lloyd Wright)의 건축풍의 시카고 근교에서 살고 있었다. 비슷한 나이의 아이들 덕분으로 우리들은 정기적으로 서로 교류할 수 있는 기회를 가졌다. 처음에는 문화와 정치 등의 예사로운 일로 대화를 나누다가, 자연스럽게 서로의 관심사인 물리와 생물로 대화의 주제가 넘어갔다. 그때 나는 인터넷과 웹에 대한 관심이 부풀어 있을 때였다. 당연히 우리들의 주말 대화의 초점은 인터넷과 세포 안의 네트워크에 대한 것으로 자연스럽게 옮겨가게 되었다. 웹과 영화배우 네트워크는 "성장"과 "선호적 연결"이라는 두 가지 요소에 의해 척도 없는 네트워크로 구성된다. 그러나 세포 안에 있는 네트워크는 이와는 다르다. 초기에 유기 분자화합물이 번식하여 생명이 탄생하는 단계에서는 세포 네트워크는 성장하는 성격을 띠고 있지만, 지난 30억 년 동안 종의 진화와 자연 선택이 이루어지면서 생물체 네트워크는 성장의 단계보다는 자연에 적응하고 최적화하는 과정을 거치게 된다. 따라서 초기에 척도 없는 네트워크가 형성되었다 하더라도 기나긴 진화의 과정을 거치면서 변형되거나 사라졌을 수도 있다. 그렇다고 해서 세포 안의 복잡한 생화학 반응의 네트워크가 어떤 규칙이 없이 멋대로 된 네트워크라고 상상할 수는 없을 것이다. 그럼 이러한 세포 안에서 일어나는 생화학 반응의 네트워크는 어떤 성질을 가질까?

올트바이 박사와 나는 이 문제에 대해 각자 나름대로의 이론을 서로 주고받다가, 더 이상의 의견이 생각나지 않을 즈음에 실제로 세포 안에 있는 네트워크에 대하여 조사해 보기로 했다. 다행히 생물학과 생화학은 세포 안에 있는 많은 생화학 반응에 대한 자료를 20세기 내내 축적해 놓고 있었다. DNA의 구조를 처음 밝힌 제임스 왓슨이 지금은 고전이 된 1970년에 발표한 《분자생물학》이란 책에서 "지금까지 (E. coli 박테리아 내의) 신진대사 반응에 대하여 20%~30%을 파악하고 있지만, 앞으로 10년 또는 20년이 지나면 중요한 신진대사 반응에 대하여 거의 이해하게 될 것이다"라고 했듯이 30년이 지난 지금 신진대사 반응에 대한 많은 연구가 수행되었고 실제로도 많은 반응이 밝혀졌다. 그러나 왓슨이 그 당시 생각하지 못한 것은 수백 종이 넘는 다양한 생명체의 신진대사 반응에 대한 정보와 연구가 인터넷에 올려져 있고 누구나 쉽게 그것에 접근할 수 있다는 점일 것이다. 인간과 같이 고도로 복잡한 신진대사 반응에 대해서는 아직 자세히 파악되지 않고 있지만 보다 간단한 생명체에 대해서는 모든 신진대사 반응이 거의 다 알려져 있다.

따라서 올트바이 박사와 내가 세포 안의 생화학 반응에 대한 네트워크 조사를 착수한 것은 시기적으로 매우 적절했다고 할 수 있다.

우리 연구팀이 이 일을 시작한 1999년 가을 몇 개의 인터넷 사이트가 신진대사 반응들에 대해 자료를 올려놓고 있었다. 우리들은 시카고 근교에 있는 아르곤국립연구소(Argonne National Laboratory)에서 관리하는 "무엇이 거기에 있을까?"라는 별명을 가진 웹사이트에 43개의 유기체에 대한 신진대사 반응이 올려져 있는 것을 알아내고 이에 대한 연구에 착수했다. 정하웅 박사는 다시 한번 컴퓨터에 대한 재능을 발휘하여, 각 신진대사 반응에 대한 네트워크 정보를 다운로드 받는 프로그램을 완성해냈다. 올트바이 박사와 나는 그의 어깨 너머로 43개의 유기체에 대한 신진대사 네트워크의 지도가 완성되는 것을 지켜보고 있었다. 지도를 완성시킨 후 그는 이 지도에서 나타나는 여러 가지 특징을 측정하기 시작하였는데 그가 얻은 결과는 놀라운 것이었다. 43개의 신진대사 네트워크에서 나타난 공통된 특징은 인터넷이나 웹에서 나타나는 척도 없는 네트워크의 성질을 띤다는 것이었다. 몇 개의 분자들이 대부분의 반응에 참여하고, 대부분의 분자들이 소수의 반응에 참여했다.

4.

6단계 분리를 처음 소개했던 사회 네트워크 개념을 도입하여, 두 분자가 서로 반응을 할 경우에 거리를 1이라 하고 두 분자가 어느 다른 분자를 거쳐 반응을 할 경우에는 거리가 2라고 하자. 이렇게 거리가 정의되면 세포 안에서 일어나는 신진대사 네트워크는 좁은 세상의 성질을 보일 것인가?

분자 사이에 존재하는 평균거리에 대한 측정은 사회 네트워크에서 나타나는 6단계 분리가 이러한 생물체에서도 나타나는가 하는 단순한 호기심에서 시작한 것만은 아니다. 만약 두 분자 사이에 거리가 100이라고 하면 두 분자 사이에 100단계의 생화학 반응을 거쳐야 한다는 것을 의미하고, 이렇게 긴 화학적 반응 단계를 거쳐야 한다면 첫 번째 분자에서 일어나는 변화가 100번째 분자에는 거의 영향을 미치지 못할지도 모른다. 왜냐하면 99단계의 중간단계를 거치면서 그 변화는 사라질 수도 있기 때문이다.

신진대사 네트워크의 평균거리에 대한 측정 결과는 놀라운 것이었다. 100단계처럼 멀리 떨어져 있는 것이 아니라 **3단계 분리**의 매우 좁은 세상을 나타내고 있었던 것이다. 즉 대부분의 분자들은 3단계의 생화학 반응을 거치면 모두 연결될 수 있는 좁은 세상에 살고 있는 것이다. 따라서 한 분자에서 일어나는 변화는 즉각적으로 다른 분자에 영향을 불러일으킨다. 예를 들어 한 분자의 농도가 바뀌면 그것은 즉각적으로 다른 분자에 영향을 끼친다. 이러한 결과는 최근 뉴멕시코 대학의 생물학자인 앙드레 와그너(Andreas Wagner) 교수와 옥스퍼드 브룩스 대학의 데이비드 펠(David A. Fell) 교수가 독자적으로 발표한 신진대사 네트워크도 좁은 세상의 성질을 보인다는 연구 결과와 동일한 것이다.

두 분자 사이에 평균거리가 3단계 떨어져 있다는 사실만이 놀라운 것은 아니다. 더욱 우리를 놀랍게 한 것은 43개의 유기체들의 평균거리가 43개 유기체들의 신진대사 네트워크의 구성 분자 수에 무관하게 항상 일정하다는 것이다. 인터넷에서는 인터넷에 참여하는 노드의 수가 증가할수록 평균거리는 증가한다. 이와는 다르게 신진대사 네트워크는 아주 작은 원시 기생 박테리아에서부터 꽃과 같이 아주 진화된 생명체까지 평균거리가 일정하다는 것이다. 원시적인 박테리아와 다세포 고등 유기체와의 신진대사 네트워크의 차이는 조그마한 시골 동네와 뉴욕 시와의 차이만큼 크지만, 모든 세포 속의 네트워크는 조그마한 시골 동네처럼 좁은 세상의 성격을 띄고 있었다. 좀더 자세히 살펴보면, 대부분의 세포들은 거의 같은 허브를 보유하고 있는 것을 알 수 있었는데 이 허브는 많은 생화학 반응에 참여하는 분자였다. 가장 큰 허브 역할을 하는 분자는 ATP이며 ADP와 물이 그 뒤를 이어 중심적인 역할을 하는 허브임이 밝혀졌다.

ATP, ADP나 물이 중심 역할을 하는 허브가 된다는 것은 놀라운 사실이 아니다. 세포 속에서 ATP는 수백 개의 반응을 이끄는 에너지 공급원 역할을 하고 있다. ATP는 인산염을 내 놓으면서 ADP로 변하게 되는데, 따라서 ATP와 ADP는 서로 연결되어 있고, 에너지가 요구되는 대부분의 반응에 참여하게 되며, 신진대사 네트워크에서 허브 역할을 하게 된다. 척도 없는 네트워크의 특징 중의 하나는 오래된 노드가 연결선이 많은 허브 역할을 하게 된다는 것인데, 신진대사 연결망에서도 와그너 박사와 펠 박사의 연구 결과에서 보는 바와 같이 허브에 해당하는 분자는 초기 진화 과정에서 생겨난 오래된 분자였다. 이러한 분자들 중 일부는 DNA가 출현하기 이전에 존재한 RNA 세계의 산물로, 그 밖의 일부는 가장 오래된 신진대사 네트워크에 참여한 성분인 것으로 알려졌다. 따라서 개척자적인 분자들이 신진대사 네트워크에 핵심적인 역할을 하며 퍼져 있다고 할 수 있다.

모든 유기체들이 똑같이 척도 없는 네트워크를 형성하며, 똑같은 평균거리를 가지고 있으며, 똑같은 허브를 공유하고 있다면, 서로 다른 유기체들은 어디가 다른 것일까? 박테리아와 인간의 세포는 어떻게 다른가? 연구 결과 상당히 많은 다른 점들을 발견할 수 있었다. 43종의 서로 다른 유기체의 신진대사 네트워크를 조사해 보면, 오직 4%의 분자들만이 43종 모두의 신진대사 네트워크에 참여함을 알 수 있다. 즉, 허브 역할을 하는 분자들만이 같을 뿐 나머지 작은 수의 연결선을 가지고 있는 분자들은 서로 다르다. 이러한 측면에서 생물체는 마치 도시 외곽에 있는 집들에 비유할 수 있을 것 같다. 각각의 집들은 서로 같은 기본적인 구조로 설계되어 있지만, 시공자가 다르고 인테리어 디자인 또한 달라서 크게는 같지만 미세한 부분은 서로 다른 구조를 갖게 된다. 멀리서 외계인이 사진을 찍는다면 사람들은 모두 똑같은 집에서 살고 있다고 하겠지만 자세히 들여다보면 각각이 특색이 있는 집에서 살고 있다고 하는 것에 비유될 수 있겠다.

신진대사 네트워크는 생명체에서 없어서는 안 되는 중요한 네트워크이지만 세포 안에서 일어나는 여러 개의 네트워크 중 일부분에 불과하다. 세포 안에는 생명체가 살아가도록 조절하는 조절기능 네트워크도 있으며 우리는 궁극적으로 세포 안에서 일어나는 모든 네트워크에 관심을 가지고 있다. 중요한 문제는 이러한 다양한 생명체 안의 네트워크들에서 공통된 특징이 나타나는가 하는 것이다.

이러한 기초적인 질문은 생명체에 대한 기본 원리를 알려줄 뿐 아니라 그 응용 측면에서도 중요한 의미가 있다. 예를 들어 유전자의 결함은 조절기능을 맡은 조절 네트워크가 정상적으로 작동하지 않았기 때문인데, 네트워크의 견고성 덕분에 사람들은 질병 등에 의해 네트워크의 일부가 고장났음에도 불구하고 생존할 수 있는 것이다. 반면에 응용적인 측면으로 보면 네트워크에 치명적인 손상을 가져다주는 질병을 치료할 수 있는 정보도 또한 이러한 질문을 통해 얻을 수 있게 된다.

5.

가장 간단한 유핵 세포 중 하나인 이스트는 6,300개 정도의 유전자로 구성되어 있는데 약 3만 개로 구성되어 있는 인간의 유전자의 약 1/5 정도 되는 많은 개수의 유전자를 가지고 있다. 일반적으로 단백질이 서로 접촉하여 상호작용을 할 때에는 그렇게 해야 하는 이유들이 있다. 대부분의 단백질 간의 상호작용은 기능적인 이유가 있으며, 그 작용은 생명 유지에 필요한 것들이다. 그러므로 어떻게 세포들이 작동하는지를 이해하려고 한다면 모든 단백질의 상호작용을 이해하여야 한다. 예를 들어, 이스트의 경우 6,300개의 유전자로 구성되어 있으므로 6300×6300쌍의 상호작용, 즉 약 4천만 개의 상호작용을 검사해야 하는 것이다. 지금까지 사용해왔던 분자생물학의 방법으로 이와 같은 상호작용을 검사하는 데에는 수백 명의 사람과 수십 년의 시간이 필요했다. 그럼에도 불구하고 최근 이른바 두 개의 하이브리드 방법(two-hybrid method)이라는 것이 소개되면서 두 연구팀에서 독자적으로 이스트의 단백질 상호작용에 대한 지도를 완성해냈다. 1989년에 스탠리 필즈(Stanley Fields)에 의해 소개된 이 방법은 반자동적인 기술을 사용하여 상호작용의 여부를 판단하는데, 다소 산의 에러를 포함하고 있긴 하지만 좋은 결과를 낳고 있다.

2000년 가을에 올트바이, 정하웅 박사, 그리고 나는 새로운 학생인 션 메이슨(Sean Mason)과 함께 신진대사 네트워크의 구조적 성질을 연구한 경험을 살려 단백질 상호작용 네트워크의 연구에 뛰어 들었다. 연구 개시 몇 달 전까지 발표된 이스트에 대한 모든 단백질-단백질 상호작용의 데이터를 집결시켜 연구한 결과, 데이터에 약간의 모호한 점이 없지는 않았지만, 단백질 상호작용 네트워크는 척도 없는 성질을 가진다는 것을 알 수 있었다. 몇 개의 단백질만이 많은 다른 단백질과 상호작용을 할 수 있다는 것이 밝혀졌으며 따라서 이러한 허브 역할을 하는 단백질이 세포 생존의 기능 면에서 중요한 역할을 한다는 것을 알게 되었다. 실제로 허브에 해당되는 단백질이 제거되면 60%~70%의 비율로 세포가 죽어버렸다. 반면에 연결선을 적게 갖고 있는 단백질의 치사성은 20%가 안 되었다.

　이러한 결과는 비슷한 시기에 다른 연구팀에 의해서 발표된 연구 결과와 일치하는 것이었다. 앙드레 와그너 박사는 독립적인 연구를 통해 이스트 단백질 네트워크의 구조가 척도 없는 성질을 갖는다는 것을 확인해 주었으며, 유럽 미디어 실험실(European Media Laboratories)에서 연구하고 있는 스테판 부흐티(Stefan Wuchty) 박사도 세포 안에 있는 현저히 다른 네트워크도 척도 없는 네트워크의 모양을 보인다는 것을 밝혔다. 그는 단백질 영역 네트워크에서는 단백질의 구조상에 어떤 특정한 요철이 있어서 두 개의 단백질이 이 요철이 맞으면 서로 상호작용을 한다고 정의하였다. 이렇게 정의된 단백질의 영역 네트워크에서도 척도가 없는 성질은 확인되었다. 영국의 유럽생물정보연구소에 있는 박종 박사와 그의 공동 연구자들도 단백질 데이터 뱅크에서 수집한 데이터를 토대로 얻은 이스트 단백질 상호작용에 대한 구조적 성질을 연구한 후 같은 결론을 얻었다. 더 나아가 우리 연구팀은 이스트가 아닌 헬리코박터 파이로리

(Helicobacter Pylori)의 박테리아에서도 척도 없는 구조적 특성을 얻었는데 따라서 척도 없는 네트워크는 단백질 상호작용 네트워크에서 나타나는 공통된 특성임이 나타났다.

신진대사 네트워크와 단백질 상호작용 네트워크의 구조적 특징은 공통적으로 척도가 없다는 것이다. 즉 어떤 단계의 생물학적 네트워크에 초점을 맞추어도 척도 없는 네트워크의 특징이 나타난다. 할리우드의 영화 배우 네트워크와 인터넷의 척도 없는 구조적 특징이 30억 년 전부터 생겨난 생명체의 세포 안에서 일어나는 네트워크의 구조적 특징과 같다는 것은 놀라운 것이었다. 세포는 정말로 좁은 세상의 특징을 보이고 있으며, 여러 다른 네트워크들과 특징을 공유하고 있는 것이다.

그럼 어떻게 생명체에서 이러한 네트워크 구조가 형성될 수 있었을까? 이러한 질문에 대해 생각하기 시작할 무렵 우리는 그에 대한 답을 곧 얻을 수 있었다. 우리들이 단백질의 상호작용 네트워크에 대한 논문을 발표한 이후 약 6개월이 지나서 각각 서로 다른 연구팀 세 곳으로부터 한 달 이내에 이메일을 받았다. 놀랍게도 그 내용은 모두 척도 없는 구조가 세포들이 복제되는 과정에서 생기는 변이의 결과라는 것이었다.

6.

세포들은 자기복제와 분열과정을 통하여 생존하게 된다. 이러한 복제와 분열과정에 대한 세부 규칙들은 세포의 종류에 따라 다양하다. 그러나, 이러한 세포의 진화과정에서 공통적으로 나타나는 특징이 있다. 첫째로, 세포의 증식과정에서 DNA는 복제되는데, 이 과정에서 똑같은 세포가 만들어지지만, 20만 년 동안 1,000개의 문자 중에서 하나의 문자 꼴로 복제과정에서 에러가 생기게 된다. 또 다른 에러가 생길 수 있는 경우는 유전자의 복제과정이다. 매우 드문 경우이긴 하지만, 유전자가 복제하는 과정에서 잘려진 DNA 분자들의 끝이 서로 연결되는 경우가 생길 수 있고, 이러한 경우 DNA의 길이가 달라지게 되는데, 이러한 경우는 자손의 DNA 암호가 중복하여 나타나게 되기도 한다. 이러한 DNA의 복제이상은 때로는 세포를 죽이는 결과를 초래하기도 하지만, 때로는 이와 같이 변형된 DNA가 자손에게 물려지고 그로 인해 유전적으로 우위를 차지하기도 한다. 헤모글로빈이 그러한 예의 하나이다.

초기의 세포들은 오직 하나의 헤모글로빈 유전자를 가지고 있었다. 그러나 약 5억 년 전에 고등 어류의 진화과정에서 연속적인 유전자 복제가 발생하였고, 그 결과 4개의 헤모글로빈 유전자가 만들어지게 되었다. 오늘날 이 4개의 유전자가 하나의 헤모글로빈 단백질 복합체를 구성하게 된다.

유전자의 복제는 세포 네트워크를 구성하는 데 큰 영향을 미친다. 복제 결과, 똑같은 유전자가 생겨나며, 그 결과 동일한 단백질들이 만들어지고, 이 복제에 의해 생겨난 단백질은 부모와 똑같은 형태를 갖기 때문에 부모가 갖는 상호작용을 그대로 지니게 된다. 네트워크의 관점에서 보면, 하나의 단백질이 하나의 노드에 해당되므로 동일한 단백질의 출현은 새로운 노드가 복제되고, 이 복제된 노드는 부모의 노드와 똑같은 연결 구조를 갖는 것을 의미한다. 따라서, 부모 노드에 연결된 각각의 노드들은 복제된 노드와도 연결선이 형성됨으로 인하여 연결선이 하나씩 늘어나게 된다. 이 과정에서 많은 연결선을 가지고 있는 노드들은 주위의 노드들의 복제현상으로 인하여 그만큼 높은 확률로 연결선이 증가되며, 연결선을 적게 갖고 있는 노드들은 그만큼 연결선이 늘어날 확률이 적게 된다. 이러한 현상은 척도가 없는 네트워크의 기본 요소인 "성장"과 "선호적 연결"을 만족시키게 되며, 따라서 척도 없는 네트워크를 구성하게 되는 것이다.

이와 같은 현상으로 인하여 일어나는 중요한 특징은 척도 없는 네트워크의 형성 원인이 생물학적으로 잘 알려진 복제현상에서 비롯된다는 것이다. 이와 같은 복제과정은 단백질 상호작용 네트워크가 성장과 선호적 연결이라는 요소를 동시에 충족시킨다는 것이다. 그러나 이러한 자기복제만을 고려한 단백질 상호작용 네트워크 모형이 실제의 네트워크의 구조적 성질을 올바로 재현한다고 할 수는 없다. 또한 이러한 자기복제 성질이 신진대사 네트워크에서도 적용이 될지에 대해서는 아직 밝혀지지 않았다. 그러나, 자기복제 성질이 척도 없는 네트워크를 형성하는 중요한 요소가 된다는 것은 사실이다. 다음으로는 이와 같이 생명체에서 척도 없는 네트워크의 구조를 이해하는 것이 어떻게 질병을 좀더 이해하고, 질병치료에 유용한 정보를 구하는 데 이용될 수 있는지에 대하여 살펴보고자 한다.

7.

　암은 가장 많이 연구의 대상이 되는 질병이다. 엄청나게 많은 연구를 기반으로 하여 의학계에서는 몇 가지의 혁신적 연구의 진전이 있었다. 그 중에서 가장 중요한 업적이라고 할 수 있는 것이 p53 유전자의 발견이다. 데이드 레인과 아놀드 레바인이 1979년 보고한 바도 있지만, 1980년대 후반 베르트 포겔스타인의 연구 결과가 나오기까지 p53 유전자는 많은 사람의 주목의 대상이 되지 못했다. 포겔스타인은 p53 유전자에 의해 만들어지는 p53 단백질이 암세포의 성장을 억제하는 역할을 한다는 것을 알아냈다. 자동차 브레이크가 차의 속도를 줄이고 정지시키는 것처럼, 종양억제유전자 p53은 암세포 DNA가 복제되는 속도를 줄이고 새로운 세포를 분열시키는 속도를 억제시킨다. 평소에 건강한 세포들은 p53 분자를 적게 갖고 있다. 그러나 세포가 방사능에 노출되었거나, 다른 외부의 영향으로 세포가 이상이 생겼을 때, p53 분자의 숫자가 늘어나면서, 세포의 증식을 억제하게 된다. 이러한 p53의 역할은 이상이 있는 세포를 치료하는 시간에 여유를 줌으로써, 치료를 하게 하여준다. 만약 이상이 있는 세포가 회복 불가능이라면, p53은 그 세포를 죽이는 역할까지도 한다.

　그런데 만약 p53 단백질에 이상이 발생했다면, 세포는 자제력을 잃고 마구 번식하게 된다. 암세포는 건강한 세포에 비하여 복제, 번식하는 속도가 빠르다. 암 환자의 50% 이상이 p53 유전자에 이상이 생겨서 일어난다. 암과 p53과의 연관성이 발표된 후 이에 관련하여 17,000개의 논문이 연속적으로 쏟아져 나왔다. 이와 같이 암에 관련된 중심적 역할 때문에 1993년 p53은 《사이언스》에 '올해의 분자'라는 칭호를 듣게 되었다. 이렇게 많은 논문이 쏟아져 나오고 연구가 집중적으로 이루어졌다면, 지금쯤이면 이상이 있는 p53을 회복시키는 치료제, 즉 암을 치료할 수 있는 약이 개발되어 있음직 한데, 아직 그렇다 하는 소식이 없는 것을 보면 무언가 잘못된 것이라 할 수 있다.

p53이 인간에게 생기는 암과 밀접한 관련이 있지만, p53 유전자를 치료한다고 하여서 암을 치료하는 것은 아니다. 이러한 생각은 다름 아닌 p53 유전자로 세계의 이목을 집중시켰던 포겔스타인, 레인, 레바인 세 사람이 공저한 2000년도 《네이처》에 실린 논문에서 찾아볼 수 있다. 이 논문에서 그들의 주장의 핵심은 네트워크였다. 그들의 주장은 왜 우리들이 암을 잘 이해하지 못하는가 하는 문제는 세포가 인터넷처럼 네트워크로 구성되어 있기 때문이라는 것이다.

이 세 사람의 주장은 현재 우리가 암 정복을 위해 p53 분자에만 매달려 있는데 사실은 **p53 네트워크**에 관심을 가져야 한다는 것이었다. 즉 p53 단백질과 상호작용하는 모든 단백질에 관심을 가져야 한다는 것이다. 그들이 설명하였듯 p53의 네트워크는 마치 인터넷처럼 척도 없는 네트워크를 구성한다. 즉 연결선이 많은 소수의 허브가 존재하여 기능상으로 중심적 역할을 하게 되고, 대부분의 노드들은 연결선이 적은 상태를 갖는다. 앞에서 살펴보았듯 이러한 척도 없는 네트워크는 무작위적인 고장에 대해 견고한 성격이 있지만, 아킬레스건처럼 취약한 부분도 있게 된다.

네트워크에서 아킬레스건은 허브이며, 이러한 허브의 고장은 네트워크 전체의 구성원에 큰 영향을 끼친다. 연결이 적은 분자들에 이상이 있을 경우에는 세포에 그다지 큰 영향이 생기지 않지만, 허브 역할을 하는 p53에 이상이 있을 경우에는 세포가 암에 걸릴 가능성이 많아지며, 결국 세포를 죽게 한다. 따라서 왜 p53과 상호작용을 하는 분자들을 한꺼번에 공격하는 것이 p53 자체를 공격하는 것과 비슷한 효과를 주는지를 알 수 있다.

포겔스타인, 레인, 레바인 세 사람이 공저한 《네이처》에 실린 논문은 생물체에서 일어나는 일련의 유기화학 반응을 네트워크의 관점에서 기술한다는 것이 얼마나 훌륭하며, 또 이러한 방법이 얼마나 다양한 분야에 적용이 가능한가에 대한 메시지를 담고 있다. 따라서, 인터넷에서 해커들의 침입으로부터 보호하기 위해서 여러 가지 보안책을 마련하는 방법으로 p53 단백질과 상호작용하는 네트워크에서 p53 단백질을 보호할 수도 있음을 알 수 있다. 이를 위해, 첫째 네트워크의 구조를 정확히 알아야 하며, 이러한 네트워크의 구조를 지배하는 법칙을 찾아내야 한다. 이러한 법칙을 이해함으로써, 네트워크를 보호할 수 있는 보안책을 마련 할 수 있을 것이다.

p53 네트워크가 인터넷과 유사성이 있다는 사실 말고는 p53 네트워크에 대한 연구가 아직 활발한 것은 아니다. 당연히 다음 방향은 치료와 신약 개발에 관련된 연구여야 할 것이고, p53 네트워크를 연구하는 궁극적 목표는 암을 치료할 수 있는 방법을 찾아내는 데 있다. 다음에 자세히 이야기하겠지만, 암 치료법을 개발하기 위해 지금까지 많은 노력이 경주되어 왔다. 이들 대부분이 방사능이라든지 다른 방법에 의하여 암세포를 죽이는 방법을 택해왔지만, p53 단백질을 활성화하여 치료한다는 새로운 관점에서 보면 먼저 p53 네트워크

의 구조를 알아낸 다음 네트워크를 방해하지 않고 p53 분자가 활성화되기 위한 약을 개발하는 것이 좋은 방법이 될 것이다.

8.

최근까지 우리는 암이나 심장병, 정신질환과 같은 병들에 국한된 증상만 치료할 수 있었다. 어떤 병에 있어서라도 기적의 약이 될 만한 희귀한 물질을 찾기 위해 실험실로부터 열대우림까지 온갖 곳을 누비며 모든 힘을 쏟아왔다. 지금까지 알려진 약들은 대개 우리 몸 속에 존재하는 약 3만 개의 단백질 중에 5백여 개의 단백질을 공격대상으로 하는 것으로 여겨지는데, 이러한 약들은 환자들을 대상으로 한 임상실험을 통해 시행착오를 거쳐 만들어진 것이다.

세포 안에 있는 생화학 네트워크에 대한 충분한 이해가 있으면, 이러한 시행착오를 거치지 않아도 정확한 약을 개발할 수 있을 것이다. 미래의 의사는 세포의 정확한 배선 도식과 다양한 세포들 간 상호작용 강도를 포착할 도구를 가지고 일단 환자 세포 안에 있는 네트워크를 파악한다. 그는 거기서 파악된 지침들로 환자가 약을 복용하기 전 몸의 반응을 테스트 한 다음 환자에게 맞는 약을 조제한다. 이렇듯 유전자들이 어떻게 상호작용을 하게 되는가에 대한 생명의 지도 덕분으로, 언젠가는 병이 발병하기 이전에 질병이 일어날 가능성을 진단하게 될 것이다. 이러한 방법이야말로 병을 부작용 없이 그리고 정확하게 치료하는 것이다.

몸 속에 화합물이 농도를 바꿈으로써, 특정한 질병의 증상을 치료하기도 하는데, 세포 속의 좁은 세상 구조 때문에 한 화합물의 농도 변화는 다른 화합물에게도 영향을 미치게 되어 부작용을 초래하게 된다. 즉 우울증 때문에 약을 복용한 환자가 심장병으로 사망할 수도 있는 것이다. 하지만 동일한 약이 어떤 환자에게는 전혀 부작용 없이 치료제가 될 수도 있다. 사람들 제각각 머리 색깔도 다르고, 눈의 색깔도 다르듯 각기 특색이 있어서 이러한 생명의 지도는 사람마다 다를 수 있기 때문이다. 따라서 마이크로칩 등을 이용하여 개개인의 네트워크를 파악하고 약을 제조함으로써 대부분의 사람들에게는 치명적이지만 10%의 사람들에게는 효험이 있는 약도 제조 가능할 것이다.

9.

만약 당신이 최근에 우울증으로 고통스러웠다면, 먼저 의사를 만나 당신의 생각과 감정을 몇 시간 동안 검사하기 시작할 것이다. 그리고 나서 당신은 처방전을 받아서 돌아오게 된다. 이제껏 비록 당신이 뇌의 활동이 화학적 상태와 관련이 있는지에 대해 미처 깨닫지 못했더라도 약을 복용하는 순간, 약은 신체에 급속히 퍼져 행동과 충동에 영향을 미친다. 즉 아직까지 경험하지 못한 행동과 충동을 느낄 것이다. 그러나 대부분의 경우에는 약을 복용해도 별 효과가 없는 경우가 많다. 이런 경우 의사는 다른 약을 처방하게 되고, 이 약이 효과가 없으면, 또 다시 약을 바꾸게 되고 이런 일을 반복하다가 마침내 환자에게 적합한 약을 찾아내게 되는데, 이는 우울증에 원인이 되는 유전자의 네트워크가 잘못 작동되는 것을 일시적으로 바로 잡아주는 역할을 하게 된다. 그러나 이러한 약을 복용하는 것을 멈추게 되면 화학적인 비평형 상태로 되돌아오게 되어 다시 우울증의 증상도 나타난다.

앞으로 20년 후에 이러한 일들은 꽤 달라질지 모른다. 의사와 가벼운 감기에 걸린 것처럼 5분 정도 면담한 후, 당신만을 위해 특별히 제조된 주사를 맞은 후 간단히 돌아올 수 있을 것이다. 약은 저녁 때 가까운 약국에서 찾으면 된다. 다음 날 아침이면 상쾌하게 일어나 행복해질 것이고, 당신의 병은 이미 사라져 있다. 조울증과 우울증 모두 말끔히 사라지고 없을 것이다.

그러면, 어떻게 이러한 현상이 가능한 것일까? 첫째, 그 때쯤 되면 인간 세포 속의 완전한 생화학 반응이 알려져 있어 유전자와 분자 간에 차이점과 관련성이 이해될 것이다. 둘째, DNA와 단백질 칩과 새로운 기술이 발달되어 환자가 의사와 면담을 할 경우에 피 한 방울의 채취로 환자의 유전자 상태와 네트워크의 관계가 파악된다. 인간 세포 네트워크를 맵핑하는 것은 10년 안에 가능하며 이미 간단한 유전자 채취는 몇몇 검사에 이용되고 있다.

2020년까지 이러한 의료계의 혁신적 발전이 이루어질 것으로 전망한다. 그러면, 어린이들은 목이 아프다고 의사를 찾아갈 필요도 없다. 엄마가 간단한 의료도구를 이용하여, 인후염이라 진단할 수 있고, 목의 긴장정도를 측정할 수 있다. 엄마는 컴퓨터를 이용하여 의사에게 이메일을 쓰고, 아이가 학교에 가면, 약이 양호실에 도착하게 되는 시스템이 구축될 수도 있다. 중요한 것은 이 어린이가 복용한 약은 그의 몸에 있는 유해하거나 무해하거나 상관없이 모든 항생불질을 무차별하게 공격하는 그러한 약이 아니며, 또한 요즘 문제가 되고 있는 항생제 남용에 의한 내성이 증대되는 것을 최소로 억제할 수 있을 것이다.

나는 이러한 미래의 비전이 허상이라고 생각하지 않는다. 사실, 이러한 비전은 오히려 너무나 단순한 예측일지도 모른다. 이러한 예는 현재 이미 소개되어진 의료기기나 실험실의 장치에서부터 추측된 예일 수 있기 때문이다. 그러나 중요한 것은 이러한 예측이 가능했던 것은 생명으로부터 질병까지 새로운 관점에서 바라보는 방향의 전환이 있었다는 점이다. 즉 세포 안을 화합물의 단순한 집합체로 채워져 있는 것으로 보는 것이 아니라 상호 유기적으로 연관된 네트워크의 관점으로 바라보는 데서 출발하는 것이다.

10.

게놈 프로젝트는 궁극적으로 유전자들의 잔치이다. 최근까지 우리들은 인간의 생물학적인 역사가 30억 개 나선형 DNA의 문자에 숨겨져 있다고 믿었다. 확실히 인간 게놈 지도는 생물학 연구에 혁명을 가져다 주었다. 그러나 한편으로는 우리가 얼마나 작은 부분만을 알고 있으며, 얼마나 많은 부분이 미지의 영역으로 남아있는지도 일깨워주었다.

1996년 6,300개에 달하는 이스트 게놈의 해독은 과학계에 커다란 충격을 주었다. 처음에는 실제로 발견된 유전자의 수의 약 1/4 정도만을 예상했었고, 애매하게나마 겨우 각각의 유전자에 기능을 부여할 수 있었기 때문이었다. 생물학자들은 과학 혁명의 최고봉인 인간 유전자 해독에 대한 중요성에 매료되어 연구에 박차를 가했고, 인간 유전자는 기껏해야 100,000개 정도가 될 것이라고 예상했었다. 이 정도의 숫자면 가장 복잡하다고 예상되는 호모 사피엔스(Homo sapiens)의 유전자로도 충분한 것이라 믿었다. 그러나 2001년 2월 인간 유전자의 해독작업이 끝난 후 밝혀진 바에 의하면, 인간 유전자의 수는 예상치의 1/3도 되지 않는 30,000개였다. 놀라운 점은 씨 엘레강스(Caenorhabditis elegance)라는 아주 단순한 벌레의 유전자 수도 20,000개나 된다는 점인데 결국 10,000개, 다시 말하면 겨우 1/3 만큼의 유전자 수의 증가가 단지 300개의 신경세포를 만들어 내는 아주 단순한 씨 엘레강스와 뇌 속에만 수십억 개의 신경세포를 가지고 있는 복잡한 인간을 구분 짓는다는 사실이다.

요약하면, 유전자의 숫자는 우리가 느끼는 복잡성 정도에 비례하지는 않는다. 그렇다면 복잡성이란 과연 무엇일까? 네트워크가 바로 그 답이다. 네트워크의 관점에서 질문을 바꾸면 '똑같은 숫자의 유전자를 가지고 있는 유전자 네트워크로 얼마나 다른 성질을 가지는 네트워크를 만들어낼 수 있을까?' 이다. 예를 들어 두 개의 세포가 있다고 하고 이 두 세포에 들어 있는 유전자는 동일하다고 하자. 이때 하나의 유전자가 한 곳에서는 **on** 상태이고, 다른 한 곳에서는 **off** 상태라고 하자. 그러면 한 세포 안에 N개의 유전자가 있으면, 서로 다른 상태를 가질 수 있는 경우는 2^N개가 된다. 이러한 양을 우리가 복잡성을 측정하는 척도로 잡는다면, 인간의 복잡성이 씨 엘레강스의 복잡성에 비하여 약 10^{3000}배 정도 복잡하다고 할 수 있다.

20세기가 물리학의 세기라고 한다면, 21세기는 생물학의 세기일 것이라고 흔히들 말한다. 그러나 10여 년 전만 해도 21세기는 유전자의 세기로 여겨지곤 했다. 그러나 직접 진입한 21세기에 들어와 유전자의 세기로 생각하는 사람들은 거의 없을 것이다. 분명히 21세기는 복잡계의 세기, 좀 더 구체적으로 생물학적 네트워크의 세기이다. 이러한 새로운 세기관에 입각한 네트워크의 관점이 촉발시키는 혁명적인 분야가 있다면, 바로 생물학임에 틀림 없다.

Network Economy 열네 번째 링크

네트워크 경제

10여 년 전 인터넷이 현재처럼 널리 보급되지 않아 절망적일 정도로 인터넷에 대한 투자가 없었을 때였다. 당시 인터넷 설치 추진위원회의 위원이었던 타임 워너(Time Warner)의 매니저는 인터넷에 대한 투자가 자신의 회사를 거대한 엔터테인먼트 회사로 성장시킬 기회임을 알고 있었다. 그래서 그는 당시 부사장에게 인터넷 인프라 구축을 위해 단돈 5백만 달러만 투자하라고 제안했다. 만약 그때 타임 워너가 단돈 5백만 달러를 인터넷 컨소시엄에 투자했더라면 이후 일어날 미디어 합병 회사의 주식 11%를 소유할 수 있었을 것이다. "그때 그렇게 했더라면, 1923년 이후 우리들이 이루었던 모든 것을 없애 버려도 되었을 만큼 획기적인 일이었을 것이다"라고 부사장은 회고했다.

그는 주식 투자라는 측면에서도 끔찍한 실패를 경험했다. 10년 전에 5백만 달러에 살 수 있었던 주식은 지금 150억 달러가 되어 있다. 또 그때 투자했더라면, 지금까지의 역사가 바뀌었을 것이다. 얼마 전, 아메리카 온라인(AOL)의 CEO인 스티브 케이스와 타임 워너의 회장인 제리 레빈은 맨해튼의 기자실에서 두 회사의 합병 소식을 공식적으로 발표했다. 물론 몇 년 전이었다면 타임 워너는 손쉽게 AOL을 소화해버렸을지도 모른다. 하지만 10년 전에는 거의 이름조차 알려지지 않았던 이 회사가, 2000년인 지금, 억지로 겨우겨우 삼켜야 하는 거대한 미디어 그룹으로 성장해버린 것이다.

이 합병에서, 타임 워너는 소프트웨어 내용 제작 등의 컨텐츠 사업을 분담하게 되고, AOL은 대중에게 컨텐츠를 전달하기 위한 인프라 사업 측의 역할을 분담하게 된다. 2000년 초 나스닥의 거품이 터지기 전에, 타임 워너의 사장인 제리 레빈은 월 스트리트의 주목을 다시 한 번 끌기 위해 닷컴 사업에 참여하기를 희망하였고, 당시 AOL을 이끌던 스티브 케이스 사장도 타임 워너의 케이블 네트워크 인프라에 관심을 가지게 됨으로써, 두 회사는 서로 다른 배경에도 불구하고 합병 계약서에 도장을 찍게 된다. 언론에서는 두 회사의 합병에 대해 환상의 콤비가 탄생한 것이라고 확신했다. 이들은 1998년 벤츠와 크라이슬러의 합병, 석유회사 엑스온과 모빌의 합병, 그 4개월 후 조인된 브리티시페트리움과 아모코의 합병 등과 같은 성공적 사업에 비유하며 찬사를 아끼지 않았다. 이와 같은 세상의 이목을 집중시키는 거대한 회사 간의 합병과 인수가 이후 꼬리를 물고 일어났다. 1998년만 해도 벨 아틀란틱 사와 GTE가 합병하였고, SBC 통신회사가 아메리테크(Ameritech)를 인수했으며, 뱅크 아메리카와 네이션스 뱅크(Nations Bank)가 그리고 미국제일은행(Citicorp)과 트래블러스 그룹(Travelers Group)이 합병했다.

그렇다면 과연 이러한 합병들은 합리적인가? 대기업의 횡포를 고발하고 세계화에 반대하며 일상 생활용품으로부터 국가 정책에까지 간여하는 일부 운동가들은 절대 '아니다' 라고 말한다. 그러나 경제 현상을 복잡계 네트워크의 관점에서 보면 합병이란 불가피한 것이다. 경제가 거대한 네트워크라고 가정한다면, 노드는 회사에 해당하고 링크는 다양한 경제와 투자 간 연결에 해당한다. 즉, 경제 네트워크에 있어서 허브는 네트워크가 성장해 감에 따라 점점 확대되는 것이다. 이때 링크의 부족함으로 인한 불만족을 해소하기 위해서는, 다른 네트워크들이 모르는 극적인 방법으로 웹 비즈니스에 있어서의 작은 노드를 집어삼켜 링크의 부족함을 채울 수밖에 없다. 세계화는 노드가 성장하는 것을 압박하기 때문에 합병과 흡수는 경제 확장에 따른 당연한 결과라 할 수 있다.

수리 물리학계에서 네트워크에 대한 연구가 활발해짐에 따라 최근 대기업에서부터 슈퍼마켓에 이르기까지 모든 상거래 활동을 네트워크의 관점에서 해석하려는 시도가 일어나고 있다. 《포춘》에서 선정한 100개의 회사를 조사해 보면, 소수의 몇 개 지주회사들이 대부분의 회사를 지배하는 형태를 지니고 있음을 알 수 있다. 또한 바이오 테크 산업에서는 기업 간의 협동 체계가 매우 중요하다. 또한 기업 내의 네트워크 구조는, 급변하는 시장에서 앞으로 얼마나 잘 적응할 수 있는가의 핵심 요소가 된다. 즉, 합병 또는 흡수로 인해 급변하는 기업 간의 네트워크를 이해하는 것이 기업의 성공적 생존에 전략적인 요소가 되는 것이다.

1.

　산업의 어느 분야이든, 20세기 기업들의 네트워크 구조는 나뭇가지 구조를 이루고 있었다. CEO가 나뭇가지 구조의 뿌리를 책임지고, 새로 자라나는 나무의 가지들은 기업들이 성장함으로써 탄생되는 관리자와 노동자에 해당하는 것이다. 이러한 나뭇가지 구조는, 말단 직원들에게 전달되는 명령을 체계적으로 만듦으로써 업무의 중복성을 탈피할 수 있게 한다. 이렇게 명령 체계가 확고해짐에 따라 하부 조직으로 내려갈수록 책임감은 점차 감소된다.

　그러나 나뭇가지 구조가 보편적임에도 불구하고 이는 여러 가지 문제점을 드러낸다. 첫째, 하부 조직으로 내려갈수록 정보가 줄어들게 된다. 정보가 줄어들수록 책임감이 감소한다고 한다면, CEO의 책임감은 당연히 무거워지게 된다. 기업이 팽창할수록, 즉 나뭇가지 구조가 성장할수록 CEO가 갖는 정보의 양과 책임감은 폭발적으로 증가하기 마련이다.

　둘째, 이러한 정보들이 한 곳으로 모이게 되면 기업의 탄력성은 매우 약해진다. 이러한 문제점의 전형적인 예가 바로 포드 자동차 공장의 조직 체계이다. 포드의 조직 체계는 상명하복, 이른바 계층 구조를 가지고 있었다. 문제는 직원들이 이러한 체계에 너무 잘 적응한다는 데 있다. 포드의 조립 공장 체계는 너무 통합적이고 최적화되어 있어, 자동차에 아주 조그만 변화만 주려고 해도, 1주나 1개월 동안 모든 공장의 라인을 멈춰야 하는 결과를 낳는다. 최적화는 이른바 **비잔틴 암체(Byzantine monoliths)**라 불리는 현상을 초래한다. 즉, 최적의 조직화는 기업을 비탄력적으로 만들어 기업 환경의 사소한 변화에도 적응 능력을 떨어뜨리게 된다는 것이다.

나뭇가지 구조는 오늘날까지 기업을 성공적으로 이끈 대량생산 체제에는 가장 적합했으나, 오늘날의 정보 산업과 아이디어 산업 체계에는 알맞지 않다. 그렇다면 이러한 산업의 변화에 걸맞은 체계는 과연 무엇일까?

정보의 폭발적인 증가는 급속하게 변화하는 시장에 있어서 기업체계에서의 예기치 못한 유동성을 요구한다. 그러나 이것은 몇 사람의 보직을 이동시킴으로써 이루어지는 것이 아니다. 제2의 산업 혁명이라 불리는 정보화 사회에서 새로운 기업 활동을 탄력적으로 운용하기 위해 조직을 어떻게 정비할 것인가는 다시 한번 연구해야 할 과제인 것이다.

우선 쉽게 떠올릴 수 있는 방법이, 조직을 나뭇가지 구조에서 거미줄 구조로 변화시키는 것이다. 자원이 물질에서 정보로, 운영이 수직적인 것에서 수평적인 것으로, 사업의 범위가 국지적 지역에서 세계로, 제품의 생명이 몇 시간이나 몇 개월에서 영구적인 것으로, 기업의 전략은 상의하달에서 하의상달로, 일용직이 고용직이나 파견직으로 대체되어야 한다.

신상품의 등장은 회사 내부와 외부가 연계된 새로운 조직을 필요로 한다. 이를 위해서 이제까지는 흔히 중간 관리자들을 해고했다. 그리고 이전의 생산직 고용자들의 주임무는 하루 하루의 주요 상품에 대해 책임을 지는 것이었다. 그러나 현재의 기획팀은 외부 조직 및 아웃소싱된 사람들로 구성되어 있다. 급변하는 시장에서 회사는 전략적이고 최적화된 나뭇가지 구조보다 순응적이고 유동적인 거미줄 구조, 즉 역동적이고 진화된 구조로의 전환이 필요하다. 그리고 이러한 변화에 수동적인 기업은 자연히 도태되고, 주변으로 밀려나게 된다.

거미줄 구조로의 내부적 재편은 경제 네트워크의 결과 중 하나일 뿐이다. 다른 것들은 그 회사 단독으로는 결코 실현시킬 수 없는 것이다. 각 회사들은 다른 조직에서 성공적으로 입증된 예를 차용함으로써 다른 기관들과 연계해야 한다. 이러한 협력 사회에 있어서도 가장 중요한 결정은 CEO와 이사회만이 하게 된다. 그러므로 우리는 다음 장에서, 네트워크 영향이 이러한 상호작용에 기초적인 역할을 수행함을 살펴 볼 것이다.

2.

버논 조르단(Vernon Jordan)은 클린턴-르윈스키 스캔들로 온 세상이 떠들썩할 때, 급하게 기자 회견을 자청했다. 그는 이 회견에서 확고한 어조로 르윈스키가 대통령과 부적절한 관계를 갖지 않았다고 자신에게 증언했다고 밝혔다. 모든 사람들이 조르단에게 전직 백악관의 인턴 사원이던 르윈스키와 나눈 네 번의 면담과 일곱 번의 전화 통화 내용을 만족스럽게 설명하라고 압박할 때, 《타임》의 에릭 풀릭은 조르단이 곧 곤경에서 벗어날 것이라고 말했다. 그는 조르단이 그의 일생에서 가장 재기발랄한 발놀림을 통하여 르윈스키를 몇 개의 대기업 중 한 곳에 취직시킴으로써 세상을 놀라게 할 것이라고 하였다.

르윈스키를 취직시키려는 조르단의 시도는 사실 워싱턴 사람들에게 크게 놀라운 것이 아니었다. 그러나 조르단은 사람들이 자신에게 무관심하도록 만드는 데 실패했다. 조르단은 1970년대 시민 운동가였는데, 당시 제시 잭슨 목사를 살해하려 했던 백인 인종주의자가 잭슨 목사가 출타중임을 뒤늦게 알고 대신 조르단의 뒤에서 그에게 총격을 가한 사건이 있었다. 그 후 조르단은 철저히 세인들로부터 주목받는 일을 멀리하여 점차 언론에서 모습을 감추게 되었다. 그래서 워싱턴에서 최고의 중개업자이며 변호사 중 한 사람이었던 그는 세인에게 잘 알려지지 않을 수 있었던 것이다. 에릭 풀리라는 사람이 《타임》에 기고한 바에 따르면, 조르단은 법조계 활동을 통해 연간 백만 달러 정도의 수익을 올리면서도 정작 그 자신은 법원에 서류를 제출하거나 법정에 서지 않았다고 한다. 왜냐하면 그는 고급 레스토랑이나 물소가죽으로 둘러싸인 리무진의 뒷자리에서 피고들을 소개하거나, 법조계에 사람을 추천하거나, 서류를 작성할 때 어색한 부분을 매끄럽게 하는 일을 하며 돈을 벌었기 때문이다.

이렇게 언론에 거의 주목받는 일 없이 지내던 조르단은 1998년 미국 전체를 뒤흔든 신문 기사의 주인공이 되었다. 그의 일거수 일투족이 매스컴에서부터 특별검사이던 케네스 스타에까지 관심의 초점이 된 것이다. 다른 각도에서 말하자면, 조르단은 클린턴-르윈스키 스캔들(종종 르윈스키의 6단계 분리)의 얽힌 그물망에서 가장 중요한 노드가 되는 것이다.

조르단이 좁은 세상의 구성원이 된 것은 이번이 처음은 아니다. 그는 미국 제게리는 좁은 네드워크에서 가상 큰 영향력을 끼치는 사람으로서 그만의 독특한 존재성을 인정받고 있었다. 클린턴-르윈스키 스캔들이 진행되는 동안 조르단은 《포춘》에서 뽑은 1000명의 영향력 있는 기업인 중 한 사람으로 선정되었다.

마찬가지로 보통 12명으로 구성되는 이사회는 회사의 장래를 결정하는 특별한 권한을 갖는다. 이사회는 경영 실적이 좋지 않은 CEO를 퇴출시키고, 합병과 인수 등의 중요한 사항을 결정한다. 이러한 과정에서 회사는 경영 능력이 뛰어난 것으로 알려진 사람들을 이사로 영입하기 위해 다각도로 노력한다. 성공적인 CEO, 변호사, 정치인들은 여러 회사에서 스카웃의 대상이 되기도 한다.

한 사람이, 많은 이사회를 보유하고 있는 여러 회사에 동시에 참여하게 되면, 한 회사에 신경을 쓸 시간이 줄어든다는 단점이 있지만, 오히려 회사는 여러 회사에 걸쳐 있는 영향력 있는 이사들을 영입하고 싶어한다. 그 회사로서는 상호 간에 걸쳐 있는 이사를 통해 다른 회사의 경험을 이용할 수 있기 때문이다. 이렇게 상호 간에 얽힌 네트워크 체제를 유지하는 것은, 대기업이 정치적이고 경제적인 영향력을 행사하는 것은 물론 회사를 경영하는 데 필수적인 요소이다.

이사들의 성공적인 역할 수행에 힘입어 이사회는 미국의 회사들 간의 협력 체계를 유지하고 전체 네트워크에서 각 회사의 위치를 공고히 하게 되었다. 그러므로 어떤 이사가 어떤 회사들에 얽혀 있는가는 네트워크 구조를 이해함으로써 회사의 상태를 살필 수도 있다. 네트워크를 수학적으로 해석하는 방법이 최근에 개발됨으로써 이사들이 서로 다른 회사에 몸담고 있는 네트워크 구조를 통하여 회사의 객

관적 위치를 파악할 수 있게 되었다.

이사를 구성원으로 하는 이사회 네트워크를 살펴보자. 여기서 각 노드는 한 사람의 이사를 의미하고 각각의 이사들이 같은 이사회에 속해 있으면 연결되어 있다고 하자. 그런 다음 1000여 개의 회사를 생각해 보자. 각 회사는 10명 내지 12명의 이사들로 구성되어 있으므로, 이사회로 구성된 네트워크는 많은 노드 수를 갖게 된다. 미시간 대학 경영대학의 제럴드 데이비스, 유미나, 웨인 베이커 등은 최근 《포춘》에서 발표한 1000개 회사에 속하는 7682명의 이사회들이 갖는 약 만 개의 이사직으로 구성된 네트워크에서 가장 영향력 있는 이사들에 대한 연구를 수행하였다. 만약 한 사람이 한 회사에만 소속되어 있다면, 이러한 이사진으로 구성된 네트워크는 회사별로 분리된 것에 불과하다. 그러나 이 통계에서 79%의 사람들은 한 회사에 몸담고 있었고, 14%의 이사들은 두 개의 회사에 소속되어 있었으며, 7%의 사람들이 셋 이상의 회사에서 일하고 있었다. 이 네트워크를 조사한 결과에 따르면, 몇 %의 둘 이상의 회사에 속한 사람들이 이 네트워크를 5단계 분리밖에 안 되는 좁은 세상으로 만들어 버렸다. 사실 6724명의 주요 이사들로 구성된 네트워크에서도 평균 4.6명과 악수만 하면 영향력 있는 모든 이사들을 알게 되는 것이다.

복잡계의 네트워크 속에서도, 한 개 이상의 회사에 소속된 21%의 이사들만이 좁은 세상의 네트워크를 구성한다. 이러한 측면에서 버논 조르단은 특별하다. 그는 10개의 회사에 이사로 선임되어 있었으며, 그와 함께 이사로 링크된 사람의 수만도 106명에 달한다. 따라서 주르단은 3명과 악수를 하면 거의 1000개의 회사들의 이사와 서로 연결될 수 있는, 핵심적 인물 중에서도 가장 영향력이 매우 큰 인물이었다.

3.

조르단은 여러 회사들과 관련을 맺음으로써 회사들끼리 얽혀 있는 형태를 보여주었다. 그리고 이것은 회사들 간의 좁은 세상의 특성을 보여주는 생생한 증거다. 통계적으로 조르단이 어떤 회사의 이사에 새로 임명되면, 그 회사 이사 중 한 사람은 다른 회사에서 함께 이사직을 맡아 알게 된 사이였다.

70년대 초 조르단이 영향력 큰 시민운동 단체인 전국시연맹 의장에 재임하고 있을 때, 그는 영향력 있는 엘리트 단체에 흑인을 포함시켜야 한다고 주장하였다. 그때, 화학물질을 제조하는 셀라니즈(Celanese Corporation)의 회장인 존 브록은 조르단에게 "난 당신이 한 말을 손수 실천에 옮겨야 한다고 생각합니다. 당신이 이사회에 흑인이 있었으면 하고 말했지요? 그렇다면 셀라니즈에서 일해보지 않겠습니까?"라고 제안했다.

조르단이 셀라니즈에 참여한 이후, 조르단은 마린 미들랜드 은행(Marine Midland Bank)과 뱅커 신용회사(Bankers Trust)의 이사회에 참여하라는 제의를 받게 된다. 조르단은 어느 회사에 참여할지 결정하기 전에 셀라니즈 회장인 존 브록에게 자문을 구한다. 그의 대답은 간단했다. "선택할 것도 없이 뱅커 신용회사야. 왜냐하면 뱅커 신용회사의 이사회에 내가 소속되어 있고, 내가 당신을 추천했거든." 하는 짤막한 대답을 듣는다. 뱅커 신용회사에서 조르단은 윌리암 M.

엘링하우스라는 사람과 함께 이사로서 활동하는데, 그는 제씨 페니(J.C. Penny)의 이사이기도 하다.

그로부터 3년 후 조르단은 제록스의 CEO인 피터 맥구로프에게 전국시연맹의 의장 자리를 맡아달라고 요청한다. 그는 조르단이 제록스의 이사회에 참여한다는 조건으로 의장 자리를 맡겠다고 했다. 이에 조르단은 동의했고 이후 제록스의 이사회에 참여한다. 다시 3년 후 조르단은 아메리칸 익스프레스의 이사로 초빙되었는데, 그곳의 이사 중 2명은 제록스의 이사직을 겸하고 있었다. 그 후 1980년 조르단이 RJ 레이놀드의 이사직에 오른 것도 놀라운 일은 아니다. 그는 셀라니즈의 이사 중 한 사람인 RJ 레이놀드의 CEO와 친분관계를 유지하고 있었던 것이다.

사전의 친분관계는 신뢰성을 주므로 새로운 이사를 채용할 때 채용 가능성을 높여준다. 그러므로 이사회로 구성되는 좁은 세상의 네트워크는, 기존의 신뢰성 있는 사람들과 정치적 경제적으로 명성 있는 사람들이 허브가 되는, 성장하는 네트워크로 구성된다. 현재도 조르단이 몸담고 있는 법률회사인 아킨 잉톤, 스트라우스, 하우어 앤드 펠드도 위의 좁은 세상 네트워크에서 유래하였다. 조르단을 영입한 로버트 S. 스트라우스는 제록스에서 함께 이사로서 활동한 사람이다.

조르단의 이 같은 경력은 조르단만이 갖는 특이한 것이 아니다. 네트워크의 효과는 모든 산업 활동에 걸쳐 있다. 예를 들어, 실리콘 밸리에서 사람들이 이 회사로부터 다른 회사로 이직하는 현상은 회사 사이에 깊은 연관관계를 맺어준다. 이렇게 형성된 네트워크가 새로운 직원을 고용하거나 중간 매니저들을 스카웃하는데 유용하게 쓰이게 되는데 이는 이러한 사회적 네트워크를 통해서 고용된 직원들은 이직률도 낮고 훨씬 더 작업능률이 좋다는 것이 밝혀졌기 때문이다. 일하고 싶은 회사의 경영자와 일자리를 구하는 근로자 사이에 미묘한 사회적 네트워크가 형성되는 것이다. 이러한 사회적 네트워크의 자료를 통해 어느 회사가 믿을 만 하고, 어느 근로자가 잦은 이직 없이 열심히 일하는가에 대한 정보 교류가 이루어지는 것이다.

서로 얽혀 있고 이해 관계가 있는 이사들로 구성된 네트워크의 성질과 실리콘 밸리에 근무하는 사람들로 구성된 네트워크의 예는, 미국 경제 활동의 이면에 깔린 사회적 네트워크의 예이다. 그러나 경제가 어떻게 활동하는가를 이해하기 위해서는 이사들 사이에 긴밀히 연관되어 있는, 기업들 간에 작용하는 경제 협동 체제를 이해할 필요가 있다.

4.

대학이나 대학에서 갓 독립한 조그만 바이오 회사들은, 신약 개발을 주도하는 원동력이지만, 그들은 기존 회사들이 갖고 있는 세계적 판매망이나 임상 실험 등을 위한 자금과 경험이 필요하다. 신약의 개발과 마케팅을 위해서는 약 150만 달러에서 500만 달러 정도의 막대한 자금이 필요하기 때문에 정부와 대학, 연구소와 회사 등 다양한 집단의 유기적인 협조가 필수적이다. 이러한 연대는 바이오 산업이 새롭게 등장한 분야라는 것과 함께 지금까지 재계에서 알려진 네트워크의 형성과는 다른 형태에서 비롯되었기 때문이다.

초기 바이오 산업의 네트워크는 성장하는 네트워크의 핵심적 성격을 보여주었다. 이러한 네트워크의 특징은 월터 포웰(Walter W. Powell), 더글러스 화이트(Douglass White), 케네스 코푸트(Kenneth W. Koput)가 제시한 네트워크의 성장 모형으로 설명할 수 있다. 이 모형을 살펴보면 1988년과 1999년 사이에 일어난 네트워크의 진화는 서로 다른 궤도에 있다. 1988년 초기 단계에서는 회사를 나타내는 노드의 수가 회사 사이를 연결하는 링크의 수보다 훨씬 많이 존재했다. 즉 79개의 회사들은 오직 31개의 링크로 연결되어 있었다. 에르되스-레니 이론에 따르면, 네트워크에는 아주 작은 집단들이 산발적으로 존재해야 한다. 그러나 현실적으로 보자면, 당시 회사들은 27개의 단독 회사와 4개의 회사로 구성된 2개의 그룹으로 무리지어져 있다. 각각의 링크는 몇 개의 바이오 회사를 중심으로 모여 있었고 이는 고전적인 의미의 무작위 네트워크 구조와는 다르게, 이후 그들이 중심 기업으로 성장하는 데 기여했으므로 31개의 링크들이 헛되이 쓰이지 않은 것이다. 이러한 초기 단계에서, 센토코(Centocor), 젠자임(Genzyme), 치론(Chiron), 알자(Alza), 제넨테크(Genentech) 등과 같은 초창기 바이오 회사들이 허브의 역할을 했다. 이들 회사가 없었다면, 네트워크는 연결되지 않은 노드들로 산산히 흩어졌을 것이다.

많은 회사와 협력 관계를 맺고 있는 허브의 역할을 하는 회사가 존재한다고 해서 우리들이 네트워크의 본질을 이해하는 데 있어 충분한 것은 아니다. 네트워크의 본질을 이해하기 위해서는 연결선의 분포 함수를 분석해야 한다. 이 분야의 연구가 최근 시에나 대학의 마시모 리차보니(Massimo Riccaboni)와 피비오 파뮬리(Fabio

Pammolli)라는 두 경제학자에 의해 진행되었는데, 이들은 로마의 라 사피엔자 대학(La Sapienza Universiy) 출신의 귀도 카르다렐리(Guido Cardarelli)라는 물리학자와 공동 연구를 수행했다. 그들의 연구는 시에나 대학에서 수집한 데이터를 기초로 하여, 1709개의 제약 회사가 3973개의 프로젝트를 공유한 것을 바탕으로 하여 만들어진 네트워크 구조를 파악한 것이었다. 이러한 분석은 포웰, 화이트, 코푸트가 주목했던 허브가 우연히 이루어진 것이 아니라 제약 회사의 성장 과정에서 일어나는, 척도 없는 네트워크 구조의 진화 과정에서 나온 결과라 할 수 있다. 잘 연계된 거대 회사의 위계 구조는 작은 회사들이 모두 성장하는, 그리고 척도 없는 경제 체제로 연계시켜 참여하게 한다.

연구와 혁신, 생산 개발, 그리고 마케팅이 점점 더 특성화되고 전문화되면서, 상호 간의 전략적인 협조 체제와 파트너 관계가 생존의 수단이 되고 있다. 즉, 각각의 회사들이 서로 협조 관계를 갖는 네트워크 구조를 이루게 되는 것이다. 공급사와 하청업자들의 협력 체계는 독일의 남서부 지방과 이탈리아의 북부 지방에서 잘 발달되었다. 또한 일본에서는 기술 혁신과 관련한 회사 간의 협력이 활발하게 이루어져 왔다. 한국에서도 재벌 체제를 중심으로 다양한 업종의 기업 간에 협력 체계가 이루어져 있다. 이러한 기업 간의 협력 체계는 시장의 변화와 소비자의 관심 변화에 따라 정기적으로 변화하는데, 이는 세계적인 기업 환경의 미래를 보여주는 것이라 할 수 있다.

5.

회사 간의 제휴와 협력이 경제에 큰 영향을 미치고 있음에도, **경제학 이론**은 이러한 네트워크의 특성에 대해 많은 관심을 기울이지 않았다. 최근까지 경제학자들은 경제는 자율적이며 보이지 않는 각 경제 주체들의 가격 형성을 통해 상호작용한다고 믿었다. 이러한 모형을 경제학의 표준 모형이라고 한다. 이 모형에서는 각 회사와 소비자의 행위가 시장의 상태에 별로 영향을 받지 않는다고 가정한다. 대신 고용과 생산, 또는 인플레이션과 같은 총체적인 수치로 경제의 상태를 판단한다. 그리고 이러한 총체적 수치를 결정하는 기업 간의 미시적인 상호 관계 및 개인 간의 상호작용 등이 미치는 영향을 고려하지 않는다. 기업들은 상호 간의 관계라는 관점에서 고려되는 대상이 아니라 시장(market)의 일원으로서 고려되는 대상이 되는 것이다.

현실적인 시장은 네트워크로 구성되어 있다고 해도 과언이 아니다. 회사, 은행, 신용회사, 정부 등 모든 경제 주체들은 네트워크에 노드에 해당한다. 이러한 노드들을 연결하는 활동인 구매, 판매, 공동 연구, 마케팅 프로젝트 등의 상호작용이 바로 링크이다. 각 링크들은 서로 다른 가중치를 지니고 있으며, 공급자로부터 수요자를 향한 방향성을 가지고 있다. 이러한 방향과 가중치를 지닌 구조와 진화가 바로 모든 거시적 경제 수치를 결정한다.

월터 W 포웰은 《시장도 위계도 아니다: 조직 형태의 네트워크》라는 책에서 다음과 같이 말했다. "시장에서 가장 기본이 되는 전략은 가장 어려운 거래를 성사시키는 것이다. 네트워크에서 가장 선호하는 선택은 오랜 기간 동안 서로 간에 재무 없이 상호 협력하는 것이다." 그러므로 네트워크 경제에서는 수요자와 공급자를 경쟁자적인 입장에서 보는 것이 아니라 파트너라는 입장에서 본다. 종종 그들간의 관계는 매우 오래 지속되는 안정적인 것이기 때문이다.

각 링크의 안정성은 각 기업이 안정적으로 기업 활동을 할 수 있도록 하는 핵심적 요소이다. 만약 경제 활동의 파트너가 도산한다면 더 이상의 거래 활동을 하지 못해 그 여파가 매우 심각할 수 있다. 물론 대부분의 경우 한 기업이 도산할 때 파트너만 피해를 입고 끝날 수도 있지만 때로는 그 여파가 전체 경제에 영향을 미칠 수도 있다. 우리는 다음 장에서 미시 경제의 실패가 국가 전체의 재정적인 지불불능을 가져와 경제를 마비시킬 수 있고, 이와는 반대로 파트너의 협력 관계가 실패할 때 새로운 경제의 요소에도 심각한 피해가 일어날 수 있음을 살펴보도록 하겠다.

6.

1997년 2월 5일, 타이의 재산관리회사인 '솜프라송 랜드(Somprasong Land)'는 311만 달러의 이자를 갚지 못했다. 세계화된 경제 체제 아래 매일 수조 달러가 거래되는 실정에서 삼백만 달러의 돈은 매우 적은 돈이다. 사실 이러한 지불 불능은 비일비재하여 보통은 투자자들의 관심에서 사라져 대부분의 사람들은 곧 잊고 만다. 그러나 이 사건은 전 세계의 금융계를 혼란으로 몰아넣는 신호탄이 되어버렸다.

한 달 후 타이 정부는 급격히 악화되는 국가 경제를 살리기 위해

39억 달러를 금융기관의 악성채무를 사들이는 데 사용하겠다고 선언했다. 그러나 며칠이 지난 후에도 그 약속은 지켜지지 않았다. 당시 IMF 총재이던 미셸 캉드쉬(Michel Camdessus)는 아시아 금융 위기에 대해 이후 "그때, 그 사태가 일파만파의 파장을 일으킬 줄 몰랐다"고 회상했다.

그러나 그후 벌어진 일련의 사건들은 그의 말이 잘못되었음을 명백히 보여주었다. 2주일 후 말레이시아에서 금융공황이 일어났다. 그리고 말레이시아 중앙은행은 대출 중지 명령을 내린다. 같은 시각 한국에서는 기업순위 26위이던 삼미철강이 부도 전 단계인 법정관리에 들어간다. 5월 일본은 이에 자극을 받아 엔화의 평가절하(사실 일어나지도 않았다)를 막기 위해 은행의 이자율을 올릴 수 있다는 힌트를 주었다. 이러한 소문은 서남아시아 국가들의 화폐 가치를 전반적으로 하락시켰고, 각국의 주식 시장에 영향을 미친다. 이로부터 일주일 후 타이의 금융회사 중 가장 큰 '파이낸스 원(Finance One)' 은행이 부도를 맞는다. 이러한 사태는 다시 타이의 화폐인 '바트' 화의 폭락을 가져왔고, 정부의 계속적인 공약에도 불구하고 바트화는 계속 추락한다.

회사와 금융기관의 연쇄적인 도산 사태는 이후 타이, 인도네시아, 말레이시아, 한국, 필리핀 등에서 일어났다.

말레이시아 수상인 마하티르 모하마드(Mahathir Mohamad)는 IMF/세계은행의 연차회의에서 현재의 외환거래가 부도덕하게 진행되고 있다고 지적하고 이러한 일련의 사태가 부도덕한 투기꾼의 소행이라고 공격했다. 이에 대해 유력한 국제 금융가인 조지 소로스(George Soros)는 다음날 마하티르가 그의 조국을 위협하고 있다고 반박했다.

몇 명의 경제학자는 이러한 일련의 금융사태가 인접한 몇 개의 나라에서 있었던 구조적, 정책적 잘못에서 기인되었다고 지적했다. 클린턴 대통령과 그의 경제팀은 1999년 의회에서 열린 경제 보고회의에서 이러한 아시아에서의 사태는 기본적인 경제 구조가 잘못되어서가 아니라고 지적했다. 그리고 그 후 1년이 채 못 되어, 프린스턴의 경제학과 국제문제 전문가인 폴 크루그만(Paul Krugman) 교수는 이에 대한 자신의 견해를 다음과 같이 요약하였다. "아시아에서 벌어진 일련의 사태는 아무도 예측하지 못한 사태라고 보는 것이 정확할 것이다." 몇몇의 국지적인 금융 사태는 연쇄작용을 일으켜 한 나라의 화폐 가치를 급락시킬 뿐 아니라, 국경을 초월하기까지 한다. 아시아에서 일어난 금융사태가 남아메리카의 주식 시장까지 붕괴시켰고, 급기야는 1997년 10월 27일, 다우존스 지수를 554.26 포인트나 급락시키는 사태를 낳는다.

그렇다면 왜 국지적으로 일어난 기업의 부도 사태가 세계에서 가장 큰 주식 시장을 움직이고, 또한 세계에서 가장 영향력 있는 대통령이 2년 동안 계속해서 경제 사태를 언급하도록 하는가? 경제 활동을 서로 얽힌 네트워크의 관점에서 본자면, 우리는 이러한 일련의 사태를 쉽게 이해할 수 있다. 이 네트워크에서 노드 하나의 도산은 전체 네트워크에 큰 영향을 끼치지 않는다. 그러나 이따금, 몇몇 노드의 도산이 전체 시스템을 흔드는 연쇄 도산을 초래하기도 한다.

아시아에서 일어난 연쇄적인 금융사태는 제9장에서 언급한 바와 같이, 상호연결되어 있으며 또한 상호의존적인 네트워크에서 자연스럽게 나타나는 현상이다. 그리고 이러한 연쇄 사태가 처음 일어난 것도 아니다. 이러한 일은 2년 앞서 멕시코와 남아메리카에서도 일어났던 것이다.

이 일련의 사태는 경제 주체 사이의 관계가 마케팅의 연관성만으로는 설명될 수 없음을 보여준다. 연쇄 도산 사태는 어떤 기관이라도 혼자서는 제 기능을 발휘할 수 없으며 상호 간의 연관성이 중요하다는 네트워크 경제의 직접적 결과라고 할 수 있다. 네트워크를 통해 거시경제의 상호연관성을 이해하는 것은 미래의 위기 사태를 예측하거나 제한하는 데 도움이 될 것이다. 네트워크적 사고는 피해가 확산되는 경로를 예측할 수 있도록 하며, 노드를 강화하는 방법을 알려줌으로써 거시경제의 피해라는 불길이 퍼지지 않도록 방화벽을 구축해 준다.

아시아와 남아메리카에서 일어난 연쇄 도산 사태가 빠르게 성장하는 개발도상국의 불안정한 상황에서 일어난 부작용이라고는 생각하지 않는다. 미국과 같이 충분한 현금이 있고 전문가들이 주의 깊게 살피는 안정된 경제에서도 이러한 연쇄 도산 사태는 피하기 어렵기 때문이다. 아무리 안정된 경제라도 상호 간의 연관성 때문에 취약점은 항상 존재하기 마련이다. 그 예로 닷컴의 거품이 붕괴하면서 일어난 연쇄적인 파급 효과를 들 수 있다.

7.

1999년 말 포켓 PC는 컴팩 최대의 히트 상품이었다. 이 포켓 PC는 최근 e-비즈니스 전략 연구에서 논의된 전략에 의거해 수요가 공급을 25배나 앞질렀다. 이 휴대용 기기는 주변장치와 부속품 연구를 통해 전통 PC보다 훨씬 잘 팔릴 것이라고 예상한 컴팩 중역들의 꿈을 현실로 만들었다. 문제는 여기서부터 시작된다.

컴팩, 시스코 시스템 및 몇몇의 다른 회사들은 당시 새로운 사업전략, 즉 아웃소싱의 선봉주자였다. 얼마 전 수조 달러 가치의 회사가 된 시스코는 이런 경향을 주도하는 회사였다. 이 회사는 새로운 그리고 공격적인 생산방법을 통하여 연간 30~40%의 성장을 이루었다. 이 회사는 물건을 하나도 직접 생산하지 않는 대신, 시스코의 로고를 단 상품을 제조하는 제조업체들과 긴밀한 연계를 확립하였다. 컴팩 사와 다른 회사들도 이 방법을 따랐다.

아웃소싱은 공급자와 밀착된 관계를 가지고 있어야 한다. 그래서 모든 기기가 제시간에 완성되고 도착되어야 한다. 예를 들어 일부 공급자들이 축전기나 플래시 메모리와 같은 부품을 제때에 배달하지 못해 컴팩의 제조망은 마비되었고, 회사측은 휴대용 기기 60만 대에서 70만 대의 주문을 날릴 수밖에 없었다. 시스코는 비슷하지만 조금 다른 상황이었다. 시스코는 주문이 끊겼을 때, 공급 네트워크를 차단하는 것을 무시했고, 그 결과 300%의 미완성 제품이 공중으로 붕 뜨는 사태가 발생했다.

마지막 숫자들은 경이롭기까지 하다. 2000년 3월부터 2001년 3월까지 아웃소싱을 채택했던 시스코(Cisco), 델(Dell), 컴팩(Gateway), 게이트웨이(Gateway), 애플(Apple), IBM, 루슨트(Lucent), 휴렛-팩커드(Hewlett-packard), 모토롤라(Motorola), 에릭슨(Ericson), 노키아(Nokia)와 노텔(Nortel) 등 12개 주요 회사의 총 시장 손실액은 12억 달러를 넘어섰다. 이 회사들과 투자자들의 고통스런 경험은 네트워크의 영향력을 무시한 결과라 할 수 있다. 회사의 임시 재정수지가 네트워크의 흐름을 제한하는 요인이기도 하다. 하나의 노드가 다른 노드에 쉽게 영향을 준다는 현상을 이해하지 못하는 것은 네트워크 전체를 쉽게 무능하게 만들어버린다.

전문가들은 이런 파문을 일으키는 손실이 네트워크 경제의 부득이한 파생 현상이라고 보지는 않는다. 오히려, 이런 회사들이 자사의 사업 모델이 필요로 하는 변화를 완전히 이해하지 못한 채 아웃소싱을 감행하여 실패한 것이다. 종래의 위계적인 사고는 네트워크 경제에 적합하지 않다. 전통적 단일 회사 내의 조직에서는 조직 내의 빠른 정보망을 통해 일부에서 일어난 손실을 다른 부분에서 상쇄시킬 수 있다. 그러나 앞의 예처럼 아웃소싱과 같은 네트워크 경제에서는 모든 노드들, 즉 하청업체들 모두가 수익을 낼 수 있어야 한다. 이런 사실을 인식하지 못한 채 네트워크 게임의 큰손들은 그 네트워크의 이익을 챙기지 못하고 손해만 보는 결과를 초래하고 말았다. 그들은 문제가 생겼을 때, 시스코처럼 공급라인을 즉각적으로 폐쇄하는 등의 적설하고 강한 조치를 취하지 못함으로써 더 큰 문제점에 봉착했다.

거시 및 미시 경제의 수쥬에서 네트워크 경제 체제는 딩분간 지속될 것이다. 많은 손실을 초래함에도 불구하고 아웃소싱 또한 계속 늘어날 것이다. 국경과 대륙의 경계를 넘어 금융의 상호의존 또한 세계화를 통해 더욱 강화될 것이다. 경영 혁신은 지금도 진행되고 있다. 그리고 그것은 새로운 네트워크 경영 마인드와 상호연계성을 강화하는 방향으로 이루어질 것이다.

8.

사비어 바티아(Sabeer Bhatia)는 회사를 어떻게 매각해야 할지 몰랐다. 그러나 인도에서 태어나고 자란 그는 감자를 파는 방법을 잘 알고 있었다. 흥정을 잘 해야 한다. 이제 그는 아주 뜨거운 감자를 팔아야 했다. 1996년 7월 4일 그와 그의 파트너인 잭 스미스(Jack Smith)는 전 세계의 모든 이에게 자유롭게 이메일을 보낼 수 있는 서비스를 시작했다. 그들은 핫메일이란 이름 붙였다. 그 해 말 이들은 천만 개의 계정을 확보했고, 고객들의 이메일에 전단 광고를 실었다. 이것이 핫메일의 주요 수입원이었다. 마이크로소프트가 그 다음해 이 시장에 문을 두드렸을 때 핫메일은 이미 천만 명의 이메일 계정을 가지고 있었다. 바티아는 당시 28살이었다. 그는 워싱턴의 레드먼드(Redmond) 시에 있는 마이크로소프트의 26개 건물을 모두 돌아보고, 빌 게이츠와 만나 악수한 후 마이크로소프트의 협상자 12명이 있는 방으로 안내되었다. 마이크로소프트는 그에게 1억 6천만 달러를 제안했다. 그러나 그는 "다시 연락 드리겠습니다"라며 나가버렸다.

최근 핫메일은 전 세계 이메일 계정의 1/4를 가지고 있다. 스웨덴과 인도에서는 최대의 이메일 회사이고, 광고가 되지 않은 나라에서도 마찬가지이다. 마이크로소프트는 결국 4억 달러를 지불하고 매입하였으며, 닷컴 회사들의 거품이 꺼지기 전에 60억 달러까지 그 가치를 인정받았다.

그렇다면 어떻게 충분한 자금도 없던 회사가 전 세계 이메일의 1/4을 보유할 수 있었을까? 대답은 간단하다. 그들은 네트워크의 힘을 이용해 새로운 마케팅 기법인 바이러스성 마케팅을 이용했다. 바이러스성 마케딩은 러브 버그 바이러스와 같이 전 세계에 몇 분 안에 퍼질 수 있다. 컴퓨터 바이러스는 여러분의 마이크로소프트 아웃룩(Microsoft Outlook) 프로그램에 저장되어 있는 이메일 리스트를 찾아보고 각 주소에 그 복사본을 보낼 때 퍼진다. 비슷한 방법으로 핫메일 사용자들은 같은 서비스를 자발적으로 다른 사용자들에게 알리게 된다.

벤처 캐피탈인 드레퍼 피셔 주베츤(Draper Fisher Jurvetson)의 팀 드래퍼(Tim Draper)는 30만 달러의 기금을 핫메일에 투자하며, 바티아와 스미스에게 보낸 이메일의 끝부분에 한 줄을 덧붙여 "공짜로 'http://www.hotmail.com' 에서 개인적인 이메일을 받으세요"라고 선전하도록 설득했다. 그래서 핫메일 사용자들이 친구에게 핫메일을 보낼 때마다 그들은 회사를 선전하고 광고할 수 있었다. 핫메일에 대한 소식은 이 러브 버그 바이러스가 삽시간에 네트워크에 퍼지는 것처럼 척도 없는 네트워크에서 퍼져 나갔다. 척도 없는 네트워크에서 바이러스나 충격 등의 확산 현상은 어떠한 문턱도 없이 이루어지므로 핫메일의 성공은 대단히 쉬운 것처럼 보인다. 그럼에도 불구하고 핫메일의 확산 속도와 정도는 전혀 예측하지 못한 것이었으며 또한 놀라운 것이었다.

핫메일의 성공 비결은 무엇일까? 그 답은 10장에서 논의한 바 있는 이탈리아 트리에스테 그룹의 연구에서 부분적으로나마 찾아 볼 수 있다. 기술 혁신과 확산률이 큰 신제품은 네트워크에서 더욱 널리 퍼지게 된다. 핫메일은 각 개인이 핫메일을 선택할지에 대해 갖는 의구심을 대폭 낮추는 전략을 폈다. 첫째, 핫메일은 무료이다; 그러므로 당신은 그것이 현명한 투자인지 아닌지 생각할 필요가 없다. 둘째, 핫메일은 등록 절차가 아주 간단하다. 당신은 2분 안에 당신의 고유 계정을 가질 수 있다. 그러므로 시간 투자가 필요 없다. 셋째, 등록을 하면 이메일을 보낼 때마다 당신은 핫메일을 위한 무료 광고를 만날 수 있다. 이 세 가지 특징을 합하면 아주 감염률이 높은 짜 맞춘 듯한 구조를 만나게 된다. 전통적인 마케팅 이론에 따르면 서비스를 무료로 하고, 쉽게 이해할 수 있으며 접근이 쉽도록 한 방식 등을 내재하고 있는 물건은 소비자 마케팅을 통해 쉽게 접근할 수 있어, 접근에 필요한 문턱이 낮다고 할 수 있다. 이것이 모든 이들에게 그 물건이 익숙해지는 이유라고 설명할 수 있다. 하지만 새로운 복잡계에서 나타나는 확산 이론을 기초로 할 때, 문턱이 낮으므로 확산이 잘 된다는 것은 부분적인 사실일 뿐이다. 생산물과 아이디어들은 소비자 네트워크에 다량으로 연결된 노드를 갖춘 허브를 중심으로 확산된다.

과연 핫메일이 복제될 수 있을까? 장담하지 말라. 에피데믹마케팅닷컴을 예로 들어 보자. 이 회사는 2000년 슈퍼볼 게임에 30초 광고를 내보내면서 210만 달러를 쓴 회사이다. 또 다른 네트워크의 힘을 이용해 시장을 개척하려는 꿈을 꾸며 말이다. 이 슈퍼볼 광고는 한 남자가 공중 화장실을 이용하며 수위에게 돈을 주는 대신 돈을 받는다는 내용이다. 이 광고에는 에피데믹은 사람들이 자사의 이메일을 매일 이용하면 그만큼 보상을 한다는 것을 매우 영리하게 표현한 것이다. 그들의 비지니스는 고객이 사용하는 이메일에 자신들의 상표를 부착하면 돈을 지불하겠다는 것이다. 이를 통해 그들은 회사 및 판촉에 대한 정보가 입을 통해 전파될 수 있도록 하겠다는 전략이었다. 이는 핫메일의 광고 전략을 복제한 것이다. 그러나 이러한 판매 전략은 중요한 요소를 놓쳐버렸다. 당신이 친구에게 이메일을 보내거나, 친구가 그의 친구에게 이메일을 보낼 때, 그들은 광고 문구 넣는 것을 중요하지 않게 여긴다. 그래서 에피데믹이 사용한 판매전략은 실패로 돌아갔고, 회사는 2000년 6월 60명의 직원을 남긴 채 문을 닫고 만다.

핫메일은 소비자 네트워크의 힘을 보여주었다. 이런 상품은 많은 돈을 신문이나 텔레비전 등에 광고로 쓰지 않아도 사람들에게 쉽게 인식된다. 그리고 사람들의 입에서 입으로 전파된다. 물론 모든 상품이 이런 방법에 의해 판촉되지는 않겠지만, 바이러스 마케팅 시장의 한 부분이 되어 판매될 때 판촉 효과는 증대되기 마련이다. 아직 핫메일은 쉽게 복제되지 않았다. 대신, 핫메일의 경험은 기존의 판매전략과 네트워크의 효과가 어우러진 새로운 판매 전략의 출발점이라 부를 수 있다.

9.

비즈니스 세계에서 네트워크의 효과는 풍부하다. 우리들은 앞에서 버논 조르단이 복잡한 이사회의 네트워크에서 성공적으로 활동하는 것을 보았다. 또한 핫메일이 세계에서 가장 큰 이메일 제공자기

되어 소비자 네트워크를 구축한 판매 전략을 살펴보았다. 이러한 네트워크의 효과를 증명하는 예는 한둘이 아니다. 그들의 진화된 판매 전략에 편승하여 새로이 등장한 회사들은 선례를 좇기만 하는데 급급하여 방향성을 잡지 못했다. 그래서 그들은 기껏해서 좋은 아이디어들을 뒤섞기만 했을 뿐이었다.

예를 들어 식스디그리닷컴(SixDegree.com)을 생각해 보자. 그들은 뉴욕에서 시작하여 자기 친구의 이름을 기입하라고 하였고, 이 기록을 토대로 새로운 가입자에게 다시 그들의 친구를 기입하라고 했다. 이러한 방법을 통해 가입자 사이에는 사회적 네트워크의 지도가 그려지게 되고, 이 네트워크를 근거로 하면 2단계 분리의 좁은 세상을 보게 된다. 이러한 소비자를 주축으로 한 식스디그리닷컴에는 3백만의 가입자가 등록을 하였다. 그러나 2000년 12월 3일 식스디그리닷컴은 그 데이터를 새로운 비지니스 아이디어로 발전시키지 못하고 문을 닫았다.

닷컴 거품의 붕괴는 흔히들 많은 인터넷 광신자들의 일방적 사고에서 비롯되었다고들 한다. 많은 경우 시작은 단순한 생각, 즉 인터넷과 관련하여 새로운 것을 접목하면 새로운 경제의 또 다른 성공 사례가 된다는 것이었다. 그러나 먼저 시작한 몇 개의 회사들, 예를 들어 아마존닷컴, AOL, eBay, 등을 제외한 나머지 회사들은 대부분이 실패하였다. 인터넷의 실제 유산은 새로운 온라인의 탄생이 아니라, 기존 기업이 어떻게 변신하는가에 초점이 맞춰진다. 우리들은 작은 구멍가게로부터 큰 다국적 재벌 기업에까지 이 변화의 징조를 볼 수 있다.

네트워크는 어떠한 기업 환경에서도 살아남을 수 있는 기적의 약이 아니다. 네트워크가 진실로 할 수 있는 것은 급변하는 시장 환경에 기존의 회사들이 빠르게 적응할 수 있도록 도와주는 일이다. 이러한 네트워크의 개념은 고차원적인 접근 방법이라 할 수 있다.

경제나 기업 활동에서 일어나는 네트워크의 다양성은 이루 다 열거할 수 없을 정도이다. 정책 네트워크, 소유자 네트워크, 협력체계의 네트워크, 조직에 의한 네트워크, 네트워크 마케팅 등 그 예는 무궁무진하다. 이렇게 다양한 네트워크를 총체적으로 통합하여 하나의 원칙을 이끌어낸다는 것 자체가 불가능할지도 모른다. 그러나 다행인 점은 어떠한 단계의 네트워크를 살피든 하나의 보편적 법칙이 우리를 반갑게 맞이할 수도 있다는 것이다. 다만 당면한 문제는 이러한 법칙을 경제학과 네트워크에 얼마나 적절히 활용하느냐에 있을 것이다.

Web Without a Spider — 마지막 링크

거미 없는 거미줄

1998년 3월, 나는 대학원생인 레카 알버트와 점심을 함께 하였다. 그녀는 이제 겨우 3학기를 마친 박사과정 학생이었지만 알갱이 물리와 모래성에 대한 논문이 《네이처》와 《사이언스 뉴스》에 커버 스토리로 게재되었으며, 현재 진행중인 프로젝트의 예상 결과도 굉장히 전도 유망한 것이었다. 그럼에도 나는 그녀에게 현재 진행중인 프로젝트를 그만두고 새로운 분야에 도전해 볼 것을 권유했다. 그래서 나는 그녀에게 내가 꿈꾸어 왔던 네트워크에 대한 평소의 생각에 대하여 설명해 주었다.

그때로부터 4년 전 1994년 가을, 나는 막 박사학위를 마치고 박사후 과정의 신선한 출발을 IBM, 왓슨(Watson) 연구소에서 시작하였다. 4개월이 지나고, 크리스마스 휴가 동안 일반 대중을 위한 컴퓨터 관련 서적이 우연히 손에 닿아 그것을 읽어 가는 동안, 컴퓨터 네트워크에 대하여 일반인들이 얼마나 모르고 있는가를 새삼스레 깨닫게 되었다. 그리고 맨해튼의 포장도로 아래 복잡하게 얽혀 있는 전력선, 전화선, 인터넷 선들이 무작위 네트워크를 형성하고 있음을 알게 되었다. 이러한 복잡한 네트워크에 어떤 새로운 원리가 존재할 것이라는 기대 속에 네트워크 이론 연구를 시작했다. 에르되스와 레니의 네트워크에 대한 고전적 이론을 효시로 네트워크에 대한 기본적인 연구를 시작하였고, 1995년 노트르담 대학에 조교수로 부임하면서 복잡계 네트워크에 대한 첫 번째 논문을 발표하였다.

나는 노트르담에 있으면서 웹의 연결 구조를 이해하기 위해 꽤 노력하였지만, 그 성과는 매우 미미한 것이었다. 논문 제출과 종신재직권(tenure) 심사에 대한 압박때문에 네트워크 대신 보다 안전한 연구 주제로 나의 연구 분야를 대체해야 했다. 그러나 1998년 초 다시 네트워크와 노드에 관한 호기심으로 돌아가 나의 가장 우수한 학생에게 지금 하고있는 일들을 접고 내가 꿈꾸던 새로운 문제에 함께 도전하자는 제의를 건네고 있었던 것이다.

1994년 아니 1998년 초까지만 해도, 아무도 네트워크에 대한 폭발적인 연구를 예측하지 않았다. 점심을 하면서 네트워크 연구에 대한 나의 갈망을 얘기했지만 좁은 세상에 대해서는 얘기할 수 없었다. 또한 지금처럼 네트워크에서의 에러와 공격에 대한 견고성과 취약성에 대한 얘기도 할 수 없었다. 그저 막연한 예측만으로 그녀를 설득하고 있었다.

1998년 가을, 나는 한국에서 온 정하웅 박사를 연구원으로 맞아들였다. 그는 한국에서 명성이 있는 서울대학에서 박사학위를 마치고 우리 팀에 합류한 사람으로 컴퓨터에 대한 놀라운 지식과 기술을 지니고 있었으며, 컴퓨터에 대해서는 가히 천재라고 할 수 있었다. 어느날 내가 그에게 월드와이드웹 구조를 찾을 수 있는 프로그램을 짤 수 있는지에 대해 물었는데, 그는 뚜렷한 확답은 아니었지만 시도해 보겠다고 하였다. 그로부터 한 달 후에 그가 짠 프로그램인 가상 로봇이 노트르담 대학의 월드와이드웹의 구조를 찾기 위해 이쪽에서 저쪽으로 분주히 움직여 다니고 있었다. 그의 연구 결과는 대단히 놀라운 것이었다. 월드와이드웹은 종래에 막연히 알고 있던 에르되스와 레니가 묘사한 구조가 아닌 새로운 구조였던 것이다.

오늘날 돌이켜 보면, 실제 존재하는 네트워크들은 에르되스와 레니가 기술했던 것과는 다르지만 우연과 무작위의 성질이 조합되어 있는 네트워크였던 것은 틀림없다. 실제 네트워크는 에르되스가 기술한 대로 정지해 있는 시스템이 아니라, 시간이 지나면서 변화하는 다이나믹한 네트워크이다. 실제의 네트워크들이 성장한다는 사실은 네트워크를 기술하는 데 중요한 요소가 된다. 실제의 네트워크는 불가사리 모양처럼 중앙에 집중되어 있는 구조가 아니라, 단계적으로 집중화되어 있는 이른바 계층적 구조를 가지고 있다고 할 수 있다. 모든 노드들을 관찰하며 조절하는 중앙의 허브가 존재하는 불가사리 모양의 구조를 갖지 않는 거미줄처럼, 허브의 존재가 다양화되어 있다고 할 수 있다. 실제로 척도 없는 네트워크의 구조는 거미가 존재하지 않는 거미줄 형태를 이루고 있다고 할 수 있다.

거미가 없는 실제 네트워크의 구조는 자체적이고 자발적으로 형성되어지는 이른바 자기 조절이 존재하는 그물망이다. 수백만 구성원들이 서로 간의 이해관계를 통하여 만들어내는 거시적 척도 없는 네트워크를 도출시키는 것이 자기 조직화의 전형적인 예라 할 수 있다. 이러한 자기 조직화로 만들어지는 척도 없는 그물망은 다양한 분야에서 찾아 볼 수 있는데, 생물체에서의 단백질 상호작용의 네트워크, 세포 내에서의 신진대사망, 인터넷, 할리우드 영화 배우들 간의 네트워크, 월드와이드웹, 과학자들 간의 공동저자 네트워크, 논문의 인용관계를 통한 사회적 네트워크 등 그 예를 이루 다 열거할 수가 없다.

1.

과학에서 새로운 분야가 소개됨에 따라 지금까지 애매했던 문제들이 새롭게 정립되고, 논리적으로 명쾌하게 그 의미가 설정된다는 것은 참으로 흥미롭다. 최근 네트워크에 대한 일련의 연구들은 일반적으로 알려진 네트워크에 대한 개념을 바꾸어 네트워크에 대한 인식을 새롭게 해준다고 할 수 있다. 사람들 사이에 친분관계에 의해서 만들어진 사회적 네트워크, 영화 배우 간에 생겨나는 이른바 할리우드 네트워크, 생태계 연결고리망 등의 네트워크 개념이 최근 들어 그 특징이 뚜렷이 밝혀지고 있다. 네트워크는 그 성격상 복잡계를 구성하는 구성원들 사이에 상호연관성을 기술하는 하나의 방법이 되고 있으며, 노드와 링크는 복잡계의 상호의존성을 기술하는 역할을 하게 된다.

2001년 9월 11일에 있었던 사태는 네트워크라는 개념을 대중들에게 새롭게 인식시킨 계기가 되었다. 네트워크의 관점에서, 9.11 사태에 깊게 연관된 테러 조직인 알 카이다 조직은 히루이침에 생겨난 것이 아니며 종교적, 사회적, 정치적 신념으로 수천 명의 사람들이 수년간 참여하여 생겨난 조직이라고 할 수 있다. 이 조직망은 시간이 갈수록 팽창하고 있으며, 거미줄을 만드는 거미 역할을 하는 네트워크의 총괄 지휘관 없이도 네트워크가 형성되고 있었다. 알 카이다 조직은 각 구성원이 허브에 있는 사람과 직접 연락하고 명령을 따르는 조직망 체계를 가지고 있지 않고, 또 군대 조직과 같이 나뭇가지 구조의 명령 하달 체제를 가지고 있지도 않다. 알 카이다 조직은 자발적으로 형성된 구조 형태를 가진다.

　9.11 사태 이후 네트워크 이론을 바탕으로 조직망 분석가인 발디스 크렙(Valdis Krebs)은 4대의 비행기에 탑승한 19명의 납치범들과 그들과 연관되었다고 알려진 15명의 사람들의 조직망에 대하여 분석하였다. 그는 알려진 정보에 근거하여 34명 간의 관련성 및 그들 간의 거리가 얼마나 가까운가를 조사했다. 이 조사에서 얻어진 테러 조직망은 9.11 사태를 감행한 조직의 내부를 알고자 하는 사람들에게는 상당한 기대감을 불러 일으켰으나, 자발적으로 형성되는 네트워크 구조에 대하여 알고 있는 사람들에게는 그다지 놀라운 것이 아니었다. 테러 공격의 주범이라고 알려진 모하메드 아타(Mohamed Atta)는 조직망에서 가장 연결선이 많은 허브의 위치에 있고 이 조직망 23명 노드 중 16명과 링크했던 것으로 나타났다. 그는 특히 마완 알 세히(Marwan Al-Shehhi)라는 노드와 가장 가깝게 연락하고 있었는데 마완 알세히는 14명의 사람과 연락이 닿고 있는 두 번째로 큰 허브였다. 이 조직의 리스트를 따라 하위로 내려가다 보면 소수의 링크 안에 존재하는 다수의 노드를 만나게 되며, 마지막에는 명령을 받기만 하는 군인들만 남게 된다.

이 조직망은 모하메드 아타가 유고시에도 테러 조직이 불능 상태에 빠지지 않고 다른 사람들이 자발적으로 조직을 움직이도록 되어 있었고, 모하메드 아타가 없더라도 9.11 테러는 성공적으로 수행되었을 것으로 여겨진다. 이러한 조직망은 모든 테러리스트 조직망의 전형적인 특색이라고 할 수 있다. 알 카이다 조직은 분산되어 있고, 자체적으로 유지되고 있기 때문에 오사마 빈 라덴 또는 그의 대리인의 제거만으로 그들 조직을 와해시키고, 이 테러 조직의 위협에서 완전히 벗어날 수는 없다.

오늘날 세계에서 가장 무서운 테러 조직인 알 카이다와 콜롬비아 마약 조직은 휘하에 사단을 거느린 군대 형태의 조직 체계를 갖춘 것이 아니라, 테러와 범죄를 저지르기 위한 자발적인 네트워크 형태를 갖는다. 이것은 기존의 조직에 있어서는 당연한 신호와 명령이 부재하는 "불규칙적 군대"이다. 그러나 여기서 우리는 복잡계 속에서의 무질서 현상을 엿볼 수 있다. 사실상 테러 조직망을 살펴보면, 테러 조직을 유지하고 그 기능을 수행하기 위해 그들은 엄격한 명령 복종 체제를 갖추고 있다. 이러한 조직은 자체적으로 형성되는 네트워크의 장점, 즉 견고성, 유동성, 내부의 부실에 대한 견고성 등의 특징을 모두 살리고 있는 것이다.

알 카이다와 같은 조직을 와해시키기 위해서는 조직의 주요 인물들을 자례로 제거하여 네트워크를 분해시키든지, 내부 부실로 연쇄 반응을 일으켜 조직을 와해시키는 방법이 있을 수 있겠다. 그러나 알 카이다 조직을 와해시킨다고 하더라도 테러의 위협에서 벗어날 수 있는 것은 아니다. 비슷한 성격을 지닌 다른 조지망이 생겨나고 이들이 알 카이다와 같은 역할을 대행하기 때문이다. 알 카이다 조직은 빈 라덴과 그의 수뇌부들이 만든 것이 아니라 이슬람의 군대정신 속에서 자발적으로 생겨난 것이다. 만약 우리가 이러한 테러 조직과의 전쟁에서 승리자가 되기를 원한다면, 이러한 테러 조직이 만들어지는 사회적, 경제적, 정치적 원인을 분석하고 이를 제거하는 것만이 자기 조직화되는 조직망을 무너뜨릴 수 있는 유일한 방법이 될 것이다. 따라서 테러리스트들이 이러한 조직을 자체적으로 형성하지 못하도록 조직망을 형성하는 원인을 다른 방향으로 유도하여야 하겠다.

2.

1995년 6월 23일 《뉴욕타임스》는 100년을 맞이하는 독일의 라이흐스타그(Reichstag) 제국의회 사진을 표지에 실었다. 이때는 독일의 통일이 있은 지 5년이 지난 후이고, 본에 있는 분데스타그(Bundestag) 연방의회에서 통일 후 베를린을 독일의 수도로 다시 정한 지 4년 후이다. 그런데 이 사진에 나온 라히흐스타그 때문에 베를린에는 2주간 5백만 명 이상의 방문객이 몰려들었는데, 이는 통일과 공산주의의 멸망이라는 역사적인 이유 때문이 아니라 모든 방문객들이 건물의 조그만 부분도 볼 수 없었다는 이상한 사실 때문이었다. 라이흐스타그의 엄숙한 회색 기둥의 자태와 한 세기 동안 떠들썩한 독일의 역사를 묵묵히 지켜봤던 그 모습은 전혀 보이지 않았다. 독일 최고 권력의 상징인 이 건물은 알루미늄 색의 천으로 바닥 층계부터 지붕 깃대까지 완전히 가려져서 대중 예술의 기념비적인 대상으로 탈바꿈해버린 것이다. 백만 제곱 피트가 넘는 포플린 천과 도합 5,000피트의 밧줄은 건물의 모든 부분을 가리고 묶어서 그 시대에 가장 아름다운 장엄한 예술품을 탄생시켰던 것이다.

불가리아 태생의 예술가 크리스토(Christo)와 그의 파트너 프랑스 예술가 장 클라우드(Jeanne-Claude)가 이러한 예술품을 만들어냈는데, 그들은 프랑스 파리의 유명한 퐁네프 다리를 노랑색 천으로 휘감거나, 플로리다 마이애미 비스케인 만의 11개의 섬 주위를 6백만 제곱 피트의 핑크색 천으로 두르는 등의 활동을 통해 예술 작품을 창조하곤 했다. 천으로 둘러싸인 라이흐스타그의 모습은 그들의 천으로 감싸는 예술 행위의 최고 걸작에 속한다. 그러나, 그들을 단순히 건물이나 다리 등 어떤 사물이든지 천으로 가리우는 예술가로서 평가해서는 안 된다. 그들의 작품에는 "숨김 행위를 통한 표출"이라는 강한 철학이 담겨져 있었다. 자세한 것들을 숨김으로써, 관객들이 전체적인 형태에 관심을 집중할 수 있도록 도와주는 것이다. 즉 사물을 천으로 가림으로써, 관객의 통찰력을 더욱 날카롭게 하며 평범한 사물을 기념비적인 조각과 건축으로 변화시켜 볼 수 있게 만드는 것이다.

어떤 의미에서 이 책은 크리스토와 장 클라우드의 영감을 따랐을지도 모른다. 세포와 사회 같은 복잡한 시스템 뒤에 있는 네트워크를 보기 위해, 각각의 세계에 존재하는 자세한 것들을 감추었다. 오직 노드와 링크만을 고려하여 복잡계의 구조를 단순히 파악하는 데 성공했다. 어떤 특정한 사항에 관심을 두기보다는 멀리 떨어져서 전체적 모습을 살펴봄으로써, 다양한 복잡계에서 나타나는 보편적 사실을 알게 되었다. 우리 주위에 있는 거미줄 같은 네트워크의 진화 현상을 그 속에 내재하여 있는 감추어진 기본적인 법칙을 통해 밝힌 셧이다. 이러한 법칙은 민주주의와 같은 사회 현상에서부터 암 치료와 관련된 생물학 현상에 이르기까지 다양하고 서로 얽혀 있는 복잡계를 이해하는 데 도움을 주고 있다.

그러면 우리는 여기서 어디로 가야하는가? 대답은 간단하다. 내면을 가린 장막을 걷어내야 한다. 우리 앞에 있는 복잡계를 이해해야 한다. 이러한 것을 성취하기 위해서는 네트워크의 구조와 위상적 성질 연구에 매달리지 말고, 네트워크의 링크를 따라 전개되는 동역학적 성질에 관심을 가져야 한다. 네트워크는 복잡성의 골격, 즉 우리 세상의 이곳저곳에서 들리는 여러 가지 현상을 이해할 수 있는 고속도로와 같다. 사회 현상을 이해하기 위해서는 사람들 사이에 일어나는 실제의 동역학적 상호작용에 걸맞는 링크의 옷을 입혀야 한다. 생명을 이해하기 위해서는 신진대사 네트워크의 링크에 따라 일어나는 화학 반응에 좀더 관심을 가져야 하고, 생태계에서 사라져가는 종을 이해하기 위해서는 그 종이 왜 다른 종에 비하여 잘 잡히는가에 대하여 연구해야 하는 것이다.

우리가 보냈던 20세기는 복잡계를 이루는 조각들을 밝혀내고 설명하려는 시기였다고 볼 수 있다. 그러나 어떻게 이 조각들을 짜 맞추어야 할지 모르기 때문에 자연을 이해하려고 하는 우리들의 탐구는 대개 실패로 돌아갔다. 우리가 직면하고 있는 이러한 복잡계에 대한 한계는, 인터넷과 같은 통신 시스템부터 세포 생물학까지 다양한 영역에 걸쳐 사용할 수 있는 방법을 요구하고 있다. 우리는 지도 없이 여행을 떠나는 것이 얼마나 무모한 것인지를 잘 알고 있다. 그러나 다행스럽게도 우리는 이 책을 통해 활발히 진행 중인 네트워크 혁명의 도움을 받아 네트워크 개념을 통한 복잡계의 새로운 이해라는 중요한 지도를 이미 여러 개 손에 넣는 성과를 올렸다. 물론 앞으로 계속될 항해에는 우리를 가로막는 "바다의 용"이 도사리고 있겠지만, 미지의 새로운 세계는 하나씩 하나씩 그 모습을 드러낼 것이다. 왜냐하면 우리들은 이제 새로운 시스템에 당면하여 어려운 문제에 부딪칠 때마다 새로운 지도를 그리는 방법을 익혔기 때문이다. 앞으로의 항해를 성공적으로 마치기 위해서는 지금까지 만들어낸 지도를 따라, 즉 이 노드에서 저 노드로, 이 링크에서 저 링크로 옮겨 다니면서 부서진 유리 조각을 맞추는 노력을 하나 하나 진행해야 할 것이다. 우리에게는 이러한 일을 수행할 수 있는 98년이라는 시간이 주어졌다. 이를 통해서 21세기를 복잡계를 이해할 수 있는 세기로 만들었으면 한다.

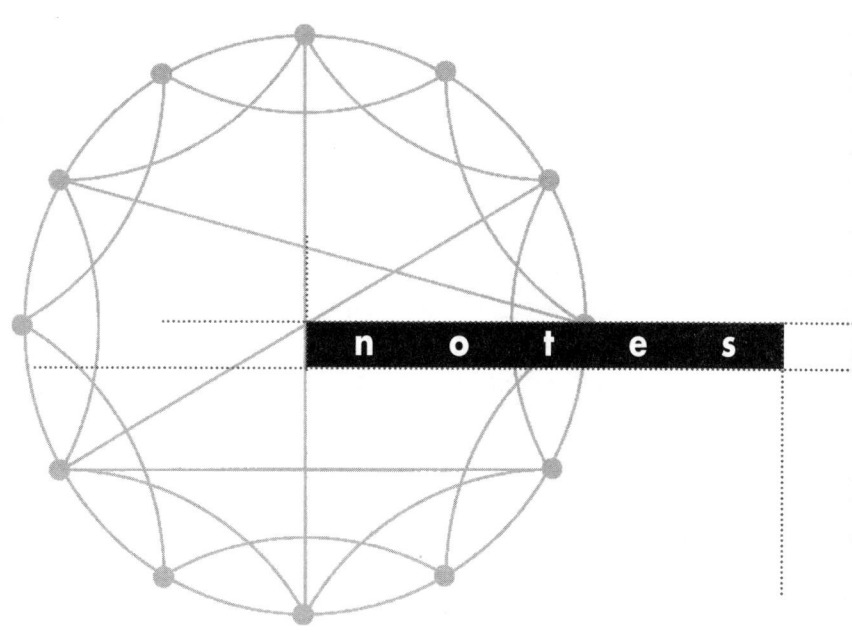

첫 번째 링크

o 마피아 보이(MafiaBoy)에 관한 이야기는 언론에 많이 소개되어 있다. 관련 링크를 모아 놓은 사이트로는 http://www.mafiaboy.com/를 참고. "Yes, I heard you" 구절은 C.Taylor, "Behind the Hack Attack," *Time Magazine* (Februrary 21, 2000)에서 따왔다.

o 사도 바울(St. Paul)의 생애와 기독교 전파에서 그가 행한 역할을 주제로 한 책과 논문은 셀 수 없을 정도로 많다. 예를 들면 다음을 참고. C.J. Den Heyer, *Paul: A Man of Two Worlds* (Harrisburg, Penn.: Trinity Press International, 1998); Robert Jewlett, *A Chronology of Paul's Life* (Philadelphia: Fortress Press, 1979).

o 복잡성(complexity)에 대해서 최근 일종의 붐이 일고 있다. 그것은 수백만의 다양한 요소들로 이뤄진 시스템들이 어떻게 작동하며, 자기 조직화(self-organization)의 법칙들에 따라 혼돈과 무작위성에서 어떻게 질서가 생겨나게 되는가를 이해하고자 하는 새로운 과학 분야이다. 수학자, 물리학자, 생태학자, 경영학자 등 10여 개의 기존 학문 분야 출신들이 이 주제를 연구하고 있다. 이 주제에 대한 대중적인 책이나 입문서의 예로는 다음 목록 참고. Murray Gell-Mann's *The Quark and the Jaguar: Adventures in the Simple and the Complex* (New York: W. H. Freeman, 1995); *Hidden Order: How Adaptation Builds Complexity* (Cambridge, Mass.: Perseus, 1996); Ricard V. Solé and Brian Goodwin's *Signs of Life: How Complexity Pervades Biology* (New York: Basic Books, 2001); Yaneer Bar-Yam, *Dynamics of Complex Systems* (Cambridge, Mass.: Perseus, 1997).

두 번째 링크

o 오일러(Euler)의 생애에 대한 서술은 여러 곳에 흩어져 있다. 최근의 것으로 예컨대 다음 책에 나오는 전기를 참고. Willam Durham, *Euler: The Master of Us All* (Washington D.C.: Mathematical Association of America, 1999).

o 상트페테르부르크(St. Petersburg)에서의 오일러의 삶은 정말 우여곡절이 많았다. 30년이나 같이 산 부인과 사별했고, 그 3년 후 그녀의 배다른 자매와 재혼했다. 또한 집에 화재가 발생해서 집은 물론이고 그의 책과 노트들을 몽땅 불태워 버렸다. 그도 간신히 화를 면했는데, 그의 동료인 스위스(Swiss)가 용감하게 불길로 뛰어들어가 등에 엎고 나왔던 것이다.

o 오일러(Euler)의 문장은 신선함과 명료함으로 유명하다. 자신의 주제에 대한 그의 열정은 수백 년 후까지도 사람들을 감동시킨다. 오늘날 학술적인 글들은 초심자

가 이해하기 매우 어려워졌는데, 그럴수록 그의 글이 갖는 단순 명쾌함은 더더욱 빛을 발한다. 오일러는 프러시아의 왕인 프레드릭 대제(Frederick the Great)의 초청으로 베를린에서 20여 년을 지냈는데, 그동안 왕의 조카딸인 Anhalt Dessau 공주에게 자연과학에 대한 강의를 해달라는 요청을 받았다. 이에 응하여 *Letters of Euler on Different Subjects in Natural Philosophy, Addressed to a German Princess* 라는 400페이지 분량의 책을 썼는데, 그것은 달의 중력에서부터 정신에 이르기까지 과학의 모든 분야를 다루고 있다. 이 책은 곧 국제적인 베스트셀러가 되었으며, 자기 분야의 최일선에서 작업하고 있는 학자가 직접 쓴 대중적 과학책의 귀감이 되었다. Leonhard Euler, *Letters of Euler on Different Subjects in Natural Philosophy Addressed to a German Princess* (New York: Arno Press, 1975).

○ 오일러 전집은 *Opera Omnia* (Basel, Switzerland: Birkhäuser Verlag AG, 1913) 라는 제목으로 출판되었다. 그것은 1911년부터 시작해서 70여 권이나 출간되었는데, 아직도 완결되지 않았다.

○ 그래프 이론의 초기에 대해 훌륭하게 서술하고 있으며, 그 역사적 배경과 이 분야의 중요한 글들의 영어 번역을 포함하는 책으로는 *Graph Theory: 1736-1936, by Norman L. Biggs, E. Keith Lloyd, and Robin J. Wilson* (Oxford, England: Clanderon Press, 1976)이 있다. 여기에는 오일러의 쾨니히스베르크의 다리에 대한 글도 포함되어 있다.

○ 오일러의 주장에 대해 보다 자세히 알고 싶으면 예를 들어 노드 D를 보라. 노드 D는 3개의 다리 e, f, g를 통하는 링크로 3개의 노드(A,B,C)에 연결되어 있다. 어떤 사람이 이 3개의 다리를 오직 한번씩만 건너고자 한다면 그는 노드 D를 적어도 2번은 방문해야 한다. 예를 들어, 그는 다리 f를 건너서 도착한 다음 다리 e를 통해 떠났다가 다시 다리 g를 건너서 돌아오는 식이다. 문제는 그가 더 이상 떠날 수가 없다는 것인데, 왜냐면 이제 지나가지 않은 다리가 남지 않았기 때문이다. 따라서 D는 출발점이거나 또는 종착점이어야 할 것이다. 그런데 이것은 노드 D만이 갖고 있는 특징이 아니다. 홀수의 링크를 갖고 있는 모든 노드는 이러한 속성을 갖는다는 점은 쉽게 확인해 볼 수 있다. 즉 모든 노드를 방문하고자 하는 사람은 이러한 노드에서 출발하거나 또는 거기를 종착점으로 삼아야 한다. 그런데 노드 A, B, C, 그리고 D는 4개씩의 링크를 갖고 있으므로 모두 이런 속성을 갖고 있다. 이는 A, B, C, D는 모두 동시에 출발점이거나 종착점이어야 한다는 것을 의미한다.

○ 예를 들어 1852년에 제기된 "4가지 색 문제(four color problem)"는 1976년까지

증명되지 못했다. 이 문제는 처음에는 매우 단순해 보인다. 국경을 마주하는 어느 두 나라도 같은 색을 갖지 않도록 하면서 4가지 색으로 어떤 지도든 간에 표현할 수 있다는 것을 증명하라. 지도 위에 나라의 색을 칠해 본 사람은 4가지 색이면 충분히 그렇게 할 수 있다는 것을 알게 된다. 하지만 무려 한 세기 이상이나 그것을 증명하는 데 실패했다. 결국 이 문제는 컴퓨터의 도움을 받아서 증명을 할 수 있었던 첫 번째 중요 사례가 되었다.

○ 에르되스의 삶은 많은 대중적 이야기들을 낳았다. 도입부에 있는 이야기는 András Várzsonyi의 이야기에 기초한 것이다. 그는 당시 그 구두 가게에 앉아있었던 14살의 소년 본인이었는데, 후에 헝가리에서 두 번째로 어린 나이에 수학 박사 학위를 받았으며(첫 번째는 에르되스), 에르되스의 평생지기가 되었다. *Erdös on Graphs: His Legacy and Unsolved Problems*, by Fan Clung and Ron Graham (Wesley, MASS: A.K.Peters, 1998). 대중적인 에르되스 전기로는 다음 목록 참고. Paul Hoffman, T*he Man Who Loved Only Numbers* (New York: Hyperion, 1998); Bruce Schechter, *My Brain is Open* (New York: Touchstone, 1998) András Hajnal and Vera T. Sós, "Paul Erdös is Seventy," *Journal of Graph Theory* 7 (1983): 391-393.

○ 그래프 이론을 정립한 에르되스와 레니의 8개 논문의 목록은 "The Origins of the Theory of Random Graphs," in *The Mathematics of Paul Erdös*, ed R. L. Graham and J. Nesetril (Berlin: Springer, 1997)에 나와 있다. 그것들은 아래와 같다. *On Random Graphs* I, Math. Debrecen vol.6, (1959): 290-297.

"On the Evolution of Random Graphs," *Publ. Math. Inst. Hung. Acad. Sci.* 5 (1960): 17-61.

"On the Evolution of Random Graphs," *Bull. Inst. Internat. Statist* 38, (1961): 343-347.

"On the Strength of Connectedness of a Random Graph," *Acta Math. Acad. Sci. Hungar* 12 (1961): 261-267.

"Asymmetric graphs," *Acta Math. Acad. Sci. Hungar* 14 (1963): 295-315.

"On random Matrices," *Publ. Math. Inst. Hung. Acad. Sci* 8 (1964): 455-461.

"On the existence of a factor of degree one of a connected random graph," *Acta Math. Acad. Sci. Hungary* 17 (1966): 359-368.

"On random Matrices II," *Studia Sci. Math. Hung* 13 (1968): 459-464.

○ 에르되스와 레니를 포함한 대부분의 수학자들이 모르고 있었지만, 무작위 네트

워크는 에르되스와 레니의 고전적 연구보다 이미 약 10년 앞서서 처음으로 도입됐었다. Ray Solomonoff and Anatol Rapoport, "Connectivity of Random Nets," *Bulletin of Mathematical Biophysics*, 13 (1951): 107-227. 흥미로운 것은, 이 논문이 에르되스와 레니의 고전적 결론(즉 무작위 네트워크 이론)을 도출하고 있다는 점이다. 즉, 평균 연결선 수가 1에 도달할 때 전체가 하나로 연결된 거대한 클러스터가 생긴다는 에르되스와 레니의 논의를 그 근거로 삼고 있다. 이 논문이 에르되스-레니의 연구의 선구자로 인식되지 않은 이유는 알 수 없다. 아마도 에르되스와 레니의 증명이 갖고 있었던 수학적 아름다움이 수학자들에게 어필한 반면, Solomonoff와 Rapoport의 도출방식은 그것을 결여하고 있기 때문일지도 모르겠다.

o 레니의 생애에 대해서는 에르되스 보다 출판물들에서 훨씬 덜 다뤄지고 있다. 그의 수학과 생애를 개관하는 데에는 그의 사망 직후에 출판된 일련의 논문들을 참고하라. Turán Pál, "Rényi Alfréd munkássága," 199-210; Révész Pál, "Rényi Alfréd valószinüségszámitási munkássága," 211-231; Csiszár Imre, "Rényi Alfréd információelméleti munkássága," 233-241; Katona Gyula and Tusnády Gábor, "Rényi Alfréd pedagógiai munkássága, 243-244; B. Meszaros Vilma, "Guibus Vivere est Cogitare," 245-248. 오늘날 레니의 이름이 알려진 것은 부다페스트에 있는 유명한 헝가리 수학의 산실이 Alfréd Rényi Institute of Mathematics로 이름이 바뀌면서이다.

o 아놀드 로스(Arnold Ross)는 비록 에르되스를 노트르담 대학의 교수로 초빙하는 데에는 실패했지만, 과학 교육자로서는 매우 왕성한 활동을 보여주었다. 그는 재능 있는 고등학교 학생들과 교사들을 대상으로 로스 프로그램(Ross Program)이라는 여름학교를 창설했다. 그는 1947년에 이 프로그램을 시작했으며, 1964년에는 오하이오 주립대학으로 옮겨서 그 이후 매해 여름마다 이 프로그램을 운영해 왔다. Allyn Jackson, "Interview with Arnold Ross," *Notices of the American Mathematics Society* 48, no. 7 (August 2001): 691-697.

o 무작위 네트워크의 연결선 수의 분포는 B. Bollobás, "Degree Sequences of Random Graphs," *Discrete Mathematics* volume 33, pg. 1 (1981)에서 도출된 바 있다.

o 돌이켜 보건대, 에르되스와 레니의 작업이 실제 세계를 잘 설명해 주는 모델을 만들려는 동기에서 출발한 것인지, 그렇지 않으면 그 문제의 수학적 아름다움 때문인지는 명확하지 않다. 유명한 1959년 논문에서 그들은 자신의 모델이 실제 세계

에 응용될 수 잠재적인 가능성에 대해 언급한 바 있다. "보다 복잡한 구조들의 무작위적인 성장을 고려하게 되면… 더욱 복잡한 실제의 성장 과정―예컨대, 여러 유형의 연결들로 구성된 복잡한 커뮤니케이션 네트워크나 심지어는 생물의 유기적 구조들의 성장 과정 ―에 대한 매우 이치에 맞는 모델을 얻을 수 있을 것이라는 사실을 충분히 상정해 볼 수 있다." 미래에 대한 이런 놀라운 통찰에도 불구하고, 이 분야에 대한 그들의 작업은 그것의 응용보다는 그 문제의 수학적인 심오함에 대한 깊은 호기심에서 유발되었다고 가정하는 것이 공정할 것이다.

○ 우리가 상호연결된 세계 속으로 여행을 하는 과정에서, 에르되스-레니의 무작위 네트워크 이론은 종종 우리의 출발점이 될 것이다. 이 과정에서 우리는 종종 그것을 실제 세계와 대조해 보지 않을 수 없다. 하지만 그 모델의 결점이 에르되스와 레니의 기념비적인 유산에 대한 우리의 감탄과 경의를 감소시키는 것은 아니다. 이따금 우리가 가하는 비판은, 우리가 그들을 추종함에 있어서 그들이 제시한 무작위적 세계관을 수십 년간 실제 세계에 무차별적으로 적용해 온 우리 모두에 대한 비판인 것이다.

세 번째 링크

○ 헝가리에는 카린시(Karinthy)의 작품과 생애에 대한 책이 많이 있다. 카린시 회고본 *A humor a teljes igazság*, ed. Mátyás Domokos, Budapest: Nap Kiadó, 1998). 이 책은 카린시의 친구들과 동료들이 쓴 그에 대한 이야기들의 모음이다. 다음도 참고. Dolinszky Miklós, *Szószerint (A Karinthy-Passió)*, (Budapest: Magvető, 2001); Levendel Júlia, *Így élt Karithy Frigyes* (Budapest: Móra Könyvkiadó, 1979).

○ Frigyes Karinthy, "Láncszemek," in *Minden másképpen van* (Bupdapest: Altheneum Irodai es Nyomdai R.- T. Kiadása, 1929), 85-90. 이 이야기는 1999년에 티보르 브라운(Tibor Braun)이 나에게 알려준 것으로 그는 이 이야기의 복사본을 우편으로 부쳐 주었다. 그것은 웹의 열아홉 단계의 분리에 대한 우리의 연구 결과가 헝가리 언론에 보도된 직후였다. 내가 아는 한에서는 카린시의 이 짧은 이야기는 한번도 영어로 번역되었던 적이 없다. 영어로 된 카린시의 짧은 이야기 모음은 다음과 같다. Frigyes Karinthy, *Grave and Gay* (Budapest: Korvina Kiadó, 1973).

○ 일찍이 등장한 '여섯 단계의 분리' 개념의 또 하나의 사례로는 다음을 참고. Jane Jacobs's *The Death and Life of American Cities* (New York: Random House,

1961) 이 책은 도시 계획에 관해 이제껏 쓰여진 가장 중요한 책들 중 하나로서, 옛날 식의 이웃 개념을 복원시키는 데에 기여했다. 이 책에서 그녀는 다음과 같이 회상한다. "나와 나의 여동생이 작은 도시에서 처음으로 뉴욕에 왔을 때, 우리는 우리가 메시지(messages)라고 부르는 게임을 즐기곤 했다. 이 게임은 판이하게 다른 두 개인을 골라서―가령, 일리노이주에 있는 솔로몬 섬(Solomon Island)에 있는 헤드 헌터와 록 섬(Rock Island)에 있는 구두 수선공―한 사람이 다른 사람에게 말로써 메시지를 전해야 한다고 가정한다. 그리고 우리는 각자 조용히 메시지가 전달될 수 있는 그럴싸하거나 가능성 있는 연결고리를 생각해낸다. 가장 짧게 그럴싸한 전달자들의 연결고리를 만들 수 있는 사람이 승리하게 된다."

o 밀그램의 여섯 단계 분리 연구는 여러 곳에 발표되었다. 다음의 예를 참고. Stanley Milgram, "The Small World Problem," *Physiology Today 2*, (1967): 60-67. 읽는 것 자체로 흥미로운 그의 '복종'에 관한 연구는 다음을 참고. Stanley Milgram, *From Obedience to Authority* (New York: Harper and Row, 1969).

o 밀그램의 연구와 생애에 대해서는 Thomas Blass을 참고. "The Social Psychology of Stanley Milgram," *in Advances in Experimental Social Psychology*, ed. M. P. Zanna (San Diego: Academic Press, 1992), 25: 277-328; Thomas Blass, ed., *Obedience to Authority: Current Perspectives on the Milgram Paradigm*(Mahwah, N.J.: Lawrence Erlbaum, 2000). 추가정보 및 링크는 http://www.stanley milgram.com 에서 얻을 수 있다.

o 밀그램이 여섯 단계의 분리라는 결론에 도달하기 위해 사용했던 방법론에 대해 최근에 주디스 클라인펠드(Judith S. Kleinfeld)가 문제를 제기했다는 점을 주목하라. 그는 예일 기록보관소에 보관되어 있던 밀그램의 논문과 노트뿐만 아니라 목적지에 도달된 편지들의 모음도 면밀히 조사했다. 특히, 최근의 연구들은 우리의 세계가 계급과 인종별로 뚜렷하게 나뉘어져 있으며, 이러한 사회적 장벽을 넘나들어 왕래하는 것이 꽤 어렵다는 점을 시사하고 있다. 다음 예를 참고. Judith S. Kleinfeld, "The Small World Problem," *Society 39* (January-February, 2002): 61-66; and "Six Degrees of Separation: An Urban Myth," *Psychology Today* (forthcoming in 2002).

o 우리의 사회적 연결에 관한 밀그램의 연구는 기술적 측면에서 아나토르 라파포르트(Anator Rapaport)의 연구에 큰 영향을 받은 것으로 알려져 있다. 그는 러시아 태생의 수학자이자 피아니스트로서, 사회 네트워크에 대한 몇 개의 독창적인 논문을 발표했다. 그는 독자적으로 무작위 네트워크의 개념을 도입하여 사회학에

큰 영향을 미쳤다. 그의 논문들 중 이 주제와 관련된 것으로는 다음을 참고. R. Solomonoff and A. Rapaport, "Connectivity of Random Nets," *Bulletin of Mathematical Biophysics* 13 (1951): 107-117; and A. Rapaport, "Contribution to the Theory of Random and Biased Nets," *Bulletin of Mathematical Biophysics* 19 (1957): 257-277.

○ John Guare, *Six Degrees of Separation* (New York: Random House, 1990).

○ 웹의 창시자가 서술한 웹의 초기 역사에 대해서는 다음을 참고. Tim Berners-Lee with Mark Fischetti, *Weaving the Web: The Original Design and Ultimate Destiny of the World Wide Web by Its Inventor* (San Francisco: Harper, 1999).

○ 웹의 크기에 대한 고찰로는 다음을 참고. Steve Lawrence and C. Lee Giles, "Searching the World Wide Web," *Science* 280 (1998): 98-100; "Accessibility of Information on the Web," *Nature* 400 (1999): 107-109. 이 책의 열두 번째 링크에 있는 풍부한 논의도 참고.

○ 웹에서의 열아홉 단계의 분리를 밝혀낸 연구 결과는 R. Albert, H. Jeong, and A.-L. Barabási, "Diameter of the World Wide Web", *Nature* 401 (1999): 130-131. 우리가 전체 웹의 지름을 밝히기 위해 사용한 방법을 이 글에서는 "유한 크기 스케일링(finite size scaling)"이라고 부르고 있다.

○ 먹이사슬에서의 분리 단계에 대해서는 다음을 참고. Richard J. Williams, Neo D. Martinez, Eric L. Berlow, Jennifer A. Dunne, and Albert-László Barabási, *Two Degrees of Separation in Complex Food Webs*, http://www.santafe.edu/sfi/publications/Abstracts/01-07-03 6 abs.html; José M. Montoya and Ricard V. Solé, *Small World Patterns in Food Webs*, http://www.santafe.edu/sfi/publications /Abstracts/00-10-059abs.html.

세포 내에서의 분리도에 대해서는 이 책의 열네 번째 링크와 다음을 참고. Hawoong Jeong, Bálint Tombor, Réka Albert, Zoltán N. Oltvai and Albert-László Barabási, "The Large-Scale Organization of Metabolic Networks," *Nature* 407 (2000): 651; Hawoong Jeong, Sean Mason, Albert-László Barabási, and Zoltán N. Oltvai, "Centrality and Lethality of Protein Networks," *Nature* 411 (2001): 41-42; Andreas Wagner and David Fell, *The Small World Inside Large Metabolic Networks*, Proceedings of the Royal Society of London, Series B-Biological Sciences, vol. 268 (Sept. 7, 2001): 1803-1810. 과학자들의 네트워크와 그들 간의 좁은 세상에 대해서는 다음을 참고. Albert-László Barabási, H. Jeong, E. Ravasz,

Z. Néda, T. Vicsek, and A. Schubert, *Evolution of the Social Network of Scientific Collaborations*, http://xxx.lanl.gov/abs/cond-mat/0104162 (forthcoming in 2002); M. E. J. Newman, *Who is the Best Connected Scientist? A Study of Scientific Coauthorship Networks*, http://www.santafe.edu/sfi/publications/Abstracts/00-12-064abs.html; M. E. J. Newman, *The Structure of Scientific Collaboration Networks*, Proceceding of the National Academy of Science of America, vol 98, (Jan. 16, 2001): 404-409. 신경조직 네트워크의 좁은 세상에 대해서는 다음을 참조. D.J. Watts and S.H. Strogatz, "Collective Dynamics of 'Small-World' Networks," Nature 393 (1998): 440-442.

o 우리의 단순한 예측은 우리가 익히 알고 있는 두 개의 유사한 네트워크, 즉 사회와 웹을 대상으로 테스트해 볼 수 있다. 우리는 사회에서 평균적인 사람들이 얼마나 많은 사람들을 아는지를 알 필요가 있다. 비록 이것이 계산하기에는 간단해 보일지 모르지만 사회학자들의 의견은 매우 분분하여 적게는 200에서부터 많게는 5000에까지 차이가 난다. 수학자에서 사회학자로 진로를 바꾼 콜롬비아 대학의 던컨 와츠(Duncan Watts)는 최근에 필자에게 이야기해 준 바에 따르면, 이 문제에 대한 정답을 찾기가 어려운 원인은 바로 "아는 사람(acquaintance)"이라는 말을 정의하기가 어렵다는 데에 있다고 한다. "나는 아마도 몇 천 명의 사람 이름들을 알 지 모른다. 그러나 내가 그들이 사는 도시를 방문했을 때, 내가 그들에게 전화를 하게 될까? 내가 그들에게 편안한 마음으로 도움을 청할 수 있을까? 나는 그들을 신뢰하는가?" 이러한 복잡한 문제를 우회하는 한가지 방법은 '아는 사람'의 기준을 상대방의 이름을 정확하게 아는가 여부로 삼는 것이다. 이 기준에 따를 때 평균적인 사람은 대략 1,000명 정도의 아는 사람을 갖고 있다고 가정해 볼 수 있는데, 이는 보수적인 추정치와 낙관적인 추정치 중 대략 중간적인 값이라고 할 수 있다. 지구상에는 60억 명의 사람들이 있으므로, 우리의 공식에 따르면 사회에서의 분리도는 대략 3단계 정도가 된다. 웹에는 약 10억 개의 페이지가 있고 평균 연결선 수가 7이라고 할 때, 우리의 공식에 따르면 10단계의 분리가 예측된다. 이 예측값들은 정답(즉, 각기 6단계와 19단계)보다 다소 작지만 큰 차이는 나지 않는다. 이 수학적 공식은 노드의 개수의 로그값만큼의 차이 외에는 다른 모든 효과를 없애 버리며, 이는 왜 우리가 그토록 작은 단계값을 얻게 되는지를 설명해 준다.

'정답'들로부터 다소의 편차가 존재한다는 사실은 실제 네트워크가 무작위적이 아니라는 이 책의 기본 전제를 뒷받침해 준다. 만약 실제의 웹이 무작위적이라면, 그것의 연결선 수와 크기는 서의 정확하기 때문에, 거기서의 분리도는 10번의 클릭에 훨씬 가깝게 나왔어야 할 것이다. 그리고 이는 크기와 연결선 수를 거의 정확하게 알 수 있는 많은 다른 네트워크의 경우에서도 마찬가지여야 할 것이다. 하지만 무작위적 네트워크를 가정하여 예측된 단계값과 실제의 단계값이 일치하는 경우가 거의 없다. 바로 이것이 실제 네트워크에 뭔가의 질서가 숨어 있다는 힌트인 것이다. 좁은 세상 네트워크들의 상세한 리스트, 그리고 그 각각에서 무작위 네트워크 모델에 의거한 단계값과 실제 단계값 간의 차이에 대해서는 다음 참고. R. Albert and A.-L. Barabási, "Statistical Mechanics of Complex Networks," *Reviews of Modern Physics* 74 (January 2002): 47-97.

○ '좁은 세상'의 역사에 대한 코헨(Kochen)의 노트에 대해서는 다음을 참고. Manfred Kochen, preface to *The Small World*, ed. Manfred Kochen (Norwood, N.J.: Ablex, 1989).

○ 좁은 세상에서의 항해에 대한 논의로는 다음을 참고. J. M. Kleinberg, "Navigation in a Small World—It is Easier to Find Short Chains Between Points in Some Networks Than Others," *Nature* 406 (August 2000): 845.

○ 밀그램의 실험에서는 최종적으로 목적지에까지 도달되지 못한 연결고리에 대해서는 고려하지 않았고, 그리하여 사람들 간의 분리 단계를 과소평가했다고 주장할 수도 있음을 주목하라. 사실 목표인물에게까지 전달되지 않은 우편물의 경우에는 분리도를 계산할 때 무시되었다. 네브라스카를 대상으로 한 실험의 경우, 160통의 편지 중에서 목표인물에게 도착된 것은 단지 42통뿐이다. 길이가 긴 연결고리의 경우에는 목표인물에게까지 도달하지 못할 가능성이 높다. 밀그램의 연구는 바로 이처럼 길이가 긴 연결고리들은 샘플에서 제외되고, 상대적으로 짧은 길이의 연결고리, 즉 목표인물에 도달한 연결고리만을 고려한 편향된 것이라고 할 수 있다.

네 번째 링크

○ 우리 사회가 클러스터링 되어 있다는 최초의 발견은 Mark S. Granovetter, "The Strength of Weak Ties," *American Journal of Sociology* 78, (1973): 1360-1380에서 발표되었다. 그라노베터는 이 논문의 출판을 둘러싼 무용담을 *Current Contents* (Sociology and Behavioral Sciences Edition, Vol. 18, no. 49 [Dec. 1986] : 24) 에 실린 짧은 글에서 술회하고 있는데, 이 글은 Citation Classic 에 이름이 오른 것을 계기로 쓰여진 것이다. 다음을 참고. "The Strength of Weak Ties: A Network Theory Revisited," *Sociological Theory* 1 (1983): 201-233; Mark S.

Granovetter, *Getting a Job* (Cambridge, Mass.: Harvard University Press, 1994).

o 리듬을 탄 박수갈채에 대해서는 물리학에서 널리 연구되어졌는데, 이는 그것이 동기화(synchronization)의 한 표현 사례로 인식되었기 때문이다. 첫 번째 상세한 측정은 다음에 보고되어 있다. Z. Néda, E. Ravasz, Y. Brechet, T. Vicsek, Albert-László Barabási, "Self-Organizing Processes: The Sound of Many Hands Clapping," *Nature* 403 (2000): 849-850. 좀더 상세한 서술은 다음을 참고. Z. Néda, E. Ravasz, T. Vicsek, Y. Brechet, and A.-L. Barabási, "Physics of the Rhythmic Applause," *Physical Review* E 61, no. 6 (2000): 6987-6992. 이 조사에 대한 대중적인 설명은 다음을 참고. Henry Fountain, "Making Order Out of Chaos When a Crowd Goes Wild," *New York Times*, March 7, 2000; and Josie Glausiusz, "Joining Hands," *Discover* 21 (July 2000).

o John Buck and Elisabeth Buck, "Synchronous Fireflies," *Scientific American*, May 1976, 74-85. 동기화에 대한 최근의 책으로는 다음을 참고. Arkady Pikovsky, Michael Rosenblum and J. Kurths, *Synchronization: A Universal Concept in Nonlinear Sciences* (Cambridge, England: Cambridge University Press, 2001). 다음 역시 참고. Ian Stewart and Steven H. Strogatz, "Coupled Oscillators and Biological Synchronization," *Scientific American*, Dec.1993, 68.

o 와츠-스트로가츠의 발견에 관한 배경 스토리에 대해서는 다음을 참고. Duncan J. Watts, *Small Worlds* (Princeton, N.J.: Princeton University Press, 1999).

o 와츠의 관심은 동기화로부터 네트워크로 바뀌었지만, 네트워크와 동기화 간의 연관관계에 대해 다시 연구한 학자들도 많다. 다음의 예를 참고. J. Jast and N. P. Jog, "Spectral Properties and Synchronization in Coupled Map Lattices," *Physical Review*, E 65 (2002): 016201; X. F. Wang and G. R. Chen, "Synchronization in a Scale-Free Dynamical Network: Robustness and Fragility," IEEE Transaction on Circuits and Systems I 49 (2002): 54-62; M. Barahona and L.M. Pecora, "Synchronization in Small-World Systems," http://xxx.lanl.gov/abs/nlin. CD/0112023; J. Ito and K. Kaneko, "Spontaneous Structure Formation in a Network of Chaotic Units with Variable Connection Strengths," *Physical Review Letters*, 88 (2002): 02801.

o '클러스터링 계수(*clustering coefficient*)' 라는 용어는 다음 논문에서 최초로 쓰였다. Watts and Strogatz in D.J. Watts and S.H. Strogatz, "Collective Dynamics of 'Small World' Networks," *Nature* 393, (1998): 440-442. 이와 동일한 양(量)이 사

회학 문헌에서는 "이행성 있는 삼자관계의 비율(fraction of transitive triplets)"이라는 이름으로 사용돼 왔다. 다음의 예를 참고. S. Wasserman and K. Faust, *Social Network Analysis: Methods and Applications*(Cambridge, England: Cambridge University Press, 1994), 598-602.

○ 에르되스 넘버(Erdös number)에 대한 폭 넓은 논의는 Jerrold W. Grossman이 운영하는 에르되스 사이트 http://www.oakland.edu/~grossman/erdoshp.html 를 참고. 유명한 과학자들과 그들의 에르되스 넘버는 다음을 참고. Rodrigo De Castron and Jerrold W. Grossman, "Famous trails to Paul Erdös," *Mathematical Intelligencer*, 21 (Summer 1999): 51-63.

○ 입자물리학은 물리학 중에서도 매우 활동이 활발한 분야인데, 여기에서는 서로 다른 대륙에 흩어져 있고 직접 만난 적도 없는 수백 명의 물리학자들이 공동으로 새로운 미립자를 발견해내는 경우가 종종 있다. 따라서 이들의 경우에는 공동저작이 아는 관계나 사회적 끈을 의미하는 것으로 간주되기 어렵다. 하지만 대부분의 연구 분야에서는 그런 정도로까지 공동연구가 활발하지는 않기 때문에 공동저작이 사회적 관계를 나타낸다고 볼 수 있다.

○ 수학자들과 신경과학자들 사이의 공동연구에 대한 우리의 작업은 다음 논문에 정리되어 있다. A.-L. Barabási, H. Jeong, R. Ravasz, Z. Néda, T. Vicsek, A. Schubert, *On the Topology of Scientific CollaborationNetworks*, http://xxx.lanl.gov/abs/cond-mat/0104162(forthcoming in Physica A, 2002). 마크 뉴만 역시 독자적으로 비슷한 연구 결과를 얻었는데, 그는 물리학자, 컴퓨터 과학자 그리고 기타 분야를 대상으로 하였다. M. E. J. Newman, "The Structure of Scientific Collaboration Networks," *Proceedings of the National Academy of Sciences* 98 (2001): 404-409; "Scientific Collaboration Networks: I. Network Construction and Fundamental Results," *Physical Review*, E 64 (2001): 016131; "Scientific Collaboration Networks: II. Shortest Paths, weighted networks, and Centrality," *Physical Review*, E 64 (2001): 016132.

○ 무작위 네트워크 모델은 클러스터링 계수(clustering coefficient)에 대해 어떻게 설명할까? 클러스터링 계수는 쉽게 이야기해서 내 친구 두 명이 서로 연결되어 있을 확률이라 할 수 있는데, 에르되스-레니 모델에 있어서는 이것은 임의의 두 노드 사이에 링크가 있을 확률과 다를 것이 없다. N개의 노드를 갖는 무작위 그래프의 클러스터링 계수는, 실제로 존재하는 모든 링크의 수(L)를 가능한 최대의 링크 수인 $N(N-1)/2$로 나눠줌으로써 구할 수 있다. 즉 $C = 2L/N(N-1)$. 그런데, 이것은

에르되스-레니 모델에서 대개 p로 표현되는 통제 변수로서, 임의의 두 노드가 서로 연결될 확률을 가리킨다. 달리 표현하면, 클러스터링 계수는 C = ⟨k⟩/N으로서 여기서 ⟨k⟩는 네트워크 내에서 한 노드당 평균적인 링크수를 의미한다.

○ 과학자들이 어떤 방식으로 협력하는가에 대해 조금만 알면, 뉴만(Newman)이나 우리팀의 연구에 의해 밝혀진 클러스터링이 왜 생기는지를 이해하기 쉬울 것이다. 사실 많은 과학 논문들은 3명 이상의 학자들에 의해 공동으로 저술된다. 이러한 각각의 논문들은 친구들 간의 서클과 같은 하나의 완전연결 그래프(complete graph)를 만들어내는데, 이는 그 논문을 집필한 각각의 필자들은 다른 모든 필자들과 연결되기 때문이다. 따라서 전체 공동작업 그래프는 작은 완전연결 그래프들로 이뤄져 있고, 그것들 각각은 아주 높은 클러스터링 계수를 갖고 있어서, 전체 네트워크의 평균적 클러스터링 계수를 높게 만든다. 하지만 이 외에도 사회적 요인이 있다. 내가 지도하는 두 대학원생이 대학원 시절에 설사 같이 논문을 쓰지 않았다고 하더라도 그들은 단지 2단계의 거리 안에 있게 되는데, 왜냐하면 그들은 각기 나와 함께 논문을 썼기 때문이다. 같은 분야에서 계속 작업을 하다 보면 언젠가는 같이 논문을 쓸 가능성이 높고 이는 나의 클러스터링 계수를 높여주게 된다.

○ 씨 엘레강스(*Caenorhabditis elegans*)에 대한 추가 정보는 다음을 참고. http://elegans.swmed.edu/ or http://www.nematodes.org/.

○ 씨 엘레강스의 뉴런 회로도는 완전히 맵핑되었지만 인간의 두뇌에 대해 그와 비슷한 작업을 하는 것은 불가능할 것이다. 이는 인간 두뇌에는 뉴런이 수십억 개나 되고 그들 중 어떤 것은 수천 개의 다른 뉴런에 링크되어 있다는 점 때문은 아니다. 문제는 인간 두뇌의 뉴런 간의 연결은 우리가 학습하고 나이를 먹어감에 따라 새로운 링크가 생겨나기도 하고 기존 링크가 끊어지기도 하는 등 그 자체가 변한다는 데에 있다. 이에 비해 씨 엘레강스는 두뇌 속의 연결이 유전적으로 결정되어 있는 정적 구조를 갖고 있어서 연구가 용이하다는 특수성을 갖는다.

○ 씨 엘레강스의 회로도가 갖고 있는 위상구조에 대한 연구는 다음을 참고. D.J. Watts and S.H. Strogatz, "Collective Dynamics of 'Small-World' Networks," *Nature* 393 (1998): 440-442, 이 글은 전력 네트워크와 할리우드 배우들에 대한 연구를 포함하고 있다. 다음도 참조. S. Horita, K. Oshio, Y. Osama, Y. Funabashi, K. Oka, K.Kawamara, "Geometrical Structure of the Neuronal Network of Caenorhabditis Elegans," *Physica* A, 298 (2001): 553-561.

○ 웹에서의 클러스터링에 대해서는 다음을 참고. L.A. Adamic, "The Small World

Web," *Proceedings of the European Conference on Digital Libraries 1999 Conference* (Berline: Springer Verlag, 1999): 443. 인터넷 위상구조에서의 클러스터링에 대해서는 다음을 참고. Soon-Hyung Yook, Hawoong Jeong, Albert-László Barabási, *Modeling the Internet's Large-Scale Topology*, http://xxx.lanl.gov/abs/cond-mat/0107417와 Romualdo Pastor-Satorras, Alexei Vazquez, Alessandro Vespignani, *Dynamical and Correlation Properties of the Internet, Physical Review Letters*, 2001: Article no 258701. 경제에서의 클러스터링에 대해서는 Bruce Kogut and Gordon Walker, "The Small World of Germany and the Durability of National Networks," *American Sociological Review* 66 (2001): 317-335. 생태계 네트워크에서의 클러스터링에 대해서는 Richard J. Williams, Neo D. Martinez, Eric L. Berlow, Jennifer A. Dunne, and Albert-László Barabási, *Two Degrees of Separation in Complex Food Webs*, http://www.santafe.edu/sfi/publications/Abstracts/01-07-036abs.html.

o 복잡한 네트워크에서의 클러스터링에 대한 추가적인 예는 다음을 참고. R. Albert and A.-L.Barabási, "Statistical Mechanics of Complex Networks," *Reviews of Modern Physics* 74, No. 1 (January 2002), 47-97.

o 와츠-스트로가츠가 원래 제시했던 모델(Nature 393 (1998) : 440-442)에서는 새로운 링크가 추가되지 않고, 기존의 링크 중 몇 개가 멀리 있는 노드로 연결선이 바뀌는 것으로 되어 있다. 여기에 서술된 버전은 뉴만과 와츠에 의해 제안된 것이다. Newman, and D. J. Watts, "Renormalization Group Analysis of the Small-World Network Model," *Physics Letters* A, 263 (1999): 341; "Scaling and Percolation in the Small-World Network Model," *Physics Review*, E, 60 (1999): 7332. 이 수정된 모델은 알고리듬 측면에서 원래의 모델보다 명료하기 때문에 모델의 속성을 계산하는 사람들이 선호하는 경향이 있다.

다섯 번째 링크

o Malcolm Gladwell, *The Tipping Point* (New York: Little, Brown, 2000).

o 그래드웰이 사용한 전화번호부 테스트 방법은 사람들이 가지고 있는 사회적 연결의 수를 측정하기 위해 사회학자들이 고안한 것이다. 사람들의 사회적 연결의 수를 측정하기 위한 방법에 대한 최근의 리뷰로는 대해서는 다음을 참고. Linton C. Freeman, and Claire R. Thompson, "Estimating Acquaintanceship Volume," in *The Small World*, ed. Manfred Kochen (Norwood, N.J.: Ablex, 1989), 147-158.

o 기술적인 측면에서, 하나의 웹페이지가 몇 개의 '나가는 링크(outgoing link)'를 갖고 있는지는 단순히 그 페이지를 방문하여 거기에 붙어 있는 URL을 세기만 하면 쉽게 알 수 있다. 하지만 '들어오는 링크(incoming link)'를 세는 것은 쉽지 않다. 들어오는 링크는 다른 웹사이트로부터 그 페이지로 연결되어 있는 링크를 가리킨다. 예를 들면 나의 대학원 학생들은 그들 자신의 웹사이트를 갖고 있고 그것들은 모두 나의 웹페이지로 연결되는 링크를 갖고 있다. 그들의 웹사이트를 방문하면 한 번의 클릭으로 나의 웹사이트로 이동할 수 있다는 말이다. 하지만 여러분이 나의 웹사이트를 방문했을 때 다른 어떤 웹페이지들이 나의 웹사이트를 링크하고 있는지를 아는 방법은 없다. 얼마나 많은 웹페이지들이 나의 웹사이트를 링크하고 있는지 알아내기 위해서는 웹상에 있는 수십억 페이지 하나 하나를 모두 방문하여 거기에 나의 웹사이트로 향하는 링크가 있는지를 일일이 확인해봐야 할 것이다. 한 웹페이지가 갖고 있는 '들어오는 링크'의 수는 곧 그것의 인기를 말해준다. 들어오는 링크가 많을수록 보다 많은 사람들이 거기를 방문하고 즐겼을 가능성이 많은 것이다. 하지만 그보다 더 중요한 점은 들어오는 링크가 많을수록 웹 서핑 과정에서 검색될 가능성이 많다는 사실이다. 만약 아무도 당신의 웹페이지를 링크해주지 않으면, 그 페이지는 사실상 없는 거나 마찬가지이다.

o 구글과 알타비스타와 같은 몇몇의 검색엔진들은 어떤 주어진 웹페이지와 연결된 페이지들을 검색해 볼 수 있는 기능을 제공하고 있다. 검색어 입력창에 "link:"라고 입력한 다음, URL을 붙여서 이 기능을 사용할 수 있다. 예를 들어 www.nd.edu/~networks로 연결된 링크들을 찾으려면 "link:http://www.nd.edu/~networks"라고 검색창에 타이핑해 넣으면 된다.

o 노트르담 웹사이트에 대한 연구 결과는 다음을 참고. Réka Albert, Hawoong Jeong, and Albert-László Barabási, "Diameter of the World Wide Web," Nature 401, 130-131 (1999). 원 데이터는 다음 페이지에서 확인할 수 있다. http://www.nd.edu/~networks/database/index.html. 이 데이터에는 어떤 페이지가 다른 어떤 페이지와 연결되어 있는지에 대한 정보가 담겨져 있으므로, 여러분은 이 데이터를 이용하여 배후에 숨겨져 있는 네트워크를 재구성해 본다든지, 얼마나 많은 허브들이 있는지를 분석해 볼 수 있다.

o 2억 개의 웹페이지를 대상으로 한 연구 결과의 요약은 다음을 참고. A. Broder, R. Kumar, F. Maghoul, P. Raghavan, S. Rajagopalan, R. Stata, A. Tomkins, J. Wiener, "Graph Structure in the Web," paper presented at the Ninth International World Wide Web Conference, http://www9.org/w9cdrom/

160/160.html.

○ 2억 개의 웹페이지 샘플을 대상으로 한 연구에서 연결선 수 분포 자료는 톰킨스 (A. Tomkins)가 제공해 주었다. 나는 이 자료를 통해 가장 많이 연결된 노드들의 연결선 수를 알아낼 수 있었다.

○ '나가는 링크(outgoing link, k_{out})는 전적으로 웹페이지를 만든 사람에게 달려 있는데, 오직 그 사람만이 그것을 붙이거나 말 수 있기 때문이다. 전형적인 웹페이지에는 '나가는 링크'가 몇 개나 붙어 있을까? 웹의 강점은 그것이 하이퍼텍스트(hypertext)로 이뤄져 있다는 점이다. 따라서 웹페이지 설계자는 정보를 구조화함에 있어서 여러 페이지들과 그것들에 링크되어 있는 다른 페이지들에 분산하여 실을 수 있다. 그래서 웹페이지 설계에 대해 설명하는 대부분의 책들에서는 하나의 웹페이지에 너무 많은 정보를 싣지 말 것을 권한다. 첫 페이지에 모든 것을 다 표현하려고 하는 것보다는, 첫 페이지는 알아보기 쉬운 도로지도 같은 안내 기능만 하는 것이 바람직하다. 모든 자세한 내용은 그 배후에 있는 추가적 페이지들에 배치하는데, 내용이 자세한 정도에 따라 위계적으로 배치한다. 한 페이지에 몇 개 정도의 링크를 붙이는 것이 적당한 것일까? 보통은 수백 단어 정도를 담을 공간이 있고, 거기에 5에서 15개 정도의 링크를 붙일 여유가 있다. 모든 사람들이 웹페이지 설계에 대한 책에서 권하는 대로 한다면 아마 대부분의 페이지들은 가급적 많은 정보 컨텐츠를 담으면서도 쉽게 읽을 수 있는 적정 개수의 링크를 갖고 있을 것이다. 물론 웹 마스터의 심미적 기준에 따라 어떤 페이지는 적정 개수보다 많거나 또는 적은 링크를 갖겠지만, 일정한 평균값이 있어서 그것으로부터 크게 벗어나는 페이지는 매우 희박한 양상을 띠게 될 것이다. 이 이상적인 세계에서는 링크의 분포는 종형 곡선—또는 수학적 언어로 말하면 어떤 적정 k_{out}를 정점으로 갖는 가우스 분포—를 따르게 될 것인데, 이는 무작위 네트워크 모델에서 예측하는 바와 매우 비슷하게 될 것이다.

○ 웹에서 '나가는 링크'가 대단히 많은 링크는 'hubs', '들어오는 링크'가 대단히 많은 노드는 'authorities'로 불린다. 다음의 예를 참고. J. Kleinberg. "Authoritative sources in a hyperlinked Environment," *Proceeding of the 9th Association for Computing Machinery-Society for Industrial and Applied Mathematics. Symposium on Discrete Algorithms* (1998); extended version in *Journal of the ACM*, 46 (1999): 604-632.

○ Craig Fass, Mike Ginelli, and Brian Turtle, *Six degrees of Kevin Bacon*, (New York: Plume, 1996).

○ 버지니아에 있는 The Oracle of Bacon은 http://www.cs.virginia.edu/oracle/ 에서 찾을 수 있다.
○ 할리우드에서 허브 역할을 하는 배우의 중요성을 재확인해 볼 수 있는 하나의 예로, 마릴린 먼로(Marilyn Monroe), 마이크 메이어(Mike Meyer), 찰리 채플린(Charlie Chaplin)에서부터 케빈 베이컨까지의 최단경로에는 항상 로버트 와그너(Robert Wagner)라는 배우가 자리잡고 있다. 와그너는 베이컨의 이웃에 있는 가장 중요한 허브로서, 베이컨을 할리우드의 역사에 연결해 주는 결정적인 링크를 제공한다. 실제로, 와그너는 최소한 101편의 영화에 출연했고, 2,017명과의 링크를 모았다. 비록 그가 연결선 수가 가장 높은 배우는 아니지만 무려 24위를 기록하고 있는데, 이 정도 순위라면 베이컨 입장에서는 질투심이 생길 법도 하다.
○ 할리우드 배우들의 순위는 2000년에 정하웅 박사가 측정한 데이터에 의거한 것이다. 그는 IMDb.com으로부터 할리우드 영화 배우 데이터베이스를 다운받아서 이를 재구성했다. 비슷한 측정의 결과들이 종종 언론에 인용된다. 데이터가 수집된 시점이 다를 수 있기 때문에 배우들의 연결도 순위나 링크 개수에 다소 차이가 있을 수 있다. 하지만 가장 연결선 수가 많은 배우 그리고 그와 여타 배우들 간의 평균거리에 있어서는 거의 일관된 결과가 나타남을 알 수 있다.
○ 세포 내 분자 네트워크에서의 허브들에 대한 증거는 이 책의 13장과 다음을 참고. Hawoong Jeong, Bálint Tombor, Réka Albert, Zoltán N. Oltvai and Albert-László Barabási, "The Large-Scale Organization of Metabolic Networks," Nature 407, (2000): 651; Hawoong Jeong, Sean Mason, Albert-László Barabási, and Zoltán N. Oltvai, "Centrality and Lethality of Protein Networks," Nature 411 (2001): 41-42; Andreas Wagner and David Fell, "The Small World Inside Large Metabolic Networks," Proceeding of the Royal Society of London B, Vol. 268 (Sept. 7, 2001): 1803-1810.
○ 인터넷 위상구조에서의 허브에 대해선 다음을 참고. M. Faloutsos, P. Faloutsos, and C. Faloutsos, "On Power-Law Relationships of the Internet Topology," Proceedings of ACM Special Internet Group on Data Communication (SIGOMM), 1999 (Cambridge, Mass., Aug. 1999).
○ 전화 통화 그래프(the phone call graph)는 다음을 참고. J., Abello, P. M. Pardalos and M. G. C. Resende, Disc. Mdth. and Theor. Comp. Sci., DIMACS ser., 50 (1999); 119; William Aiello, Fan Chung, Linyuan Lu, A Random Graph Model for Massive Graphs, Proceedings of the 32nd ACM Symposiumon Theor.

- Emanuel Rosen, *The Anatomy of the Buzz* (New York: Doubleday, 2000).
- 프랭클린 델라노 루즈벨트의 지인 네트워크는 다음에 논의되어 있다. H. Rosenthal, *Acquaintances and Contacts of Franklin Roosevelt* (master's thesis, Massachusetts Institute of Technology, 1960). 다음 역시 참고. Linton C. Freeman, and Claire R. Thompson, "Estimating Acquaintanceship Volume," 147-158, in *The Small World*, Edited by Manfred Kochen (Norwood: Ablexm, NJ, 1989).
- 세포 내 p53 단백질 네트워크에서의 허브에 대한 논의는 다음을 참고. Bert Vogelstein, David Lane and Arnold J. Levine, "Surfing the p53 Network," *Nature* 408 (2000): 307-310.
- 핵심종(種)(keystone species)에 대한 논의는 다음을 참고. Simon Levin, *Fragile Dominion*(Cambridge, Mass: Perseus, 1999). 허브와 핵심종에 대한 논의는 Ricard V. Solé and José M. Montoya, *Complexity and Fragility in Ecological Networks*, http://www.santafe.edu/sfi/publications/Abstracts/00-11-060abs.html.

여섯 번째 링크

- 파레토에 대한 일화는 여러 문헌에 서술되어 있다. 예컨대, *Trattato di Sociologia Generale, The Mind and Society* (New York: Harcourt Brace, 1942)의 영어번역판에서 저자인 리빙스턴(Livingston)이 쓴 전기 참고.
- 80/20 법칙에 관해서는 비즈니스 분야에서 많은 글들이 나왔으며, 그것을 주제로 한 책까지 나왔다. 다음을 참고. Richard Koch, *The 80/20 Principle-The Secret to Success by Achieving More with Less*(New York: Currency, 1998).
- 멱함수 법칙이 웹의 위상구조를 특징짓는다는 우리의 발견은 다음의 글에 발표되어 있다. Réka Albert, Hawoong Jeong, and Albert-László Barabási, "Diameter of the World Wide Web," *Nature* 401 (1999): 130-131. 이와 독립적으로 동일한 결론에 도달한 연구결과로는 다음을 참고. Kumar, P. Raghavan, S. Rajalopagan, and A. Tomkins, "Extracting Large-Scale Knowledge Bases from the Web," *Proceedings of the 9th ACM Symposium on Principles of Database Systems* 1 (1999).
- 과학적 논문들에서는 연결 분포의 멱함수 법칙적 성격은 흔히 확률론적으로 표현된다. 무작위로 선택된 노드가 정확하게 k개의 링크를 가질 확률은 $P(k) \sim k^{-\gamma}$를 따르는데, 여기서 γ은 연결선 수 지수(degree exponent)라고 불린다.
- 멱함수 법칙과 다양한 시스템에서의 그것들의 발견에 대한 기초적인 소개는 다음

을 참고. Mark Buchanan, *Ubiquity: The Science of History… Or Why the World is Simpler Than We Think* (New York: Crown Publishers, 2001).
자기 조직적 임계성(self-organized criticality)이라고 불리는, 활발하게 연구되는 또 하나의 맥락에서 등장하는 멱함수 법칙에 대해서는 다음을 참고. Per Bak, *How Nature Works* (Oxford, England: Oxford University Press, 1996).

○ 할리우드 배우 네트워크의 멱함수 법칙적 성격에 대해서는 다음을 참고. A.-L. Barabási, Réka Albert, "Emergence of Scaling in Random Networks," *Science* 286 (1999), 509-512; Albert-László Barabási, Réka Albert, and Hawoong Jeong, "Mean-Field Theory for Scale-Free Random Networks," *Physica* A, 272 (1999), 173-187.

○ 과학자들의 공동연구 네트워크에서의 멱함수 법칙에 대해서는 다음을 참고. A.-L. Barabási, H. Jeong, R. Ravasz, Z. Néda, T. Vicsek, A. Schubert, *On the Topology of the Scientific Collaboration Networks*, http://xxx.lanl.gov/abs/cond-mat/0104162. 물리학자와 컴퓨터 과학자, 또 다른 분야 사람들에 초점을 둔 마크 뉴만의 별도의 유사한 연구 결과는 다음에서 확인. M. E. J. Newman, "The Structure of Scientific Collaboration Networks," *Proceeding of the National Academy of Sciences* 98 (2001): 404-409; "Scientific Collaboration Networks: I. Network Construction and Fundamental Results," *Phyicss. Review*, E 64 (2001): 016131; "Scientific Collaboration Networks: II. Shortest Paths, Weighted Networks, and Centrality," *Phyics. Review*, E 64 (2001): 016132.

○ 세포에서의 멱함수 법칙에 대해서는 다음을 참고. H. Jeong, B. Tombor, R. Albert, Z. N. Oltvai, and A.-L. Barabási, "The Large-Scale Organization of Metabolic Networks," *Nature* 407 (2000): 651-654; Hawoong Jeong, Sean Mason, Albert-László Barabási and Zoltán N. Oltvai, "Lethality and Centrality in Protein Networks," *Nature* 411 (2001): 41-42; Adreas Wagner and David A. Fell, "The Small World Inside Large Metabolic Networks," *Proceeding of the Royal Society, London*, 268 (2001): 1803-1810.

○ 학술적 인용의 빈도에 관해서는 다음을 참조. Sid Redner, "How Popular Is Your Paper? An Empirical Study of the Citation Distribution," *Euro. Phys. Journal. B*, 4 (1998), 131; Bilke and C. Peterson, "Topological Properties of Citation and Metabolic Networks," *Physical Review*, E 64(2001): 036106.

○ 분명, 미국의 항공로 지도는 항공사들이 자신들의 이익을 극대화 할 수 있도록 세심하게 설계한 것이나. 그 결과로, 루이스 애머랠(Luis Amaral)과 보스턴 대학의

동료들이 보여준 바와 같이, 공항을 방문하는 여행객 수의 분포는 꼬리 부분이 급격히 감소하는 모양을 갖고 있다. 그러나 네트워크의 위상구조는 허브들에 의해 지배되기 때문에 미국 항공로 지도는 멱함수 법칙적 네트워크의 온갖 가시적 속성들을 갖고 있고, 그래서 그것은 척도 없는 네트워크의 주요 특징들을 보여주는 훌륭한 예가 된다. 항공망 시스템에 대한 연구는 다음을 참고. Amaral, A. Scala, M. Barthélémy, and H. E. Stanley, "Classes of Small-World Networks," *Proceedings of the National Academy of Sciences*, 97 (2000): 11149-11152.

○ 물의 역사에 대해 풍부하면서도 매력적으로 서술한 대중적인 책으로는 다음을 참고. Philip Ball, *Life's Matrix* (New York: Farrar, Straus and Giroux, 1999).

○ 임계 현상(critical phenomena)에 대한 재규격화군(prerenormalization-group) 이전에 대한 훌륭한 입문서로는 다음의 고전적 책을 참고. H. Eugene Stanley, *Introduction to Phase Transitions and Critical Phenomena* (Oxford, England: Oxford University Press, 1971).

○ 물과 자기(磁氣) 시스템 모두 상전이를 겪지만, 그것이 이뤄지는 방식은 매우 다르다는 사실에 주목하라. 물에서 얼음으로의 상전이는 물리학자들이 '1차 상전이(first-order phase transition)'라고 부르는 것인데, 그것은 열역학적인 양(量)이 전이점에서 불연속적으로 변하는(즉 점프하는) 과정이다. 이에 비해 자기 시스템은 소위 '2차 상전이(second-order phase transition)'를 보여 준다. 이 두 가지 상전이를 기술하는 이론적 도구들은, 비록 그 근원은 같은 것이지만, 내용적으로는 상당히 다르다. 이 중에서 임계점에 접근하게 되면 항상 멱함수 법칙을 보여주는 것은 2차 상전이다.

○ 임계현상(critical phenomena)의 역사 속에서 카다노프(Kadanoff)의 '크리스마스 발견'은 다음에 술회되어 있다. Leo P. Kadanoff's, *From Order to Chaos, Essays: Critical, Chaotic and Otherwise* (Singapore: World Scientific, 1993): 157-163. 그가 도입했던 스케일링(scaling)이라는 개념은 피셔(Michael Fisher), 위덤(Ben Widom), 파타신스키(A. Z. Patashinskii), 포크로프스키(V. L. Pokrovskii) 등을 포함하여 몇몇의 다른 연구자들에 의해서도 독자적으로 발견되었기 때문에 이들과 명예를 공유하는 것이 마땅하다. 윌슨(Wilson)이 임계 현상과 관련하여 단독으로 노벨상을 수상한 것은 그것의 중대한 선결 조건인 스케일링(scaling) 개념을 독자적으로 발견한 사람들이 너무 많았기 때문이라고 여겨지고 있다. 불행하게도, 노벨상은 정말 중요한 공헌을 한 몇몇 사람들에게는 돌아가지 않게 된 것이다. 이들의 중대한 공헌에 대해서도 그에 상응하는 사회적 인정이 필요하다.

○ 윌슨(Wilson)의 두 개의 중요한 논문들은 다음을 참고. Kenneth G. Wilson, "Renormalization Group and Critical Phenomena: I. Renormalization Group and the Kadanoff Scaling Picture," *Physics Review*, B, 4 (1971): 3174-3183; "Renormalization Group and Critical Phenomena. II. Phase-Space Cell Analysis of Critical Behavior," *Physical. Review* B, 4 (1971): 3184-3205. 그 분야의 최근의 교육적 리뷰에 대해서는 다음을 참고. J. J. Binney, N.J. Dowrick, A. J. Fisher, and M. E. J. Newman, *The Theory of Critical Phenomena, An Introduction to the Renormalization Group* (Oxford, England: Oxford University Press, 1992).

○ '2차 상전이'는 보통은 가역적이다. 이것은 무질서에서 질서로 이행하든 아니면 질서에서 무질서로 이행하든, 어느 방향에서 접근하는가에 관계없이 일단 임계점에서는 항상 멱함수 법칙을 발견할 수 있게 된다는 것을 의미한다.

○ 보편성(Universality)은 많은 상이한 현상들을 이해하는 지도적 원리가 되었다. 그 것은 복잡한 시스템, 무질서에서 질서로의 전이 등을 지배하는 물리학적 법칙이 단순하고 재현 가능하며 도처에 편재하고 있다는 점을 우리에게 말하고 있다. 우리는 이제 눈송이의 모양을 만들어내는 보편적 메커니즘이 망막에 있는 신경 세포의 모양 역시 지배한다는 것을 안다. 멱함수 법칙과 보편성은 경제 시스템들에서도 등장하는데 얼마나 많은 회사가 성장할 것인지, 어떻게 솜의 가격이 변동하는지 등을 설명해 준다. 또한, 그것들은 어떻게 새와 물고기가 무리를 이루고 지진이 그 크기에 있어 어떻게 다른지를 설명해 준다. 그것들은 20세기의 후반부에 이뤄진 가장 흥미로운 두 가지 발견—혼돈(chaos)과 프랙탈(fractals)—배후에 있는 지도적 원리이다. 그 결과, 1980~1990년대에 일어났던 통계물리학의 제2차 혁명은 상전이를 겪고 있지 않은 것을 포함하여 많은 이질적인 시스템들에서 멱함수 법칙이 등장하는 원인은 무엇인가라는 중요한 문제에 초점이 맞추어졌다. 통계 물리학의 한 분야인 자기 조직적 임계성(self-organized criticality)은 이 질문에 대한 일반적 해답을 추구하는 많은 연구자들이 모이는 초점이 되어 왔다.

○ 스케일링(scaling)과 재규격화군(renormalzation group) 개념이 어디에서 유래하는가를 이해하는 것은 상대적으로 쉬운 반면, 보편성(universality) 개념의 기원을 포착해내는 것은 아주 어렵다. 카다노프(Kadanoff)는 그의 독창적인 논문을 발표하고 1년 후, 한 리뷰 논문에서 이미 그 개념을 사용한 바 있다. 그의 회상에 따르면 그는 이 개념을 러시아의 한 바에서 사샤 폴리코프(Sasha Polykov)와 사샤 미그달(Sasha Migdal)이라는 물리학자들과 대화하는 과정에서 들었다고 한다. 이들은 러시아의 저명한 물리학자들로서 상전이(phase transition)와 장이론(field theory)의 영역에서 연구하고 있었는데, 이 분야들은 입자(particle)와 응집물질 (condensed matter)을 다루는 물리학들이 빈번하게 모여드는 주제 영역이기도 하다. 하지만 보편성은 통계물리학 내에서 전혀 다른 맥락에서 다른 연구자들에 의해서도 사용되어져 왔다. 하지만 보편성은 점차 새로운 의미를 갖게 되었는데, 이에 대해 인식한 사람은 적다. 즉, 상전이 또는 무질서에서 질서로의 전이 과정 중에는 서로 다른 시스템들에서 일어나는 속성들이 똑같아진다는 것이다.

일곱 번째 링크

- 비행기에서 쓴 논문은 약 5개월 뒤에 다음과 같이 출간되었다. Albert-László Barabási, Réka Albert, "Emergence of scaling in Random Networks," Science 286 (1999): 509-512.
- 10년 내에 웹에 저장될 정보의 양에 대해서는 다음을 참고. Phil Bernstein, Michael Brodie, Stefano Ceri, David DeWitt, Mike Franklin, Hector Garcia-Molina, Jim Gray, Jerry Held, Joe Hellerstein, H. V. Jagadish, Michael Lesk, Dave Maier, Jeff Naughton, Hamid Pirahesh, Mike Stonebraker, and Jeff Ullman, "The Asilomar Report on Database Research," *ACM Sigmod Record* 27, no 4 (1998): 74-80.
- 할리우드 네트워크의 성장을 다루고 있는 정보는 정하웅 박사에 의해 IMDb.com의 데이터베이스로부터 수집한 데이터에 기반하고 있다.
- 모델 A에 대한 자세한 분석은 다음을 참고. Albert-László Barabási, Réka Albert, and Hawoong Jeong, "Mean-Field Theory for Scale-Free Random Networks," *Physica A*, 272 (1999): 173-187.
- 온라인 광고 예산에 대해서는 다음을 참조. Michell Jeffers and Evanthei Schibsted, "The Sizzle: What's New and Now in Marketing and Advertising for E-Business and E-Commerce," *Business* 2.0 (May 2000): 161-162.
- 뉴스 사이트에 대한 우리의 선호는 대개 비슷하다. 즉, 깔끔하고 싱싱한 내용을 전해줄 수 있는 소수의 사이트를 선호하는 것이다. 하지만 덜 일반적인 주제들과 관련해서는 우리가 어떤 선택을 하게 될지 예측하는 것이 좀더 어려우며, 따라서 무작위가 커지게 된다. 이를테면 당신은 당신의 고등학교 친구의 웹페이지를 링크하는 유일한 사람일수도 있다. 하지만 대부분의 경우, 우리는 하나의 무의식적 편향을 따라가는데, 그것은 연결선 수가 큰 노드를 링크할 가능성이 많다는 것이다.
- 선호적 연결에 대한 직접적인 양적 증거는 인터넷, 할리우드, 공동연구 네트워크

그리고 인용 네트워크와 같이 매우 다양한 네트워크들에서 발견되어 왔다. 다음을 참고. H. Jeong, Z. Néda, A.-L. Barabási, "Measuring Preferential Attachment for Evolving Networks," http://xxx.lanl.gov/abs/cond-mat/0104131; M. E. J. Newman, "Clustering and Preferential Attachment in Growing Networks," *Physical Review*, E 64, (2001): 025102; Romualdo Pastor-Satorras, Alexei Vazquez, Alessandro Vespignani, "Dynamical and Correlation Properties of the Internet," *Physical Review Letters*, 87 (2001): 258701; K. A. Eriksen, and M. Hornquist, "Scale-Free Growing Networks Imply Preferntial Attachment," *Physical Review*, E 65, (2001): 017102.

o 성장과 선호적 연결이라는 두 개의 기본 개념에 입각한 척도 없는 모델은 다음에 소개되어 있다. Albert-László Barabási, Réka Albert, "Emergence of Scaling in Random Networks," *Science* 286 (1999): 509-512; Albert-László Barabási, Réka Albert, and Hawoong Jeong, Mean-Field Theory for Scale-Free Random Networks, *Physica* A, 272 (1999): 173-187. 설명의 단순화를 위해 이 책의 예에서는 새로운 노드에서 2개의 링크만을 부여하는 것으로 가정했지만, 그 링크의 숫자가 몇 개가 되었든 모델의 기본적 속성에는 아무 변화가 없다는 점에 주목해야 한다.

o 척도 없는 모델에서는 '3'이라는 연결선 수를 갖는 멱함수 법칙적 분포가 나온다는 사실은 에르되스의 공동연구자들에 의해 엄밀하게 증명된 바 있다. 다음을 참고. Bollobás B, Riordan O, Spencer J, Tusnády G, "The Degree Sequence of a Scale-Free Random Graph Process," *Random Structures and Algorithms* 18 (May 2001): 279-290.

o 내부 링크(internal link)를 포함하는 확장판 척도 없는 모델은 다음에 발표되었다. Réka Albert, Albert-László Barabási, "Topology of Evolving Networks: Local Events and Universality," *Physical Review Letters* 85 (2000): 5234.

o 노화(aging)에 대한 보스턴 대학팀의 연구 작업은 다음에 발표되어 있다. L. A. N. Amaral, A. Scala, M. Barthélémy, and H. E. Stanley, "Classes of Small-World Networks," *Proceedings of the National Academy of Sciences* 97 (2000): 11149-11152.

o 포르토 연구팀은 상호 간에 밀접하게 관련된 두 개의 논문을 발표했다. 다음을 참고. S.N. Dorogovtsev, J.F.F. Mendes, "Evolution of Reference Networks with Aging," *Physical Review* E 62 (2000): 1842; S.N. Dorogovtsev, F.F. Mendes, and A.N. Samukhim, "Structure of Growing Networks with Preferential Linking"

Physical Review Letters 85 (2000): 4633.
- 비선형성(nonlinearities)이 척도 없는 네트워크의 위상구조에 미치는 효과, 즉 연결 비율(attachment rate)이 k^γ에 비례할 수 있다는 사실에 대한 설명은 다음에 발표되어 있다. P. L. Krapivsky, S. Redner, and F. Leyvraz, "Connectivity of Growing Random Networks," Physical Review Letters 85 (2000): 4629-4632.
- 척도 없는 모델의 여러 가지 확장에 대한 상세한 정리, 그리고 복잡한 네트워크 분야에 대한 일반적인 정리는 최근에 발표된 다음 두 개의 리뷰 논문을 참고. S.N. Dorogovtsev and J.F.F. Mendes, "Evolution of networks," Advances in Physics (in press, 2002); Réka Albert and Albert-László Barabási, "Statistical Mechanics of Complex Networks," Reviews of Modern Physics 74, (Jan. 2002): 47-97.
- 몇몇 연구팀들이 언어의 척도 없는 성격에 대해 연구했다. 나와 육순형, 정하웅으로 구성된 연구팀에서는 모든 동의어들을 링크로 연결해봤는데, 그 결과로 나온 네트워크는 척도 없는 위상구조를 가지고 있다는 사실을 발견했다. 우리는 그 결과를 발표하지 않았다. 하지만 몇몇 다른 연구팀들이 언어 내의 그물망을 분석한 훌륭한 논문들을 발표했는데, 이들은 링크에 대해 각기 다른 기준을 적용했지만 네트워크의 위상구조는 항상 척도 없는 것으로 나온다는 사실을 보여주고 있다. 다음의 예를 참고. Ramon Ferrer i Cancho and Ricard V. Solé , "The Small-World of Human Language," Proceedings of the Royal Society of London B, 268 (2001): 2261-2265; Mariano Sigman and Guillermo Cecchi, Global Organization of the Wordnet Lexicon, Proceedings of the National Academy of Sciences, 99 (2002): 1742-1747. S.N. Dorogovtsev, J.F.F. Mendes, "Language as an Evolving Word Web," Proceedings of the Royal Society of London B 268 (Dec. 2001): 2603-2606.

여덟 번째 링크

- 야후는 2000년 6월 26일 자신의 검색엔진으로서 잉크토미(Inktomi Corp.) 대신 구글을 채택했다. 모든 주요 매체들이 이 사건을 크게 다루었다. 야후와의 재계약 취소가 잉크토미의 금융 상태에 즉각적인 영향을 미치지는 않을 것으로 예상됐는데, 이는 당시 잉크토미가 80개 고객사를 갖고 있었고, 야후와의 파트너십은 총 수입 중 단지 2%에 불과했기 때문이다. 하지만 나스닥에서 잉크토미의 주식은 25 5/16 이상 곤두박질쳐서 115 1/16에 마감되었다.
- 인터넷 아카이브 콜로키움(Internet Archive's colloquium)은 2000년 3월 8일~9

일에 샌프란시스코 프레시디오에서 개최되었다. 인터넷 아카이브의 목적에 대해 보다 자세한 정보는 12장 참고.

○ 뉴튼(Newton) 소형 컴퓨터의 탄생에 대한 자세한 설명은 다음을 참고. Drug Menuez, Markos Kounalakis, and Paus Saffo, *Defying Gravity: The Making of Newton* (Hillsboro, Ore.: Beyond Words 1993). 이 책이 아쉬운 점은 뉴튼이 시장에 진입하기 시작하는 지점까지만 다룸으로써 정말 흥미로운 대목까지는 다루지 않고 있다는 점이다.

○ 비즈니스 영역에서 성공한 후발주자에 대한 자세한 설명은 다음을 참고. Joan Indiana Rigdon, "The Second-Mover Advantage," *Red Herrig*, September 1, 2000.

○ 적합성 모델(fitness model)은 다음에 발표되어 있다. Bianconi G, A.-L. Barabási, "Competition and Multiscaling in Evolving Networks," *Europhysics Letters* 54 (May 2001): 436-442에 발표되었다. 실제 네트워크에서 생겨나는 추가적인 효과들, 이를테면 덧셈적(additive) 및 곱셈적(nultiplicative) 적합성을 포함한 이 모델의 확장에 대해서는 G. Ergun, G. J. Rodgers, *Growing Random Networks with Fitness, Physica* A 303 (Jan. 2002): 261-272.

○ 보즈와 아인슈타인 간의 관계에 대한 자세한 역사적 설명과 보즈-아인슈타인 응축 배후에 있는 아이디어의 탄생 과정에 대해서는 다음을 참고. William Blanpied, "Einstein as Guru? The Case of Bose, *in Einstein: The First Hundred Years*, ed. Maurice Goldsmith, Alan Mackay and James Woudhuysen (Oxford, England: Pergamon Press, 1980), 93-99. 다음 역시 참고. Albrech Fölsing, *Albert Einstein: A biography* (New York: Viking, 1997).

○ 보즈-아인슈타인 응축의 징후는 1938년 표트르 카피차(Pyotr Kapitza)와 존 알렌(John F. Allen)에 의해 발견되었다. 헬륨은 흔히 비행선이나 생일파티용 풍선에 쓰이는 가벼운 기체로서, 절대온도 2.2에서 보즈-아인슈타인 응축을 겪어서 초전도체가 된다. 헬륨이 이 새로운 상태에 도달했을 때 나타나는 희한한 현상 중 하나는 점성을 잃어버린 이 액체가 용기 벽을 타고 미끄러져 올라가서 바깥으로 나오는 것이다. 당신의 노닝 커피가 커피잔의 안쪽면을 타고 기어올라가서 바깥으로 흘러나오는 광경을 상상할 수 있겠는가? 바로 이것이 보즈-아인슈타인 응축의 가시적인 징후인 것이다.

○ 보즈-아인슈타인 응축과 관련된 새로운 발견들과 그것의 응용 가능성에 대해서는 다음을 참고. Graham P. Collins, "The Coolest Gas in the Universe," *Scientific*

American (Dec. 2000): 92-99; Wolfgang Ketterle, "Experimental Studies of Bose-Einstein Condensation," *Physics Today* 52 (Dec. 1999): 30-35,. Eric A. Cornell and Carl E. Wieman, "The Bose-Einstein Condensate," *Scientific American* (Mar. 1998): 40-45.

○ 네트워크와 보즈-아인슈타인 응축 간의 연결에 대해서는 다음을 참고. G. Bianconi and A.-L. Barabási, "Bose-Einstein Condensation in Complex Networks," *Physical Review Letter*, 86 (June 2001): 5632-5635. 몇몇 연구자들이 이 작업을 확장했는데, 그들은 승자독식 현상이 양자역학에 결부시키지 않고도 서술될 수 있다는 것을 보여주었다. S.N. Dorogovtsev and J.E.E. Mendes, "Evolution of random networks," *Advances in Physics* (in press, 2002.)

○ 복잡계의 연구에 있어서 양자역학적 도구의 유용성이 입증된 사례로는 보즈-아인슈타인 응축이 유일한 것은 아니다. 유진 와그너(Eugene Wigner)에 의해 1960년대에 개척된 바 있는 무작위 매트릭스의 스펙트럴 성질(spectral properties) 연구는 복잡계 네트워크에 대한 스펙트럴 성질 연구의 출발점이었다. I.J. Farkas, I. Derényi, A.-L. Barabási, T. Vicsek, "Spectra of 'Real-World' Graphs: Beyond the Semi-Circle Law," *Physical Review* E 64 (2001): 026704; K. I. Goh, B. Kahng, D. Kim, "Spectra and Eigenvectors of Scale-Free Network," *Physical Review* E 64 (2001): 051903. 양자역학에서 분기하여 수학적으로 정교화된 장이론(field theory) 역시 복잡계 네트워크 연구에 응용되고 있다. A. Krzgwicki, "Defining Statistical Ensembles of Random Graphs," http://www.lanl.gov/abs/cond-mat/0110574; Z. Burda, J. D. Correia, A. Krzgwicki, "Statistical Ensemble of Scale-Free Random Graphs," *Physical Review* E 64 (2001): 046118.

○ 보즈-아인슈타인 응집과 매우 유사한 현상이 비선형적인 선호적 연결(nonlinear preferential attachment)이라는 특성을 갖는 네트워크에서 예측된 바 있다는 점을 주목하라. P. L. Krapivsky, S. Render, and F.: Leyvraz, "Connectivity of Growing Random Network," *Physical Review Letters*, 85 (2000): 4629-4632.

○ 운영체제 시장을 기술할 수 있는 네트워크 모델은 소위 이분 그래프(bipartite graph)라고 불리는 것이다. 이분 그래프란 두 종류의 노드 집합으로 구성되는데, 이 때 각 노드는 다른 집합에 속한 노드들 하고만 링크될 수 있다. 즉 같은 노드 집합 내의 직접적 링크는 금지되는 것이다. 마이크로소프트의 사례에서 한쪽 노드 집합은 운영체제들로 구성되고, 다른 쪽은 운영체제를 선택(즉 링크)하는 수많은 소비자들로 구성된다. 이러한 이분 그래프는 할리우드의 배우 네트워크의 경우에

도 적용된다. 여기서 한쪽 노드 집합은 배우들이고, 다른 쪽은 그들이 출연한 영화들의 집합이다. 이 이분 그래프에서 배우들은 상호 간에 직접 링크되는 것이 아니고, 영화들하고만 링크된다. 이 이분 그래프로부터 5장에서 논의했던 배우들 상호 간의 네트워크를 쉽게 도출할 수 있는데, 방법은 같은 영화에 링크된 배우들을 서로 링크하는 것이다. 이분 그래프에 대해서는 다음을 참고. M. E. J. Newman, S. H. Strogatz, and D. J. Watts, "Random Graphs with Arbitrary Degree Distributions and Their Applications," *Physical Review* E, 64, (2001): 026118; Steven H. Strogatz, "Exploring Complex Network," *Nature* 410 (2001): 268-276.

o 운영체제의 역사에 대한 다소 주관적인 서술로는 다음을 참조. Neal Stephenson, *In the Beginning Was the Command Line*, http://www.cryptonomicon.com/beginning.html.

o 컴퓨터 메이커들의 시장점유율에 대한 데이터의 출처는 IDC 이며, htt://www.Idc.com.

o 운영체제 분야의 시장 점유율에 대한 정보의 출처는 다음과 같다. Stephanie Miles and Joe Wilcox, "Windows 95 Remains the Most Popular Operating System," Cnet.com July 20, 1999.

o 네트워크 위상구조를 적절히 설명하기 위해 적합성(fitness)이라는 개념을 도입할 필요성이 있었던 시스템의 한 예는 바로 인터넷이다. 다음을 참고. Romualdo Pastor-Satorras, Alexei Vazquez, Alessandro Vespignani, "Dynamical and Correlation Properties of the Internet," *Physical Review Letters*, 87 (2001): 258701.

아홉 번째 링크

o 1996년 7월 2일 덴버 전력사고 동안에 덴버에서 일어났던 광경에 대한 생생한 서술은 다음을 참고. L.M. Collins, "Power Grid Fails, Blackout Affects 1.5 Million in West," *Denver News-Times*, July 3, 1996; "Power Grid Fails, Blackout Affects millions in West," Nondo.net July 2, 1996. 8월에 일어난 또 한번의 사고에 대해서는 다음을 참고. *Sagging power lines, hot weather blamed for blackout*, CNN, August 11, 1996.

o 미국을 강타한 여러 차례의 전력 사고와 전력망의 취약성에 대해서는 대중매체와 다양한 전문 조지들에 의해 널리 논의된 바 있다. 예를 들면 다음과 같다.

Massoud Amin, "Towards Self-Healing Infrastructure Systems," *IEEE Computer* (Aug. 2000): 2-11; D. N. Kosterev, C. W. Taylor, W. A. Mittlestadt, "Model Validation of the August 10, 1996 WSCC System Outage," *IEEE Transactions on Power Systems* 14 (Aug. 1999): 967-977. 규제 완화와 그것이 기반 시설에 미친 영향에 대해서는 Alan Weisman, "Power Trip: The Coming Darkness of Electricity Deregulation," *Harper's*, Oct. 2000, 76-85.

○ 지구상의 종의 개수, 생물의 다양성, 멸종에 대한 논의는 다음의 예를 참고. Robert M. May, "How Many Species Inhabit the Earth?" *Scientific American*, October 1992, 42-48; Joel L. Swerdlow, "Biodiversity: Taking Stock of Life," *National Geographic*, 192 (Feb.1999): 2-41; Virginia Morell, "The Sixth Extinction," *National Geographic*, 192 (Feb. 1999): 43-59.

○ 일반적으로 지적되고 있듯이, 자연이 갖고 있는 강인성의 원천은 바로 여분성(redundancy)에 있다. 이것은 모든 네트워크에 내재적으로 존재하는 속성이지만 인간이 설계한 거의 대부분의 것들에는 결여되어 있다. 대부분의 네트워크들에서 거의 모든 노드들의 쌍 사이에는 상당히 많은 대안적 경로들이 있다. 이를테면, 자기 선거구의 상원의원이 미국 대통령에게로 이르는 짧은 경로를 제공하기는 하지만 그것이 유일한 경로는 아니다. 그가 대통령과의 면담을 주선하지 않겠다고 하더라도 우리를 대통령에게 연결하는 경로는 얼마든지 있다. 이와 비슷한 여분성이 인터넷에도 내장되어 있다. 하나의 라우터가 작동하지 않게 되면 메시지는 다른 대안적 경로로 방향을 전환한다. 여분성은 생태계에도 존재한다. 육식동물이 오직 하나의 종(種)만을 잡아먹고 사는 경우는 극히 드물다. 집안에서 쥐가 애완동물로 격상된 다음에는 고양이는 못마땅해 하면서도 어쨌든 통조림을 먹고 산다. 대안적 경로들의 존재는 여분성과 오류 허용력(error tolerance)의 중요한 원천이다. 즉 대부분의 자연적 시스템들에서는 몇몇 노드들의 기능 장애는 치명적이 아닌데, 이는 그들이 없음으로 해서 제거된 경로들은 다른 많은 대안적 경로들에 의해 대체될 수 있기 때문이다. 우리는 가장 빠른 길이 정체된다는 라디오 방송을 듣고는 대안적 경로를 선택할 때, 그리고 악천후나 비행기편 취소시에 다른 허브를 경유하는 항공 여행으로 방향 전환할 때 이러한 현상을 경험하고 있는 것이다. 하지만 강인성(robustness)에 있어서 여분성을 넘어서는 그 무엇이 있을 수 있을까?

○ 무작위 네트워크에서 노드를 무작위적으로 제거함으로써 네트워크가 붕괴되는 것은 역(逆)의 여과(inverse percolation) 문제이다. 여과이론에 따르면, 분절화된

네트워크에서 전체가 하나로 연결된 네트워크로 전이하는 것은 2차 상전이다. 여과에 대해서는 다음을 참고. D. Stauffer and A. Aharony, *Introduction to Percolation Theory* (London: Taylor and Francis, 1994); A. Bunde and S. Havlin, eds., *Fractals and Disordered Systems*, (Berlin: Springer, 1996); idem, eds., *Fractals in Science*, (Berlin: Springer, 1995).

○ 척도 없는 네트워크는 공격에 취약하지 않다는 것을 보여준 우리의 오류허용력에 관한 연구는 다음에 발표되어 있다. Réka Albert, Hawoong Jeong, and A.-L. Barabási, "Attack and Error Tolerance of Complex Networks," *Nature* 406 (2000): 378. 이에 대한 요약과 해석은 다음을 참고. Yuhai Tu, How Robust Is the Internet? *Nature* 406 (2000): 353-354.

○ 인터넷의 안정성에 대한 논의는 다음의 예를 참고. Craig Labovitz, Abha Ahuja, and Farnam Jahasian, "Experimental Study of Internet Stability and Wide-Area Backbone Failures," *Proceedings of Institute of Electrical and Electronics Engineers(IEEE) Symposium on Fault- Tolerant Computing FTCS* (Madison, Wis.: June 1999).

○ 견고성과 관련하여 우리는 복잡한 시스템의 역동적 속성을 간과하면 안 된다. 견고하다고 알려진 대부분의 시스템들은 다양한 통제-피드백의 루프를 갖고 있어서 오류와 장애에도 불구하고 시스템이 살아남을 수 있도록 해준다. 사실 인터넷 프로토콜은 고장난 라우터를 피하여 사고를 우회할 수 있도록 사려 깊게 설계된 것이다. 세포들은 오류를 수정할 수 있는 다양한 피드백 메커니즘을 갖고 있어서, 잘못된 단백질을 해체시켜 버리거나 기능 이상 유전자를 중지시키기도 한다. 그런데 우리의 컴퓨터 시뮬레이션은 오류 허용력에 있어서 또 하나의 새로운 요소를 보여주었다. 자연은 대부분의 복잡게 시스템들이 취하는 구조와 관련하여 사려 깊은 선택을 하였고, 그 결과 오류나 장애에 대한 막강한 허용능력을 부여하였다. 단지 위상구조적 속성 하나만으로도 이들 시스템들은 복원 능력을 갖추게 되었는데, 우리는 이러한 속성을 위상구조적 견고성(*topological robustness*)이라고 부른다.

○ 척도 없는 네트워크에서의 여과임계값(percolation threshold)에 대해서는 다음을 참고. Reuven Cohen, Keren Erez, Daniel ben-Avraham, and Shlomo Havlin, "Resilience of the Internet to Random Breakdowns," *Physical Review. Letters* 85 (2000): 4626. 비슷한 결과가 다음의 연구에서도 독립적으로 얻어진 바 있다. D. S. Callaway, M. E. J. Newman, S. H. Strogatz, D. J. Watts, "Network robustness and fragility: Percolation on random graphs," *Physical Review Letters* 85 (2000): 5468-5471.

○ 마피아보이(Mafiaboy)에 대한 링크들의 자세한 리스트는 다음을 참고. http://www.mafiaboy.com.

○ 모든 사람이 다 '엘리저블 리시버' 작전이 실제로 존재했다고 믿는 것은 아니라는 것을 주목하라. 어떤 비평가들은 저널리스트들에게 종종 반복적으로 이야기되었던, 펜타곤의 유령 이야기와 다를 바 없다고 주장했다. 다음의 예를 참고. http://www.soci.niu.edu/~crypt/other/eligib.htm.

○ Computer Currents Internet Dictionary http://www.computeruser.com/resources/dictionary/dictionary.html에 따르면, 크래커(*cracker*)는 "악의적 목적으로든 아니면 단지 자신을 드러내 보이기 위해서든, 정당한 권한 없이 컴퓨터 시스템에 침투하여 이를 사용하는 사람"이다. 이와 구별하여 해커(*hacker*)는 "컴퓨터에 대해 잘 알고, 컴퓨터 프로그래밍―흔히 어셈블리 언어 등 저수준의 언어로―에 있어서 창조적인 능력을 갖춘 사람이다. 해커는 장애물을 우회하거나 시스템의 한계를 넘어서는 특수한 트릭을 찾아내는 전문적 프로그래머를 의미할 수 있다." 따라서 선의의 해커와 구별하기 위해, 인터넷에 대해 악의적 공격을 가하는 것을 목적으로 하는 사람에 대해 크래커라는 용어를 사용한다. 이와 관련하여 보다 자세한 논의는 다음을 참고. Pekka Himanen, *The Hacker Ethic and the Spirit of the Information Age* (New York: Random House, 2001); Richard Power, *Tangled Web: Tales of Digital Crime from the Shadows of Cyberspace* (Indianapolis, Ind.: Que, 2000); Steven Levy, *Hackers: Heroes of the Computer Revolution* (New York: Penguin Books, 1994).

○ 네트워크의 공격에 대한 취약성과 에러에 대한 내성에 대해서 처음으로 논의된 것은 다음을 참고. Réka Albert, Hawoong Jeong, and Albert-László Barabási, "Attack and Error Tolerance of Complex Networks," *Nature* 406 (2000): 378.

○ 공격 문제에 대한 분석적 접근은 다음의 예를 참고. Reuven Cohen, Keren Erez, Daniel ben-Avraham, and Shlomo Havlin, "Breakdown of the Internet under Intentional Attack," *Physical Review. Letters* 86 (2001): 3682; D. S. Callaway, M. E. J. Newman, S. H. Strogatz, D. J. Watts, "Network robustness and fragility: Percolation on random graphs," *Physical Review. Letters* 85 (2000): 5468-5471.

○ 돌연변이나 약물 공격에 대한 단백질 네트워크의 복원 능력에 대해서는 다음을 참고. Hawoong Jeong, Sean Mason, Albert-László Barabási and Zoltán N. Oltvai,

"Lethality and Centrality in Protein Networks," *Nature* 411 (2001): 41-42.
- 핵심종(keystone species)의 제거에 따른 생태계의 붕괴에 대한 논의는 다음을 참고. Ricard V. Solé and José M. Montoya, *Complexity and Fragility in Ecological Networks*, http://xxx.lanl.gov/abs/cond-mat/0011196; and Ferenc Jordán and István Scheuring, "Can keystones Help in Background Extinction?" (preprint, 2000). 생태계의 안정성과 잠재적 붕괴에 대한 인간 활동의 효과에 대해서는 다음을 참고. Stuart L. Pimm and Peter Raven, "Biodiversity: Extinction by numbers," *Nature* 403 (2000): 843-845. 생물학적 다양성의 보호에 대해서는 다음을 참고. Norman Myers, Russell A. Mittermeier, Cristina G. Mittermeier, Gustavo A.B. da Fonseca, and Jennifer Kent, "Biodiversity Hotspots for Conservation Priorities," *Nature* 403 (2000): 853-858. 다양한 사진을 통해 이러한 주제들을 훑어볼 수 있도록 해주는 문헌으로는 다음을 참고. Russell A. Mittermeier, Norman Myers, Patricio Robles Gil, and Cristina G. Mittermeier, *Hotspots: Earth's Biologically Richest and Most Endangered Terrestrial Ecoregions* (Mexico City: Cemex Conservation International, 2000).
- 네트워크와 인터넷에 적용되었던 "아킬레스건"이라는 단어는 내가 자넷 켈리(Janet Kelly)에게 우리의 연구 결과를 설명해 주자 그녀가 나에게 제안한 것이었다. 우리는 그것을 원래 《네이처》 논문의 제목으로 제안했었는데, 그 문구는 잡지의 표지에만 등장했었다.
- 핵심종(keystone species)의 개념은 다음을 참고. Robert Paine, in R. T. Paine, "A Note on Trophic Complexity and Community Stability," *American Naturalist*, 103 (Jan.-Feb. 1969): 91-93. 바다 수달에 대한 일반적인 논의는 다음의 1장을 참고. Simon Levin, *Fragile Dominion: Complexity and the Commons* (Cambridge, Mass.: Perseus, 1999).
- 1996년 여름의 정전 사태에 대한 상세한 논의는 다음을 참고. D.N. Kosterev, C.W. Taylor, and W.A. Mittlestadt, "Model Validation of the August 10, 1996 WSCC System Outage," *IEEE Transactions on Power Systems* 14 (Aug. 1999): 967-977.
- 연쇄 사고(cascading failures)에 대한 논의는 다음의 예를 참고. Duncan J. Watts, *A Simple Model of Fads and Cascading Failures*, http://www.santafe.edu/sfi/publications/Abstracts/00-12-062abs.html.

열 번째 링크

o 에이즈 감염원 개탄 듀가스에 대한 이야기는 에이즈 전염병에 관한 감동적이고 무시무시한 매일 매일의 이야기를 모아놓은 책에 서술되어 있다. Randy Shilts, *And the Band Played On* (New York: St. Martin's Press, 2000)에 서술되어 있다. 에이즈 전염병에 대한 최신의 연구 보고서로는 "Nature Insight—AIDS," *Nature* 410, no. 9 (2001): 961-1007.

o 마이크 콜린스(Mike Collins)와 플로리다 주 투표 만화(Florida ballots cartoon)에 대한 이야기는 콜린스가 롭 만델바움(Robb Mandelbaum)에게 얘기한 것으로 다음 글에 실려있다. Only in America, *New York Times Magazine*, Nov. 26, 2000.

o 전염병과 질병에 관한 정보는 다음을 참고. *Epidemic! The World of Infectious Disease* (New York: New Press, 1999).

o 아이디어의 확산과 바이러스의 확산 과정이 서로 다르듯이, 다양한 확산 과정들 간에는 중요한 차이가 있음을 주목하라. 예를 들면, 많은 질병의 경우에 당신은 치료되어 더 이상 바이러스를 전달할 수 없게 될 수도 있고, 또는 면역이 생겨서 두 번 다시 감염되지 않을 수도 있다. 하지만 아이디어의 경우에는 일단 당신이 그것을 받아들이게 되면 당신은 계속해서 그것을 전파할 것이다. 또한 에볼라 바이러스처럼 어떤 바이러스들은 아주 짧은 시간 내에 죽여버림으로써 자신의 숙주를 스스로를 전파시킬 시간적 여유를 많이 갖지 못한다. 이러한 현상은 대부분의 유행이나 아이디어의 확산 과정에는 없는 것이다. 이러한 차이점들에도 불구하고, 유행이나 생물학적 또는 컴퓨터 바이러스들의 확산이 갖고 있는 근본적 속성들에는 상당히 비슷한 점들이 있으므로 우리는 종종 그것들은 한 덩어리로 취급할 것이다.

o 아이오와 주 농부들에 대한 연구 결과는 다음에 발표되어 있다. Bryce Ryan and Neal C. Gross, The Diffusion of Hybrid Seed Corn In Two Iowa Communities, *Rural Sociology* 8, no. 1 (1943): 15-24.

o 종형 곡선과 그것이 입소문이나 마케팅에 미치는 효과에 대한 단순한 묘사는 다음을 참고. Emanuel Rosen, *The Anatomy of the Buzz* (New York: Doubleday, 2000), 94-95.

o 의사들에 대한 연구는 다음을 참고. James Coleman, Elihu Katz and Herbert Menzel, "The Diffusion of an Innovation Among Physicians," *Sociometry* 20, no. 4 (1957): 253-270. 오피니언 리더에 대한 초기 연구에 대해서는 다음을 참고. Elihu Katz and Paul F. Lazarsfeld, *Personal Influence: The Part Played by People*

in the Flow of Mass Communications (Glencoe, Ill., Free Press, 1955).
- 임계 모델에 대해서는 Mark Granovetter, "Threshold Models of Collective Behavior," American Journal of Sociology 83, no. 6 (1978): 1420-1443. 이 주제에 대한 일반적인 개관으로는 다음을 참고. Thomas W. Valente, Network Models of the Diffusion of Innovations (Cresskill, N.Y.: Hampton Press, 1995); Eric Abrahamson and LoriRosenkopf, "Social Network Effects on the Extent of Innovation Diffusion : A Computer Simulation," Organization Science 8, no. 3 (1997) : 289-309.
- 일반 독자가 쓴 러브 버그(Love Bug) 바이러스에 대한 일지로는 다음을 참고. Lev Grossman, "Attack of the Love Bug," Time, May 15, 2000.
- 러브 버그와 같이 이메일로 전염되는 컴퓨터 바이러스들은 상호 간에 이메일을 교환하는 사람들 간의 사회 네트워크를 통해 전파된다. 이 네트워크에서는 이메일 사용자가 노드이고 이메일의 교환이 링크가 되는 셈이다. 최근에, 몇몇 독일 과학자들이 이 네트워크가 척도 없는 네트워크라는 사실을 보여주었다. 다음을 참고. Holger Ebel, Latz-Ingo Miesch, Stefan Bornholdt, Scale-Free Topology of Email Networks, http://xxx.lanl.gov/abs/cond-mat/0201476.
- 컴퓨터 바이러스의 확산에 대한 일반적 논문으로는 다음을 참고. Jeffrey O. Kephart, Gregory B. Sorkin, David M. Chess, and Steve R. White, "Fighting Computer Viruses," Scientific American (Nov. 1997): 88-93. 보다 자세한 접근으로는 다음을 참고. Jeffrey O. Kephart, Gregory B. Sorkin, William C. Arnold, David M. Chess, Gerald J. Tesauro, and Steve R. White, "Biologically Inspired Defenses Against Computer Viruses," in Machine Learning and Data Mining: Methods and Applications, ed. R. S. Michalski (New York: John Wiley, 1998); Steve R. White, "Open Problems in Virus Research," International Virus Bulletin (Munich, Germany, Oct. 22-23, 1998).
- 척도 없는 네트워크에서의 확산 임계의 부재에 대해서는 다음 문헌 참고. Ramualdo Pastor-Satorras and Alessandro Vespigniani, "Epidemic Spreading in Scale-Free Networks," Physical Review Letters 86 (2001): 3200-3203; Epidemic Dynamics and Endemic States in Complex Networks, Physical Review, E 63 (2001): 066117. 이러한 결과에 대한 해석은 다음을 참고. Alun L. Lloyd and Robert M. May, "How Viruses Spread Among Computers and People," Science 292, (2001) 1316

○ 스톡홀름-보스턴 발견의 숨은 스토리는 그 연구의 첫 두 저자인 프레드릭 릴리에로스(Fredrick Liljeros)와 크리스토퍼 R. 에드링(Christopher R. Edling)이 나에게 알려주었다. Fredrik Liljeros, Christofer R. Edling, Luis A. Nunes Amaral, H. Eugene Stanley, Yvonne Aberg, "The Web of Human Sexual Contacts," *Nature*, 411 (2001): 907-908.
○ 트리에스테 연구에 따르면, 척도 없는 네트워크에서 연결선 수 지수 γ가 3보다 작을 때 확산 임계값이 없어진다고 예측한다. 연결선 수 지수가 이보다 크면 임계값이 다시 생겨나며, 무작위 네트워크에서와 같이 움직이게 된다. 즉 전염성이 낮은 바이러스는 사멸되는 것이다. 스톡홀름-보스턴 협동 연구의 결과로 얻어진 연결선 수 지수는 이점과 관련하여 단일한 해답을 주고 있지 않다. 1년 간의 데이터에 대해서 그들은 $\gamma = 3.54 \pm 0.2$ (여성) 과 $\gamma = 3.31 \pm 0.2$ (남성) 이라는 결과를 얻었으나, 보다 폭 넓은 (하지만 편향이 있을 가능성이 많은) 데이터에서는 $\gamma = 3.1 \pm 0.3$ (여성), $\gamma = 2.6 \pm 0.3$ (남성) 을 얻었다. 앞의 두 지수는 확실하게 3보다 큰 반면, 뒤의 두 지수는 3보다 작거나 그 경계선 상에 있다. 확정적인 답을 얻기 위해서는 보다 포괄적인 연구가 필요하다.
○ 유명한 2만 명에 대한 이야기의 출처는 다음과 같다. Wilt Chamberlain, *A View from Above* (New York: Villard Books, 1991).
○ 20년에 걸친 에이즈 전염병의 역사와 그것이 사회에 미친 영향에 관한 조사로는 다음의 예를 참고. Sharon Begley, AIDS at 20, *Newsweek*, June 11, 2001.
○ 바이러스의 확산을 규제하는 법에 대한 자세한 설명은 다음을 참고. A. Nowak and Robert M. May, *Virus Dynamics: Mathematical Principles of Immunology and Virology* (Oxford, England: Oxford University Press, 2000).
○ 엄밀하게 말해, 우리의 시뮬레이션에서는 허브가 일단 치료되었다고 하더라도 다른 전염된 노드와 접촉하게 되면 다시 감염될 수 있다고 가정하였다. 오늘날의 상황을 볼 때, 현재 가용한 약으로 치료받은 사람들은 분명 적은 수의 바이러스를 갖고 있어서 병을 확산할 가능성 역시 적다. 에이즈에 관해서는 이 외에도 많은 세세한 요인들이 고려되어야 한다. 우리의 목적은 치료를 허브에 집중하게 되면 전염임계값이 다시 생겨난다는 것을 보여 주고자 하는 것일 뿐이다. 따라서 확산 과정의 세세한 내용은 논외로 하고, 또 치료할 수 있는 사람의 숫자가 한정되어 있다는 가정하에, 허브를 치료하는 것이 무작위적으로 약을 분배하는 것보다 훨씬 효과적인 정책이라는 것이다. 물론 궁극적으로는 치료를 원하는 모든 사람에게 치료를 해주는 것을 목표로 해야 할 것이다. 우리의 연구에 대해서는 다음 문

헌 참고. Zoltán Dezsö, Albert-László Barabási, *Can We Stop the AIDS Epidemic?* http://xxx.lane.gov/abs/cond-mat/0107420. 다음 문헌 역시 참고. Romualdo Pastor-Satorras, Allesandro Vespignani, "Immunization of Complex Networks," *Physical Review*, E 65 (2002): 036104.

열한 번째 링크

○ 배런(Baran)과 관련된 인용은 다음 책에서 참고하였다. John Naughton, *A Brief History of the Future* (Woodstock, NY: Overlook Press, 2000), 93. 배런의 생애에 대한 보다 자세한 이야기는 노튼(Naughton) 책의 6장 참고.

○ 인터넷의 역사를 주제로 한 여러 개의 책과 논문들이 최근에 발표되었다. 위에 인용된 노튼의 책 외에 다음 책 참고. James Gillies and Robert Cailliau, *How the Web Was Born: The Story of the World Wide Web* (Oxford, England: Oxford University Press, 2000). 이 책은 주로 웹에 초점을 맞추고 있지만 인터넷의 역사에 대해서도 다루고 있다.

○ 폴 배런의 역사적인 RAND 비망록은 다음의 웹사이트에서 확인할 수 있다. http://www.rand.org/publications/RM/baran.list.html. 네트워크의 위상구조와 관련하여 흥미로운 것은 다음의 것이다. Paul Baran, *Introduction to Distributed Communications Networks*, RM-3420-PR. 이것 역시 같은 웹페이지에 있고, 그림 8은 바로 이 글에서 따온 것이다.

○ 패킷 스위칭의 기원은 최근까지도 논쟁거리라는 것을 주목하라. 어떤 사람은 레오나르드 클라인락(Leonard Kleinrock) 역시 배런(Baran)이나 데이빗(Davies)과는 별도로 같은 아이디어를 생각해냈다고 믿는다. 논쟁사에 관해서는 다음을 참고. Katie Hafner, "A Paternity Dispute Divides Net Pioneers," *New York Times*, Nov. 8, 2001.

○ 겉보기와는 달리 작동 원리의 측면에서 인터넷은 전화망보다는 우편 시스템에 가깝다. 전통적인 전화 시스템에서, 당신이 어떤 사람에게 전화를 걸면, 당신의 전화는 일련의 전화선과 스위치를 거쳐 상대방의 전화에 직접 연결된다. 일단 연결이 되면, 물리적 회선이 당신과 당신의 상대방을 위해 전적으로 할당되며, 따라서 당신이 이야기를 하든 안 하든 다른 제3자가 접속할 수 없다. 우편 시스템은 이와는 다른 원리에 따라 움직인다. 우체국들은 도로의 네트워크에 의해 연결되어 있다. 각 우체국들에서 수집된 우편물들은 목적지에 따라 분류되고, 트럭이나 비행기는 경로가 같은 모든 우편물을 수송한다. 전체 시스템과는 대조적으로, 당신의

집에서 목적지까지 당신의 우편물만 싣고 갈 전용 트럭이 주어지지는 않는다. 이와 유사하게 인터넷상에서는 컴퓨터들은 메시지들을 패킷이라고 불리는 아주 작은 꾸러미들로 쪼갠 다음에 이를 주고받는다. 우편물과 마찬가지로 각각의 패킷은 목적지에 대한 정보를 갖고 있다. 라우터는 패킷을 받을 때마다 목적지 주소를 찾아 확인한 다음 패킷을 목적지에 가장 가까운 라우터로 보낸다. 출발지와 목적지를 연결하는 경로가 하나가 아니기 때문에, 하나의 메시지를 구성하는 여러 패킷들은 각기 전혀 다른 경로를 통해 여행하곤 한다. 모든 패킷들이 다 도착하면 이를 받은 컴퓨터는 그것들을 재조립하여 이메일 메시지나 웹페이지를 화면에 보여준다.

○ CAIDA 협력 작업에 대해 보다 자세히 알고자 하면 www.caida.org를 참고. 또한 다음도 참고할 것. K. C. Claffy, T. Monk, and D. McRobb, "Internet tomography," *Nature* (Jan. 1999), http://www.nature.com/nature/ webmatters/.
○ 웹과 인터넷의 지도를 만들려는 노력에 대해 자세하고 다채로운 설명이 필요한 사람은 다음 문헌 참고: Martin Dodge and Rob Kitchin, *Atlas of Cyberspace*, (New York: Addison-Wesley, 2002). Martin Dodge, Rob Kitchin, *Mapping Cyberspace* (London: Routledge, 2000).
○ 자기 조직(self-organization)이 인터넷의 위상구조에 미치는 효과에 대한 일반적인 논의는 다음의 예를 참고. A.-L. Barabási, "The Physics of the Web," *Physics World* (July 2001): 33-38.
○ 이메일(email)의 탄생에 관하여는 다음을 참고. John Naughton, *A Brief History of the Future* (Woodstock, NY : Overlook, 2000).
○ '성공한 실패작(success disaster)' 이라는 문구는 다음 논문에 나와 있다. Vern Paxson and Sally Floyd, "Why We Don't Know How To Simulate the Internet," *Proceeding of the 1997 Winter Simulation Conference*, ed. S. Andradottir, K.J. Healy, D.H. Withers and B.L. Nelson.
○ 인터넷이 멱함수 법칙을 따르는 연결선 수 분포를 갖고 있다는 발견은 다음의 글에 보고된 것이다. M. Faloutsos, P. Faloutsos, and C. Faloutsos, "On power-law Relationships of the Internet topology," [ACM SIGCOMM 99, comp.] *Comptuer Communications Review* 29 (1999): 251. 훨씬 큰 샘플을 조사 대상으로 하여 동일한 발견을 재확인한 최근의 측정 결과에 대해서는 예컨대 다음 문헌 참고. R. Succ and H. Tangmunarunkit, "Heuristics for Internet Map Discovery," *Proceedings of Infocom* (March 2000).

○ 첫 번째 인터넷 노드들의 시기별 등장에 대해서는 다음을 참고. John Naughton, *A Brief History of the Future*.
○ 첫 번째 인터넷 모델은 다음 논문에서 도입되었다는 점을 주목하라. Bernard M. Waxman, "Routing of Multipoint Connections," *IEEE Journal on Selected Areas in Communications* 6 (Dec. 1998): 1617-1622. 왁스만(Waxman)은 평면 위에 많은 수의 노드들을 늘어놓고 그것들을 무작위적으로 연결했다. 여기까지는 에르되스와 레니의 무작위 모델과 다른 점이 전혀 없다. 하지만 그는 높은 회선 비용을 의식하여 가급적 아주 긴 링크가 생기지 않도록 만들고자 했다. 그래서 그는 인터넷상의 두 노드가 링크될 확률은 그들 간의 물리적 거리가 멀어짐에 따라 지수함수적으로 감소한다고 가정했다. 왁스만의 단순한 모델은 수십 년 동안 인터넷의 모델로서 자리를 잡아 왔다. 1999년이 되어서야 비로소 그것에 대해 처음으로 문제가 제기되었는데, 이는 인터넷의 척도 없는 속성이 밝혀진 다음이다. 하지만 지수적 거리 의존은 성장이나 선호적 연결과 함께 보다 현대적인 인터넷 모델에 여전히 남아 있다. 첫째, 시뮬레이션의 결과, 왁스만의 모델이 가정하는 것과 같은 급격한 거리 의존이 존재하는 상황에서는 척도 없는 네트워크가 생겨날 수 없다는 것이 밝혀졌다. 보다 중요한 것으로, 둘째, 육순형과 정하웅이 측정해 본 결과, 거리가 d인 두 개의 노드를 서로 연결할 확률은 d가 커짐에 따라 선형적으로 (linearly) 감소했다. 이는 왁스만이 가정한 지수함수 형태보다 훨씬 약한 의존 관계인 것이다.
○ 인터넷에서 선호적 연결의 존재는 여러 문헌들에서 논의되고 있다. Soon-Hyung Yook, Hawoong Jeong, Albert-László Barabási, *Modeling the Internet's Large-Scale Topology*, http://xxx.lanl.gov/abs/cond-mat/0107417; Hawoong Jeong, Zoltán Néda, Albert-László Barabási, *Measuring Preferential Attachment for Evolving Networks*, http://xxx.lanl.gov/abs/cond-mat/0104131; Romualdo Pastor-Satorras, Alexei Vazquez, Alessandro Vespignani, "Dynamical and Correlation Properties of the Internet," *Physical Review Letters*, 87 (2001): 258701.
○ 노드들은 인구 밀도에 비례하여 늘어날 것이며, 하나의 노드가 k개의 링크를 갖고 있고 γ만큼의 거리에 있는 다른 노드에 링크할 확률은 k/r^σ에 비례할 것이라고 가정해 보자. 여기서 σ는 공간 요소의 효과를 미세 조정하기 위한 파라미터이다. 즉, σ가 크다면 거리는 매우 중요하고, σ=0 이라면 인터넷의 진화에 있어서 선호적 연결만이 유일한 요인이 된다. 시뮬레이션은 매우 명쾌한 대답을 주었다. 즉 σ

가 2보다 작으면 척도 없는 네트워크가 생겨난 것이다. 하지만 $\sigma > 2$ 라면 거리의 효과가 이기게 되고 지수함수적 연결선 수 분포를 갖는 네트워크가 생겨나게 된다. 우리가 측정해 본 결과 인터넷에서 $\sigma=1$ 이라는 것이 밝혀졌다. 이는 보다 큰 대역폭을 확보하기 위해 보다 긴 케이블을 설치하는 비용에도 불구하고, 척도 없는 위상구조가 여전히 살아남는 이유를 설명해 준다. 이 연구 결과는 왜 인터넷이 척도 없는 네트워크인가를 설명해 주는 것 외에도, 네트워크의 진화를 지배하는 서로 경쟁하는 원리들을 양적으로 밝혀내는 일이 얼마나 중요한지를 보여주고 있다. 다음을 참고. Soon-Hyung Yook, Hawoong Jeong and Albert-László Barabási, *Modeling the internet's Large-Scale Topology*, http://xxx.lanl.gov/abs/cond-mat/0107417.

o 인터넷의 척도 없는 위상구조를 포괄하는 최근의 다른 인터넷 모델로는 다음 문헌 참고 : Alberto Medina, Ibrahim Matta, John Byers, "On the Origin of Power Laws in Internet Topologies," [ACM SIGCOMM] *Comptuer Communications Review* 30, no. 2 (2000): 18-28; G. Caldarelli, R. Marchetti and L. Pietronero, "The Fractal Properties of the Internet," *Europhys. Letterrs* 52 (2000): 386; K.I. Goh, B. Kahng, D. Kim, *Universal Behavior of Load Distribution in Scale-Free Networks, Physical Review Letters*, 87 (2001): 278701; A. Capocci, G. Caldarelli, R. Marchetti, L. Pietrinero, "Growing Dynamics of Internet Providers," *Physical Review*, E 64 (2001): 035101.

o 프랙탈(Fractal), 즉 자기 유사적인(self-similar) 기하학적 속성을 갖고 있는 객체의 대상이라는 개념은 베노이트 만델브로트(Benoit Mandelbrot)에 의해 도입되었다. 그 이후, 눈송이에서 세포 군체(cell colony)에 이르기까지, 많은 자연적 대상들을 설명하기 위해 재발견되었다. 다음의 예를 참고. B. Mandelbrot, *The Fractal Geometry of Nature* (New York: W. H. Freeman, 1977). 최근의 리뷰는 다음 참고. T. Vicsek, *Fractal Growth Phenomena* (Singapore: World Scientific, 1992).

o MAI에서의 라우팅 장애 상태에 대해서는 몇몇 뉴스기사에서 다루었다. 예컨대 다음을 참고. "Router Glitch Cuts Net Access," *CNET*, April 25, 1997.

o 코드 레드 바이러스에 대한 논의는 다음을 참고. Carolyn Meinel, "Code Red for the Web," *Scientific American*, October 2001, 42-51.

o 기생 컴퓨팅(parasitic computing)에 관해서는 다음을 참고. Albert-László Barabási, Vincent W. Freeh, Hawoong Jeong, and Jay B. Brockman, "Parasitic Computing," *Nature* 412 (2001): 894 - 897. 추가 정보는 다음 사이트를 참고.

http://www.nd.edu/~parasite/.
- 분산 컴퓨팅(distributed computing)에 대한 자세한 논의는 다음의 예를 참고. Ian Foster, "Internet Computing and the Emerging Grid," *Nature* (Dec. 2000), 다음 사이트에서도 확인할 수 있다. http://www.nature.com/nature/webmatters.
- 지구를 감싸면서 생겨나고 있는 소위 '전자 피부'에 관한 정말 재미있는 논의는 다음을 참고. Neil Gross, "The Earth Will Don and Electronic Skin," Business Week(August 30, 1999): 68-70.

열두 번째 링크

- NEC 연구에 대한 검색엔진 측의 반응에 대해서는 다음을 참고. Thomas E. Weber's, "Fast Forward: Media in Motion," *Wall Street Journal*, April 3, 1998.
- 인콰이러스(Inqurius)에 대해서는 다음을 참고. Steve Lawrence and C. Lee Giles, "Inqurius: The NECI Meta Seach Engine," Seventh International World Wide Web Conference, Brisbane, Australia (Amsterdam: Elsevier Science, 1998), 95-105.
- NEC 연구팀의 조사 결과들은 다음의 두 논문에 발표되었다. Steve Lawrence and C. Lee Giles, "Searching the World Wide Web," *Science* 280 (1998): 98-100, Steve Lawrence and C. Lee Giles, "Accessibility of Information on the Web," *Nature* 400 (1999): 107-109.
- 웹의 사이즈에 대한 자세한 논의에 관해서는 http://searchengine.com을 참고할 것. 검색엔진에 관한 최신 통계에 관해서는 다음을 참고. Danny Sullivan's "Search Engine Sizes," *Search Engine Report*, August 15, 2001, 다음을 이용할 수도 있다. http://searchengine.com/reports/sizes.html. 다음도 참고. "Numbers, Numbers—But What Do They Mean?" *Search Engine Report*, March 3, 2000, http://searchengine.com/ sereport/00/03-numbers.html.
- 웹의 분절화된 구조는 나비넥타이(bow-tie) 이론으로 일컬어지고 있으며, 다음 글에서 처음으로 그것에 대한 관찰 결과가 보고되었다. A. Broder, R. Kumar, F. Maghoul, P. Raghavan, S. Rajagopalan, R. Stata, A. Tomkins, and J. Wiener's "Graph structure in the Web," Ninth International World Wide Web Conference, Amasterdom, http://www9.org/w9cdrom/160/160.html.
- 웹페이지들은 시간이 지나 알려지게 되면서 자연스럽게 대륙을 넘나들면서 여행을 하게 된다. 그것들의 위치는 웹페이지를 만든 사람에 의해서만이 아니라 그 페이지가 담고 있는 컨텐츠에 대해 전체 커뮤니티가 어떤 관심을 갖고 있는가에 의

해서도 결정된다. 웹페이지와 링크들이 끊임없이 추가, 제거, 수정되고, 링크가 많아지거나 줄어듦에 따라 이 대륙들의 인구는 끊임없이 변한다. 20세기 말 21세기 초에 유럽으로부터 미국으로의 대량 이민은 그것에 비하면 무시해도 좋을 만큼 작은 사건에 불과하다. 하나의 링크가 어디로 향하는가에 따라, 수천 웹페이지의 운명과 위치가 달라지며, 크고 작은 눈사태를 일으켜 전체 지형을 바꾸기도 한다.

○ 방향 있는 네트워크의 속성에 대한 최근의 연구로는 다음의 글들을 참고. S. N. Dorogovtsev, J.F.F. Mendes and A. N. Samukin, *Giant Strongly Connected Component of Directed Networks*, http://xxx.lanl.gov/abs/cond-mat/0103629; M. E. J. Newman, S. H. Strogatz, D. J. Watts, "Random Graphs With Arbitrary Degree Distributions and Their Applications," *Physical Review*, E 64 (2001): 026118. B. Tadic, "Dynamics of Directed Graohs: the World Wide Web," *Physcia*, A 293 (2001): 273-284.

○ 카스 서스틴의 조사에 대해서는 다음을 참고. Cass R. Sunstein's, *Republic.com* (Princeton, Princeton University Press, 2001).

○ 포르노그라피에 대한 스튜어트(Stewart) 대법관의 인용구는 여러 곳에서 인용되었다. 예들 들어 다음을 참고. "The Task of Defining What's Too Explicit to Be Seen." *USA Today*, Jan. 26, 1999, http://www.usatoday.com/life/cyber/tech/ctb114.htm.

○ 웹상의 커뮤니티에 대한 NEC 연구팀의 연구에 관해서는 다음의 글 참고. Gary William Flake, Steve Lawrence, and C. Lee Giles, "Efficient Identification of Web Communities," *Proceedings of the Sixth International Conference on Knowledge Discovery and Data Mining* (Boston, Mass: ACM Special Internet Group on Knowleage Discovery and Data Mining, August, 2000), 156-160. 다른 팀에서도 이와 비슷한 문제에 대해 연구한 바 있는데, 그것에 관해서는 아래 글 참고. David Gibson, Jon Kleinberg, and Pranhakar Raghavan's "Inferring Web Communities from Link Topology," *Proceeding of the. 9th ACM Conference on Hypertext and Hypermedia*(1998); Ray R. Larson, *Bibliometrics of the World Wide Web: An Exploratory Analysis of the Intellectual Structure of Cyberspace* http://sherlock.berkeley.edu/asis96/asis96.html.

○ 풀기 복잡한 문제에(NP complete problem) 대한 논의는 다음을 참고. M. Garey and D.S. Johnson, *Computers and Intractability: A Guide to the Theory of NP-completeness* (San Francisco: H. W.Freeman, 1979).

o 라다 아다믹의 조사 결과에 대해서는 다음을 참고. Lada A. Adamic, "The Small World Web," *Proceedings of ECDL' 99*, LNCS 1696 (Springer, 1999), 443-452. 다음도 참고. Lada A. Adamic and Eytan Adar, *Friends and Neighbors on the Web*, http://www.hpl.hp.com/shl/papers/web10/.

o 로렌스 레식의 저서명은 다음과 같다. Lawrence Lessig, *Code and Other Laws of Cyberspace* (New York: Basic Books, 1999).

o 인터넷 아카이브에 대해 보다 자세한 내용은 다음의 사이트를 참고. http://www.archive.org/.

o 오늘날 창조적인 삶의 결과들 대부분이 웹으로 향하고 있다. 오늘날의 사진 작가들은 디지털 카메라를 사용하고 영상을 보다 덜 표현하기 위해 비트(bit)를 조작한다. 이 사진들 중 일부는 종이에 인쇄되고 사진 전시장에 진열될 것이다. 하지만 이러한 소수를 제외한 대부분은 웹상에 전자적 포맷으로만 존재하게 된다. 엄청난 수의 시들은 더 이상 시집으로 출판되지 않고 웹상에만 존재한다. 점점 더 많은 시각 예술가들이 웹을 주된 매체로 선택하면서 웹 브라우저 없이는 그들의 작품을 감상할 수 없게 되어가고 있다. 하지만 부실한 사이트 관리, 컴퓨터 고장, 자원의 소진 등으로 인해 이 모든 것들은 사라져서 다시는 복원될 수 없게 된다. 앞으로는 반 고흐(Van Gogh)와 같은 천재적인 예술가가 등장하지 못하게 될 터인데, 왜냐하면 동시대 사람들에 의해 가치를 평가받지 못한 작품은 그 이후의 세대들에까지 살아남지 못할 것이기 때문이다.

웹상에 거주하는 역사와 창조물들의 이러한 비극적 손실을 막을 수 있는 방법은 오직 하나뿐이다. 우리는 장래의 세대들을 위해 웹상에 있는 모든 것들을 수집해서 저장해 두어야 한다. 정부의 지원을 받든지 해서 인터넷 아카이브(Internet Archive)가 목표로 하고 있는 바나 또 그것이 할 수 있는 범위를 훨씬 뛰어 넘어서 전체 웹의 지도를 만드는 진지한 노력을 해야 할 것으로 나는 믿는다. 웹상의 한 페이지 한 페이지 모두를 말이다. 우리는 어디에 있거나 누구이거나 간에 웹페이지의 과거와 현재의 컨텐츠를 줄 수 있어야 한다.

o 이 장에서 우리는 주로 웹의 위상구조에 초점을 맞추어 살펴보았는데, 최근에 웹상에서 사람들이 어떠한 서핑 패턴과 역농적 행동을 보여주고 있는지에 대한 일련의 연구 결과가 발표되고 있다. 이 연구들은 출현적 행태(emerging behavior)와 멱함수 법칙에 대한 추가적 증거들을 찾아서 보여주고 있다. 이에 관해서는 아래 글들을 참고. Bernardo A. Huberman, Peter L.T. Pirolli, James E. Pitkow, and Rajan M. Lukose, "Strong Regularities in World Wide Web Surfing," *Science* 280

(1998): 95-97; Anders Johansen and Didier Sornette, *Download Relaxation Dynamics on the WWW Following Newspaper Publication of URL*, http://xxx.lang.gov/abs/cond-mat/9907571; Bernardo A. Huberman, *The Laws of the Web* (Cambridge, Mass.; MIT Press, 2001).

열세 번째 링크

○ 미국에서 우울증을 포함한 주요 사망 원인에 대한 조사는 다음을 참고. CDC(the Centers for Disease Control and Prevention)의 웹사이트 http://webapp.cdc.gov/.

○ 우울증에 대한 연구는 다음을 참고. Nick Craddock and Ian Jones, "Molecular Genetics of Bipolar Disorder," *British Journal of Psychiatry* 174 suppl. 41, (2001): 128-133. 우울증에 대한 연구는 다음을 참고. Charles B. Nemeroff, "The Neurobiology of Depression," *Scientific American*, June 1998, 42.

○ 휴먼 게놈에 대한 해독은 언론에 공개되었다. 2000년 6월 25일 백악관에서 게놈 프로젝트의 선포에서부터 2001년 2월 15일~16일 게놈 프로젝트의 완성에 대한 발표까지에 대한 참고 자료는 다음과 같다. *Science* 291, (16 Feb. 2001), *Nature* 409 (Feb. 2001).

○ 포스트 게놈 시대에 대한 생물학의 최근 논의와 유전자 역할의 변화에 대하여는 다음을 참고. Evelyn Fox Keller *The Century of the Gene* (Cambridge, Mass: Harvard University Press, 2000).

○ 세포를 이해하기 위한 네트워크의 역할이 더욱 중요시되고 있다는 논의는 다음을 참고. J. Craig Venter et al, "The Sequence of the Human Genome," *Science* 291 (2001): 1304-1351, 그 중에서도 1347-1348을 주목하라.

○ 세포생물학 개론서는 다음을 참고. Bruce Alberts, Dennis Bray, Julian Lewis, Martin Raff, Keith Roberts, and James D. Watson, *Molecular Biology of the Cell* (New York: Garland, 1994).

○ 신진대사망의 연구는 19세기로 넘어간다. 프랑스 포도주 제조업자들이 이스트 세포가 글루코스에서 알코올과 이산화탄소로 변화시키는 단계를 조절하기 위하여 필요하였다. 이러한 기원을 살려 "촉매(enzyme)"라고 불리는데 그 의미는 '이스트 속에서'라는 뜻이다. 생화학은 커다란 화학 반응 지도 프로젝트로 볼 수 있으며, 세포 안에서 일어나는 모든 가능한 화합물과 화학 반응을 결집한 거대한 창고 역할을 한다고 할 수 있다. 자세한 신진대사망의 역사는 다음을 참고. Horace

Freeland Judson, *The Eighth Day of Creation: Makers of the Revolution in Biology* (Plainview, NY: Cold Spring Harbor Laboratory Press, 1996).

o 세포 안에서 일어나는 부분적인 네트워크의 예로 들어, 신진대사 네트워크 단백질 상호작용 네트워크 등은 서로 독립적인 것이 아니다. 조절 네트워크의 단백질들은 화학 작용에서 촉매 역할을 한다. 따라서 신진대사의 화학 반응을 조절하게 된다. 비슷하게는 단백질과 유전자의 상호작용 네트워크는 유전자와 DNA 간의 상호작용을 나타내어 준다.

o 왓슨(Watson)의 인용은 James D. Watson, *Molecular Biology of the Gene*, 2nd ed. (New York: W.A. Benjamin, 1970) 99쪽에서 발췌하였다.

o WIT(What is There?)는 게놈의 배열에 대한 분석을 종합한 것이다. 중요한 사항은 염기 배열의 데이터로부터 신진대사 반응을 재현할 수 있다는 것이다. 자세한 것은 다음을 참고. http://www.unix.mcs.anl.gov/compbio/.

o 신진대사망의 척도가 없는 특징은 다음을 참고. H. Jeong, B. Tombor, R. Albert, Z.N. Oltvai, A.-L. Barabási, "The large-scale organization of metabolic networks," *Nature* 407 (2000): 651-654.

o 앙드레 와그너(Andreas Wagner)와 데이비드(David A. Fell)의 신진대사망에 대한 연구는 다음을 참고. "The Small World Inside Large Metabolic Networks," *Proceedings of the Royal Society, London*, B, 268 (2001): 1803-1810.

o 서로 다른 종들 간의 신진대사망 비교로 종들의 진화를 비교한 논문은 다음을 참고. J. Podáni, Z. N. Oltvai, H.Jeong, B. Tombor, A.-L. Barabási and E. Szathmáry, Comparable System-Level Organization of Archaea and Eukaryotes, *Nature Genetics* 29 (2001): 54-56; C. V. Forst and K. Schulten, "Phylogenetic Analysis of Metabolic Pathways," *Journal of Molecular Evolution* 52 (2001): 471-489.

o 이스트에 대한 두 개의 하이브리드 기술(two-hybrid method)은 다음을 참고. S. Fields and O. Song, "A Novel Genetic System to Detect Protein-Protein Interactions," *Nature* 340 (1989): 245-246. 최근에 이 방법에 대한 발전은 다음을 참고. *Yeast Hybrid Methods* (Natick, MA : Eaton 2000).

o 이스트에 대한 상호작용에 대한 지도는 다음을 참고. P. Uetz, et al., "A Comprehensive Analysis of Protein-Protein Interactions in *Saccharomyces Cerevisiae*" *Nature* 403 (2000): 623-627; T. Ito *et al's*, "Toward a Protein-Protein Interaction Map of the Budding Yeast: A Comprehensive System to Examine

Two-Hybrid Interactions in All Possible Combinations Between the Yeast Proteins," *Proceedings of the National Academy of Sciences*. 97 (2000): 1143-1147; "A Comprehensive Two-Hybrid Analysis to Explore the Yeast Protein Interactome," *Proceedings of the National Academy of Sciences* 98 (2001): 4569-4574.

○ 이스트 단백질 네트워크의 척도가 없는 성질은 다음을 참고. Hawoong Jeong, Sean Mason, Albert-László Barabási, and Zoltán. N. Oltvai, "Centrality and Lethality of Protein Networks," *Nature* 411 (2001): 41-42. 이 논문은 네트워크의 구조적 특징과 치사 유전자의 관계성을 담고 있다. 이 논문에 대한 평은 다음을 참고. J. Hasty and J.J. Collins, "Protein Interactions-Unspinning the Web," *Nature* 411 (2001): 30-31.

○ 이스트 단백질 네트워크의 멱함수적 성질과 유전자의 관련성에 대한 연구는 다음을 참고. Andreas Wagner, "The Yeast Protein Interaction Network Evolves Rapidly and Contains Few Redundant and Duplicate Genes," *Molecular Biology and Evolution* 18 (2001): 1283-1292.

○ 단백질 구역 네트워크에 대한 내용은 다음을 참고. Stefan Wuchty, *Molecular Biology and Evolution* 18 (2001): 1694-1702. 이스트 단백질 네트워크에 대한 다른 해석 방법은 다음을 참고. Jong Park, Michael Lappe, and Sarah A. Teichmann, "Mapping Protein Family Interactions: Intramolecular and Intermolecular Protein Family Interaction Repertoires in the PBD and Yeast," *Journal of Molecular Biology* 307 (2001): 929-938. H. *pylori* 단백질 네트워크는 다음을 참고. Hawoong Jeong, Sean Mason, Albert-László Barabási, and Zolt n N. Oltvai "Centrality and Lethality of Protein Networks," *Nature* 411 (2001): 41-42.

○ 유전자의 복제와 진화에 대한 것은 다음을 참고. John Maynard Smith and Eörs Szathmáry, *The Origins of Life* (Oxford, England: Oxford University Press, 1999).

○ 다음 세 편의 논문은 조절기능 네트워크에서 복제 과정이 중요하다는 것을 주장하고 있다. A. Bhan, D.J. Galas, and T.G. Dewey, "A Gene Duplication Growth Model of Scaling in Gene Gxpression Networks (출간 예정); A. Vasquez, A. Flammini, A. Maritan, and A. Vespignani, *Modeling of Protein Interaction Networks* (http://xxx.lanl.gov/abs/ cond-mat/0108043); R.V. Solé, R. Pastor-Satorras, E.D. Smith, and T. Kepler, "A Mode of Large-Scale Proteome Evolution" (Santa Fe Preprint, available at www.santafe.edu, 2001). 다음도 참고.

J. Giam, N.M Luscombe, and M. Gerstein, "Protein Family and Fold Occurrences in Genomes: Power Law Behavior and Evolutionary Model," Journal of Molecular Biology, 313 (2001): 673-681. 자세한 것은 다음을 참고. J. Kim, P.L. Krapivsky, B.Kshng, and S. Redner, "Evolving Protein in Interactive Network," http://xxx.lanl.gov/abs/comdmat/0203167.

○ 레인(Lane) 레바인(Levine) 포겔스타인(Vogelstein)은 의학 분야에서 많은 상을 휩쓸어 명성이 드높다. 사람들은 이는 노벨상을 받기 위한 전초 단계이고 노벨상을 받는 것은 시간 문제라고 말한다. 레인은 현재 영국에서 가장 많이 인용되고 있는 과학자 중의 한 사람으로 평가받고 있으며, 2000년에 엘리자베스 여왕으로부터 'Sir David Lane' 이라는 작위를 받았다. 현재 뉴욕 록펠러 대학의 총장으로 노벨상 다음으로 권위가 있는 알바니 의학센터 상을 50만 달러의 상금과 함께 처음으로 수상하였다. 존스 홉킨스 의과대학의 하워드 휴즈(Howard Huges) 연구원인 포겔스타인은 계속해서 중요한 연구업적을 쏟아내고 있다. 그의 논문 3편은 의학 분야에서 현재 가장 많이 인용되고 있는 TOP 10에 속한다.

○ 네트워크 측면에서 암을 이해하는 것이 필요하다고 하는 논문은 다음과 같다. Bert Vogelstein, David Lane, and Arnold J. Levine, "Surfing the p53 Network," Nature 408 (2000): 307- 310. 그러나 이 논문은 정량적인 분석을 한 것이 아니라 척도가 없는 네트워크가 형성될 것이라는 경험적 주장을 하였다. 우리들은 이에 따라, 네트워크의 구조가 정말로 척도가 없는 구조를 갖는다는 것을 보였다. (Hawoong Jeong, D.A. Mongru, Z.N. Oltvai, A.-L. Barabási, 미간행).

○ 마이크로칩의 기술은 1991년 처음으로 1991년에 스티븐 포더와 공동연구자들에 의해 소개되었다. (S.P.A. Fodor, J.L. Read, M.C. Pirrung, L. Stryer, A.T. Lu, and D. Solas, "Light-Directed, Spatially Addressable Parallel Chemical Synthesis," Science 251 [1991]: 767-773), 이 기술은 유전자 간의 상호작용을 알려준다. 이러한 방법은 종래에 생물학에서 사용한 방법과는 근본적으로 다른 방법으로 생물학에 커다란 변화를 가져다 줄 방법이다. 의사가 병을 진단하는 것에서부터 약을 개발하기까지 커다란 변화를 가져다주는 것은 시간문제이다. DNA-칩 또는 마이크로칩은 실리콘 또는 유리 회로판에 패턴이 새겨져 있는 것으로 컴퓨터 칩이 디자인되어 있는 것과 비슷하다. 광인쇄기는 이 칩 위에 작은 홀의 배열을 새기게 된다. 이 작은 홀은 DNA 가닥이 겨우 들어갈 정도로 매우 작다. 또 각각의 홀에는 서로 다른 DNA 가닥이 놓이게 된다. 따라서 한 원판에 3만 개의 홀을 만들고, 각각의 홀에 인간 유전자 가닥 하나씩을 놓게 한다. 세포에서 DNA가 단백질을 만들

게 되면, 그 유전자는 mRNA로 복제되면, 그 후 단백질로 변화한다. 그러므로 각 세포에서 mRNA의 종류와 숫자를 파악한다면, DNA의 기능을 알 수 있다. 각각의 mRNA 분자는 마이크로 칩 각각의 홀에 고정된다. 만약 DNA와 관련이 되는 무엇이 각각의 홀에 주입에서 반응을 하는 경우 mRNA가 만들어지게 된다. 만약 희귀한 질병을 연구하는 생물학자가 질병 세포를 DNA 칩에 넣으면, 이 질병과 관련된 mRNA가 만들어지게 되어 그 홀은 채워지고, 나머지 홀은 계속 비워있게 된다. 레이저 판독기는 각각의 홀을 읽어나가고, 어느 홀의 단백질이 만들어지고 있는지 알게 된다. 그러므로 질병과 관련된 유전자를 찾을 수 있는 것이다.

- 마이크로칩과 같이 새로운 생물학 연구 방법에 의한 파장과 미래의 의학과 약의 개발에 대하여 다음을 참고할 것. "Drugs of the Future." (titled), Time magazine of January 15, 2001.
- 유전자에 상태에 따라 on과 off 하는 마이크로칩의 기능에 대한 논문과 세포의 화학 작용의 기능 단계에 따라 작용하는 유전자를 확인하는 논문은 다음을 참고. Neal S. Holter, Madhusmita Mitra, Amos Maritan, Marek Cieplak, Jayanth R. Banavar, and Nina V. Fedoroff, "Fundamental Patterns Underlying Gene Expression Profiles: Simplicity from Complexity," *Proceedings of the National Academy of Sciences* 97 (2000): 8409-8414; Orly Alter, Patrick O. Brown, and David Botstein, "Singular Value Decomposition for Genome-Wide Expression Data Processing and Modeling," *Proceedings of the National Academy of Sciences* 97 (2000): 10101-10106.
- 게놈의 복잡성에 대한 논의와 유전자 네트워크의 역할은 다음을 참고할 것. Jean-Michel Claverie, "What If There Are Only 30,000 Human Genes?" *Science* 291 (2001): 1255-1257.
- 인간 유전자는 약 3만 개 정도에 불과하지만 단백질의 수는 이보다 훨씬 많다. 이것은 이른바 'alternate spicing'이라 불리는 과정에서 비롯된 것이다. 이 과정에서 메신저 RNA는 분열되고 다른 방법으로 다시 결합하여 새로운 단백질을 만들게 된다. 그러므로, 진핵 세포에서는 단백질의 숫자가 유전자의 숫자에 비하여 많다. 박테리아의 경우에는 유전자와 단백질간에 1 : 1 대응이 된다.

열네 번째 링크

- 비즈니스와 경제에서 네트워크의 역할을 다룬 책은 다음을 참고. E. Bonabeau, *The Alchemy of Networks: Network Science Applied to Business* (출간 예정).

○ 타임 워너와 AOL의 합병은 다음을 참고. Daniel Okrent, "Happily Ever After?" *Time*, January 24, 2000 같은 잡지의 인터뷰 기사도 참고. AOL's Steve Case and Time Warner's Jerry Levin.
○ 벤츠와 크라이슬러의 합병에 대한 이야기는 다음을 참고. Bill Vlasic and Bradley A Stertz, *Taken for a Ride: How Daimler-Benz Drove Off With Chrysler* (New York; William Morrow, 2000).
○ 시장과 경제가 팽창할 때만 기업의 합병이 일어나는 것은 아니다. 합병은 1883년 세계적인 불황이 있을 때 처음 시작되었다. 그 역사적 견해를 다룬 것으로는 다음을 참고. David Besanko, David Dranove, and Mark Shanley, *Economics of Strategy* (New York: John Wiley, 2000): 198-199.
○ 계층적 조직 체제는 100년의 역사를 가지고 있다. "우리들의 체제에서는 각각의 멤버들의 개성과 독창성을 요구하지 않는다. 우리가 그들에게 요구하는 것은 우리가 명령한 것을 복종하고 가능한 한 빨리 그것을 수행하는 것이다." 이것은 과학적 경영의 대부였던 프레더릭 윈슬로 테일러(Frederick Winslow Taylor)가 20세기 초에 우리들이 알고있는 부와 물질문명에 필요한 철학에 대하여 언급한 것이다. 브린크 린지(Brink Lindsey)가 테일러 이전에 "*The Man with the Plan* (Reason Online, 1998, http://www.reason.com)에서 지적하였듯이 제조업은 도제 시스템에서 따온 것이었다. 도제 시스템에서 장인은 공예의 비밀을 실습생에게 마지못해 전수했지만 잘 보전되었다. 이러한 제도에서는 기능자는 시간당 임금을 받은 것이 아니라, 얼마나 많은 물품을 만들어냈는가에 따르기 때문에 시장의 경쟁 논리는 기능자의 우수성에 달려있다고 할 수 있다. 테일러는 스톱워치를 사용하여 혼자 힘으로 그러한 제도를 개혁하였다. 그는 모든 복잡한 제조 과정을 간단한 공정 과정으로 세분화하고 작업을 표준화하였으며 조립 과정을 채택하였다. 그의 사업 개혁은 베들레헴 제철회사를 최고의 제철회사로 변화시키는 데 성공하였다. 이 회사는 기능공의 숫자를 500에서 140으로 줄였음에도 생산 능력을 두 배로 향상시킬 수 있었다. 테일러는 해고된 노동자의 분노에 못 이겨 자신도 해고되고 말았다. 그러나 그 이후, 다른 어떠한 회사도 그와 같이 바뀌지 않고는 이 회사와의 경쟁에서 이길 수 없었다. 테일러는 근로자 간의 직급을 엄격히 구분하여, 근로자를 단순 노동, 반복 작업을 하는 노동자로 변신시켰고, 각 단계에서 일의 진행을 관리하는 이른바 화이트칼라 계층을 탄생시켰다. 그의 가장 중요한 업적은 이른바 수직 구조라 불리는 체제이다. 이 구조는 약 100여 년 동안 제조회사 조직의 기본 구조가 되었다. 테일러의 생애와 업적은 몇 개의 자서전과 과학

학술 논문집에 발표되었다. 다음을 참고. Robert Kanigel, *The One Best Way: Frederick Winslow Taylor and the Enigma of Efficiency* (New York: Viking Penguin, 1997). 기본 자서전은 다음을 참고. Frank Barkley Copley, *Frederick W. Taylor, Father of Scientific Management*, 2 vols., (New York; Taylor Society, 1923). Taylor의 주요한 업적은 다음을 참고. *The Principles of Scientific Management* (New York; Harper & Brothers, 1915: reprint, Maineola, N.Y: Dover, 1998).

o 포드는 현대적 공장 시스템의 탄생에 많은 역할을 하였다. 그곳에서는 대단위 생산 공장에서의 움직이는 어셈블리 라인 시스템을 탄생시켰다. 포드의 발전사에 대한 역사와 어셈블리 라인 뒤의 운영자에 대한 내용은 다음을 참고할 것. Joseph B. White, *The Line Starts Here* (www.wsj.com/public/current/articles/SB915733342173968000.html, Wall Street Journal Interactive, 2000).

o 고전 경제 이론은 최소한의 재원을 사용하여 최대한의 이익을 추구하기 위한 최적의 네트워크 체제를 회사나 기업이나 모든 조직체에서 갖기를 원한다. 이것은 테일러의 유산으로서 이익을 증대시키기 위해 기업을 최적화된 상태로 유지하고 운영해야 하며, 이러한 최적화에 의해 나뭇가지 구조의 체제를 가져야 한다고 말한다. 정말로 제조가 회사의 최대 목표라고 하면 저임금을 받는 근로자에게 반복적인 특정한 일을 부과하여 라인을 돌아가게 하는 체제를 갖는다면 생산비용을 최대한 줄일 수 있을 것이다. 최근의 연구에 따르면, 정보를 최대한 효과적으로 관리하는 방식 역시 계층 구조를 갖게 하는 것임이 판명되었다. 만약 어떤 회사가 제조업과 정보 산업을 혼합하여 경영한다면 피라미드식의 구조를 갖는 것이 좋다.

o 회사 내의 나뭇가지 모양의 구조 체제에 대한 논의는 다음을 참고. Patrick Bolton and Mathias Dewatriport, "The Firm as a Communication Network," *Quarterly Journal of Economics* 109 (Nov. 1994): 809-839.

o 네트워크적인 조직을 구성하기 위한 회사 내의 조직 개편에 대한 내용은 다음을 참고. *Business Week's* special double issue "The 21st Century Corporation," August 21-28, 2001.

o 회사 조직에 대한 네트워크 이론의 간략한 내용은 다음을 참고. Peter R. Monge and Noshir S. Contractor, "Emergence of Communication Networks," in *The New Handbook of Organizational Communication*, ed. by Fredric M. Jablin and Linda L. Putnam (Thousand Oaks, Calif.: Sage Publications, 2001): 440-502.

o 르윈스키 스캔들에서의 조르단의 역할에 대한 내용은 다음을 참고., Eric Pooley,

"The Master Fixer is a Fix," Time, Feb. 2, 1998.
- 시카고 지역에서 지휘자들의 서로 간의 관계는 다음을 참고. Melissa Allison, "Directors Weave a Complex Web," Chicago Tribune, June 17, 2001, sec 5, p. 1-2.
- 회사 간 네트워크의 자세한 내용은 다음을 참고. Gerald F. Davis, Mina Yoo, and Wayne E. Baker's "The Small World of the Corporate Elite," (Preprint, February 2001).
- 감독관의 네트워크에 대한 수학적인 이해는 다음을 참고. M.E.J. Newman, S.H. Strogatz, and D.J. Watts, "Random Graphs with Arbitrary Degree Distributions and Their Applications," Physical. Review, E 64 (2001): 026118.
- 기업 세계에서 조르단의 행보는 다음을 참고. Chapter 12 in Vernon E. Jordán, Jr.'s autobiography with Annette Gordon-Reed, Vernon Can Read (A Memoir) (New York: Public Affair, 2001).
- 실리콘 밸리의 전력선 네트워크에 대한 연구는 다음을 참고. Emilio J. Castilla, Hokyo Hwang, Ellen Granovetter, and Mark Granovetter, "Social Networks in Silicon Valley," in The Silicon Valley Edge: A Habitat for Innovation and Entrepreneurship, ed Chong-Moon Lee, William F. Miller, Marguerite Gong Hancock, and Henry S. Rowen (Cambridge, England: Cambridge University Press, 2001), 218-247.
- Walter W. Powell, Douglas White, and Kenneth W. Koput, "Dynamics and Movies of Social Networks in the Field of Biotechnology: Emergent Social Structure and Process Analyses," (preprint, April 12, 2001).
- 제약회사 네트워크에 대한 수학적 연구는 다음 자료를 참고할 것. M. Riccaboni, F. Pammolli and G. Caldarelli, "Complexity of Connections in Social and Economical Structures" (출간 예정)
- 경제에서 좁은 세상에 대한 예는 다음을 참고. Bruce Kogut and Gordon Walker, "The Small World of Germany and the Durability of National Networks," America Sociological Review 66 (2001): 317-335.
- 척도가 없는 성질 외에도, 네트워크 경제는 집단화(블록화)의 성질을 보인다. 회사들은 지역 경제를 토대로 그 지역 안의 회사들 간에 깊은 관계를 가지고 있다. 지난 10년 동안 가장 많이 사용하였던 단어인 세계화란 멀리 떨어져 있는 지역에 있는 소비자와 판매자 사이에 경제 활농이 일어나는 것을 의미한다. 지역적인 틀

록경제를 기반으로 하는 기업 간을 연결하는 링크는 세계화 경제에 영향을 미친다. 경제의 블록화에 대한 성질은 다음 참고 자료에서 찾아볼 수 있다. Bruce Kogut and Gordon Walker, The Small World of Germany and the Durability of National Networks," *American Sociological Review*, 66 (2001): 317-335. 브루스 코컷과 고든 워커는 독일에서 회사의 소유에 대해 500개의 기업과 25개의 은행, 25개의 보험회사 간의 연결망을 조사하였다. 이 네트워크에서 두 회사의 소유주가 동일하다면 두 회사가 서로 연결되었다고 하자. 그러면 결과적인 네트워크는 영화 배우 네트워크와 같은 구조를 이룬다. 이러한 유사성에서 회사는 영화 배우에 해당되고 소유주는 영화에 해당된다. 전형적인 소유주들은 마치 한 영화에 많은 영화 배우가 출연하듯이 한 소유주가 몇몇의 회사를 소유하게 된다. 회사 네트워크에 대한 분석 결과에 따르면, 독일 회사는 좁은 세상의 네트워크 구조를 가지고 있다고 할 수 있다. 이 네트워크의 반지름은 약 4.81인데, 이것은 대부분의 회사들이 4명~5명의 주인의 체인으로 얽혀져 있다고 할 수 있다. 코컷과 워커는 클러스터링 계수가 매우 크다는 것을 알아냈다. 만약 회사들이 무작위 네트워크를 구성하고 있다면, 두 회사사이를 연결하는 링크의 수는 평균 0.5%이다. 그러나 이와는 대조적으로 실제의 네트워크에서는 두 회사 간에 연결될 확률이 67%나 되었다. 이것은 확실히 큰 차이를 보여주고 있다. 이 이면에는 경제를 특징짓는 클러스터링 성질이 존재한다는 것이다.

○ 회사 간의 상호작용과 정책 결정에 대한 자세한 참고문헌은 다음과 같다. Walter W. Powell, "Inter-Organizational Collaboration in the Biotechnology Industry," *Journal of Institutional and Theoretical Economics* 512 (1996): 197-215.

○ 경제학을 변화하는 네트워크로 보고자 하는 선구자적인 생각을 한 사람은 엑상마르세이유(Aix-Marseille) 대학의 아란 컬만(Alan Kirman)이다. 그의 논문은 현재의 경제학 이해 방법의 결점과 경제 이론에서의 네트워크의 역할에 대하여 명쾌하게 논리를 전개하였다. 다음을 참고. The Economy as an Evolving Network, *Evolutionary Economics* 7 (1997): 339-353; "Aggregate Activity and Economic Organization," *Revue Europeenne des sciences sociales* 37, no 113 (1999):189-230; "The Economy as an Interactive System," in *The Economy As an Evolving Complex System II*, (Proceedings of the Santa Fe Institute Studies in the Sciences of Complexity, Vol. 27), ed W. Brian Arthur, Steven N. Durlauf, and David A. Lane (Reading, MA, Addison-Wesley, 1997): 491-532.

○ 아시아 경제 위기는 일반 언론과 학술 논문집을 통해 많이 알려져 있다. 하루-하

루의 부도 사태에 대한 자료는 다음을 참고. Nouriel Roubini, "Chronology of the Asian Currency Crisis and its Global Contagion," is avaiable at http://www.stern.nyu.edu/~nroubini/asia/AsiaChronology1.html. 경제 위기 사태의 원인에 대한 논의는 다음을 참고. Giancarlo Corsetti, Paolo Pesenti, and Nouriel Roubini, "What Caused the Asian Currency and Financial Crisis?" *Japan and the World Economy*, Sep. 1999, 305-373.

○ *Economic Report of the President*, (Washington, D.C.: U.S Government Printing Office, 1999).

○ Paul Krugman, *What happened to Asia?* (January 1998) http://web.mit.edu/krugman/www/DISINTER.html

○ 상품의 영향력에 자세한 논의와 시스코, 컴팩에 대한 이야기와 네트워크 경제의 다른 주창자에 대해 다음을 참고. Bill Lakenan, Darren Boyd, and Ed Frey, "Why Cisco Fell: Outsourcing and Its Perils," *Strategy+Business* (3rd quarter 2001): 54-65.

○ 핫메일(Hotmail)에 대한 이야기는 회사의 초기 자금을 댄 벤처 기업에 근무하고 있었던 스티브 주베츤에 의해 기술되었다. "Turning Customers Into Sales Force," *Business 2.0*, Nov. 1, 1998. 또한 사비어 바스타에 대해서는 다음을 참고. Stuart Whitmore, "Driving Ambition," Asiaweek.com, http://www.asia.week.com/asiaweek/technology/990625/bhatia.html.

○ 경제 네트워크에 대한 관심은 날로 늘어가고 있다. 이 분야의 대표적 연구는 다음과 같다. Matthew O. Jackson, and Alison Watts, "The Evolution of Social and Economic Networks," *Journal of Economic Literature* (in press, 2001); Alison Watts, "A Dynamic Model of network Formation," *Games and Economic Behavior* 34 (2001): 331-341; Matthew O. Jackson, and Alison Watts, "On the Formation of Interaction Networks in Social Coordination Games," *Journal of Economic Literature* (in press, 2001); Venkatesh Bala and Sanjeev Goyal, "A Noncooperative Model of Network Formation, *Econometrcia* 68 (2000): 1181-1229; "Learning, Network Formation and Coordination (preprint); "A strategic analysis of network reliability," *Review of Economic Design* 5 (2000): 205-228; Nigel Gilbert, Andreas Pyka, and Petra Ahrweiler, "Innovation Networks: A Simulation Approach," *Journal of Artificial Societies and Social Simulation* 4. no 3 (2001); Lawrence E. Blume and Steven N. Durlauf, *The Interactions-Based Approach to Socioeconomic Behavior*, http://www.ssc.wise.edu/econ/archive/

wp2001.htm; Nicholas Economides, "Desirability of Compatibility in the Absence of Network Externalities," *American Economic Review* 78 (1989): 108-121; "Compatibility and the Creation of Shared Networks," in *Electronic Services Networks: A Business and Public Policy Challenge*, ed. Margaret Guerin-Calvert and Steven Wildman (New York: Praeger, 1991); "Network Economics with Application to Finance," *Financial Markets, Institutions & Instruments* 2 (1993): 89-97 ; Nicholas Economides and Steven C. Salop, "Competition and Integration among Complements, and Network Market Structure," *Journal of Industrial Economics*, 40 no.1 (1992): 105-123. 다음도 참고할 것. D. McFadzean, D. Stewart, and L. Tesfatsion, "A Computational Laboratory for Evolutionary Trade Networks," *IEEE Transactions on Evolutionary Computation* 5 (2001): 546-560; L. Tesfatsion, "A Trade Network Game with Endogenous Partner Selection," *Computational Approaches to Economic Problems*, ed. H. M. Amman, B. Rustem, and A. B. Whinston (Kluwer Academic, 1997), 249-269. 다음도 참고. Leigh Tesfatsion, http://www.econ.iastate.edu/tesfatsi/netgroup.htm.; Nicholas Economides http://www.stern.nyu.edu/networks/site.html.

○ 통계역학의 개념을 빌려, 경제 현상을 정량적으로 다루는 분야가 물리학에서 활발히 일어나고 있다. 참고 자료로 다음과 같은 것이 있다. Rosario N. Mantegna and H. Eugene Stanley, *An Introduction to Econophysics: Correlations and Complexity in Finance* (Cambridge, England: Cambridge University Press, 2000); Jean-Phillipe Bouchaud, Marc Potters, *Theory of Finanicial Risk: From Statistical Physics to Risk Management* (Cambridge, England: Cambridge Univeristy Press 2000). 다음도 살펴보기 바란다. J. Doyne Farmer, "Physicists Attempt to Scale the Ivory Towers of Finance," *IEEE Computing in Science and Engineering* (Nov.-Dec. 1999): 26-39. 대부분의 연구는 주식의 요동치는 성질에 대하여 초점을 맞추고 있다. 네트워크와 주식 시장의 관계에 대한 최근의 연구로는 다음을 참고. Hyun-Joo Kim, Youngi Lee, In-mook Kim, and Byungnam Kahng, "Scale-free networks in Financial Correlations," http://xxx.lanl.gov/abs/cond-mat/0107449.

○ 많은 회사들이 네트워크 아이디어를 가지고 여러 가지 비즈니스에 대한 모형들을 실험하고 있다. 예를 들면, Ecrush.com이 사람들에게 누구를 열정적으로 좋아하는지에 대해 알려달라고 했다. 만약 어떤 사람 A가 다른 어떤 사람 B을 좋아한다

고 알려주면 이 회사는 몰래 B에게 어떤 누가 당신을 열렬히 좋아한다고 알리고, 그가 누구인지를 알려달라고 한다. 만약 B가 A라는 사람을 알려주면 그 프로그램은 그 두 사람을 맺어주고 아니면, 이 사실을 비밀에 부친다. ICQ.com는 또 다른 네트워크를 이용한 사업체인데, 1억 1천 6백만 명의 고객을 보유하고 있다고 자랑한다. 이 회사는 고객의 링크가 어떻게 하면 더 잘 될 것에 대하여 조언을 해준다. 이 회사의 프로그램은 고객의 친구의 정보를 받아 그 중 누가 지금 온라인에 있는지 알려주며, 그들에게 어떻게 접촉할 수 있는지에 대하여 알려준다.

o 경제 기관과 정책 입안 기관 사이의 상호작용에 대해서는 다음을 참고. P. Cooke and K. Morgan, "The Networks Paradigm; New Departures in Cooperate and Regional Development," *Environment and Planning, D: Society and Space* 11 (1993): 543-564.

o 정책 네트워크에 대한 참고자료는 다음과 같다. *Comparing Policy Networks* (Buckingham: Open University Press, 1998); Dirk Messner, *The Network Society* (London: Frank Cass, 1997); Manuel Castells, *The Rise of the Network Society* (London: Blackwell, 1996)

마지막 링크

o 9.11 사태와 관련된 테러 조직에 대한 내용은 다음에서 볼 수 있다. www.orgnet.com, 발디스 크렙(Valdis Kreb) 참고. Thomas A. Steward, "Six Degrees of Mohamed Atta," *Business 2.0*, Dec. 2001, 63.

o 네트워크 조직과의 전쟁에 대해 다음을 참고. John Arquilla and David F. Ronfeldt, eds., *Networks and Netwars* (Santa Monica, CA: RANDcorp., 2001); Thomas A. Steward, "Americas' Secret Weapon," *Business 2.0*, Dec. 2001 58-68.

o 크리스토(Christo)와 장 클라우드(Jean-Claude)의 연구는 많은 책에서 찾아볼 수 있다. 특별히 다음 책을 참고할 것. Jacob Baal-Teshuva, *Christo and Jeanne-Claude* (Cologne, Germany: Taschen, 2001). "숨김 행위를 통한 표출"이라는 표현은 다음을 참고. David Bourdon, *Christo* (New York: Abrahams, 1970).

o 복잡성 과학은 광범위한 주제이다. 물리학자부터 수학자, 생물학자 등 여러 분야와 방법을 통해 연구되고 있다. 여러 방법을 묶어 놓은 책으로는 제1장에서 소개한 책을 참고할 것.

감사의 글

나에게 영감을 준 과학자들을 모두 나열하자면 거의 불가능하다. 몇몇은 책에서 언급했고, 그 밖의 사람들은 노트란에 쓰여 있다. 그러나 대다수들은 말로써 다 표현되지 못했다. 그러나 이들이 중요하지 않은 것은 결코 아니다. 여러 방면에서 그들은 이 책의 기초를 만들어준 사람들이다.

내가 가지고 있는 지식은 출판된 자료를 통해서만 얻어진 것은 아니다. 나는 지난 몇 년간 네트워크에 대하여 여러 질문과 아이디어를 함께 나눈 학생과 동료들을 통해 영감을 얻었으며, 깊은 감사를 드린다. 그들과 나눈 대화와 이메일은 내가 네트워크에 대한 여러 각도에 관심을 가질 수 있게 하는데 큰 역할을 했으며, 이 책을 쓸 수 있게 하였다.

이 책은 나의 학생이었고 또는 현재 학생인 매우 뛰어난 Réka Albert, Ginestra Bianconi, Zoltán Dezsö, Illes Farkas, Erzsébet Ravasz, 그리고 육순형 군의 도움이 없었더라면 불가능했을 것이다. 내 연구팀의 박사후 연구원이었던 정하웅 박사의 뛰어난 재주와 집념이 실제의 네트워크에 대한 연구를 가능하게 해주었다. 또한 나와 함께 공동연구를 수행한 여러 과학자들에게 이 공을 돌리고 싶다. 그들은 Eric Berlow, Jay Brockman, Imre Derényi, Jennifer Dunne, Vincent Free, 강병남, János Kertréz, Neo Martinez, Zoltán Néda, Zoltán Oltvai, Peter Schiffer, András Schubert, Bálint Tomber, Yuhai Tu, Tamás Vicsek 그리고 Rich Williams 등이며 지난 몇 년간 많은 아이디어와 도움을 주었다.

이 책을 만들기까지 많은 자료를 주신 여러분들께 감사의 글을 드리고 싶다. 그들이 주신 자료들은 이 책을 만드는데 많은 도움이 되었다. 1999년으로 돌아가 Tibor Braun은 Karinthy의 5단계 분리에 대한 짧은 이야기에 대한 자료를 보내주었고, Thomas Bass는 Milgram의 6단계 분리에 대한 내용을 알려주었다. 또한, Luis Amaral, Eric Bonabeau, Guido Caldarelli, Christopher R. Edling, Lee Giles, Mark Granovetter, 강병남, Jeff Kantor, Judith Kleinfeld, Valdis Krebs, Steve Lawrence, Fredrick Liljeros, Sid Redner, Richard V. Solé 그리고 Alessandro Vespignani는 아직 발표하지 않은 일과 정보와 데이터를 공유해 주었다. 그들에게 진심으로 감사하게 생각한다.

또한 이 책을 끝까지 읽고 좋은 조언을 아끼지 않은 분들에게도 감사의 뜻을 전한다. 그들은 Zoltán Oltvai은 정말로 시간을 아끼지 않고 영웅적인 헌신적 노력을 해주었다. 또한 여러 가지 조언을 아끼지 않은 Réka Albert, Kevin Barry, Steve Buechler, Reuven Cohen, Gábor Forgács, Viktor Gyuris, Boldizsár Jankó, 정하웅, Gerald Jones, Jim McAdams, Mark Newman, H. Eugene Stanley, Alessandro Vespignani, Tamás Vicsek, Ed Vielmetti and Eduardo Zambrando 등에게 감사의 뜻을 전하고 싶다. 또한 Jim Mcadams에 의해 주관된 노트르담 대학의 교수들로 구성된 네트워크에 대한 스터디 그룹 멤버들에게 감사함을 전한다. 그룹 멤버로는 Sheri Alpert, Kevin Barry, Patricia Louise Bellia, Kathy Biddick, Jay Brockman, Leo Burke, David S. Hachen, Martin Haenggi, Lionel M. Jensen, Lee Byung Joo, Jeffrey C. Kantor, Barry Patrick Keating, Gregory Madey, Gail Hinchion Mancini, Khalil Matta, Kajal Mukhopadhyay, Daniel Myers, Sussan Ohmer, Richard Pierce 등이다.

같은 학과에 계신 동료들에게 감사의 뜻을 전한다. 그들은 지난 몇 년간 나의 연구를 지속적으로 수행할 수 있도록 아낌없는 격려와 연구 환경을 만들어 주었고, 이 책을 만드는 과정에서 많은 도움을 주셨다. 그들은 다음과 같다. Bruce Bunker, Margaret Dobrowolska, Jacek Furdyna, Boldizsár Jankó, Gerald Jones, Kathie Newman이다. 그들의 지속적인 성원에 감사를 드린다. Jennifer Maddox의 전문적이고 가슴을 와 닿는 많은 도움과 모든 것을 논리적으로 처리하는 그녀의 처리 방법에 대하여 깊은 감동을 받았다. 그녀의 도움으로 이 책을 만드는 데 필요한 많은 일들을 순조롭게 처리할 수 있었고, 많은 시간을 절약할 수 있었다.

Deborah Justice는 이 책을 만드는 초기 단계에서 많은 도움을 주었다. 영어의 문법과 스타일등을 교정하여 주었다. 또한 Lesley Krueger에게 감사를 드린다. 그녀는 이 책의 거칠게 만들어진 초고를 이렇게 멋진 책으로 만들 수 있도록 헌신의 노력을 다해 주었다. 또한 Enikö Jankó와 Zoltán Dezsö에게 감사를 드린다. 그들이 아니었으면 이 책의 초고가 다듬어지지 않았을 것이다. 또한 나는 진심으로 정하웅 박사에게 감사한다. 그는 많은 시간을 할애하여 마지막 단계의 그림을 하나하나 손 봐 주었다.

Perseus의 직원들에게 감사드린다. 이 책을 써 가는 과정과 책이 출판되기까지 매 단계에서 나에게 보여준 그들의 지속적인 성원과 노력에 경의를 표한다. 이 책을 만드는 과정에서 Amanda Cook, Joan Benham의 정성 어린 노력에 감사드린다. 또한 Elizabeth Carduff, Chris Coffin과 Marco Pavia의 도움에 감사드린다. 또한 글쓰는 데 도움을 준 Lissa Warren에게 감사드린다. 또한 Katinka Matson과 Brockman의 도움으로 Perseus 출판사를 선정하게 된 것에 감사드린다.

마지막으로 Janet Kelley의 도움이 없었더라면, 이 책을 집필을 시작하지 않았을 것이다. 그녀는 이 책이 나오기까지 힘든 순간 순간마다 나를 격려해 주었고, 친절하고도 열정적으로 도움을 주었다. 그녀의 도움이 나에게 가져다 준 의미는 몇 마디의 글로써는 도저히 이루다 표현할 수 없다.

알버트 라즐로 바라바시

역자후기

젊은 과학자에게 남겨진 도전

강병남(서울대 물리학부 교수)

이 책을 번역하게 된 동기는 순전히 라즐로와의 우정에서 비롯되었다. 1999년 척도 없는 네트워크에 대한 논문이 나의 제자이고 지금은 카이스트 교수로 있는 정하웅 박사와 라즐로 바라바시에 의해 발표되었을 때, 나는 노트르담 대학에서 안식년을 보내고 있었다. 월드와이드웹의 척도 없는 네트워크에 대한 논문을 처음 접했을 때 기존의 물리학 사고틀에서 벗어나지 못한 때문인지 나에게는 큰 의미를 주지 못하였다. 노트르담 대학에서 1년간 머무는 동안 네트워크 이론이 복잡계를 이해할 수 있는 좋은 방법이 된다는 것을 비로소 깨닫고, 귀국 후 이 분야에 뒤늦게나마 뛰어 들게 되었다.

이후 네트워크에 대한 연구를 수행하면서 네트워크에 대한 흥미가 더해졌고 그 의미도 새삼스레 깨닫게 되었다. 이 책을 번역하면서 네트워크에 대한 의미와 중요성을 더 한층 인식하게 된다. 바라바시 교수의 열정과 해박한 지식에 또 한번 놀라게 되었다. 이 책은 우리의 닫힌 사고력을 열어주고 신세대 과학도들에게 앞으로 우리들이 무엇에 도전해야 하는지를 인도한다. 이 책을 통해 본인은 학문적인 측면에서 많은 도움을 받았을 뿐만이 아니라 인터넷 시대, 정보화 시대를 살아가면서 주변에서 일어나고 있는 여러 현상들을 이해할 수 있게 되었으니, 우정 이외의 성과를 얻게 된 셈이다. 끝으로 서울대 장덕진 교수님의 연결을 통해 알게 되었고 이 책의 대부분을 완벽히 번역하여 주신 사이람 네트워크 연구소의 김기훈 소장님과 동아시아 출판사의 한성봉 사장님께도 감사드린다. 모든 분들이 연결되어 있고, 좁은 세상에 살고 계시다.

역자후기

21세기를 지배하는 네트워크

김기훈(사이람 네트워크 연구소 소장)

태풍이 몰려오고 있다.

이번 태풍의 이름은 '루사' 호가 아니라 '네트워크' 호다.

그 태풍의 눈에서 어떤 일이 일어나고 있는지 우리는 알지 못한다. 그저 그 태풍의 여파로 우리 주변에 어떤 변화가 일어나고 있는지 실감하면서 그것을 견뎌낼 뿐이다.

우리가 네트워크를 아는가?

언젠가부터 '네트워크'라는 말은 우리에게 아주 친숙한 말이 되었다. 하지만 조금만 따지고 보면 그 말은 아주 흐리멍텅한 메타포로 남아있을 뿐이다. 누구나 이야기하지만 아무도 정확하게 알지 못한다.

'네트워크 시대'라고들 한다. 그렇지만 정작 그 네트워크라는 것이 본질적으로 어떻게 생겼고, 어떻게 움직이는지, 그리고 그래서 어쩌란 말인지에 대해 물어 보라. 십중팔구는 아마 함구하거나 아니면 그 본질보다는 지엽적 속성들을 나열하는 쪽으로 화제를 돌릴 것이다.

물론 우리는 네트워크를 도처에서 느끼고 있다.

인터넷/웹(WWW)은 분명 우리의 삶을 송두리째 바꾸고 있고, '네트워크 마케팅'은 온갖 구설수에도 불구하고 모종의 강력한 힘을 실감케 하고 있다.

경제 내지 비즈니스 영역에서는 '인적 자본'을 넘어서서 '사회적 자본'

을 논하고 있고, 고객 관리는 어느새 고객**관계** 관리로 바뀌었으며, 제휴와 아웃소싱이 늘어나면서 파트너**관계** 관리가 중요해졌다. 조직 형태도 외부 환경의 복잡성과 불확실성이 극심한 경우 위계형 조직에서 네트워크형 조직으로 바뀌고 있다.

여러 다른 영역에서도 '네트워크 효과'라고 불리는 무언가가 진행되고 있음은 분명 느낄 수 있다. 갑자기 뜨는 스타, 컴퓨터 바이러스의 확산, 도미노 현상, 약한 고리, 연쇄 사고, 세상이 신기하게도 좁다는 체험, 소위 IMF 사태라고 불리는 동아시아의 연쇄적 경제위기….

하지만 효과를 체험하는 것과 원리를 아는 것은 다른 것이다.

효과를 체험한 사람이 그 힘에 적응하는 방법을 궁리하는 사이에, 원리를 꿰뚫은 사람은 그 힘을 자신의 목적에 맞게 이용한다. 인터넷은 그것이 인터넷이기 때문에 강력한가, 아니면 그것이 네트워크이기 때문에 강력한가?

우리가 네트워크의 원리에 대해 무지한 채로 있는 사이에, 일찌감치 네트워크의 본질을 꿰뚫어 보고 그 힘을 이용하는 방법을 알게 된 소수의 사람들이 한 영역 한 영역씩 차례로 세상을 평정해가기 시작했다. 어떤 사람은 돈방석에, 어떤 사람은 권좌에, 또 어떤 사람은 명예의 전당에 앉게 될 것이다. 네트워크의 힘을 모르는 기존의 플레이어들은 영문조차 모르면서 무방비 상태로 얻어맞고 쓰러져갈 것이다.

구글(Google)—야후(Yahoo!) 검색서비스에 채택되어 세계 제1의 검색엔진으로 인정받고 있는—은 사회 네트워크 분석에서 나온 '네트워크 중심도'라는 무기 하나로 검색엔진계를 제패했다. 미국에서 9.11 사태 직후 FBI나 CIA는 테러리스트 네트워크를 일망타진하려는 목적으로 앞다투어 네트워크 분석 솔루션을 도입하고 있는데, 이는 수백 대의 미사일이나 탱크를 갖추는 것보다 네트워크를 정확하게 파악하는 것이 중요하다는 사실을 인정하는 대목이다. IBM은 수년 전부터 지식경영(Knowledge Management)에 네트워크 분석 방법론을 적용하고 있고, 아마존(Amazon.com)은 협업필터링에 의한 추천 시스템으로 유명한데, 이것 역시 고객-상품 관계를 네트워크로 모델링한 데서 나온 것이다.

역자는 10여 년 전 사회 네트워크 분석(Social Network Analysis)을 통해 네트워크 연구를 처음 접한 이후, 세상을 바라보는 관점이 돌이킬 수 없도록 달라졌다. 이 세상을 이해하기 위해서는 물론 그것을 구성하는 개별 실체(노드)들과 그 성질을 잘 알아야 한다. 하지만 이 개별적 실체들은 상호 연결(링크)되어 있고, 이 연결들은 다시 하나의 연쇄 구조(네트워크)를 이루어 자체적으로 진화해 가며, 개별 실체들의 운명에 엄청난 영향을 미친다는 점이 중요하다. 그리고 이 모든 것은 투명한 수학의 언어로 묘사되고 엄밀한 과학적 방법에 의해 검증될 수 있다는 점이 특히 매혹적이다. 아마도 이러한 뿌리칠 수 없는 매력이 역자로 하여금 일찍이 네트워크 분석을 전문으로 하는 모험 기업을 시작하게 만든 힘이었을 것이다.

하지만 태풍의 눈에 접근하는 것은 결코 쉬운 일은 아니다.

그것은 위험을 무릅쓰고 토네이도를 쫓아다니면서 그 한가운데에 측정 장치를 날려 넣어서 토네이도의 원리를 규명해 내고자 하는 모험가들과 비슷한 점이 많다.

일반적으로는 알려져 있지 않지만 그러한 지적 모험을 감행하여 대개 당대에는 괴짜나 이단이라는 평을 받았지만 결국 네트워크의 신비를 벗겨내기 위한 선구적 업적을 남긴 연구자들이 적지 않다.

하지만 이러한 지적 진보는 얼마 전까지만 해도 아주 천천히 띄엄띄엄 이루어져 오고 있었다. 그러던 것이, 최근 3년 내지 5년 정도 사이에 네트워크에 대한 연구가 전 세계적으로 갑자기 엄청난 가속도를 받아 심상치 않은 폭발의 조짐을 보여 왔다. 여기에는 기존의 학문 분야로 보면 수학, 물리학, 사회학, 컴퓨터공학, 생물학, 의학, 문헌정보학, 산업공학, 지리학 등 실로 다양한 분야의 학자들이 기여했을 뿐 아니라, 그것이 대상으로 하는 네트워크 역시 인터넷, 웹, 사회, 경제, 경영, 생물, 생태계, 전염병, 문헌, 지리 등 상상을 넘어설 정도로 다양하다. 그리고 이 엄청난 에너지의 융합은 급기야 '네트워크 과학'이라는 새로운 과학을 탄생시키고야 말았다.

『링크』는 바로 이 거대한 과학 혁명의 산물이다. 그리고 비록 네트워크 과학자들 공동으로 작성된 것은 아니지만 네트워크 과학의 한 선언문이라고 할 수 있다. 저자인 바라바시 교수는 네트워크라는 태풍의 눈에 직접 들어가는 탐험대를 이끈 장본인 중 한 사람으로서, 자신이 직접 체험한 흥미진진한 지적 모험담을 우리에게 이야기해 준다. 단지 어려운 과학적 개념의 권위를 빌어서 그렇게 하는 것이 아니라, 실제 상황에 대한 현장감 넘친 묘사와 설명을 통해 우리 스스로 깨달을 수 있도록 인도한다. 그 자신 물리학자이지만 네트워크 과학이 물리학이든 사회학이든 그 어떤 기존 학문 분야 전유물도 결코 아님을 잘 아는 균형감각을 갖고 있다. 네트워크 과학 자체가 하나의 네트워크라는 사실을 잘 알고 있기 때문일 것이다.

신은 어떤 방법으로 네트워크를 짜는가? 네트워크의 형세는 어떻게 판단하면 좋은가? 네트워크라는 이름의 게임에서 승자가 되기 위해서는 네트워크 판도를 어떻게 짜고 어떤 작전을 구사할 것인가?

물론 이 한 권의 책에서 이 모든 문제들에 대해 최종적이고 세세한 해답을 주고 있는 것은 아니다. 하지만 네트워크 과학의 시각에서 본 세상이 얼마나 오묘하고 장엄한 모습을 띠고 있는지를 감상하는 것만으로도 큰 즐거움이다. 나아가 네트워크 과학에 의해 밝혀지고 있는 네트워크의 힘이 현실에 어떻게 사용될 수 있을지에 대한 풍부한 힌트를 제공해 주고 있다.

원자력의 힘이 클지 아니면 네트워크의 힘이 더 클지 아직 속단하기는 이르다. 하지만 분명한 것은 네트워크의 힘을 사용하는 것은 아직 본격적으로 시작되지도 않았다는 것이다. 아마 조만간 네트워크 과학에서 밝혀지는 엄청난 네트워크의 힘을 어떻게 하면 인류 평화를 위해 사용하도록 할 것인가에 관한 윤리적 문제가 제기될지도 모른다.

이제 판도라의 상자는 열렸고, 프로메테우스는 인간에게 불을 전하고 말았다. 네트워크는 이제 이런저런 체험적 효과로서만이 아니라 본질적 원리로서 우리에게 그 모습을 드러내 보이기 시작했다. 이제는 되돌이킬 수 없다. 우리가 그것을 얼마나 정확하게 알고 어떻게 이용하는가가 중요하다.

네트워크의 성질을 정확하게 알아서 그 힘을 불러내어 부리는 자가 21세기를 지배할 것이다!

끝으로 이 책을 소개해 주시고 공동 번역을 권해 주신 서울대 강병남 교수님, 늦어진 번역 작업에도 불구하고 무던히 기다려 주시고 꼼꼼히 마무리해 주신 동아시아 출판사의 한성봉 사장님과 번역 작업을 뒤에서 도와주신 정석배 선배님과 박도은 님께 감사의 말씀을 드립니다.